北京市高等教育精品教材立项项目

全国高等农林院校规划教材

气 象 学

（第3版）

贺庆棠 陆佩玲 主编

中国林业出版社

主　　编：贺庆棠　陆佩玲
参 编 者：同小娟　吕玉华　李新彬
主 审 人：于沪宁　陆光明

图书在版编目（CIP）数据

气象学/贺庆棠，陆佩玲主编．—3 版．—北京：中国林业出版社，2010.6
（2024.7 重印）
北京市高等教育精品教材立项项目·全国高等农林院校规划教材
ISBN 978-7-5038-5480-4

Ⅰ.①气…　Ⅱ.①贺…　②陆…　Ⅲ.①气象学－高等学校－教材　Ⅳ.①P4

中国版本图书馆 CIP 数据核字（2010）第 094330 号

审图号：GS（2021）6839 号

中国林业出版社·教材建设与出版管理中心
责任编辑：牛玉莲　肖基浒
电话：（010）83143555　　传真：（010）83143561

出版发行　中国林业出版社（100009　北京市西城区刘海胡同 7 号）
E-mail：jiaocaipublic@163.com
https://www.cfph.net
经　　销　新华书店
印　　刷　三河市祥达印刷包装有限公司
版　　次　1988 年 11 月第 2 版（共印 15 次）
2010 年 6 月第 3 版
印　　次　2024 年 7 月第 27 次印刷
开　　本　850mm×1168mm　1/16
印　　张　18.25
字　　数　419 千字
定　　价　49.00 元

第3版前言

气象学是全国高等林业院校林学、园林、园艺、水保、草业、环境、旅游、城规、森林资源保护与游憩、自然保护区等专业必修或选修的专业基础课。它的任务在于使学生系统地掌握气象学基本理论知识和观测技术，熟悉气象与林业生产的关系，为学习其他相关专业课打好基础，为发展林业生产，实现林业现代化服务。

1979年出版的全国高等林业院校教材《气象学》，由贺庆棠教授主编，1988年又出版了第2版，在全国许多所高等农林院校已经使用了将近20年。在教学实践过程中，广大师生对本书给予了很高的评价。本教材还获得了原国家林业部优秀教材奖和科技进步奖。为适应当前教改的需要，反映本学科的最新成果，适应我国经济建设和林业发展的需要，有必要在总结过去教学和实践经验的基础上，对原有教材进行精练、修改和补充更新。同时，面临"高等教育面向21世纪教学内容和课程体系改革"的新形势，北京林业大学2004年立项进行《气象学》教学内容和教材建设的改革。

多年来，编者一直从事高等院校气象学的教学工作，深刻体会到一本好的教材对学生学习的重要性。经过几十年的精心调查和总结，我们完成了新教材的编写，它融入了北京林业大学气象教研室教师多年来气象学的教学经验和心得。我们在原教材的基础上，精心选择和增加了新的内容，合理安排了各章节的构架，加强基础，突出重点，强调气象学理论与林业生产的紧密结合。

本教材阐述了气象学、天气学、气候学和小气候学的基本理论和基本知识及其与林业的关系。为配合理论课的教学，循序渐进地安排了实习内容，包括各个气象要素的观测和气候资料的统计方法，教材的最后还配有小气候综合实习指导，有利于培养学生分析问题、解决问题以及实践观测的能力。并且，在教材的每一章都附有思考题，书后附有主要参考文献，便于学生复习和自学。

本教材既完整地介绍了本学科的理论体系，又融入了当代气象学最新研究成果和动态，如大气污染、气候变暖、臭氧洞、酸雨、温室效应、海—气相互作用、厄尔尼诺—南方涛动、气候变化对森林的影响等人类面临的生态环境问题。在每一章的最后都论述了森林与气象相互关系的内容，在第7章还重点论述了人类活动对气候的影响以及气候变化对森林的影响，目的是强调气象对林业生产的意义以及森林对调节气候的作用。同时，培养学生的生态环境意识，建立人与自然和谐相处和可持续发展的观念。

本教材由贺庆棠和陆佩玲任主编，负责大纲和结构的设计、组织教材的编写、定稿和最后统稿工作。本教材共分 8 章，其编写分工如下：绪论、第 1、2 章由贺庆棠编写，主要阐述气象学在林业生产中的意义，大气的结构和组成，辐射能的概念、太阳辐射经过大气到达地面的规律、辐射平衡和能量平衡问题等；第 3、4 章、6、7 章由陆佩玲编写，主要包括大气温度和土壤温度，大气中的水分和森林水量平衡，天气的基础知识和天气预报，主要气象灾害，气候与中国气候，气候变化对森林的影响等内容；第 5 章由吕玉华编写，主要阐述大气运动的变化规律；第 10 章由同小娟编写，主要阐述小气候的基本理论和特征。气象学实习部分由编写人员共同编写，李新彬参与了温度实习指导的编写。本教材编写完成后，即提交主审及有关专家教授审阅，根据他们的意见，陆佩玲又作了再次修编，最后，贺庆棠教授对整本教材进行了详尽细致的审阅，并再作修改完善后定稿。

本教材的编写得到了中国林业科学研究院林业研究所张劲松研究员，中国农业大学资源与环境学院陆光明教授和潘学标教授，中国科学院地理科学与资源研究所于沪宁研究员和于强研究员等专家的热诚关心和帮助。于沪宁研究员和陆光明教授对本教材进行了详细的审阅工作，并提出了许多宝贵的修改意见。本教材承蒙北京市教委列入 2007 年北京高等教育精品教材并给予资助，北京林业大学教务处韩海荣教授和张戎老师对教材的编写给予了热情帮助和大力支持。北京林业大学生态学科牛树奎教授对教材的编辑提出了很多宝贵意见。北京林业大学学生孙艳丽、孙善彬、谢莹莹和史晶晶在编写过程中做了大量的文字和图表的处理工作，在此一并表示衷心的感谢！

本教材内容丰富，具有较强的可读性，可供林业、农业、气象、水利和环境等部门有关教学和科研单位使用。限于编者水平，书中缺点和错误在所难免，我们诚恳希望读者批评指正，以便将来进一步修改。

编　者

2009. 10

第 2 版前言

全国高等林业院校试用教材《气象学》已试用八年了。为了使教材更好地反映国内外科学技术的新发展，适应我国四化建设的需要，使我们培养的人才能满足面向世界、面向未来和面向现代化的要求，有必要对原教材进行修订，使之日臻完善。

这次修订，是以 1984 年 5 月在湖南省株洲市召开的全国高等林业院校气象学教材修订会议确定的大纲为基础编写的。全书以能量平衡和水分平衡为主线，阐述了气象学和微气象学的基本理论，天气、气候和小气候的基本知识，以及气象观测和计量的基本方法，并附有实习指导。在编写过程中，我们力求运用辩证唯物主义观点阐明气象科学规律，贯彻理论联系实际的原则；在取材上本着少而精的原则，尽量反映国内外科技先进成果及动向；在内容安排上，则由浅入深，便于学生自学。因此，与原书相比，从体系和内容上都有较大变化。但是，由于我们的水平有限，书中缺点和错误在所难免，我们诚恳希望使用此教材的同志批评指正，以便将来进一步修改。

本书由贺庆棠主编，有关章节的编写人是：绪论、第一章、第三章、第五章、第六章及附录一由贺庆棠编写；第二章、第九章及实习一、五、六由姚丽化编写；第四章、第七章由邵海荣编写；第十章由袁嘉祖编写；第八章及实习二、三、四由陆鼎煌编写。南京气象学院翁笃鸣副教授和北京林业大学陈健副教授对本书作了细致的审稿和删改，在此表示衷心感谢。

编　者

1986. 09

目　录

绪 论

1 气象学的概念

由于地球引力的作用，地球周围聚集着一个深厚的气体圈层，构成大气圈。大气圈亦可称为地球大气或简称大气。大气圈的底部是地球表面，在气象上称为下垫面，而在小气候学上又把下垫面称为活动面或作用面。地球环境是由大气圈、水圈、土壤岩石圈、冰雪圈和生物圈所组成，这些圈之间处于相互紧密联系、相互影响和作用之中。

(1)气象学的定义和任务

大气(atmosphere)中不断地进行着各种物理过程，例如大气的增热与冷却过程、水分的蒸发与凝结过程等。在各种大气物理过程中，经常发生着风、云、雨、雪、寒、暖、干、湿、光、声、电等很多物理现象。大气圈中所发生的一切物理现象和物理过程，它们的发生、发展和变化，首先决定于其能量来源——太阳辐射，同时也与大气本身物理特性和下垫面状况有关。

气象学(meteorology)是研究大气中所发生的各种物理现象和物理过程的原因及其变化规律的学科。由于气象学主要研究大气物理现象、过程和规律为研究对象和研究内容，因此从广义上讲气象学也称为大气物理学，它属于大气科学的组成部分。

气象学的任务，不仅要研究和掌握大气的变化规律，而且更重要的是根据所掌握的大气变化规律，预测大气变化和发展过程，使人们更充分利用气象条件，防御不利气象因子的影响，为国家各项事业和人民生产生活服务。

(2)气象学的研究对象

气象学的研究对象是大气圈中各种自然现象(风、云、晴、雨、干、湿、冷、暖、雷、电等)及其过程。大气圈与地球上的水圈、土壤岩石圈、冰雪圈和生物圈是相互联系的。大气圈在地球表面水圈循环过程中起巨大的推动作用，江、河、湖、海中的水不断蒸发到空中，形成大气降水，降落到地面，成为地面水流和地下水，如此循环往返，决定着水圈的分布和水圈的动态；气圈和水圈对土壤岩石圈时刻都产生物理的和化学的影响，在空气和水的作用下，岩石崩裂、风化、溶解造成各种地形，形成各类土壤的母质；生物圈能量循环的原始动力来自太阳辐射，生物圈的物质循环则离不开大气圈、水圈、土壤岩石圈和冰雪圈。大气圈中，大气的组成、大气过程的变化同样也受到水圈、土壤岩石圈、冰雪圈和生物圈的影响。

人类生活在大气圈的底层，大气和人类休戚相关，人类的生活和生产离不开温、光、水、气等气象条件。人类为了更好地生活和生产，既要顺应和利用有利的气象条件，又要克服和改造不利的气象条件。人类的活动对生态环境可能产生有利的影响，也可能产生不利的影响。

(3)气象学的主要分支

气象学的研究范围很广，涉及问题很多，在解决问题的方法上差异也很大，随着科学技术的发展及研究与应用的不同，气象学在发展过程中形成了许多分支学科。

按传统分为物理气象学、天气学、动力气象学；按研究方法分为理论气象学、大气物理学；按实验方法分为大气探测、高空气象学、无线电气象学；从地理上分为热带气象学、极地气象学、南半球气象学等。按实际应用上分为农业气象学、水文气象学、污染气象学、航空气象学、航海气象学、医疗气象学、军事气象学、森林气象学等。其中主要有天气学、气候学、微气象学、小气候学和应用气候学等。

①天气学　天气学(synoptic meteorology)是研究天气及其演变规律，并预测预报未来天气的学科。一定区域短时间内大气状态和大气现象及其变化的综合称为天气。天气是代表一个较短时间，一般具有多变性，在同一时间内不同地区的天气不完全一样，同一地区不同时间内的天气也常常是不同的。

②气候学　气候学(climatology)是研究气候的形成、分布和变化规律及其与人类关系的学科。气候是一个地区多年(30 年以上)的天气状况，它既包括平均状态，也包括极端状态。气候是代表一个较长的时间，一般比较稳定，而且一个地方的气候特征受它所在的纬度、高度、海陆相对位置等影响较大。

③微气象学与小气候学　微气象学(micrometeorology)是研究近地气层小范围和小环境内空气的物理现象、物理过程及其规律的学科。小气候是由下垫面(也称为活动面)状况和特性所决定的在局地范围形成的近地气层气候。研究小气候形成和变化规律的学科称为小气候学。

④应用气象学　应用气象学(applied meteorology)是将气象学原理、方法和成果应用于人类社会经济活动的各个方面，与许多专业学科结合而形成的边缘学科。包括农业气象学、森林气象学、畜牧气象学、水文气象学、航空气象学、海洋气象学、医疗气象学、工业及建筑气象学、污染气象学等。

⑤森林气象学　森林气象学(forest meteorology)是研究森林或林业与气象条件相互影响和作用的学科。它是林学与气象学之间的交叉科学。也是森林生态学和应用气象学之间的边缘学科。它研究的对象是一切木本植物生活在其中的、对林业具有重要意义的那些气象条件和林木生长对气象(包括气候和小气候等)条件的作用与影响。

现代林业的概念已突破了原有的生产木材的旧观念，而是一个以木本植物为主的生态经济系统或产业。它包括了种植业、养殖业、采集业、加工利用业、环保业和旅游业等。这个系统或产业的功能和效益是多方面的，它具有经济效益、生态效益和社会效益，还具有保存物种和基因库等功能。随着林业概念的发展和变化，森林气象学研究的范围也大大拓展了。具体来说，森林气象学的任务为：

● 研究气象、气候因子对林木培育和各种林副土特产品生产的经济效益的影响；确定其最优化气象、气候指标和林业气候生产力预测方法；对影响林业产量和质量的气象条件、气象灾害进行预测、预报，并提出有效的防御措施。

● 研究各种类型的森林、林带、灌木林、绿地、树丛、四旁树、经济林木等对气象条件和局地气候的影响以及对环境的改善；研究森林分布对全球和各个国家不同地区气候、局地气候和小气候的影响；研究森林净化大气、土壤和水的作用，森林对光、声、电和辐射的影响等，以充分发挥林业的生态效益。

● 研究森林气候特征及它与人类健康、疗养、休息、娱乐和旅游等的关系；研究森林气候与工业、农业、牧业、渔业、城市规划和建设、土地利用、国土整治等的关系，以充分发挥林业的社会效益。

● 研究各种生物物种保存和繁衍的气象气候条件、各生物物种的最佳生态位的小气候条件，以保存珍稀物种，使之免于受危害和灭绝。

2　气象学在林业上的意义

林业与气象条件有着密切关系。气象因素影响到林木和森林生态系统的生长、发育更新与产量形成，影响到林业生产活动的方方面面；而森林生态系统和林业生产活动也能对气象及气候状况产生一定影响。这种相互影响和作用，不仅发生在局部地区，有时可产生在较大范围内。

在地球各种类型的生物与环境之间，以森林和气象之间的相互联系和相互作用最为重要，森林能使大气保持较为稳定的二氧化碳含量，稳定大气层的结构。森林能净化空气，调节气候，为人类和各种生物创造适于生存的气候环境。气象条件对于森林类型的分布，林木的生长发育，林产品的数量和质量，森林病虫害和火灾的预防、预测都有重要影响。森林气象学不但是一门基础学科，也是一门有广泛应用价值的学科。森林气象学是气象学为林业生产服务、解决林业生产中的气象问题而发展起来的应用气象学的一个重要分支，也是林学的基础学科之一。林业工作者必须了解从播种到采伐利用林业生产全过程的气象问题及其解决途径，才能合理利用气候资源，达到速生丰产、优质低耗的目的，并充分发挥林木的生态效益、经济效益和社会效益。

为了科学地培育和管理好森林，必须掌握森林与外界环境条件相互作用的规律，气象和气候条件如光照、热量、水分和空气是森林生长发育的最基本条件。各项林业生产活动与气象学关系密切。因此，学习气象学，掌握自然界光、温、水、气等气象因子的变化规律及调控方法，气象灾害的产生和预防方法，都是十分重要的。学好气象学的基本理论、基本知识和基本技能，不仅是学好林学理论和技术的基础，而且是为林业生产和科技工作服务的必要工具。

森林与气象的关系具体表现在气象条件影响并决定着森林的分布和树木的生长。气象条件决定着森林在地球上的分布。不同的经纬度、不同的海拔高度，分布着不同类型的森林、种群和群落特征，以及其生长情况和产量也不同。在水热条件好的地区，林木生长快，生物多样性丰富；而在水热条件差的地区，林木生长慢，树种单纯，气候的变化直接或间接影响森林生态系统的结构和功能。因此，气象条件及其变化决定着森林的种类、产量和质量。

气象与林业生产的关系十分密切，主要表现在以下几个方面：

①在采种工作中，要根据气象条件预测种子成熟期、采集期，以便及时组织采种。要依据气象条件，做好种子处理和贮藏工作。

②在育苗工作中，要根据气象条件、灾害性天气预报，采取恰当的耕作、栽培、管理及防灾措施，才能培育出优质、高产、壮苗。

③在造林工作中，要根据气象条件作好造林规划和区划，在掌握气候、天气和当地小气候特点和规律的基础上，划分好当地立地条件类型及做好造林设计，确定好造林树种、造林季节、整地方式、混交类型、造林技术等，以便做到适地适树，保证造林成活率与保存率，并为其高产、稳产、具有良好多种效益打下基础。

④在营建防护林工作中，要根据当地气候资料，确定主要盛行风向，设计好林带走向、配置、宽度和树种搭配。

⑤在森林经营工作中，要掌握气象条件的变化规律以及森林气候特点，才能确定较好的抚育采伐方式与强度，以及森林的更新方式与主伐方式。

⑥在林木良种选育工作中，要根据气候特点，选好良种优树、种子园地址、母树林位置以及确定经营管理措施，以保证种实优质高产。在林木引种工作中，要根据气候相似性原则和小气候特点进行工作，以便扩大优良品种栽培范围或成功引种外来树种。

⑦在森林有害生物防治工作中，要掌握气象条件与有害生物及病虫害发生的关系，做好预测预报，并利用适当天气条件进行防治，才能收到好的效果。

⑧在护林防火工作中，要依据当地气象资料，确定火险等级，或收看火险等级预测，确定如何正确组织灭火，以便迅速出击，减少国家和人民财产损失。

⑨在森林采伐运输工作中，要根据天气条件决定采伐季节、木材运输或流送，并做好防洪工作。

⑩在城市及工矿区园林绿化工作中，要掌握城市气候特点、气象与大气污染关系，以及园林绿化对净化空气、水质、土壤和改善小气候的作用，以便合理进行绿化设计，配置好绿地栽植行道树、风景林、环境保护林等。

思 考 题

1. 大气是如何定义的？什么是大气中的物理过程和物理现象？

2. 解释下垫面的概念。
3. 什么是气象学？它们有哪些主要分支？气象学的基本任务是什么？
4. 何谓天气及气候？二者区别与联系如何？
5. 何谓应用气象学和森林气象学？
6. 气象气候与森林或林业之间有何关系？

第1章　大气概述

气象学是研究大气的科学，首先对大气的组成成分、垂直结构和重要的物理性状要有所了解。

1.1　大气的组成

大气是由多种气体混合组成的，按其成分可分为干洁空气、水汽和气溶胶粒子三类。

1.1.1　大气组成

1.1.1.1　干洁空气

干洁空气是指大气中除了水汽和气溶胶粒子外的整个混合气体。干洁空气平均相对分子质量为28.966左右，其主要成分是氮(N_2)约占78%，氧(O_2)约占21%，氩(Ar)约占0.9%，三者合计占99.9%。其他还有稀有气体，如氖(Ne)、氙(Xe)、氪(Kr)、氢(H_2)，以及含量不定的二氧化碳(CO_2占0.033%)和臭氧(O_3)，加在一起仅占0.01%。

从地面至100～120km高度以下，由于存在空气对流、湍流及水平运动的结果，干洁空气成分的比例基本上是不变的。组成干洁空气的各种气体的沸点都极低，在自然条件下永无液化的可能，因此干洁空气又称永久气体。干洁空气中对人类活动影响比较大，与地球生物圈关系最密切的主要是氮、氧、臭氧和二氧化碳。

(1)氮和氧

氮在大气中是含量最多的气体，是地球上生命体的基本成分，并以蛋白质的形式存在于有机体中。氮是一种不活泼气体，大气中的氮，不能被植物直接吸收，但可同土壤中的植物根瘤菌结合，变成被植物吸收的氮化物。闪电可将大气中的氧和氮结合生成氮氧化物，并随降水进入土壤，被植物吸收利用。大气中氮能起到冲淡氧，使氧化作用不致过于激烈的作用。

氧是大气中次多的气体，是地球上一切生命所必需的，是维持人类和动植物呼吸极为重要的气体，并在氧化中获得热量，以维持生命。氧还决定着有机物的燃烧、腐烂和分解过程，以及影响到大气中进行的各种化学变化过程。

(2)臭氧

大气中臭氧主要是氧分子在太阳紫外线辐射的作用下形成。氧气先分解为氧原子，然后又和氧分子化合而成臭氧。

$$O_2 \xrightarrow{\text{紫外线}} O + O$$

$$O_2 + O \longrightarrow O_3$$

另外，有机物的氧化和雷雨闪电作用也能形成臭氧。在近地面空气层中，臭氧含量很少，自5~10km高度，含量开始增加，在20~25km处达最大浓度，形成明显的臭氧层，再往上则逐渐减少，至55km逐渐消失。其原因是臭氧一般是由氧分子与氧原子结合而成，在大气上层太阳紫外线辐射很强，氧分子解离多，使氧原子很难遇到氧分子，不能形成臭氧，所以高层空间臭氧逐渐消失；相反，在低层大气中太阳紫外线辐射大为减少，氧分子不易被分解，氧原子数量极少，也不能形成臭氧。在20~25km高度，既有足够的氧分子，又有足够的氧原子，是形成臭氧的最适宜环境，故这一层又称为臭氧层。

臭氧能大量吸收太阳紫外线，使臭氧层增暖，影响大气温度的垂直分布；同时，臭氧层的存在也使地球上的生物免受过多太阳紫外线的伤害，对地球上生物有机体生存起了保护作用。据气象卫星近年探测，南极上空臭氧浓度在逐年减少，南北极上空都出现了“臭氧空洞”，这对地球上的生命是一种威胁，已引起人们极大关注。科学家发现，这是由于使用制冷剂——氟氯烃向大气中排放，造成高空中臭氧层破坏的结果。如果没有大气臭氧层的保护，这个世界就不能存在。

(3)二氧化碳

大气中二氧化碳主要来源于石油、煤等燃料的燃烧，海洋与陆地上有机物的腐烂、分解及动植物和人类呼吸作用。这些作用集中在大气底层，因此二氧化碳分布在大气底层20km的气层内。二氧化碳含量随时间和地点是不同的，一般冬季多夏季少；夜间多白天少；城市、工矿区多农村少。某些大工业城市可达0.05%以上，而农村可低至0.02%。随着人口增长、工业化进程加快以及森林面积急剧减少，排放至大气中的二氧化碳越来越多，浓度日趋升高。二氧化碳是植物进行光合作用制造有机物质不可缺少的原料，它的增多也会对提高植物光合效率产生一定影响。二氧化碳是温室气体，它能强烈吸收和放射长波辐射，对空气和地面有增温效应，如果大气中二氧化碳含量不断增加，将会导致温度上升，并使全球气候发生明显变化，这一问题已引起全世界的关注。

1.1.1.2 大气中的水汽

大气中的水汽，来源于江、河、湖、海及潮湿物体表面的蒸发和植物蒸腾。水汽是大气中的重要组成部分，主要集中在低层大气，随高度增加很快减少。在1.5~2.0km高度，仅为地面的1/10；在10~15km处，水汽含量就极少了。大气中水汽含量按容积仅有0.1%~4%，虽然不多，但随时间和地点变化很大。在热带洋面上空水汽含量可达4%，在炎热沙漠上空，几乎为零，极地平均为0.02%。

大气中水汽含量虽然不多，但它是天气变化的主角，在大气温度变化的范围内发生相变，变为水滴或冰晶，形成各种凝结物如云、雾、雨、雪、雹等，都是由于水汽存在而产生的。水汽相变过程中要吸收或放出潜热，不仅引起大气湿度变化，同时也引起热量转移；水汽的相变和水分循环流动把大气圈、海洋、陆地和生物圈紧密联系在一起，对大气运动的能量转移和变化，地面及大气温度、海洋之间的水分循环和交换，以及各种大气现象都有着重要影响。没有水汽，天空将永远晴空万里，不会有风、云、雨、雪等气象万千的变化，不会发生以水汽为主角的各种天气现象。

大气中的水汽能强烈吸收长波辐射，参与大气温室效应形成，对地面起保温作用。大气中水汽含量多少，影响云雨及各种降水，对植物生长发育所需水分有着直接影响，最终影响到植物及农作物的产量。

1.1.1.3 气溶胶粒子

大气中悬浮的多种固体微粒和液体微粒，统称大气气溶胶粒子，它包括固体微粒和液体微粒，其中可分为人工源和自然源两大类。固体微粒来自人工源的，为人类活动所产生的如煤、木炭、石油的燃烧和工业活动，产生大量烟粒及吸湿性物质；由于核武器试验引起的微粒和放射性裂变产物等。固体微粒来自自然源的，为自然现象所产生，如土壤微粒和岩石风化，森林火灾与火山爆发所产生的大量烟粒和微粒；海洋的浪花溅沫飞入大气形成的吸湿性盐核；另外还有宇宙尘埃等，如陨石进入大气层燃烧所产生的物质；植物的花粉，微生物和细菌，植物的孢子粉等。液体微粒是悬浮于大气中的水滴、过冷却水滴和冰晶等水汽凝结物。它们常聚集在一起，以云、雾形式出现。

固体微粒和液体微粒，多集中于大气低层，其含量随时间、地点和高度而异，通常城市多于农村、陆地多于海洋、冬季多于夏季，随高度增加而减少。大气中固体微粒和液体微粒使大气能见度变坏，能减弱太阳辐射和地面辐射，影响地面及空气温度。大气气溶胶微粒能充当水汽凝结核，对云、雨的形成有着重要作用。

有些进入大气中的气溶胶粒子是大气中的污染物质，如工厂排放的粉尘有大量镉、铬、铅等金属，以及许多有机化合物，都对人体有一定危害；燃烧排出的一氧化氮、二氧化氮、二氧化硫等气体在紫外线照射下会氧化，遇水滴或高温生成硝酸、亚硝酸、硫酸及各种盐类，造成严重大气污染。

1.1.2 大气污染

1.1.2.1 大气污染的概念

由于人类的生产和生活活动，特别是工业及交通运输业的发展，向大气中排放了许多有毒、有害气体和物质，大气中增加了许多新的成分对人类及动植物的健康产生危害和影响，直接或间接损害设备、建筑物或对人类环境产生不利影响，破坏人类和生物生活生存条件，这种现象称为大气污染。

1.1.2.2 大气污染的种类

大气污染可分为自然污染和人为污染两种。自然污染发生于自然过程的本身，例如风引起的沙暴、尘暴；火山喷发和大面积森林自然火灾所升起的烟云或灰烬；海水的浪花泡沫因蒸发失水而留下的盐微粒以及细菌、植物的孢子、花粉等有机体。人为污染则是由人类的生产和生活活动所造成的。自然污染和人为污染产生的危害，以人为污染最为严重。

大气污染已成为全球十大环境问题之一。大气污染源主要是工业污染、交通运输污染、农业污染和人类生活污染。据初步统计，污染物成分有100多种。其中影响范围广，对人类和生物界环境威胁较大的主要是各种粉尘，有二氧化硫(SO_2)、一氧化碳(CO)、二氧化氮(NO_2)、硫化氢(H_2S)、氟化氢(HF)、甲烷(CH_4)、颗粒物、臭氧(O_3)、二氧化碳(CO_2)等。其中氮氧化合物经太阳紫外线照射，发生复杂的化学反应，形成毒性很大的光化学烟雾；硫化物与大气中水汽发生反应，产生酸雨降到地面；碳氧化物(如CO_2)、甲烷(CH_4)等温室气体使温室效应增强，使全球气候变暖；排放到大气中的制冷剂，如氟里昂(FCL_3和CF_2CL_2)等，对大气中臭氧层破坏特别严重，造成南北极上空的臭氧“空洞”。

20世纪70年代以来，人们发现和提出了几个区域性及全球性的重大的大气环境污染问题，引起各国政府的高度重视。它们是酸雨、南极臭氧洞以及CO_2等温室气体引起的全球气候变化问题。酸雨是pH值小于5.6时的雨水，酸雨已经在西欧、北美和东亚地区大面积的发生，对生态环境(森林、水体、农作物、文物)及人体健康等产生了危害和影响。酸雨主要是由于人类生产活动排放出的二氧化硫和氮氧化物造成的。为了控制酸雨的发展，减少危害，各国都在投入大量的资金和技术，减少由燃烧矿物(如煤和石油)燃料而释放的二氧化硫和氮氧化物的排放量。平流层中的臭氧层是人类和一切生物免遭太阳紫外辐射的危害，是赖以生存的生命保护层。如果臭氧层遭到破坏，对人类和地球生态环境的影响是十分严重的。经研究，南极臭氧洞的形成主要是与人类排放的氟里昂等化合物有关。

1.1.2.3 大气污染的来源

工矿企业是大气污染的主要来源，如火力发电厂、钢铁厂、焦化厂、石油化工厂和水泥厂等，其主要生产工艺过程和动力部分的发生过程(烧煤或石油)都可向大气排放污染物。

其次是交通运输，如汽车、火车、轮船和飞机等所排出的废气也是活动的污染源。生活炉灶与取暖锅炉的燃料燃烧能产生一氧化碳、二氧化硫和烟尘等大气污染物质。最后像核爆炸等原子能试验所产生的放射性烟云和散落物，是危害人们健康的大气污染的重要来源。

1.1.2.4 大气污染的危害

大气污染物是各种各样的，它主要取决于各个工矿企业所用的原料和不同生产过程。大气污染对人体的危害是多方面的。在高浓度污染物突然排放的情况下，能造成急性中毒，甚至在几天之内，可以使上百成千的人死亡。在低浓度反复长期污染的情况下，则可造成慢性危害，如感冒、气管炎、哮喘、肺气肿等。各种粉尘则易造成呼吸道的疾病。大气污染中的煤烟和汽车废气等都含有致癌物质，刺激肺癌、皮癌等的生成。

大气污染物还能损害物品。由于污染物的化学作用，使物品变质或腐蚀。如二氧化硫遇到空气中的水滴，变为硫酸雾，附在各种物体表面上，造成严重腐蚀。又如光化学烟雾中的臭氧，对橡胶有很大的破坏性，能使一般橡胶制品及塑料迅速老化和脆裂。二氧化硫及其他气体还能严重腐蚀钢铁、金属材料等。

大气污染对植物的危害是人们所熟知的，这种危害主要发生在大城市和工矿区附近。例如美国洛杉矶的光化学烟雾事件，曾使农作物和果树受到严重破坏：蔬菜一夜之间由绿变褐，不能食用；距该市 100km 的 2 000m 高山上的松树枯死，柑橘严重减产；被烟雾污染的葡萄既小又不甜，产量降低 60% 以上。大气污染对植物危害的程度，决定于污染物质的种类、浓度、受害时间的长短、植物的种类、品种和不同的生长发育期等因子。例如二氧化硫对植物的危害主要是由于它的还原特性，使叶细胞中毒，造成急性或慢性危害，最后使植物叶子变黄或坏死，提早落叶以至全株受害而死亡。氧化烟雾中，90% 是臭氧，植物受臭氧危害时，在叶片的上表面出现点刻般的褐色斑点，严重时斑点透过叶片，使叶片黄化，甚至变成白色。受害后，还会使植物的组织机能衰退，生长受到阻碍，芽的形成和开花过程均受抑制，并发生早期落叶、落花及落果等现象。含氟化合物的气体也是对植物危害很大的大气污染物质之一。水溶性氟化物能被植物的叶子吸收，并可在植物体内积累。当积累超过一定程度时，可使叶子脱落、生长缓慢、果实变小和产量下降。

1.1.2.5 气象条件与大气污染

气象条件与大气污染物的扩散有着密切的关系。同一个污染源，气象条件不同，所测得的污染浓度也不相同，可相差几十倍到几百倍。影响大气污染的主要气象因子为风和温度层结，以及不同下垫面条件、风与温度层结的变化。

(1)风

排放出来的污染物质进入大气后，随着风向、风速的流动而被带到下风方向，又随着风的乱流而不断向上下左右扩散，使污染物质的浓度变低。大气乱流强，大气的稀释能力就大；大气乱流弱，大气的稀释能力就小。所以，风速大，污染物质就输送得远而稀释得快；风速小，则污染物质输送得近而稀释得慢。

(2)温度层结

污染物质的输送和扩散，除了与风和乱流性质有关外，还和大气的稳定度有关。如第 2 章所述，大气的静力稳定度是取决于大气的温度层结，即决定大气温度的铅直分布率 γ 和干绝热直减率 γ_d。大气温度的铅直分布率小于干绝热直减率 γ_d，则大气稳定，乱流扩散受到抑制，污染物浓度大；而当大气温度的铅直分布率大于干绝热直减率时，则大气不稳定，乱流扩散得到加强，污染物稀释快，浓度小。

大气稳定度除与温度层结有关外，与风也有密切关系。风速增大，能使大气稳定度显著减弱；风速减少，如静风或微风，则能增加大气的稳定度。然而，影响扩散的还有动力乱流，动力乱流与风及下垫面粗糙度有关。此外，各种大尺度天气系统有着不同的风速结构和温度层结，对污染的影响也不同。

大气污染对气象要素的影响也很明显。例如火山喷发或森林火灾引起的自然污染可达 3 ~ 10km 的高度，并可在空中停留数年，因而使到达地面的太阳辐射减弱，气温降低，人为的污染特别是固体微粒和气溶胶的污染，常常增加大气的凝结核，烟雾产生率增加，雾日增多，降低了大气的能见度，使大城市和工业地区上空经常是烟雾弥漫，大气浑浊，透明度减小，进入大气的太阳辐射量也减弱。例如，德国柏林市内污染严重，在地面测得的太阳辐射量仅为郊区波茨坦的 79%；短波辐射减弱更大，如市内的紫外线辐射量比乡村中小几倍。污染对温度的影响尚待进一步研究，因为污染物虽然能减少太阳辐射，但有些污染物又能吸收长波辐射使之增温。

目前，解决大气污染问题的措施主要有工程措施和生物措施，包括合理布局工业，减少污染物排放；改进燃烧方法和燃料构成；采用区域采暖集中供热，减少交通废气污染；合理使用农药和化肥，植树造林，增加绿地。

1.2 大气的结构

由于地球引力作用，大气质量的 2/3 都集中在大气低层，随高度增加，空气密度迅速减少，越往上空气变得越来越稀薄，最后地球大气弥漫在星际空间，密度极小(空气质点密度为 1 个/cm^3，电子浓度为 100 ~ 1 000 个/cm^3)的星际气体一样。在地球大气和星际气体之间并不存在一个截然的界限，但我们可大致划出一个大气上界。人们根据对空气密度的测定，发现 800km 高空空气已经很稀薄，认为大气厚度是 800km；后来经过对极光光谱的分析，人们又发现 800km 以上的空中仍有少量的氧和氮，因而确定地球大气圈的厚度为 1 200km 左右，这种根据极光出现高度的物理现象推算得到的大气圈厚度称为大气物理上界。随着火箭和人造地球卫星探测技术的提高，用人造卫星探测资料推算发现大气上界的位置大约在 2 000 ~ 3 000km 高度上。

大气总质量约为 5.3×10^{15}t，其中 50% 集中在离地 5.5km 以下气层内，在离地 36 ~ 1000km 的大气层只占有大气总质量的 1%。

世界气象组织(WMO)根据大气温度和水汽的铅直分布、大气的扰动程度和电离现象等不同物理性质，把大气分为 5 层(见图 1-1)。现将各层特点分述如下：

1.2.1 对流层

对流层是靠近地表的大气最底层。它的厚度随纬度和季节的不同而有变化。就纬度而言，低纬度平均为 17 ~ 18km，中纬度为 10 ~ 12km，高纬度只有 8 ~ 9km。就季节而言，夏季厚、冬季薄。

对流层的厚度同整个大气层相比，虽然十分薄，不及整个大气层厚度的 1%。但由于地球引力，使大气质量的 3/4 和几乎全部的水汽都集中在这一层。云、雾、雨、雪、风等主要大气现象都发生在这一层中，它是天气变化最为复杂的层次，因而也是对人类生产、生活影响最大的一层。对流层的主要特征有以下几点：

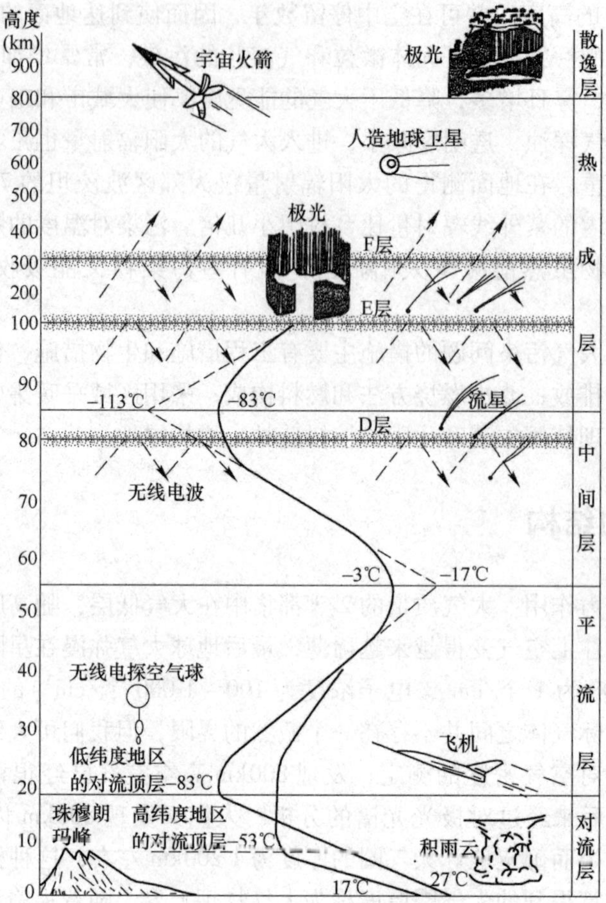

图1-1 大气的垂直结构

①气温随高度增加而降低 由于对流层与地面相接触，空气从地面获得热量，温度随高度的增加而降低。在不同地区、不同季节、不同高度，气温降低的情况是不同的。平均而言，每上升100m，气温约下降0.65℃，这称为气温直减率，也称气温垂直梯度，通常以γ表示。

$$\gamma = -\,\mathrm{d}T/\mathrm{d}Z = 0.65℃/100\mathrm{m} \qquad (1\text{-}1)$$

②空气具有强烈的对流运动 由于地面受热不均匀，产生空气的垂直对流运动，高层和低层的空气能够进行交换和混合，使得近地面的热量、水汽、固体杂质等向上输送，对成云致雨有重要作用。

③气象要素水平分布不均匀 由于对流层受地表影响最大，而地表有海陆、地形起伏等性质差异，使对流层中温度、湿度、二氧化碳等的水平分布极不均匀。在寒带大陆上空的空气，因受热较少和缺乏水源，就显得寒冷而干燥；在热带海洋上空的空气，因受热多，水汽充沛，就比较温暖而潮湿。温度、湿度等的水平差异，常引起大规模的空气水平运动。

根据对流层内气流和天气现象分布特点，从下而上又可分为下层、中层、上层和对流顶层4层。

(1)下层

下层又称摩擦层或行星边界层，它的范围是自地面到1.5km左右高度，因受地面摩擦和热力的影响，这层空气的对流和不规则的湍流运动都很强，随高度增加，风速增大，气温日变化也很大。由于下层水汽、尘埃含量较多，低云和雾都发生在这里。在下层内还可分出一个贴近地面的副层，称为近地面层。近地面层的高度由地面至50~100m，其中0~2m间的气层又称贴地层。近地面层是受地面强烈影响的气层，也是人类和生物生存的重要环境，对它的研究有着很大实际价值。

(2)中层

中层是指高度1.5~6km的一层大气，它受地面影响比下层小得多，气流状况基本上可表征整个对流层空气运动趋势。大气中的云和降水大都发生在这一层内。这层顶部气压通常只有地面的1/2。大气从此层开始受地面摩擦可忽略不计，因此常把1.5km以上的大气称为自由大气。

(3)上层

上层的范围是从6km高度伸展到对流层顶部，这一层气温常年都在0℃以下，水汽含量较少，各种云都由冰晶或过冷却水滴组成。在中纬度和热带地区，这一层中常出现风速等于或大于每秒30m的强风带，即所谓急流。

(4)对流顶层

对流顶层是对流层与平流层间的过渡层。厚度为数百米至1~2km。这一层温度不随高度降低，而是等温或基本不变。这一特征对垂直气流有很大阻挡作用，上升的水汽和尘埃多聚集其下。对流层顶的气温，在低纬度地区约为-83℃，高纬度地区为-53℃。

1.2.2　平流层

平流层位于对流层顶到距地面约50~55km的高度。在该层内，最初气温随高度的增高不变或微有上升；大约到25~30km以上，气温随高度上升有显著升高；到平流层顶气温约升到-3~-17℃。平流层也是地球大气中臭氧集中的地方，尤其在20~25km高度上臭氧浓度最大，所以这个层又称臭氧层。平流层的特征有：

①气温随高度的上升而升高　这种分布特点是由于受地面温度影响很小，特别是此层存在的大量臭氧能直接吸收太阳紫外线。

②空气以水平运动为主　由于平流层中下层温度低，上层温度高，空气失去了受热膨胀上升的动力。垂直混合作用明显减弱，气流比较平稳，空气以水平运动为主，天气晴好，适于飞机飞行。

③水汽含量极少，大多数时间天气晴朗，有时对流层中发展旺盛的积雨云也可伸展到平流层下部。在高纬度20km以上高度，有时在早晚可观测到贝母云(又称珍珠云)。另外，此层气溶胶粒子含量极少，但当火山猛烈爆发时，火山尘也可到达此层，影响能见度和气温。

1.2.3 中间层

中间层是从平流层顶到距地面85km左右的高度，这一层的特征是气温随高度的增加迅速降低，顶部气温可降至-83～-113℃。由于上冷下暖，再次出现空气的垂直运动，故又称高空对流层。其原因是这一层中几乎没有臭氧存在。层内的二氧化碳、水汽等更稀少，几乎没有云层出现，仅在75～90km高度有时能见到一种薄而带银白色的夜光云，但出现机会很少。这种夜光云有人认为是由极细微的尘埃组成。

1.2.4 热成层

热成层又称暖层。位于中间层顶至500km左右。热成层内空气稀薄，空气分子在太阳紫外线的作用下变为离子和自由电子，空气处于高度的电离状态，故热成层又可称为电离层。热成层的主要特征：

①气温随高度的增加迅速升高　该层气温随高度增加而迅速增高。其增温幅度与太阳活动有关，当太阳活动加强时，温度随高度增加很快，在300km高度上，气温可达到1 000℃以上，500km处的气温可增至1 200℃。这是由于波长大于0.175μm的太阳紫外辐射都被该层的大气（主要是原子氧）吸收的缘故。

②大气处于高度的电离状态　据研究，高层大气由于受到太阳光的强烈辐射，迫使气体原子电离，产生带电离子和自由电子，使高层大气中产生电流和磁场，并可反射无线电波，正是由于高层大气中电离层的存在，短波无线电通讯得以进行，人们才可以收听到很远地方的无线电台的广播。

此外，在高纬地区的晴夜，热成层中可以出现彩色的极光。这可能是由于太阳发出的高速带电粒子，使高层稀薄的空气分子或原子激发后发出的光。这些高速带电粒子在地球磁场的作用下，向南北两极移动，所以极光常出现在高纬度地区的上空。

1.2.5 散逸层

这是大气的最高层，一般指500km以上的大气层，又称外层，是大气圈与星际空间的过渡带。这一层中气温随高度的增加很少变化。由于温度高，空气粒子运动速度很快，又因距地心很远，受地球引力很小，所以大气粒子常可散逸至星际空间。同时也有宇宙空间的气体分子闯入大气，二者可保持动态平衡。

1.3 大气的物理性状

在气象学上，大气的物理性状主要以气象要素和空气状态方程来表征。

1.3.1 主要气象要素

气象要素（meteorological element）是指表示大气属性和大气现象的物理量，如气温、气压、湿度、风向、风速、云量、降水量、能见度等。

1.3.1.1 气温

气温(air temperature)是表示空气冷热程度的物理量。在一定的容积内，一定质量的空气，其温度的高低只与气体分子运动的平均动能有关。因此，空气冷热的程度，实质上是空气分子平均动能的表现。当空气获得热量时，其分子运动的平均速度增大，平均动能增加，气温也就升高。反之，当空气失去热量时，其分子运动平均速度减小，平均动能随之减少，气温也就降低。

气温的单位：目前我国规定用摄氏度(t℃)温标，以气压为1 013.3hPa时纯水的冰点为零度(0℃)，沸点为100度(100℃)，其间等分100，等份中的1份即为1℃。在理论研究上常用热力学绝对温标，以K(T℃)表示，这种温标中一度的间隔和摄氏度相同，但其零度称为“绝对零度”，规定为等于摄氏－273.15℃。因此，水的冰点为273.15K，沸点为373.15K。两种温标之间的换算关系如下：

$$T = t + 273.15 \approx t + 273 \tag{1-2}$$

大气中的温度一般以百叶箱中干球温度为代表。

1.3.1.2 气压

气压(air pressure)指大气的压力，即单位面积上所承受的整个大气柱的重量。若以P代表气压，F代表面积A上所承受的力，则

$$P = F/A \tag{1-3}$$

若M为任何面积A上的大气质量，在地球重力场中，g为重力加速，则这个面积A上大气柱的重量为：

$$F = Mg \tag{1-4}$$

在静止大气中，面积A上大气柱的重量就是该面上所承受的力。将式(1-3)代入式(1-4)得：

$$P = Mg/A \tag{1-5}$$

一般情况下气压值是用水银气压表测量的。设水银柱的高度为h，水银密度为ρ，水银柱截面积为S，则水银柱的重量$W=\rho gh \cdot S$。由于水银柱底面积的压强和外界大气压强是一致的，从而所测大气压强为：

$$P = W/S = \rho gh \cdot S/S = \rho gh \tag{1-6}$$

所以气压单位曾经用水银柱高度（mmHg）表示，现在通用百帕（hPa）来表示。

国际上规定，当温度为0℃时，纬度为45°的海平面上，海平面气压为1 013.25hPa，相当于760mm的水银柱高度，即作为1个标准大气压。

1.3.1.3 空气湿度

表示大气中水汽含量多少的物理量称为大气湿度(air humidity)。大气湿度状况与云、雾、降水等关系密切。大气湿度常用下述物理量表示：

(1)绝对湿度(a)

单位体积空气中所含的水汽质量称为绝对湿度或水汽密度。它表示空气中水汽的绝对含量。单位：g/m^3，g/cm^3。空气中水汽含量愈多，a就愈大，但它不能直

接测量。

(2)水汽压(e)

大气压力是大气各种气体压力的总和。水汽和其他气体一样，也有压力。大气中的水汽所产生的那部分压力称为水汽压。它的单位和气压一样，也用 hPa 表示。

(3)饱和水汽压(E)

在温度一定情况下，单位体积空气中的水汽含量是有一定限度的，如果水汽达到此限度，空气就是饱和状态，这时的空气称饱和空气。饱和空气产生的水汽压力称为饱和水汽压，它是温度的函数。在一定气压下(1 000mb)，饱和水汽压随温度的升高而很快增大，在不同的温度条件下，饱和水汽压的数值是不同的，二者关系可用下列公式表示，即

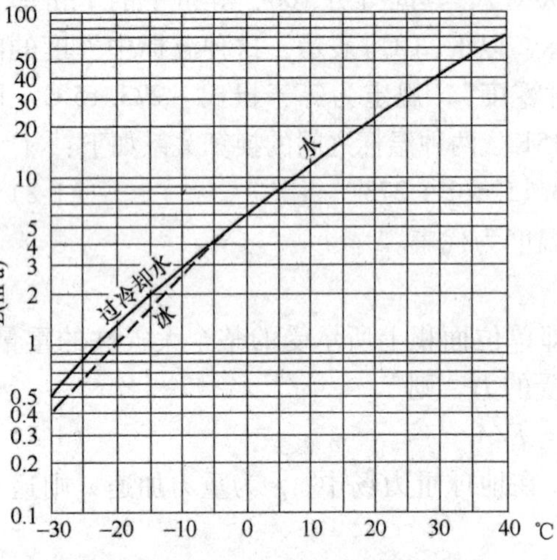

图 1-2 饱和水汽压随温度的变化

$$E = E_0 \cdot 10^{\frac{8.5t}{273+t}} \quad (1\text{-}7)$$

式中：E_0 为 0℃ 时的饱和水汽压，等于6.1hPa；t 为蒸发面温度。

公式表明，饱和水汽压随温度升高按指数规律增大(图 1-2)。

饱和水汽压的大小还与蒸发面的形状、性质以及液体中的杂质、盐分的多少有关。在自然界中蒸发表面，除平面外，还有各种曲面。在不同形状的蒸发面上，水分子受到的引力不同，因而，在同一温度条件下，不同形状的蒸发面上的饱和水汽压就不相同(图 1-3)。

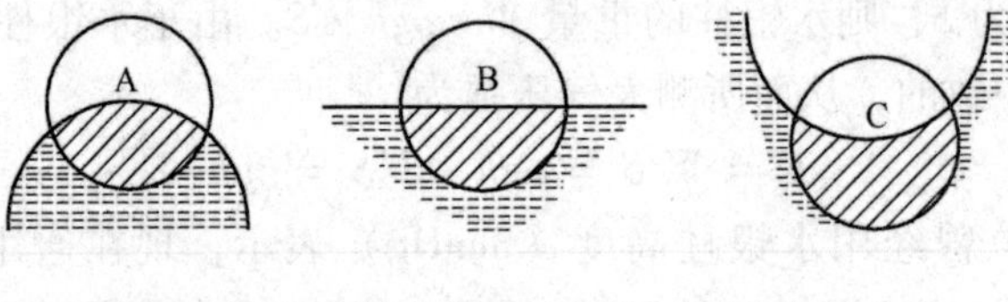

图 1-3 不同形状的蒸发面上分子受到的吸引力

同样，过冷水面上的饱和水汽压大于冰面上的饱和水汽压。含有盐分的溶液面上的饱和水汽压小于同温度下纯水面的饱和水汽压。而且，溶液浓度愈大，饱和水汽压愈小。

(4)相对湿度

相对湿度(U)就是空气中的实际水汽压与同温度下的饱和水汽压的比值(用百分数表示)。即

$$U = e/E \times 100\% \quad (1\text{-}8)$$

U的大小直接反映了空气距离饱和的程度。U愈小，空气离饱和愈远，$U=100\%$时，表明当时空气接近于饱和。它的大小决定于大气中水汽含量和气温。当e不变时，气温升高，E上升，导致U下降；反之，气温下降，导致U上升。

(5)饱和差

在一定温度下，饱和水汽压与实际空气中水汽压之差称为饱和差(d)。它表示实际空气距离饱和的程度。即

$$d = E - e \tag{1-9}$$

(6)比湿

在一团湿空气中，水汽的质量与该团空气总质量(水汽质量加上干空气质量)的比值称为比湿(q)。其单位是g/g，即表示每1g湿空气中含有多少克的水汽。也有用每千克质量湿空气中所含水汽质量的克数表示的，即g/kg。

$$q = m_w/m_w + m_d \tag{1-10}$$

式中：m_w为该团湿空气水汽的质量；m_d为该团湿空气中干空气的质量。据此公式和气体状态方程可导出：

$$q = 0.622e/P \tag{1-11}$$

注意式中气压(P)和水汽压(e)须采用相同单位(hPa)，q的单位是g/g。

由上式知，对于某一团空气而言，只要其中水汽质量和干空气质量保持不变，不论发生膨胀或压缩，体积如何变化，其比湿都保持不变。因此在讨论空气的垂直运动时，通常用比湿来表示空气的湿度。

(7)露点温度

当空气中水汽含量不变，且气压一定时，使空气冷却到饱和时的温度称露点温度(t_d)。其单位与气温相同。当$t > t_d$时，表示空气未饱和；$t = t_d$时，表示空气饱和；$t < t_d$时，表示空气过饱和。

1.3.1.4 降水量

降水(precipitation)是指从天空降落到地面的液态或固态水，包括雨、雪、雨夹雪、霰、冰粒和冰雹等。降水量指降水落至地面后(固态降水则需经融化后)，未经蒸发、渗透、流失而在水平面上积聚的深度，降水量以mm(毫米)为单位。

在高纬度地区冬季降雪多，还需测量雪深和雪压。雪深是从积雪表面到地面的垂直深度，以cm(厘米)为单位。当雪深超过5cm时，则需观测雪压。雪压是单位面积上的积雪重量，以g/cm^{2}为单位。降水量是表示某地气候干湿状态的重要要素，雪深和雪压还反映当地的寒冷程度。

按气象观测规定，气象站在有降水的情况下，每6h观测1次。6h中降下来的雨雪都融化为水，称为6小时降水量；24h降下来的雨雪都融化为水，称为24小时降水量；一个旬降下来的雨雪都融化为水，称为旬降水量；以此类推，一年中降下来的雨雪都融化为水，称为年降水量。把一个地区多年的年降水量平均起来，就称为这个地区的平均年降水量。例如，北京的平均年降水量是644.2mm，上海的平均年降水量是1123.7mm。

1.3.1.5 风

空气的水平运动称为风(wind)。风是一个表示气流水平运动的物理量。它不仅有数值的大小风速，还具有方向，即风向。因此，风是向量。它是天气预报的重要内容，又是天气预报的重要依据。

风向是指风的来向。地面风向用 16 方位表示，高空风向常用方位度数表示，即以 0°(或 360°)表示正北，90°表示正东，180°表示正南，270°表示正西。在 16 方位中，每相邻方位间的角差为 22.5°。

风速是指单位时间内空气水平运动的距离。也可用风力等级表示。风速单位常用 m/s、knot(海里/h，又称“节”)和 km/h 表示，其换算关系如下：

$$1\text{m/s} = 3.6\text{km/h} \qquad 1\text{knot} = 1.852\text{km/h}$$

$$1\text{km/h} = 0.28\text{m/s} \qquad 1\text{knot} = 0.51\text{m/s}$$

风速的表示有时采用压力，称为风压。如果以 V 表示风速(m/s)，P 为垂直于风的来向，1m^2面积上所受风的压力(kg/m^2)，其关系式：

$$P = 0.125V^2 \tag{1-12}$$

1.3.1.6 云量

云是悬浮在大气中的小水滴、冰晶微粒或二者混合物的可见聚合群体，底部不接触地面(如接触地面则为雾)，且具有一定的厚度。云量是指云遮蔽天空视野的成数。将地平面以上全部天空划分为 10 份，为云所遮蔽的份数即为云量(cloudage)。例如，碧空无云，云量为 0，天空一半为云所覆盖，则云量为 5。

1.3.1.7 能见度

能见度(visibility)是指视力正常的人在当时天气条件下，能够从天空背景中看到和辨出目标物的最大水平距离。单位用 m(米)或 km(千米)表示。

目标物的能见度，与大气透明度和目标物同背景的亮度对比有并。当天气晴朗、大气透明度良好时，能见度就好；反之，当空气混浊，特别是有雾、霾、烟、风沙及降水时，能见度就差。在大气透明度不变的条件下，如果目标物同背景的亮度对比较大，则能见距离较远；相反，则能见距离较近。一般情况下人们并不太注意能见度这一气象要素，但对航空、航海和公路、铁路运输而言，能见度就显得相当重要了，恶劣的能见度常是坠机、翻船和撞车的元凶，旅客因此而延误了行期，生产活动因此而受到影响则更为常见。

1.3.2 空气状态方程

空气状态常用密度(ρ)、体积(V)、压强(P)、温度(t 或 T)表示。对一定质量的空气，其 P、V、T 之间存在函数关系。例如，一小团空气从地面上升时，随着高度的增大，其受到的压力减小，随之发生体积膨胀增大，因膨胀时做功，消耗了内能，气温就降低。这说明该过程中一个量变化了，其余的量也要随着变化，亦即空气状态发生了变化。如果 3 个量都不变，则称空气处于一定的状态中，因此研究这些量的关系可以得到空气状态变化的基本规律。

1.3.2.1 干空气的状态方程

根据大量的科学实验得出，一切气体在压强不太大、温度不太低(远离绝对零度，即热力学温度零度)的条件下，一定质量气体的压强和体积的乘积除以其热力学温度等于常数，即

$$\frac{PV}{T} = \text{常数} \tag{1-13}$$

式(1-13)是理想气体的状态方程。凡符合该方程的气体，称理想气体。实际上，理想气体并不存在，但在通常大气温度和压强条件下，干空气和未饱和的湿空气都十分接近于理想气体。

在标准状态下($P_0 = 1\ 013.25\text{hPa}$，$T_0 = 273\text{K}$)，1mol 的气体，体积约等于 22.4L，即 $V_0 = 22.4\text{L/mol}$。因此

$$\frac{PV}{T} = \frac{P_0 V_0}{T_0} = R^* \text{ 即 } PV = R^* T \tag{1-14}$$

根据计算 $R^* \approx 8.31\text{J/(mol}\cdot\text{K)}$，该值对 1mol 任何气体都适用，所以称普适气体常数。

对于质量为 Mg，1mol 气体的质量是 μ 的理想气体，在标准状态下，其体积 V 等于 1mol 气体体积的$\frac{M}{\mu}$倍，即

$$V = \frac{M}{\mu}\frac{R^* T}{P} \text{ 或 } PV = \frac{M}{\mu}R^* T \tag{1-15}$$

这是通用的质量为 M 的理想气体状态方程，又称门捷列夫-克拉珀珑方程。它表明气体在任何状态下，压强、体积、温度和质量 4 个量之间的关系(计算时要注意单位的统一)。

在气象学中，常用单位体积的空气块作为研究对象，为此，常将式(1-15)中 4 个量的关系变为压强、温度和密度 3 个量间的关系，即

$$PV = \frac{M}{\mu}R^* T \text{ 或 } P = \frac{M}{V}\frac{R^*}{\mu}T \tag{1-16}$$

式中：$\frac{M}{\mu}$就是密度 ρ；用 R 表示$\frac{R^*}{\mu}$，则得

$$P = \rho RT \tag{1-17}$$

式中 R 称比气体常数，是对质量为 1g 的气体而言的，它的取值与气体的性质有关。

式(1-17)表明，在温度一定时，气体的压强与其密度成正比，在密度一定时，气体的压强与其热力学温度成正比。从分子运动论的观点来看，这是容易理解的。气体压强的大小决定于器壁单位面积上单位时间内受到的分子碰撞次数及每次碰撞的平均动能，如分子平均动能大且单位时间里碰撞次数多，故压强也就大。

如前所述可以把干空气(不含水汽、液体和固体微粒的空气)视为相对分子质量为 28.97 的单一成分的气体来处理，这样干空气的气体常数 R_d 为：

$$R_d = \frac{R^*}{\mu_d} = \frac{8.31}{28.97} = 0.287 \mathrm{J/(g \cdot K)} \tag{1-18}$$

干空气的状态方程为：

$$P = \rho R_d T \tag{1-19}$$

1.3.2.2 湿空气状态方程与虚温

在实际大气中，尤其是近地面气层中存在的总是含有水汽的湿空气。在常温常压下，湿空气仍然可以看成理想气体。湿空气状态参量之间的关系，可用下式表示：

$$P = \rho' R' T \tag{1-20}$$

式中：$R' = R^*/\mu'$。μ'为湿空气的相对分子质量；ρ'为湿空气的密度。由于湿空气中水汽含量是变化的，所以μ'和R'都是变量。

如果以P表示湿空气的总压强，e表示其中水汽部分的压强（即前述的水汽压），则$P-e$是干空气的压强。干空气的密度（ρ_d）和水汽的密度（ρ_w）分别是

$$\rho_d = \frac{P-e}{R_d T} \quad \rho_w = \frac{e}{R_w T} \tag{1-21}$$

式中：R_w为水汽的比气体常数，$R_w = R^*/\mu_w = (8.31/18)\mathrm{J/(g \cdot K)} = 0.4615\mathrm{J/(g \cdot K)}$（$\mu_w$为水汽分子质量 = 18g/mol）。

$$R_w = \frac{R^*}{\mu_w} = \frac{\mu_d}{\mu_w} \cdot \frac{R^*}{\mu_d} = 1.608 R_d \tag{1-22}$$

因为湿空气是干空气和水汽的混合物，故湿空气的密度ρ是干空气密度ρ_d与水汽密度ρ_w之和，即

$$\rho = \rho_d + \rho_w = \frac{P-e}{R_d T} + \frac{e}{R_w T} = \frac{1.608(P-e)+e}{1.608 R_d T} = \frac{P}{R_d T}\left(1 - 0.378\frac{e}{P}\right) \tag{1-23}$$

将式(1-23)右边分子分母同乘以$\left(1+0.378\frac{e}{P}\right)$，并考虑到$e$比$P$小得多，因而$\left(0.378\frac{e}{p}\right)$很小，可略去不计，式(1-23)可写成：

$$\rho = \frac{P}{R_d T\left(1 + 0.378\frac{e}{P}\right)} \tag{1-24}$$

$$P = \rho R_d T\left(1 + 0.378\frac{e}{P}\right) \tag{1-25}$$

式(1-25)为湿空气状态方程的常见形式。如果引进一个虚设的物理量——虚温（T_V），即

$$T_V = \left(1 + 0.378\frac{e}{P}\right)T \tag{1-26}$$

由于$\left(1+0.378\frac{e}{P}\right)$恒大于1，因此虚温总要比湿空气的实际温度高些。引入虚

温后，湿空气的状态方程可写成：

$$P = \rho R T_V \quad (1\text{-}27)$$

式中：R 是干空气的比气体常数。为了书写方便，把 R_d 的下标 d 省去。比较湿空气和干空气的状态方程，在形式上是相似的，其区别仅在于把方程右边实际气温换成了虚温。虚温的意义是在同一压强下，干空气密度等于湿空气密度时，干空气应有的温度。虚温和实际温度之差为

$$\Delta T = T_V - T = 0.378\frac{e}{P} > 0 \quad (1\text{-}28)$$

可见空气中水汽压 e 愈大，这一差值便愈大。在低层大气，尤其是在夏季，e 值较高，这时必须用湿空气状态方程，但在高空，e 值相对较小，因而 ΔT 很小，这时便可用干空气状态方程，而不致造成大的误差。

1.4 大气与森林

大气是地球上一切生命赖以生存的外界环境条件，大气对森林来说也是极重要的环境条件，大气与森林互相影响、相互作用，二者密不可分。大气中有些气体成分对森林生物体生命活动有重要影响和作用。

1.4.1 大气成分与森林

1.4.1.1 二氧化碳与森林

二氧化碳（CO_2）是森林植物进行光合作用积累干物质进行生长发育所不可缺少的原料。植物光合作用反应方程为：

$$6CO_2 + 12H_2O \xrightarrow[\text{叶绿体}]{\text{光照}} C_6H_{12}O_6 + 6O_2 + 6H_2O \quad (1\text{-}29)$$

根据方程(1-30)，森林植物每生产 1g 干物质需吸收 1.84g CO_2，或每生产 1m^3 木材，大约需 850kg 二氧化碳或折合为 230kg 碳。据估计，热带森林固碳速率（按碳重量计）为 450 ~ 1 600g/m^2，温带森林为 270 ~ 1 125g/m^2，寒带森林为 180 ~ 900g/m^2，远远高于耕地 45 ~ 200g/m^2 和草原 130g/m^2。全球森林每年可固定 1 000 × 10^8 ~ 1 200 × 10^8t 碳，占大气总碳量的 13% ~ 16%。森林生态系统碳贮量，其森林地上部分约有 5 000 × 10^8 ~ 8 000 × 10^8t，森林土壤约有 15 000 × 10^8 ~ 16 000 × 10^8t，分别占全球陆地植物和土壤中碳贮量的 86% 和 73%，因此森林是大气 CO_2 的贮存库，是大气 CO_2 的吸收“汇”和缓冲器，能起到遏制现今全球气候变暖的作用。

森林的采伐和利用过程是 CO_2 的排放过程。当森林破坏后，森林植物和土壤中贮存的大量的碳将以 CO_2 形式向大气排放，这时森林的破坏成了大气中 CO_2 之“源”。从 1850 ~ 1980 年，由于化石燃料的燃烧，总计向大气排放的碳为 1 500 × 10^8 ~ 1 900 × 10^8t，而同期森林破坏排放的碳总量为 900 × 10^8 ~ 1 200 × 10^8t，仅次于化石燃烧，位居第二位。据美国环保署估计，大气中 CO_2 的上升，有 70% ~ 90% 是化石燃料燃烧的结果，有 10% ~ 30% 是森林采伐造成的。如果把全球森林

砍光，其排放到大气中 CO_2 浓度将增加 1 倍，且因失去森林固定作用，大气中 CO_2 将以更大速度增长，由此引起全球气候变化将是灾难性的。据 IPCC(政府间气候变化委员会)1995 年估计 1980 ~ 1989 年间，由于热带森林的破坏，每年向大气中排放的碳量达 $16 \times 10^8 \pm 10 \times 10^8$t。

在中国如果将 $2.003 \times 10^8 hm^2$ 林地全部利用好，实行永续利用，总的碳吸收可达 99.9×10^8t，相当于 1988 年工业碳排放量(5.982×10^8t)的 16.7 倍。

1.4.1.2 氧气、臭氧与森林

氧气(O_2)是所有生物生命活动所必需的，是森林植物呼吸作用的原料，没有 O_2 植物就不能生存。光合反应方程(1-30)的逆反应，就是森林植物呼吸作用吸收 O_2 放出 CO_2。光合作用则相反，放出 O_2 吸收 CO_2。白天光合作用吸收 CO_2 放出 O_2，夜间主要是呼吸作用，吸收 O_2 放出 CO_2，从而起到调节大气中 O_2 和 CO_2 量平衡的作用。空气中 O_2 的数量对生命包括植物的消耗来说是足够的。森林植物是大气中 O_2 的主要调节器。据计算，每公顷森林每日能吸收 1t CO_2，放出 0.73t O_2，白天森林植物光合作用释放 O_2 的数量比呼吸作用消耗的 O_2 多 20 倍。所以，绿化造林不仅能美化环境，更主要是调节环境中 CO_2 和 O_2 的平衡，森林是 O_2 的制造者之一。

臭氧(O_3)在大气中含量很少，特别是在近地面层是极稀少的，O_3 阻挡太阳短波紫外线照射到近地面杀灭一切生物。臭氧对森林植物能起到一定保持作用。

1.4.1.3 氮与森林

氮(N_2)是地球上生命体组成成分。森林不能直接吸收氮，只有氮被氧化后形成的氮氧化合物，如随降水进入土壤可被植物吸收利用。有的氮氧化合物如交通工具排放的废气，其中含有大量 NO、NO_2，污染了大气，激发光化学反应，对人及森林植物带来一定危害。

空气中的氮除一小部分在雷雨时，被雨水注入土壤形成硝态氮能为植物利用外，大部分仅被有固氮能力的某些生物种类所利用。例如豆科植物根瘤菌及某些蓝绿藻。据估计，生态系统所固定的游离氮，60% 是由根瘤菌等固氮细菌完成。

在地球上，固氮细菌首先把空气中游离氮转为氨和氨盐，再经硝化细菌硝化为亚硝酸和硝酸盐，硝态氮可被植物吸收并合成蛋白质，再在生态系统中通过食物链运转。植物、动物和人类死亡后体内蛋白质被微生物分解，其中铵盐进入土壤，氮则返回大气，进入再循环。氮通过固氮、氨化、硝化、反硝化和分解过程对森林发生影响。

总之，大气成分是森林生长的直接或间接必需的成分，影响到森林生长和产量，同时森林也能影响到大气成分的数量和变化，在调节大气，保持大气成分的稳定和平衡上起到一定作用。

1.4.2 大气污染与森林

森林与环境有着密切的相互关系，环境提供了森林生长发育的条件，森林又制约和影响着环境。经过长期的适应，森林与环境形成了一个相对稳定的统一体，这就是森林生态系统的平衡。

随着工业的发展，生产过程中"三废"（废气、废水、废渣）污染环境的现象日趋严重，森林生存的环境恶化，导致生态系统的不平衡。例如原来生长较好的林木，由于矿山的开发和工厂的建立，经常排放出SO_2、氮氧化合物、CO、H_2S、氟化物、Cl_2及氯化物气体等有毒的大气污染物质，使针叶或阔叶的林木受到不同程度的损害，甚至死亡，严重破坏了这些地区的森林生态系统的平衡，致使环境条件日益恶劣，影响人们的健康。

1.4.2.1 大气污染对森林的影响

大气污染对森林的影响包括直接和间接影响两方面。直接影响是指大气污染物直接作用于森林植物各个不同组织器官，造成损害，影响树木生长发育。例如，酸雨能使大量营养物质从森林植物体上淋失掉，淋失最多有钾、镁、锰等无机物和有机物包括糖类、氨基酸、有机酸、激素、果胶等。大气污染能抑制森林植物光合作用，改变气孔的开张，影响叶绿体浓度，改变 pH 值和影响光合作用中关键性蛋白质和酶。对光合作用影响的污染物有SO_2、O_3、氟化物及重金属等。大气污染物颗粒在叶面积累或通过气孔不断吸收大气污染物，导致细胞及组织损害，SO_2、NO_2、O_3等都能使叶子坏死。大气污染物还能使花粉发芽率降低、花粉管的伸长受损，从而影响种实的产生，造成整个森林受损害。

间接影响主要是大气污染物通过影响森林土壤、森林昆虫、森林中真菌、细菌和微生物等间接影响森林。在酸雨作用下，使土壤酸化，养分淋失，影响森林生长。污染物使森林变得衰弱，生长不良，而受病虫害侵袭。大气污染对森林的影响是全方位的。欧洲 40% 森林受酸雨危害，美国等发达国家，森林受污染威胁日益严重，已引起全球关注。

1.4.2.2 森林对大气污染的影响

地球上各种类型的森林和植物，在一定范围和一定浓度条件下，对排放到大气中各种污染物能起到一定的过滤、吸收与吸附作用，因此发挥了它对环境的制约和影响作用，起到了改善环境条件、净化大气、维持生态系统平衡的作用。所以，在采用工业回收等办法的同时，人们常利用森林和其他一些植物的这种特性来净化大气，防止大气污染的危害。林木在保护环境、净化大气方面主要作用有以下几个方面：

（1）滤尘作用

森林由于结构复杂，层次多，可使大气污染物层层过滤而减少，从而降低粉尘对大气的污染。林木的滤尘作用表现在 2 个方面：一方面是由于林木的枝叶茂密，能阻挡气流，减小风速，使空气中的粉尘粒子及早静止沉降而不向远处漂移扩散；另一方面由于各种树木和植物的叶面不平，多绒毛，有的还能分泌黏性油脂及汁液，能吸附大量飘尘及污染物质。据测定，每公顷松林每年可滞尘 36.4t，云杉林为 32t，绿地减尘率达 37.1% ~60%。林木如同空气的天然过滤器，使空气净化。不同树种其滞尘作用不同，即使同一树种在不同的生长期中，其滞尘作用也不一样。

(2)吸毒作用

各种有害毒气是大气污染物的最主要组成部分。在一定浓度范围内，林木可以吸收并转化大气中的有毒气体，从而起到过滤和净化大气的作用。有些树木和植物具有吸毒作用，减少污染物。据测定，松林每天可从$1m^3$空气中吸收20mg的SO_2，$1hm^2$柳杉林每年可吸收720kg SO_2，柑橘叶含氟138μg/g不受害，泡桐、女贞、大叶黄杨、梧桐等树种吸氟抗氟能力较强。

许多森林植物能放出大量杀菌素、负离子、芳香化合物使空气消毒、清新、清洁。森林植物放出的杀菌素，不仅能消灭空气中单细胞微生物、细菌、真菌与原生动物，而且对昆虫、壁虱等都有毒害作用。例如0.1g磨碎的稠李树冬芽，能在1s内杀死苍蝇。松属、圆柏属、云杉属、桦木、山杨、栎树、桉树等都能分泌杀菌素。有人计算过$1hm^2$柏树林，一昼夜可分泌50kg植物杀菌素，它们可杀死如结核、霍乱、痢疾、伤寒、白喉等病原菌。也有人统计过，森林内$1m^3$空气中只有300~400个细菌，而林外空气中就可达30 000~40 000个，而城市中则更多。此外，森林中负离子含量较多，达1 000~2 000个/m^3以上，有益人体健康，而办公室内仅100个/m^3以下。所以，森林净化大气的作用是十分明显的。

(3)制氧吸碳，维持空气成分

CO_2是大气污染的重要物质之一。19世纪末，大气中CO_2含量为0.029 2%。随着工业的发展，绿色植物空间的减少，CO_2含量逐年增加。目前大气中的CO_2含量已达0.032%。随着CO_2的增加，大气温度将增高，碳氧比例将发生变化，氧供应量将不敷所求，以致破坏地球上的碳氧循环过程。大气中CO_2含量平均为0.03%，但在大城市中CO_2含量有时可达0.05%~0.07%，局部地区可高到0.2%。CO_2虽为无毒气体，但当含量达0.05%时，人的呼吸已感不适；当含量达0.20%~0.60%时，对人体就有害了。

植物是CO_2的消耗者和O_2的天然制造厂。每年全球植物所吸收的CO_2为93.6×10^9t，而森林的吸收量为总吸收量的70%，森林是吸收CO_2的主要角色。通常$1hm^2$阔叶林一天可以吸收1t左右的CO_2，而放出0.73t的O_2。如果以成年人每日呼吸需O_2 0.75kg，排出CO_2为0.9kg计，则每个人只要有$10m^2$面积的森林就可以供给所需的碳、氧循环了。不同树种在促进碳、氧循环中作用大小不一。光合作用和呼吸作用强、叶面积指数大、生长旺盛的树种和植株，在吸碳制氧方面的能力较强。一般情况是阔叶树的作用大于针叶树。空气中CO_2的来源，除人和动、植物的呼吸作用外，还来自燃料的燃烧，它们所产生的CO_2几乎为呼吸作用所产生的10倍。因此，在考虑碳、氧平衡净化大气时，除了绿化造林外，还需考虑综合治理措施，才能达到良好的效果。

森林还能对大气中光污染、辐射污染和噪声污染有良好的减少作用，森林对大气状态包括对天气和气候的良好影响，将在以后章节中分述。

(4)监测大气污染的指示器

各种树木对大气污染的敏感程度是随树种、污染物种类而异。有些树种对于某种污染物质比较敏感，首先出现症状，而抗性强的树种则不出现症状。因此，可以利用植物的敏感性、受害程度、受害症状来判断污染物质的性质和浓度，从而预报或警报其危害情况。所以植物是大气污染的天然指示器和监测器。例如，大气中SO_2含量为5×10^{-6}，排放1h，柳杉出现受害症状；6.8×10^{-6}时，针叶树很快死亡；到10×10^{-6}时，抗性强的阔叶树叶也变黄脱落，在这种浓度下，人已不能连续工作。因此，在柳杉出现症状时，就发出预报有SO_2污染存在，当阔叶树如加拿大杨、刺槐等出现受害症状时就发布警报。此外，某些地衣、苔藓类对大气污染也极为敏感，常用做大气污染的指示器。农作物如棉花对SO_2很敏感，在SO_2含量为1.2×10^{-6}时，棉花即枯死，而人能感觉到的浓度为3.0×10^{-6}，所以可以利用这些特性作为大气污染的指示植物。

思 考 题

1. 大气是由哪些成分组成的？
2. 什么是干洁大气？
3. 根据什么确定大气垂直范围？大气垂直范围大约有多高？
4. 大气垂直分层有哪几层？对流层的主要特征是什么？
5. 简述主要气象要素的定义及其表示方法。
6. 名词解释：气压、绝对湿度、相对湿度、水气压、饱和水气压、饱和差、露点温度。
7. 空气状态方程的表述方法有哪些？
8. 大气成分及大气污染对森林有何影响？
9. 森林对大气及大气污染有何作用？
10. 大气成分中的CO_2、O_3和水汽在气象学和生物学上有何意义？

第2章　辐射能

大气中发生的一切物理过程和物理现象，都是由太阳辐射、地面辐射和大气辐射所提供的能量而发生和发展的，它们对于植物生长发育也有重要影响。因此，研究太阳辐射、地面辐射和大气辐射是气象学的重要任务。

2.1　辐射的基本知识

2.1.1　辐射的概念

辐射(radiation)是物质以电磁波的形式传播能量的一种方式。宇宙中的任何物体，只要其温度高于热力学温度零度，都会不停的以电磁波的形式向外传递能量，这种传递能量的方式称为辐射。以辐射方式传递的能量称为辐射能，简称辐射。因此，太阳、大气、地面以及自然界的一切无机体和有机体都是辐射体。辐射是能量传播方式之一，也是太阳能传输到地球的唯一途径。辐射具有二象性，既表现为波动性，又表现为粒子性。

2.1.1.1　辐射的波动性

辐射能是电磁波，故有一定波长和频率。电磁波的波长(λ)可表示为

$$\lambda = C/\gamma \tag{2-1}$$

式中：C是光速，约等于3×10^8 m/s；λ是电磁波的波长，单位为微米(μm)，1μm $=10^{-6}$m；γ是电磁波的频率，即每秒钟振动的次数，单位为赫兹(Hz)。从式(2-1)可以看出，频率高的电磁波波长较短，频率低的电磁波波长较长。

2.1.1.2　辐射的粒子性

德国物理学家普朗克(M. Planck)指出，物体放射的电磁波是由有一定质量、能量和动量的微粒所组成，这些微粒称为量子或光量子，每个量子所具有的能量(e)，与其频率成正比，波长成反比，它们之间关系为：

$$e = h\gamma \quad 或 \quad e = hc/\lambda \tag{2-2}$$

式中：h是普朗克常数，$h=6.63\times10^{-34}$ J·s。上式说明，频率愈高，波长愈短，其光量子所具有的能量愈大。反之波长越长的每个光量子所具有的能量越小。

2.1.1.3　辐射通量密度

自然界物体在单位时间、单位面积上发射或吸收的辐射能量称为辐射通量密

度。单位为瓦/米^2(W/m^2)。

在气象学上，度量辐射能通常以焦耳(J)作为辐射能的单位。在以往文献中常用卡(cal)为单位，$1cal/(cm^2 \cdot min)=697.8W/m^2$。

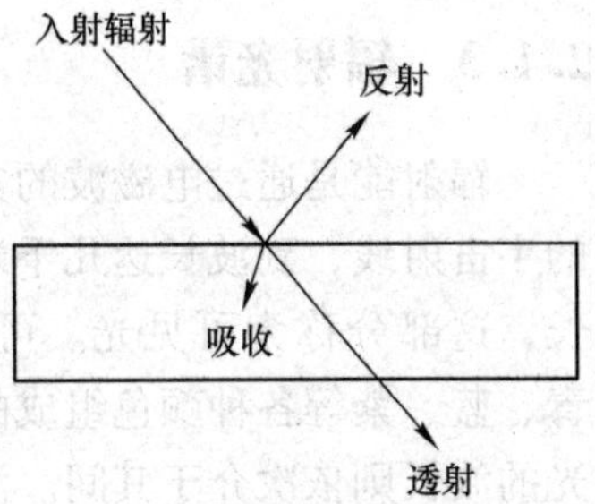

图 2-1 物体对辐射的吸收、反射和透射

2.1.2 物体对辐射的吸收、反射和透射

不论何种物体，在它向外放出辐射的同时，必然会接受到周围物体向它投射过来的辐射，但投射到物体上的辐射并不能全部被吸收，其中一部分被反射，一部分可能透过物体(图 2-1)。设投射到物体上的总辐射能为 Q_0，被吸收的为 Q_a，被反射的为 Q_r，透过的为 Q_d。根据能量守恒原理：

$$Q_a + Q_r + Q_d = Q_0 \tag{2-3}$$

将上式等号两边除以 Q_0，得：

$$Q_a/Q_0 + Q_r/Q_0 + Q_d/Q_0 = 1 \tag{2-4}$$

式中：左边第一项为物体吸收的辐射与投射于其上的辐射之比，称为吸收率(a)；第二项为物体反射的辐射与投射于其上的辐射之比，称为反射率(r)；第三项为透过物体的辐射与投射与其上的辐射之比，称为透射率(t)，则

$$a + r + t = 1 \tag{2-5}$$

a、r、t 都是 0～1 之间变化的无量纲量，分别表示物体对辐射吸收、反射和透射的能力。

物体吸收率、反射率和透射率的大小随着辐射的波长和物体的性质而改变。例如，干洁空气对红外线是近似透明的，而水汽对红外线却能强烈的吸收；雪面对太阳辐射的反射率很大，但对地面和大气的辐射则几乎能全部吸收。

同种物体对不同波长的辐射有不同的吸收率、反射率和透射率，这种特性称为物体对辐射吸收、反射和透射的选择性。

吸收率等于 1 的物体称为黑体。如果某物体对所有波长的辐射都能全部吸收，即 $a=1$，则称此物体为绝对黑体。如果某物体的吸收率是小于 1 的常数，并且不随波长而改变，这种物体称为灰体。自然界并不存在绝对黑体和绝对灰体，但为了研究方便，可将某些物体在一定的波长范围内，近似地看做黑体或灰体，例如在 8～14μm波段内，黑而潮湿的土壤具有大约 0.97～0.99 的吸收率，故可近似地把它看做黑体。

应当注意，这里定义的黑体与一般所谓的黑颜色物体是有区别的。物体的颜色只表明它反射太阳短波辐射中可见光的性质，所以不能根据物体的颜色来判断它对非可见光的吸收率。我们说太阳近于黑体是因为它对各种波长的辐射吸收率均接近 1。而洁白的雪对红外线的吸收远比一般的黑颜色物体更接近黑体。

2.1.3 辐射光谱

辐射能是通过电磁波的方式传输的。电磁波的波长范围很广，从波长 10^{-10} μm 的宇宙射线，到波长达几千米的无线电波。肉眼看得见的是从 0.4～0.76μm 的波长，这部分称为可见光。可见光经三棱镜分光后，成为一条由红、橙、黄、绿、青、蓝、紫等各种颜色组成的光带，其中红光波长最长，紫光波长最短。其他各色光的波长则依次介于其间。波长长于红色光波的，有红外线和无线电波；波长短于紫色光波的，有紫外线、X 射线、γ 射线等，这些射线虽然不能为肉眼看见，但是用仪器可以测量出来(图 2-2)。

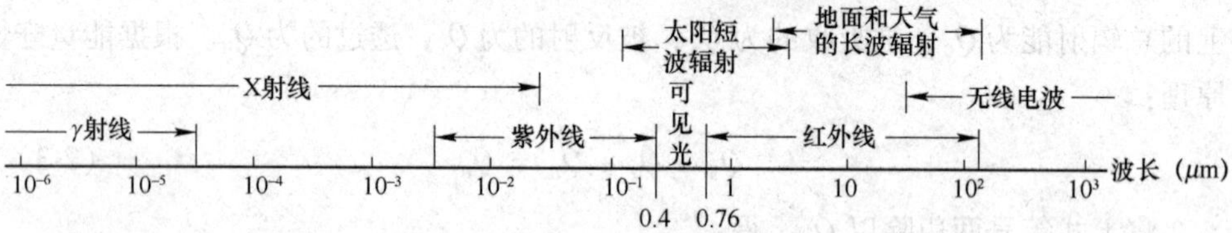

图 2-2 各种辐射的波长范围

气象学所研究的仅仅是整个辐射光谱中的一小部分，包括太阳、大气和地球表面的辐射，它的波长范围基本上在 0.1～120μm，也就是紫外线、可见光和红外线波段。太阳辐射的波长范围主要在 0.15～4μm，地面和大气的辐射波长范围在 3～120μm。因此，气象学中习惯把太阳辐射称为短波辐射，而把地球表面和大气辐射称为长波辐射，并以 4μm 为其分界线(表 2-1)。

表 2-1 各种辐射光谱的频率(Hz)和波长(λ)

辐射类型	频 率(1/s)	波 长(μm)
长波辐射	$0 \sim 1\times10^{4}$	$\infty \sim 3\times10^{10}$
无线电波	$1\times10^{4} \sim 1\times10^{11}$	$3\times10^{10} \sim 3\times10^{3}$
红外线	$1\times10^{11} \sim 4\times10^{14}$	$3\times10^{3} \sim 0.76$
可见光	$4\times10^{14} \sim 7.5\times10^{14}$	$0.76 \sim 0.4$
紫外线	$7.5\times10^{14} \sim 3\times10^{18}$	$0.4 \sim 1\times10^{-4}$
X 射线	$3\times10^{16} \sim 3\times10^{22}$	$1\times10^{-2} \sim 1\times10^{-8}$
γ 射线	$3\times10^{18} \sim 3\times10^{21}$	$1\times10^{-4} \sim 1\times10^{-7}$

2.1.4 辐射的基本定律

2.1.4.1 基尔霍夫定律

基尔霍夫(Kirchhoff)定律是表明在一定温度下，物体辐射能力与吸收率之间关系的定律。该定律不仅从实验得到，而且基尔霍夫在 1859 年由热力学定律从理论上又加以论证。此定律的表达式为：

$$a_{\lambda T} = \varepsilon_{\lambda T} \tag{2-6}$$

式中：ε 是某物体的发射率。此定律表明：在一定温度 T 下，物体对某波长 λ 的吸收率 $a_{\lambda T}$ 等于该物体在同温度下对波长的发射率 $\varepsilon_{\lambda T}$。即对不同物体，辐射能力强的，其吸收能力也强；辐射能力弱的，其吸收能力也弱。黑体吸收能力最强，所以它也是最好的发射体。

基尔霍夫定律的意义在于它把物体的发射与吸收联系起来了，只要知道某物体的吸收率就可以知道其发射率，反之亦然。

2.1.4.2 普朗克定律

1900 年普朗克(Planck)根据辐射过程具有量子特性的假设，导出了与实验相符合的普朗克公式，求出了黑体辐射能力与黑体温度及波长的关系，其公式为：

$$E_{\lambda T} = \frac{2\pi hc^2}{\lambda^5\left(e^{\frac{ch}{k\lambda T}} - 1\right)} \tag{2-7}$$

式中：$E_{\lambda T}$ 是绝对黑体发射的辐射通量密度，单位是 W/m^2；C 是光速，$C = 3\times10^8 m/s$；h 是普朗克常数，$h = 6.63\times10^{-34} J\cdot s$；$k$ 是波尔兹曼(Boltzmann)常数，$k = 1.38\times10^{-23} J/K$，$T$ 指的是物体的热力学温度，单位为 K；e 为自然对数的底。

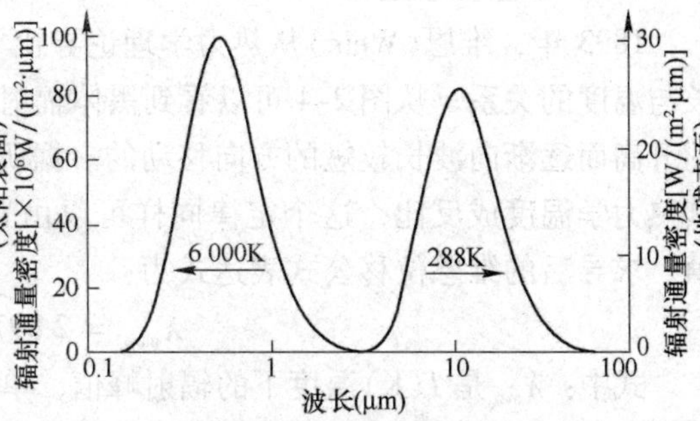

图 2-3 6 000K〔近似太阳〕和 288K〔近似地球〕的黑体

根据式(2-7)可以作出不同温度下绝对黑体辐射能力随波长的分布曲线(图 2-3、图 2-4)。由图看出：

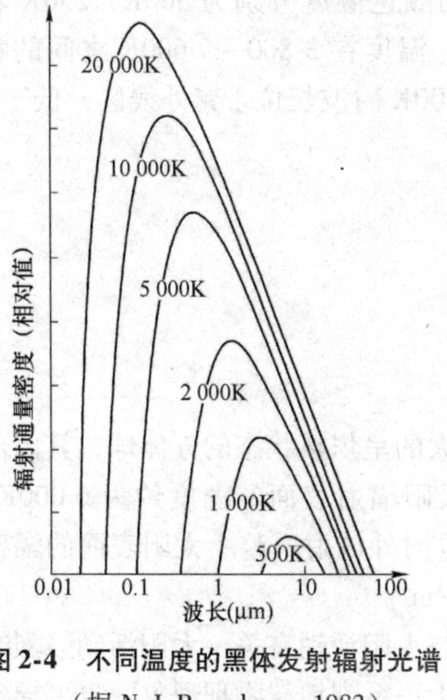

图 2-4 不同温度的黑体发射辐射光谱

（据 N. J. Rosenberg，1983）

①理论上，任何温度的绝对黑体都发射波长 0 ~ ∞ μm 的辐射，但温度不同，辐射能力不同，辐射能集中的波段也不同。例如，温度为 6 000K 的物体总辐射能力比 288K 大得多，6 000K 温度的物体的辐射能量主要集中在 0.17 ~ 4μm 波段内，而 288K 温度的物体辐射能量主要集中在 3.3 ~ 80μm 波段内。

②每一温度下，黑体辐射都有一辐射最强的波长，称为这个温度下发射的辐射峰值，并用 λ_{max} 表示，即光谱曲线的极大值。物体温度越高，其辐射峰值所对应的波长 λ_{max} 越短。

2.1.4.3 斯蒂芬-波尔兹曼定律

1879 年斯蒂芬由实验发现，物体的发射能力是随温度波长而改变的。由图 2-4 可知，随着温度的升高，黑体对各波长的发射能力都相应地增强。因而物体发射的总能量(即曲线与横坐标之间包围的面积)也会显著增大。据研究，绝对黑体的积分辐射能力与其热力学温度的 4 次方成正比。1884 年波尔兹曼用热力学理论证明了这一点。在全部波长范围内对普朗克公式进行积分就可以得到斯蒂芬-波尔兹曼(Stefan-Boltzmann)公式：

$$E_T = \int_0^\infty E_{\lambda T} \cdot d\lambda - E \tag{2-8}$$

积分后的公式表达式为：

$$E_T = \varepsilon\sigma T^4 \tag{2-9}$$

式中：E_T是温度为 T 的绝对黑体发射的辐射总能量；σ 是斯蒂芬-波尔兹曼常数，$\sigma = 5.67 \times 10^{-8} W/(m^2 \cdot K^4)$。对于非黑体或称灰体物质来说，只要在公式的右边增加物体的发射率 ε，它们的辐射能力就可以确定了。公式可写成：

$$E_T = \varepsilon\sigma T^4 \tag{2-10}$$

2.1.4.4 维恩位移定律

1893 年，维恩(Wein)从热力学理论导出了黑体辐射光谱的极大值所对应的波长与温度的关系。从图 2-4 可以看到黑体辐射极大值所对应的波长(λ_{max})是随温度的升高而逐渐向波长较短的方向移动的。据研究，黑体辐射极大值所对应的波长与其热力学温度成反比，这个定律同样可以由普朗克公式通过对波长求导得到极大值。求导后的维恩位移公式表达式为：

$$\lambda_{max} = 2\,897/T \tag{2-11}$$

式中：λ_{max}是 T(K)温度下的辐射峰值，单位为 μm；2 897 是常数。从式中可看出，物体温度越高，发射的辐射峰值 λ_{max} 越短。由维恩定律求出的温度称为颜色温度。例如太阳发射的辐射峰值的波长约为 0. 475μm，用维恩定律可计算出太阳的颜色温度为 6 100K。同样已知地面、大气和对流层顶大气发射的辐射峰值分别是 9. 7μm、11. 6μm 和 14. 5μm，用维恩定律算出的颜色温度分别为 300K、250K 和 200K。这与用普朗克定律计算的结果完全一致。温度在 3 800 ~ 7 600K 之间的物体，其发射的辐射峰值波长在可见光区，高于 7 600K 时波长位于紫外线区，低于 3 800K 的位于红外线区。

2. 2 日地关系和季节形成

2. 2. 1 日地关系

太阳是离地球最近的一颗恒星，它是一个巨大的呈炽热状态的气体球，其内部不停地进行着剧烈核反应，也就是氢氦聚变。太阳辐射表面的温度约为 6 000K，其内部温度则高达 4 000 万度，因此，有大量能量向外放射，整个太阳表面的辐射通量可达 3.9×10^{26} W，其辐射能力为 $6.3 \times 10^7 W/m^2$。

太阳投向地球的电磁辐射和微粒辐射的强弱与太阳活动有关。太阳活动强烈时太阳黑子的耀斑规模和频度就大，能使地球上产生一系列地球物理现象，也可导致天气和气候异常变化。

地球是一个扁球体，地球体积为 1 083 $\times 10^9 km^3$，太阳体积是地球的 1 301 000 倍。地球一面通过两极的地轴自转，一面沿椭圆形的赤道绕太阳公转，所以一年中地球至太阳距离是变化的(图 2-5)。近日点在 1 月 2 日，其日地距离为$1.47 \times 10^8 km$；远日点在 7 月 4 日，其日地距离为$1.52 \times 10^8 km$。随着日地距离的变化，使得到达地球上的太阳辐射在一年中平均发生 7% 的变化。

在地球自转过程中，总有半个球面朝向太阳，半个球面背着太阳。向阳的半球，为白天，称为昼半球；背阳的半球，为黑夜，称为夜半球。昼夜两个半球的界限，称为晨昏线，如图 2-6 所示。

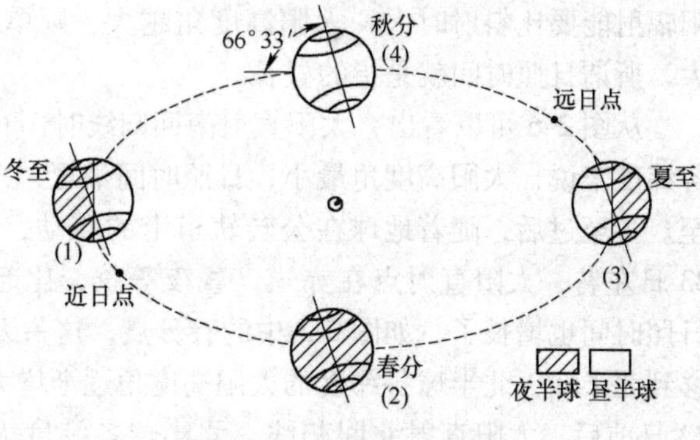

图 2-5 地球自转与公转

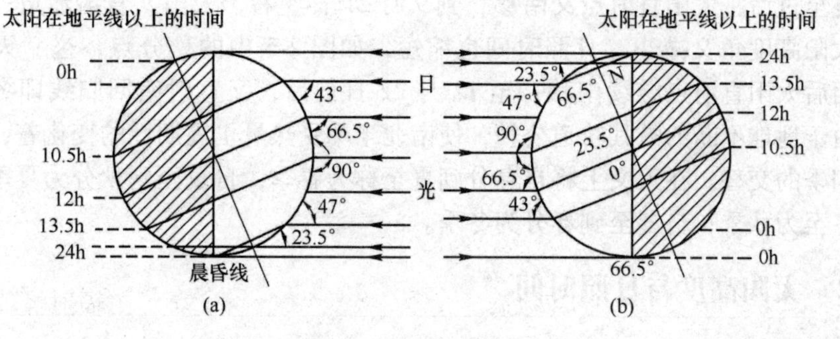

图 2-6 昼夜及其长短

(a)冬至 (b)夏至

由于地球在公转时，地轴始终和公转轨道平面保持 66°33′的倾角，因而在一年中太阳有时直射北半球，有时直射南半球，其直射点变动于南北纬 23°27′之间，我们把南北纬 23°27′的纬圈线称为南回归线和北回归线。由图 2-6 可以看出，由于太阳直射点的变化，使各纬度昼夜长短也相应地发生变化。在赤道上，一年中昼夜等长。图 2-6(a)表示太阳直射南回归线时(每年 12 月 22 日前后)的情况，由图看出在赤道与南极之间，白昼长于黑夜，在南极圈(66.5°S)以南，只有白天而无黑夜，即为永昼。在北极圈(66.5°N)以北地区，只有黑夜而没有白天，即为永夜。在赤道与北极圈之间，黑夜长于白昼。图 2-6(b)则表示太阳直射北回归线时(每年 6 月 22 日前后)的情况，这时北极圈以北的地区为永昼，北半球从赤道到北极圈之间，白昼长于黑夜。南半球则与北半球相反，极圈之内有永夜，赤道与南极圈之间，黑夜长于白昼。当太阳直射赤道时，地球上各纬度均昼夜等长。

前面已经讲到，地球上所获得的太阳辐射能在一年中的变化范围是很小的，但就南北半球而言，随着地球在公转轨道上的位置不同，所得到的太阳辐射能却有着显著的变化，这就是形成一年有四季的原因。地球上某一地方，得到太阳能量的多少应与太阳高度角和日照时间有关。所谓太阳高度角，就是指太阳光入射方向和地平面之间的夹角。直射时太阳高度角为90°，所以太阳直射对单位面积所得到的太阳辐射能要比斜射时大，太阳高度角越大，则单位面积上所得到的太阳能量就越大。所谓日照时间就是指的昼长。

从图 2-6 可以看出，太阳直射南回归线时(每年的 12 月 22 日前后)，对北半球各纬度来说，太阳高度角最小，日照时间最短，得到太阳能量最少，这一天称为冬至。冬至过后，随着地球在公转轨道上的转动，太阳直射点逐渐北移，到了 3 月 23 日左右，太阳直射点在赤道，昼夜等长，比起冬至时北半球太阳高度角增大，日照时间也增长了，如图 2-5 中的春分点，这一天称为春分。春分后，太阳直射点移到北半球，北半球各纬度的太阳高度角逐渐增大，日照时间继续增大，到了 6 月 22 日前后，太阳直射北回归线，北半球各纬度太阳高度角最大，日照时间最长，这一天称为夏至。

夏至过后，太阳直射点又南移，到 9 月 21 日左右，太阳又直射赤道，此时北半球太阳高度角又减小，日照时间也缩短，如图 2-5 中的秋分点，这一天称为秋分。而后太阳直射点继续南移，至 12 月 22 日前后，又直射南回归线即冬至。这样，由于地球不断的沿其轨道公转，使南北半球受热量也周期性的变化着，形成了一年四季的交替。在天文上将自春分到夏至称为春季；自夏至到秋分为夏季；自秋分到冬至为秋季；自冬全到春分为冬季。

2.2.2　太阳高度与日照时间

2.2.2.1　太阳高度

太阳高度(sun altitude)是太阳光线和观测点地平线间的夹角，以 h 表示。太阳高度的计算公式如下：

$$\sin h = \sin\phi \cdot \sin\delta + \cos\phi \cdot \cos\delta \cdot \cos\omega \tag{2-12}$$

式中：ϕ 是纬度；δ 是赤纬(太阳倾角或日偏角)；ω 是时角。对某一地方来说，纬度是常数，所以某一时刻的太阳高度取决于该时刻的赤纬和时角。

赤纬 δ 是以地球赤道作为基本平面的赤道坐标系中，太阳离赤道面的角距离。当太阳在赤道面以北时，δ 取正值；以南取负值。δ 变化于 ±23.5°之间。春分日(3 月 21 日)和秋分日(9 月 23 日)，$\delta = 0$。夏至日(6 月 22 日)，$\delta = +23.5°$；冬至日(12 月 22 日)，$\delta = -23.5°$。δ 值可查表取得。

时角 ω 是真太阳时角的简称。太阳连续 2 次通过子午圈的时间间隔为一个真太阳日，把真太阳日作 24 等分，每一等分为真太阳时 1h，如以角度表示，则一个真太阳时相当于时角 15°。时角的计量以正午时为 0°，午后为正值，午前为负值。

表 2-2 太阳高度随纬度和季节的变化

纬度(°N)	春分日	夏至日	秋分日	冬至日
90	0°	23°27′	0°	-23°27′
66.33	23°27′	46°54′	23°27′	0°
50	40°	63°27′	40°	16°33′
40	50°	73°23′	50°	26°33′
30	60°	83°27′	60°	36°33′
23.27	66°33′	90°	66°33′	43°00′
20	70°	86°33′	70°	46°33′
10	80°	76°33′	80°	56°33′
0	90°	60°33′	90°	66°33′

正午时，$\omega=0°$，式(2-12)可写成：

$$h = 90° - \phi + \delta \quad (2\text{-}13)$$

式(2-13)说明，太阳高度是随时间和纬度而变化。表 2-2 是太阳高度季节变化与纬度的关系。从表上看出：在北回归线以南至赤道范围，一年中有两天正午，太阳直射($h=90°$)，以赤道为例分别是春分日和秋分日。在北回归线上，只有夏至日正午太阳直射地面。在北回归线以北的纬度无直射，全年太阳高度以夏至日最高，冬至日最低；北回归线以南至赤道范围，最低也是冬至日。太阳高度随纬度分布，基本上是随纬度增加而递减的。

各纬度太阳高度的日变化规律比较一致，都是正午时刻最大，日出和日没时为零。

2.2.2.2 日照时间

日照时间(insolation duration)分为可照时间和日照时数。

(1)可照时间

可照时间是指一天中，当地面没有被障碍物、云、雾和烟尘遮蔽时，日面中心从出地平线(日出)至入地平线(日没)的时间间隔(以小时为单位)。日出和日没时，$h=0$，式(2-12)可写成：

$$\cos\omega_0 = -\tan\varphi \cdot \tan\delta \quad (2\text{-}14)$$

式中：ω_0是日出或日没时的时角，按反时针方向的 ω_0 值相当于日出，顺时针方向的 ω_0 相当于日没。这样昼长可用下式表达，即

$$2|\omega_0|/15 = 昼长 \quad (2\text{-}15)$$

用式(2-14)计算的昼长没有考虑大气折射、反射和散射作用引起的曙暮光时间。如果把这些因子作适当处理，那么日出时间稍有推迟。昼长也可以天文年历或气象常用表中直接查得。

可照时间随季节和纬度而变化。图 2-7 是可照时间的季节变化与纬度的关系。

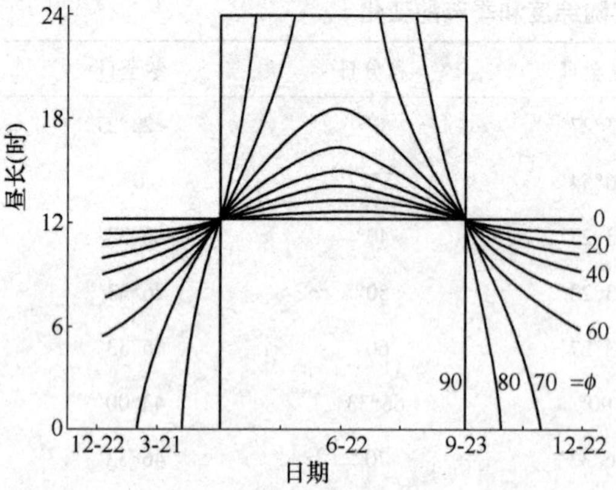

图 2-7　北半球日照时间随纬度和季节的变化

可以看出，赤道上终年昼夜平分。在北半球其他纬度上，春分、秋分日昼夜等长，从冬至经春分到夏至，昼长逐日增长，夏至日白昼最长；夏至后白昼逐日缩短，直到冬至日，白昼最短。从昼长的纬度分布来看。春分日以后到秋分日以前的夏半年中，纬度愈高，白昼愈长；冬半年则反之。

(2) 日照时数

实际上，由于云、雾等天气现象或地物障碍的影响，使太阳光实际照射地面的时间减少。每日太阳实际照射地面的时间称为日照时数(以小时为单位)。日照时数用日照计测定。日照百分率是实际日照时数与可照时数的百分比值。

2.2.3　季节与二十四节气

一年内，地球绕太阳公转时，日地距离不等；地球自转轴与公转轨道斜交成 66.5°。因此，地球每日在公转轨道上的位置不同，就有不同的太阳高度和昼长，形成太阳辐射的季节变化。最早的季节划分就是以这个天文因素为依据的，称为天文季节。例如，我国创立的二十四节气。二十四节气是以地球在环绕太阳运行的轨道上所处的位置来确定的(图 2-7)。当太阳直射赤道，南北半球都是昼夜平分，叫春分；当太阳直射北回归线，北半球的白昼最长，黑夜最短，气候炎热，叫夏至；当太阳再一次直射赤道，昼夜又平分，北半球气候渐凉，叫秋分；当太阳直射南回归线，北半球白昼最短，黑夜最长，气候寒冷，叫冬至。地球公转一圈，恰好是寒来暑往的一年四季。一年 12 个月，每月有 2 个节气，故一年四季共有 24 个节气。从二十四节气的含义看：反映季节的有立春、立夏、立秋、立冬为四季起点，春分、夏至、秋分、冬至为四季中点；反映气候状况的有小暑、大暑、处暑、小寒、大寒 5 个节气；反映降水等现象的有雨水、谷雨、小雪、大雪、白露、寒露、霜降 7 个节气；反映自然物候现象的有惊蛰、清明、小满、芒种 4 个节气。为便于记忆，群众总结编出二十四节气的歌谣：

春雨惊春清谷天，夏满芒夏暑相连；
秋处露秋寒霜降，冬雪雪冬小大寒；
每月两节日期定，最多相差一两天；
上半年在六廿一，下半年在八廿三。

二十四节气产生于黄河流域，主要反映黄河流域的气候特点和农民活动，其他地区其含义就不完全符合实际情况。一年中如以天文季节和气候作对比，可发现地球上并非各地均有四季之分，如热带地区，全年皆为夏季，南北二极，半年白天，半年黑夜，全年温度都很低，也无四季之分。天文季节比较适合温带地区，同属温带的不同地区，四季长短、气候特征也很不一样。例如，我国华北地区四季分明，然而冬季长于夏季；华中地区冬夏两季差不多。总之天文季节对气候有一定指示性，但有的地方并不适合。

在气候统计中为了方便，按阳历 3、4、5 月为春季，6、7、8 月为夏季，9、10、11 月为秋季，12、1、2 月为冬季。

2.3 太阳辐射

地球大气中的一切物理过程都伴随着能量的转换，而辐射能，尤其是太阳辐射能是地球大气最重要的能量来源。一年中整个地球可以由太阳获得 5.44×10^{24} J 的辐射能量。地球和大气的其他能量来源同来自太阳的辐射能相比是极其微小的。比如来自宇宙中其他星体的辐射能仅是来自太阳辐射能的亿分之一。从地球内部传递到地面上的能量也仅是来自太阳辐射能的万分之一。

太阳以电磁波辐射方式向宇宙空间发射巨大的能量，如果取太阳表面温度为 6 000K，则计算可得：太阳发射的总能量 E 大约是 $7\,348\times10^{4}\,W/m^{2}$；发射能量的 99% 集中在波长 0.15 ~4.0μm 之间；发射能量最大的波长是 0.475μm。太阳辐射能的波长较短，称为短波辐射。太阳辐射是生物圈内可利用的所有能量中的最主要能源。太阳辐射能（简称太阳能）是植物生活过程中不可缺少的因子，它不仅影响植物生长发育，也影响产量和质量。

2.3.1 大气上界的太阳辐射

2.3.1.1 太阳辐射光谱

太阳辐射能随波长分布称为太阳辐射光谱。图 2-8 是地球气圈外太阳辐射的光谱分布。通常把太阳光谱分为紫外（$\lambda<0.39$μm）、可见光（$\lambda=0.39\sim0.76$μm）和红外（$\lambda>0.76$μm）3 个光谱区。可见光区又分为红、橙、黄、绿、青、蓝、紫七色光波段。各色光和对应的波长（表 2-3）。波长 0.76 ~4μm 的辐射为近红外辐射，波长 4 ~100μm 为远红外辐射。

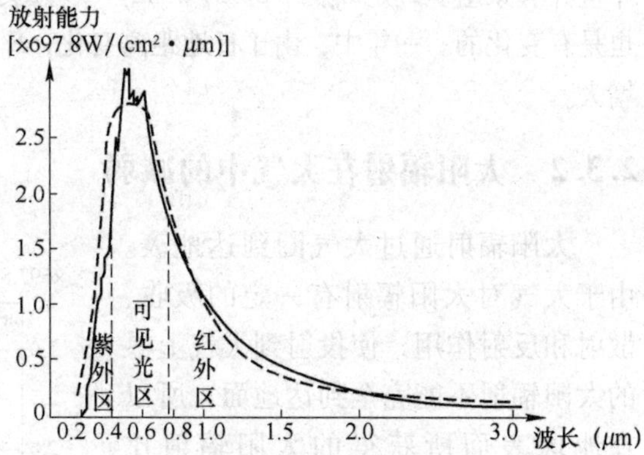

图 2-8 太阳辐射光谱

表 2-3 各种颜色对应的波长

μm

颜 色	紫	蓝	浅蓝	绿	黄	橙	红
波长范围	0.39 ~0.46	0.46 ~0.49	0.49 ~0.51	0.51 ~0.55	0.55 ~0.59	0.59 ~0.62	0.62 ~0.76

图 2-8 中，实线是大气上界太阳光谱中能量分布曲线，虚线为 $T = 6\,000$K 时计算出黑体光谱能量分布曲线，二者相比较非常相似，因此可把太阳辐射看做黑体辐射，有关黑体辐射的定律都可用于太阳辐射。

在大气上界，紫外光谱区的能量占总能量不足 10%。这种高频率辐射能杀死病菌和病毒。紫外辐射过多，对生物有害，如日灼、生长停止、蛋白质凝固和血球溶解。由于离地面 30km 处的臭氧层吸收了大量紫外辐射，所以到达地面的太阳光谱中紫外辐射很少。

可见光约占太阳总能量的 1/2，发射能量最大的位于可见光中的蓝色光，可见光谱区既有热效应，又有光效应。它对光合作用、蛋白质合成、动物视觉以及其他生物现象都起作用，所以人们对可见光谱区的研究比其他光谱区较为详细。

红外光谱区的辐射能大约占总能量的 40% 多，波长小于 1.0μm 的辐射能对植物延长生长起作用；而波长大于 1.0μm 的红外辐射则主要是热效应。

2.3.1.2 太阳常数

在日地平均距离条件下，地球大气上界垂直于太阳光线的面上所接受到的太阳辐射通量密度，称为太阳常数。以 S_0 表示，单位为 W/m^2。太阳常数是一个非常重要的常数，一切有关研究太阳辐射的问题，都要以它为参数。太阳常数虽然经多年观测，由于观测设备、技术以及理论校正方法的不同，其数值常不一致。

据研究，太阳常数的变化具有周期性，这可能与太阳黑子的活动周期有关。在太阳黑子最多的年份，紫外线部分某些波长的辐射强度可为太阳黑子最少年份的 20 倍。最近一个世纪中，S_0 的测算值大约变动在 1 325.8 ~ 1 395.6W/m^2 之间。1981 年世界气象组织确定 S_0 为 1 367.7W/m^2。多数文献上采用 1 370W/m^2，实际上太阳常数也是有变化的。一年中，由于日地距离变化，S_0 有 7% 的变化。S_0 随太阳黑子数增多而增大。

2.3.2 太阳辐射在大气中的减弱

太阳辐射通过大气圈到达地表。由于大气对太阳辐射有一定的吸收、散射和反射作用，使投射到大气上界的太阳辐射不能完全到达地面，所以在地球表面所获得的太阳辐射比 1 370W/m^2 要小。

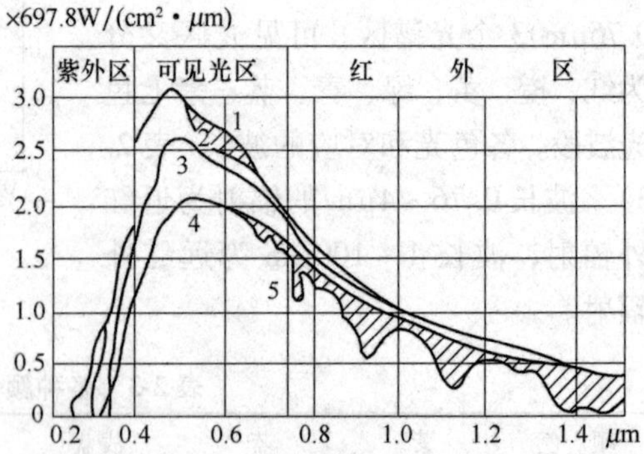

图 2-9 太阳辐射光谱穿过大气时的变化

图 2-9 表明太阳辐射光谱穿过大气时受到减弱的情况：曲线 1 是大气上界太阳辐射光谱；曲线 2 是臭氧层下的太阳辐射光谱；曲线 3 是同时考虑到分子散射作用的光谱；曲线 4

进一步考虑到粗粒散射作用后的光谱；曲线5是将水汽吸收作用也考虑在内的光谱，它也可近似地看成是地面所观测到的太阳辐射光谱。对比曲线1和5可以看出太阳辐射光谱穿过大气后的主要变化有：①总辐射能有明显的减弱；②辐射能随波长的分布变得极不规则；③波长短的辐射能减弱得更为显著。产生这些变化的原因有以下3个方面。

2.3.2.1 大气对太阳辐射的吸收

太阳辐射穿过大气层时，大气中某些成分具有选择吸收一定波长辐射能的特征。大气中吸收太阳辐射的成分主要有水汽、氧、臭氧、二氧化碳及固体杂质等。太阳辐射被大气吸收后变成了热能，因而使太阳辐射减弱。

水汽虽然在可见光区和红外区都有不少吸收带，但吸收最强的是在红外区，从0.93~2.85μm之间的几个吸收带。最强的太阳辐射能是短波部分，因此水汽从进入大气中的总辐射能量内吸收的能量并不多。据估计，太阳辐射因水汽的吸收可以减弱4%~5%。所以，因直接吸收太阳辐射而引起的增温并不显著。

大气中的主要气体是氮和氧，只有氧能微弱地吸收太阳辐射，在波长小于0.2μm处为一宽吸收带，吸收能力较强，在0.69~0.76μm附近，各有一个窄吸收带，吸收能力较弱。

臭氧在大气中含量虽少，但对太阳辐射能量的吸收很强。在0.2~0.3μm为一强吸收带，使得小于0.29μm的辐射由于臭氧的吸收而不能到达地面。在0.6μm附近又有一宽吸收带，吸收能力虽然不强，但因位于太阳辐射最强烈的辐射带里，所以吸收的太阳辐射量相当多。

二氧化碳对太阳辐射的吸收总的说来是比较弱的，仅对红外区4.3μm附近的辐射吸收较强，但这一区域的太阳辐射很微弱，被吸收后对整个太阳辐射的影响不大。

此外，悬浮在大气中的水滴、尘埃等杂质，也能吸收一部分太阳辐射，但其量甚微。只有当大气中尘埃等杂质很多(如有沙暴、烟幕或浮尘)时，吸收才比较显著。

由以上分析可知，大气对太阳辐射的吸收具有选择性，因而使穿过大气后的太阳辐射光谱变得极不规则。由于大气中主要吸收物质(臭氧和水汽)对太阳辐射的吸收带都位于太阳辐射光谱两端能量较小的区域，因而对太阳辐射的减弱作用不大。也就是说，大气直接吸收的太阳辐射并不多，特别是对于对流层大气来说，太阳辐射不是主要的直接热源。

2.3.2.2 大气对太阳辐射的散射

太阳辐射通过大气，遇到空气分子、尘粒、云滴等质点时，都要发生散射。但散射并不像吸收把辐射转变为热能，而只是改变辐射的方向，使太阳辐射以质点中心向四面八方传播(图2-10)。因而经过散射，一部分太阳辐射就到不了地面。

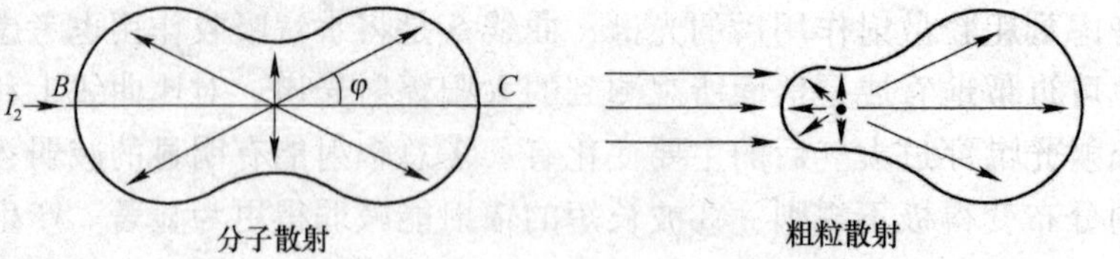

分子散射
(a)

粗粒散射
(b)

图 2-10　大气对太阳辐射的散射

如果太阳辐射遇到直径比波长小的空气分子，则辐射的波长愈短，散射得愈强。其散射能力与波长的对比关系是：对于一定大小的分子来说，散射能力与波长的 4 次方成反比，这种散射是有选择性的，称为分子散射，也叫蕾利散射［图 2-10(a)］。例如，波长为 0.7μm 时的散射能力为 1，那么波长为 0.3μm 时的散射能力就为 30。因此，在太阳辐射通过大气时，由于空气分子散射的结果，波长较短的光被散射得较多。当大气中的水汽、尘粒等杂质较少时，主要是空气分子散射，太阳辐射中波长较短的蓝紫光被散射得多，所以晴朗的天空呈蔚蓝色。雨后天晴，天空呈青蓝色，就是因为太阳辐射中青蓝色波长较短，容易被大气散射的缘故。日出、日落时，因光线通过大气路程长，可见光中波长较短的光被散射殆尽，所以看上去太阳呈橘红色。

如果太阳辐射遇到的直径比波长大一些的质点，辐射虽然也要被散射，但这种散射没有选择性，即辐射的各种波长都同样地被散射，这种散射称为粗粒散射，也称为米散射〔图 2-10（b）〕。例如当空气中污染较严重或存在较多的雾粒或尘埃等杂质时，一定范围的长短波都同样地被散射，使天空呈灰白色。

2.3.2.3　大气的云层和尘埃对太阳辐射的反射

大气中云层和较大颗粒的尘埃能将太阳辐射中一部分能量反射到宇宙空间去。其中云的反射作用最为显著，太阳辐射遇到云时被反射一部分或大部分。反射对各种波长没有选择性，所以反射光呈白色。云的反射能力随云状和云的厚度而不同，高云反射率约 25%，中云为 50%，低云为 65%，稀薄的云层也可反射 10% ~20%。随着云层增厚反射增强，厚云层反射可达 90%，一般情况下云的平均反射率为 50% ~55%(图 2-11)。

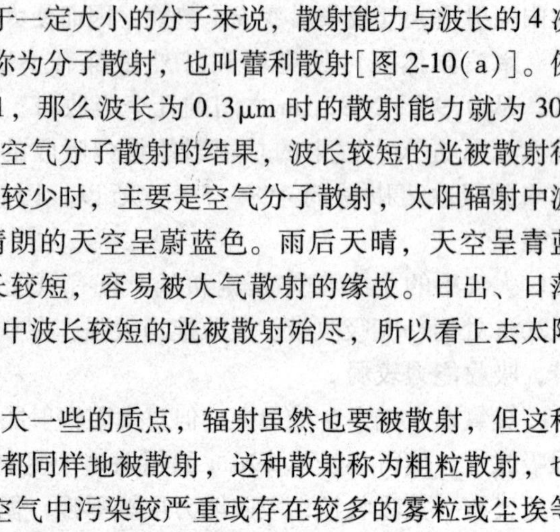

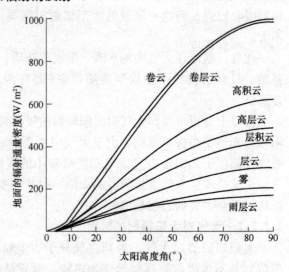

图 2-11　不同太阳高度角与云层对太阳辐射的影响
（据 G. S. Campbell，1977）

上述 3 种方式中，以反射作

用最重要，尤其是云层对太阳辐射最为明显，另外还包括大气散射回宇宙以及地面反射回宇宙的部分；散射作用次之，形成了到达地面的散射辐射；吸收作用相对最小。以全球平均而言，太阳辐射约有 30% 被散射和反射回宇宙，20% 被大气和云层直接吸收，50% 到达地面被吸收。

2.3.3　到达地面的太阳辐射

到达地面的太阳辐射由两部分组成：一是太阳以平行光的形式直接投射到地面上的，称为太阳直接辐射（用 S_b 表示）；另一个是经过大气散射后到达地面的称为散射辐射（用 S_d 表示），两者之和就是到达地面的太阳总辐射（用 S_t 表示，即 $S_t = S_b + S_d$）。

2.3.3.1　太阳直接辐射

太阳以平行光方式投射到与光线相垂直的面上的辐射称为太阳直接辐射（direct radiation，用 S 表示），那么，太阳以平行光的方式投射到水平面上的太阳直接辐射通量密度用 S_b 表示。从图 2-12 推导，它的大小由下式表示：

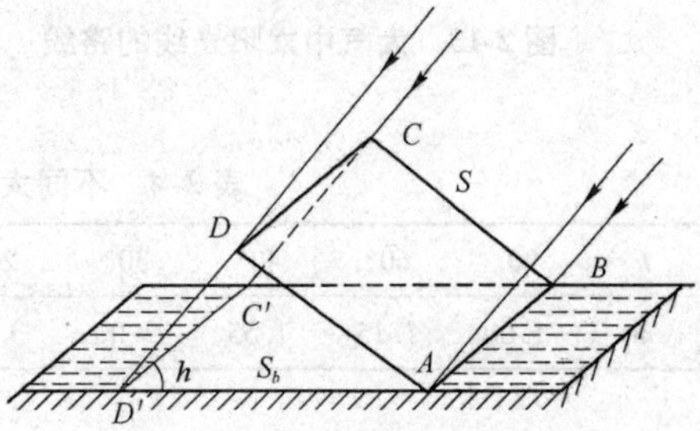

图 2-12　S 和 S_b 的关系

$$S_b = S \cdot \sin h = P^m \cdot S_0 \cdot \sin h \qquad (2\text{-}16)$$

或

$$S_b = P^m \cdot S_0 \cdot \sin h \qquad (2\text{-}17)$$

式中：S_0 是太阳常数 1 367W/m^2；h 是太阳高度角；p 是大气透明系数；m 是大气质量数。从式（2-17）中可以看出，太阳直接辐射与太阳高度角、大气质量数和大气透明系数有关。太阳直接辐射通量密度可用直接辐射表测定。

太阳辐射穿过深厚的大气层时，由于大气的吸收、散射和反射作用而被减弱。因此，减弱程度主要取决于太阳辐射穿过大气的路途长短和大气中气溶胶粒子多少。前者可用大气质量（m）表示，后者可用大气透明系数（P）说明。下面是式（2-17）中大气质量（m）和大气透明系数（P）的概念和变化规律：

（1）大气质量

当太阳位于天顶时，以单位面积太阳光束所穿过的大气柱的质量作为一个单位，称为一个大气质量（图 2-13、图 2-14），把太阳斜射时穿过的大气质量记做 m，可以证得大气质量 m 与太阳高度角 h 有下列关系式，即

$$m = 1/\sin h \qquad (2\text{-}18)$$

或

$$m = \sec z \qquad (2\text{-}19)$$

式中：z 为天顶角，$z = 90° - h$。

表 2-4 是不同太阳高度下的大气质量。不同太阳高度角，阳光经过的大气质量数也不同。由表中看出，当太阳高度角很小时，m 值很大，随着太阳高度角的增大，m 值很快减少。太阳在地平面附近时所通过的 m 值比在天顶时大 35.4 倍。

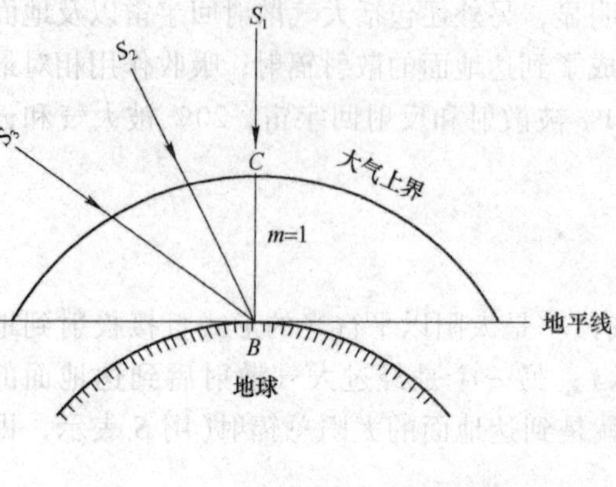

图 2-13 大气中太阳光线的路线

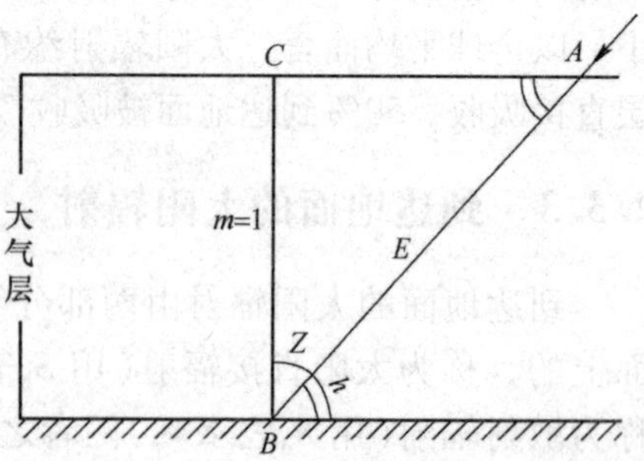

图 2-14 大气质量与太阳高度角的关系

表 2-4 不同太阳高度角的大气质量数

h	90°	60°	40°	30°	20°	10°	5°	3°	2°	1°	0°
m	1.00	1.15	1.55	3.00	3.90	5.10	10.40	15.30	19.79	21.91	35.40

(2)大气透明系数

太阳辐射在大气层中被减弱的程度还与大气透明程度有关，常用大气透明系数 P 表明大气透明的程度。它是当太阳在天顶时，即 $m=1$ 时，到达地面与太阳光垂直面上的太阳辐射通量密度 S 与大气上界太阳常数 S_0之比，可表示为：

$$P = S/S_0 \quad (P < 1) \tag{2-20}$$

显然 P 值是小于 1 的。大气中易变成分是水汽和尘埃等固体微粒，大气透明系数的变化决定于它们在大气中含量的变化。空气湿度大、固体微粒多时，大气透明系数减小，太阳辐射穿过大气层时被减弱的量多；反之，大气透明系数增大，太阳辐射被减弱的量少。由于大气对不同波长的辐射的吸收和散射作用是不同的，因此透明系数 P 与波长有关。大气对各种光谱的透明系数见表 2-5，由表上看出，波长短的透明系数小于波长长的。

表 2-5 大气对各种光谱的透明系数 %

短波紫外线	紫外线	紫色光线	蓝色光线	绿色光线	黄色光线	红色光线	红外光线	长波红外线
0	32	55	64	72	76	78	80	87

当太阳高度较低时，太阳辐射通过大气层的路径较长，太阳光谱中波长较短的蓝紫光散射较多，余下的光谱是波长较长的红橙光，所以此时太阳呈现红色。表 2-6 中各种太阳高度下的光谱比例也说明这个现象，当 $h=1°$时，红光增加到 84%。

大气透明系数与大气中的水汽、水汽凝结物、尘埃杂质等有关。这些物质越多，大气透明程度越差，透明系数越小。因而太阳辐射受到的减弱越强，地面获得

表 2-6 各种太阳高度时，太阳辐射中所含光谱的比例 %

太阳高度	90°	60°	30°	10°	5°	1°
红光	28	29	30	36	47	84
黄光	29	30	31	33	34	13
绿光	22	22	23	20	14	3
蓝光	13	12	11	7	4	0
紫外	8	7	5	4	1	0

的太阳辐射也越少。P 是一个小于 1 的数，其取值是：当天空特别晴朗，污染较少时 $P=0.9$；当污染特别严重，天空特别混浊时 $P=0.6$；一般情况下 $P=0.84$ 左右。

(3) 贝尔减弱定律

当大气透明系数为 P，太阳辐射穿过 m 个大气质量后，到达地面的太阳辐射通量密度 S 为：

$$S = S_0 P^m \tag{2-21}$$

式(2-21)称为贝尔(Beer)减弱定律。该式说明，太阳辐射经过大气层时，其减弱规律遵循指数规则。

太阳辐射通过大气层后，不仅能量被减弱，而且其光谱成分也发生变化。表 2-7 是大气上界和地面上各光谱区太阳辐射通量的分配比例，到达地面的辐射通量中，红外区的比例增大，可见光和紫外区的能量相应减少。

表 2-7 大气上界及地面上各光谱区能量占全光谱区能量的百分比

光谱区	紫外区	可见光区	红外区
大气上界太阳辐射光谱的百分数(%)	5	52	43
太阳高度角 40°时，地面上太阳辐射光谱的百分数(%)	1	40	59

云和海拔高度是影响太阳直接辐射通量的两个重要因子。云是很好的反射体，厚的云层能把大部分太阳辐射反射回宇宙空间，使到达地面的直接辐射通量大大减少。在高海拔地带，由于太阳辐射穿过大气的路程较短，所以地面获得的太阳直接辐射比平原地区多。

由于太阳直接辐射主要是由太阳高度角决定的，所以有明显的日变化、年变化和随纬度的变化。一天中，无云的天气条件下，一般是中午太阳高度角最大，直接辐射最强；日出、日落时太阳高度角最小，直接辐射最弱。一年中，对一个地区来说，直接辐射夏季最大，冬季最小。但如果夏季，大气中的水汽含量增加，云量增多，会使直接辐射减弱，使得直接辐射的最大月平均值出现在春末夏初季节。见表 2-8，北京直接辐射的月平均最大值出现在 5 月，最小值出现在 12 月。

表 2-8 北京直接辐射的月平均值

月份	1	2	3	4	5	6	7	8	9	10	11	12
直接辐射(W/m^2)	202	279	314	453	460	419	384	342	349	258	188	167

太阳直接辐射还随纬度而改变。一年中低纬地区比高纬的太阳高度角大，所以获得的直接辐射也多，但全年直接辐射的最大值出现在回归线附近，而不在赤道的原因是赤道上空云雨较多，太阳被遮蔽时间长。

2.3.3.2　散射辐射

大气对太阳辐射有散射作用，其中散射向地面的那部分称为散射辐射（diffuse radiation，用 S_d 表示）。实际工作中，用天空辐射表加挡板直接测定 S_d。影响散射辐射的因子主要有：

①散射辐射的强弱和太阳高度角及大气透明度有关。太阳高度角增大时，到达近地面层的直接辐射增强，散射辐射也就相应增强；相反，太阳高度角减小时，散射辐射也弱。大气透明度不好时，参与散射作用的质点增多，散射辐射增强；反之，散射辐射减弱。

②云对太阳辐射的散射十分强烈。一般地，散射辐射随云量增加而增大。图 2-15 是重庆晴天和阴天的散射辐射。阴天时，主要是散射光。由图看出，阴天的散射辐射比晴天大得多。

③散射辐射的强弱和海拔高度有关。海拔高度增加，空气干洁程度增加，散射辐射也相对减少。

散射辐射的日、年变化主要决定于太阳高度角的变化。一天中散射辐射的最大值出现在正午前后，一年中散射辐射的最大值出现在夏季。

2.3.3.3　总辐射

到达地面的太阳直接辐射和散射辐射之和称为总辐射（global radiation，用 S_t 表示）。总辐射的日变化与直接辐射的日变化基本一致（图 2-16），一般是日出以后逐渐增加，正午达到最大值，午后又减小，云的影响可以使这种变化规律受到破坏，如中午云量突然增多时，最大可能提前或推后。因为云对直接辐射的减少比对散射辐射的增加要多的缘故。

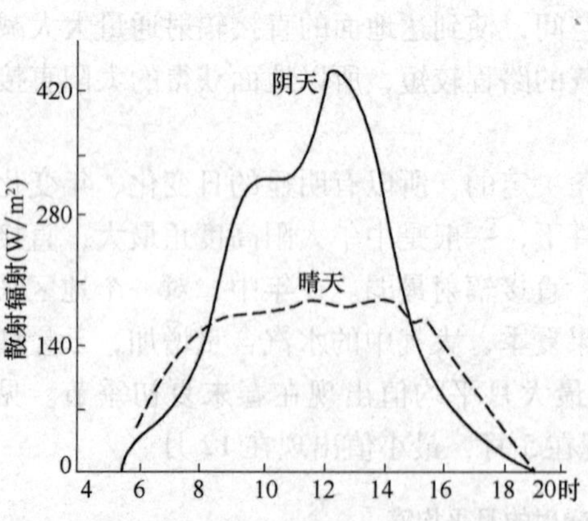

图 2-15　重庆市散射辐射的日变化曲线

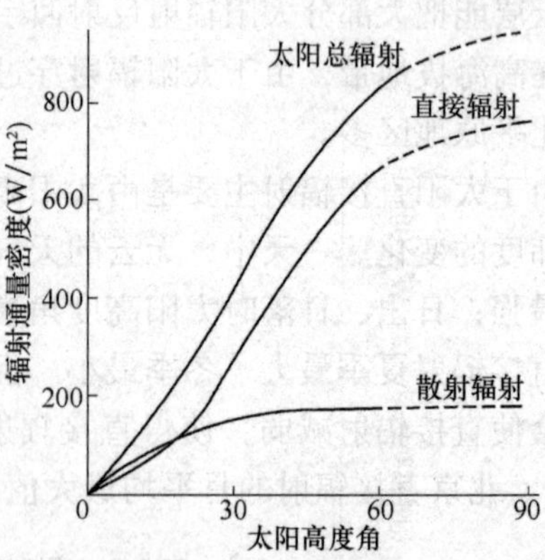

图 2-16　太阳辐射、直接辐射和散射辐射随太阳高度角的变化曲线（据 J. L. Monteith，1980）

日出以前，地面上获得的总辐射不多，只有散射辐射；日出以后，太阳高度角不断增大，当太阳高度角在20°以下，散射辐射大于直接辐射，超过20°由于直接辐射增加得较快，使散射辐射在总辐射中所占比例逐渐减小；当太阳高度角达到50°左右，散射辐射只占总辐射的10%～20%；到中午时，直接辐射和散射辐射均达最大值；中午以后二者又按相反的次序变化。

有云时总辐射一般会减少，因为这时直接辐射的减弱比散射辐射的增强要多。只有当云量不太多，太阳视面无云，直接辐射没受到影响，而散射辐射因云的增加而增大时，总辐射才比晴空时稍大。总辐射的变化取决于太阳高度、大气透明度、云量等因素。

①总辐射是随太阳高度角的增大而增大的。太阳高度角增大，使辐射通过大气的路程缩短，故直接辐射随太阳高度角的增大而增大；当太阳高度角增大时，虽然大气的散射作用因辐射通过大气路径的缩短而减弱，但由于进入大气的太阳辐射增多的有利影响是主要方面，因此散射辐射仍增大。

②大气透明度减小，意味着大气中的各种散射微粒增多，它使直接辐射减少，散射辐射增大，但在通常情况下，直接辐射是总辐射的主要组成部分，所以总辐射比大气透明度增大时要少。

③当天空浓云密布时，直接辐射可减少为零，而散射辐射则因绝大多数太阳辐射被反射和吸收而减小，因而总辐射大幅度减少。

④总辐射还受地方海拔高度的影响。大气厚度随高度的增加而变薄，大气透明度因水汽和尘埃的减少而增加。因此，随海拔高度增加，虽然散射辐射有所减少，但直接辐射却加大，因此总辐射也增大。

总辐射的年变化与直接辐射的年变化基本一致，中高纬度地区，总辐射强度(指月平均值)夏季最大，冬季最小；赤道附近(纬度0°～20°左右)，一年中有两个最大值分别出现在春分和秋分。

总辐射随纬度的分布，一般是纬度愈低总辐射愈大；反之就愈小(图2-17)。

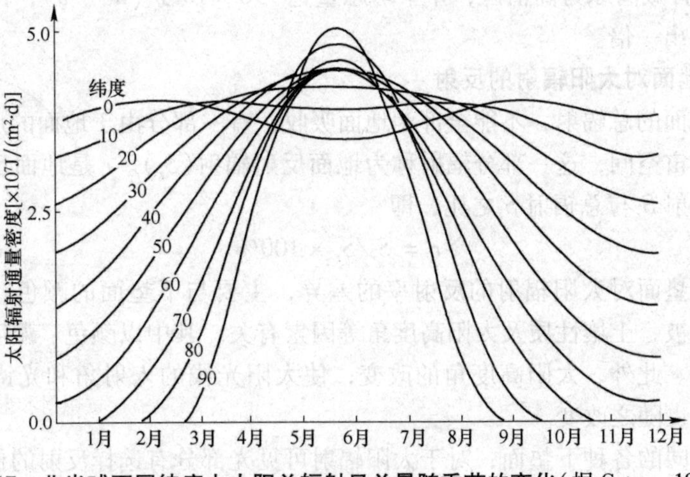

图2-17 北半球不同纬度上太阳总辐射日总量随季节的变化(据Gates，1962)

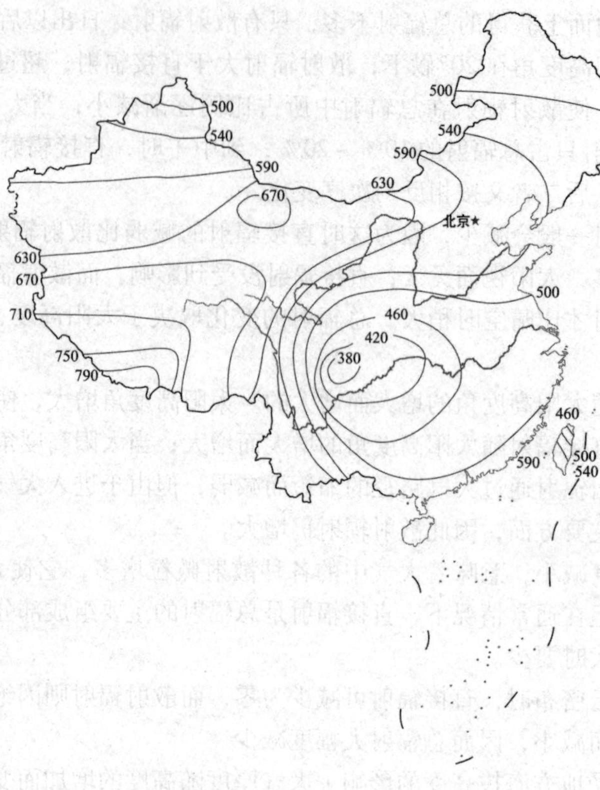

图 2-18 我国全年太阳总辐射分布（示意）

数值单位：$\times 10^7$ J/(m^2 · a)

但由于赤道附近云很多，对太阳辐射削弱得也很多，所以，总辐射年总量最大值不是出现在赤道，而是出现在纬度 20°附近。我国全年总辐射量的分布如图 2-18 所示。其主要特点是太阳辐射年平均总量在 $380\times 10^7 \sim 840\times 10^7$ J/(m^2 · a) 范围内。一般西部多于东部，山区多于平原。四川盆地为低值区，最低值仅为 310×10^7 J/(m^2 · a)。青藏高原为高值区，年平均总量达 790×10^7 J/(m^2 · a)，比同纬度东部地区几乎高出一倍。

2.3.3.4 地面对太阳辐射的反射

到达地面的总辐射，不能全部为地面吸收，有一部分由于地面的反射作用而返回大气或宇宙空间，这一部分辐射称为地面反射辐射（S_r）。r 是地面反射率，它是地面反射辐射 S_r 与总辐射 S_t 之比，即

$$r = S_r/S_t \times 100\% \tag{2-22}$$

各种下垫面对太阳辐射的反射率的差异，主要与下垫面的颜色、湿度、粗糙度、不同植被、土壤性质及太阳高度角等因素有关。其中以颜色、湿度、粗糙度等的影响较大。此外，太阳高度角的改变，使太阳光线的入射角和光谱成分发生变化，反射率也随之改变。

颜色不同的各种下垫面，对于太阳辐射可见光部分有选择反射的作用，在可见光谱区，各种颜色表面的最强反射光谱带，就是它本身颜色的波长。白色表面具有

最强的反射能力，黑色表面的反射能力较小，绿色植物对黄绿光的反射率大。表2-9为各种下垫面的平均反射率。由表可以看出颜色不同，反射率有很大的差异，白砂的反射率可高达40%，而黑钙土的反射率只有5%～12%。

表2-9 各种下垫面的反射率

地面性质	反射率(%)	地面性质	反射率(%)
黑钙土：新翻、潮湿、黑色	5	新雪	80～95
黑钙土：平坦、干燥、灰黑色	12	陈雪	70
砂土：平坦、干燥、褐色	35	绿草地	26
白砂	34～40	干草地	19
灰砂	18～23	大多数农作物	20～30
浅色灰壤	31	针叶林	10～15

反射率将随土壤湿度的增大而减小。例如白砂土，随着湿度的增加其反射率从40%降到18%，减少了22%。这是因为水的反射率比陆面小的缘故。有试验指出，地面反射率与土壤湿度呈负指数关系(表2-10)。

表2-10 各种土壤在干湿状态下的反射率 %

土壤种类	干	湿土	壤种类	干	湿
黑　土	12	7	白　砂	40	18
栗钙土	14	9	黄　土	27	14
浅灰土	32	18			

粗糙度对反射率的影响随着下垫面粗糙度的增加，反射率明显减小。这是由于太阳辐射在起伏不平的粗糙地表面，有多次反射，另外太阳辐射向上反射的面积相对变小，所以导致反射率变小。

当太阳高度角比较低时，无论何种表面，反射率都较大。随着太阳高度角的增大，反射率减小。一日中太阳高度有规律的日变化，使地面反射率也有明显的日变化，中午前后较小，早、晚较大。

植被反射率的大小与植被种类、生长发育状况、颜色和郁闭程度有关。植物颜色愈深，反射率愈小，绿色植物在20%左右。植物苗期与裸地相差不多，反射率较大；生长盛期反射率变小，多在20%左右；成熟期，茎叶枯黄，反射率又增大。

水面的反射率一般比陆面小，波浪和太阳高度角对水面的反射率有很大的影响。一般太阳高度角愈大，水面愈平静，反射率愈小。例如，当太阳高度角大于60°时，平静水面的反射率小于2%；高度角为30°时，反射率增至6%；高度角为2°时，反射率可达80%。新雪面的反射率可高达90%以上，脏湿雪面的反射率只有20%～30%，冰面的反射率大致为30%～40%。由于反射率随各地自然条件而变化，所以它在季节上的变化也是很大的。

由此可见，即使总辐射的强度一样，不同性质的地表真正获得的太阳辐射仍有很大差别，这也是导致地表温度分布不均匀的重要原因之一。

2.4 地面辐射和大气辐射

长波辐射是波长大于4μm 的辐射，它只有热效应，也称热辐射。由于地面的平均温度约为288K，对流层大气的平均温度约为250K，它们发射辐射中95%以上的能量集中在波长3～120μm 的范围内，属于红外、远红外辐射，它们发射的辐射峰值在10～15μm 范围内。所以，把地面和大气的辐射称为长波辐射。

2.4.1 地面辐射

地面白天吸收太阳辐射时，同时又按本身温度昼夜不停地向外放射辐射，称为地面辐射(L_0)。白天地面吸收的太阳辐射多于放出的地面辐射，地面增热。夜间，没有太阳辐射，地面因放射辐射而降温。地面向外发射辐射，其发射量可以用斯蒂芬-波尔兹曼定律得到。由于不是黑体，所以公式的形式为：

$$L_0 = \varepsilon\sigma T^4 \tag{2-23}$$

式中：ε 代表地面发射率，根据基尔霍夫定律在数值上等于其吸收率 a。例如，某地面的温度是20℃，$\varepsilon = 0.91$，则可算得：$0.91 \times 5.67 \times 10^{-8} \times (273+20)^4 = 380(\mathrm{W/m^2})$。同样，地面发射的辐射峰值可以根据维恩位移定律求得：$\lambda_{max} = 2\,897/293 \approx 9.89\mu m$。由于下垫面的性质不同，向外发射辐射的能力也不同。

表2-11 为不同下垫面的发射率 ε。由表看出，新雪的发射率最大为0.99，因此可以说在红外波段内，新雪几乎是一种黑体。一般情况下，自然界下垫面的发射率在0.90～0.95之间。

表 2-11 不同下垫面的发射率 ε

下垫面性质	黄土	砂土	灰石	黑土	浅草	麦地	果园	森林	新雪	海水
发射率 ε	0.98	0.91	0.91	0.90	0.92	0.93	0.96	0.98	0.99	0.96

地面辐射的大部分被大气中的云雾水滴、水汽、CO_2、臭氧所吸收，只有波长为8.4～12μm 的部分可穿过大气层，进入太空。

2.4.2 大气辐射

大气也是辐射体，它向外发射长波辐射称为大气辐射(L_i)。大气发射和吸收长波辐射的主要成分是水汽和二氧化碳。大气的放射能力主要决定于大气温度，另外还与大气的水汽含量和云的状况有关。气温愈高、水汽和液态水的含量愈多，大气的放射能力就愈强。

大气中的云雾水滴、水汽、CO_2可以透射太阳短波辐射，又能强烈地吸收地面辐射，对地表有保温作用，像温室玻璃一样，具有温室效应。近年来，由于森林的砍伐，能量的大量消耗，大气中的二氧化碳浓度增加，温室效应加强，引起地气系统温度升高。

太阳虽然是地球上的主要能源，但大气本身对太阳辐射吸收很少，而地表面(下垫面)却能大量吸收，并转化给大气，所以下垫面是大气的直接能源。

2.4.3 大气逆辐射

大气辐射朝向四面八方，其中一部分外逸到宇宙中，另一部分投向地面，投向地面的这部分大气辐射称为大气逆辐射(L_a)。地面辐射被大气吸收，同时大气逆辐射的一部分也要被地面所吸收，从而使地面因放射长波辐射而损失的能量得到一定的补偿。可见大气对地面起了保温作用。大气对短波辐射的透明和阻拦长波辐射逸出的作用很像温室玻璃的作用，故称为大气的温室效应。据估算，如果没有地球大气，地面的平均温度将是 -23℃，实际上地面平均温度为 15℃，这说明由于大气的存在，使地面温度提高 38℃。

大气逆辐射的强度与大气层的温度、湿度、云量等因素有关，大气温度愈高，湿度愈大，云量愈多，一般大气逆辐射愈强。

2.4.4 地面有效辐射

地面有效辐射(effective radiation)是地面发射的长波辐射与地面吸收的大气逆辐射之差，以 L_n 表示。

$$L_n = L_0 - L_a \tag{2-24}$$

一般来说，气温要比地面温度低，所以大气逆辐射总是比地面辐射为小，也就是说 $L_0 > L_a$，这表明有效辐射使地面损失能量。白天，地面吸收太阳短波辐射，同时也存在着长波有效辐射，但收入能量大于支出，地面增温；夜间，有效辐射使地面损失热能而降温。

影响有效辐射的主要因子有：地面温度、空气温度、空气湿度和云况。

地面温度增高时，地面辐射增强，如果其他条件(气温、湿度、云量等)不变，则地面有效辐射增大；空气温度升高时，大气逆辐射增大，如果其他条件不变，则地面有效辐射减小；当有逆温层时，在夜间大气逆辐射甚至超过地面辐射。潮湿空气的水汽和水汽凝结物放射长波辐射的能力较强，因此当空气湿度加大时，加强了大气逆辐射，使地面有效辐射减弱。有云特别是有浓密低云时，大气逆辐射更强，使地面有效辐射减小(表 2-12)，在有些情况下，它们可使地面有效辐射为零或负值。

地面有效辐射还与海拔有关，随海拔高度的增加，水汽和尘埃含量减少，大气逆辐射随之减弱，而地面有些辐射则随之增强。地面有效辐射随地面温度增高而增大，随空气湿度和云量增大而减少，所以地面有效辐射年总量最大值出现在亚热

表 2-12 晴天和各种云时有效辐射通量密度 W/m²

晴 天	102.6
卷 云	86.5
高积云	32.8
低 云	28.6

带(纬度 30°~40°)，这里地面有效辐射年总量比赤道大 1 倍，比极地大 2 倍。

2.5　地面净辐射

净辐射(net radiation)是指某一作用面或作用层辐射能收入和支出之差。在以往的文献中，称为辐射平衡或辐射差额。白天增热时，地面是热量的“源”；夜间冷却时，地面是热量的“库”。净辐射是供给蒸发和蒸腾、土壤和空气的热通量交换，以及光合作用的有效能量源泉。

2.5.1　地面净辐射

地面吸收太阳辐射获得的能量与地面有效辐射失去的能量之差。或单位时间、单位面积的水平地表面吸收的辐射能与失去的辐射能之差称为地面净辐射(B)，也称地面辐射平衡。其方程式为：

$$B = S_t(1 - r) - L_n = (S_b + S_d)(1 - r) - L_n \qquad (2\text{-}25)$$

或 $$B = S_b + S_d + L_a - S_r - L_0 \qquad (2\text{-}26)$$

式中：B 为地面净辐射；S_t为太阳总辐射，它是太阳直接辐射(S_b)与散射辐射(S_d)之和；S_r为地面反射辐射，r 为地面对太阳辐射的反射率；L_n为地面有效辐射；L_0为大气辐射；L_a为大气逆辐射。当地面吸收的太阳辐射和大气逆辐射大于地面发出的辐射时，地面净辐射 $B>0$，地面将有热量积累；当地面因向外发射辐射而有热量亏损时，$B<0$。

2.5.1.1　净辐射日变化

地面净辐射有明显的日变化和年变化(图 2-19)。其日变化具有与温度日变化相似的特征；一般白天地面吸收的太阳辐射大于支出的辐射，所以 B 为正值，白天太阳辐射起了主导作用，正午时 B 达最大值。夜间，地面得不到太阳辐射，地面发出的辐射大于大气返回的辐射，所以 B 为负值，一般在凌晨达到最小。B 由负值转为正值的时间大约是在日出后 1h 左右；而由正值转为负值的时间大约在日落前 1h 左右。无论白天还是夜间，有云时地面净辐射的绝对值将减小。这是因为白天云能减少太阳总辐射；夜间，云能增加大气逆辐射，因而补偿了部分地面辐射损失的能量。总之，有云时会使地面

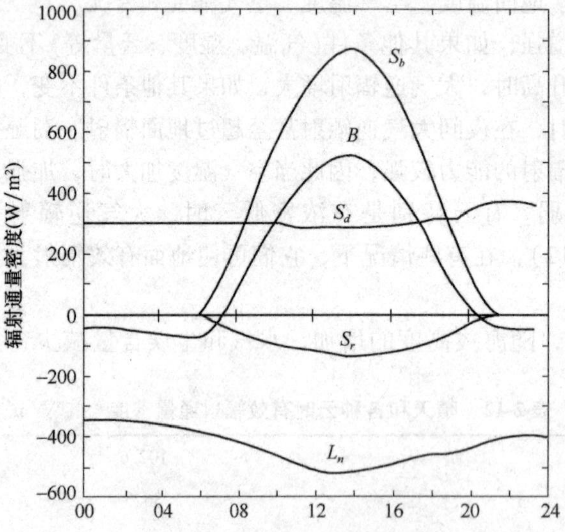

图 2-19　净辐射各分量日变曲线
(据 T. R. Oke, 1981)

净辐射的日变化振幅大大减小。

2.5.1.2 净辐射的年变化

在一年中，地面净辐射的年变化一般夏季为正值，冬季为负值，最大值出现在较暖的月份，最小值出现在较冷的月份。但由于水汽和云的影响使地面净辐射的最大值不一定出现在盛夏。我国秦岭、淮河以南地区的地面净辐射秋季最大，春季最小；华北、东北等地区地面净辐射则是春季最大，夏季最小，这是由于水汽和云况的影响。

随纬度不同净辐射也不同，纬度越低，净辐射维持正值时间越长，高纬度则短（图2-20）。

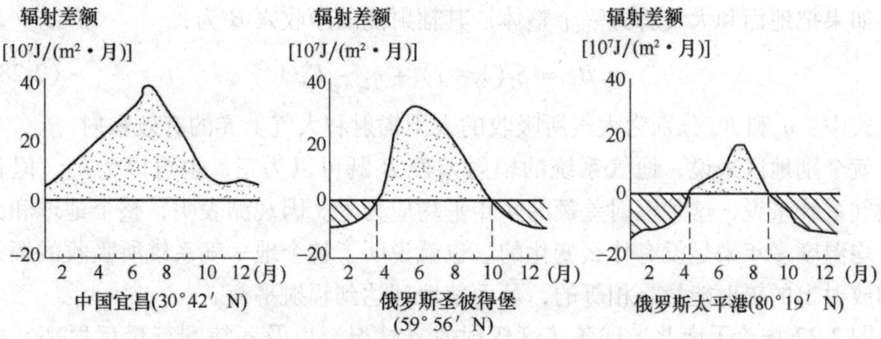

图2-20 各纬度辐射差额的年变化

俄罗斯的太平港、圣彼得堡和我国宜昌的辐射差额的年变化，太平港仅4个月为正值，圣彼得堡7个月为正值，宜昌全年均为正值。

地面净辐射在天气、气候以及农田小气候的形成与变化中有重要作用。地面净辐射决定着土壤温度、空气温度和地面水分的蒸发，也决定着露、雾、霜和霜冻的形成，有目的地改变地面净辐射，就可改变和改善气候和小气候条件。例如，采用覆盖，可减少地面有效辐射，用遮荫、屏障，可改变辐射能的收支，通过土壤染色、松土、铺砂或灌溉等，改变地面的反射率，进而调节土壤温度。

2.5.2 大气的辐射差额

大气的辐射差额(B_a)可分为整个大气层的辐射差额和某一层大气的辐射差额。这也是考虑某大气层降温率的最重要因子。由于大气中各层所含吸收物质的部分、含量的不同，以及其本身温度的不同，所以辐射差额的差别还是很大的。随纬度变化，大气辐射差额是不同的（图2-21）。

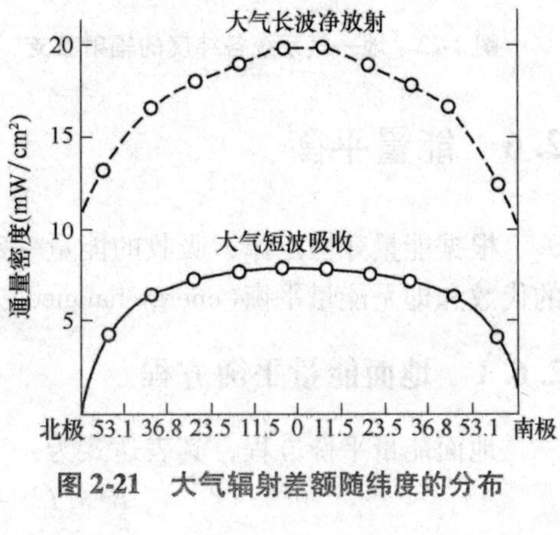

图2-21 大气辐射差额随纬度的分布

若 B_a 表示整个大气层的辐射差额，q_a 表示整个大气层所吸收的太阳辐射，F_0，F_∞ 分别表示地面及大气上界的有效辐射，则整个大气层辐射差额的表达式为：

$$B_a = q_a + F_0 - F_\infty \tag{2-27}$$

式中：F_∞ 总是大于 F_0 的，并 q_a 一般是小于 $F_\infty - F_0$，所以整个大气层的辐射差额是负值，大气要维持热平衡，还要靠地面以其他的方式，例如对流及潜热释放等来输送一部分热量给大气。图 2-21 描绘了大气辐射差额随纬度的分布情况。

2.5.3　地—气系统的辐射差额

如果把地面和大气看做一个整体，其辐射能的净收入 B_s 为：

$$B_s = S_t(1 - r) + q_a - F_\infty \tag{2-28}$$

式中：q_a 和 F_∞ 分别为大气所吸收的太阳辐射和大气上界的有效辐射。

就个别地区来说，地气系统的辐射差额 B_s 既可以为正，也可以为负。但就整个地气系统来说，这种辐射差额的多年平均应为零。因观测表明，整个地球和大气的平均温度多年来是没有什么变化的。也就说明了整个地—气系统所吸收的辐射能量和放射出的辐射能量是相等的，从而使地球达到辐射平衡。

图 2-22 描绘了南北半球各纬度辐射收支情况，以及各纬圈行星反射率。由图可以看出，无论南、北半球，地—气系统的辐射差额在纬度 30°处是一转折点。北纬 35°以南的差额是正值，以北是负值。这样，会不会造成低纬地区的不断增温和高纬地区的不断降温？多年的观测事实表明，不会发生这类问题。从长期的平均情况来看，高纬及低纬地区的温度变化是很微小的。这说明必定有另外一些过程将低纬地区盈余的热量输送至高纬地区，这种热量的输送主要是由大气及海水流动来完成的。

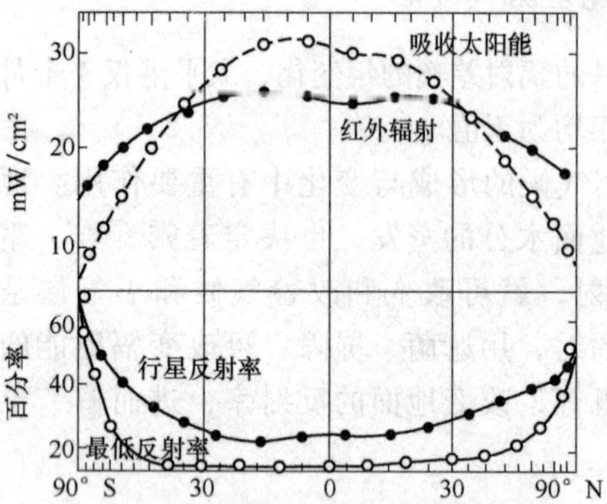

图 2-22　地—气系统各纬度的辐射收支

2.6　能量平衡

根据能量守恒定律，吸收的能量一定等于消耗或转化的能量，地球上能量收支的代数和即是能量平衡(energy balance)。

2.6.1　地面能量平衡方程

地面能量平衡方程，其表达式为：

$$B = LE + P + Q_s + A \tag{2-29}$$

式中：B 为净辐射或称为辐射平衡；P 为感热通量；Q_s为土壤热通量；LE 为潜热通量（L 是蒸发耗热量，E 为蒸散量）；A 为植物新陈代谢能通量，在自然界 A 项很小，一般只占净辐射的 1% 左右，常常可忽略。因此，上式可表达为：

$$B = LE + P + Q_s \tag{2-30}$$

式(2-30)中各项的方向在白天和夜间不同(图 2-23)。

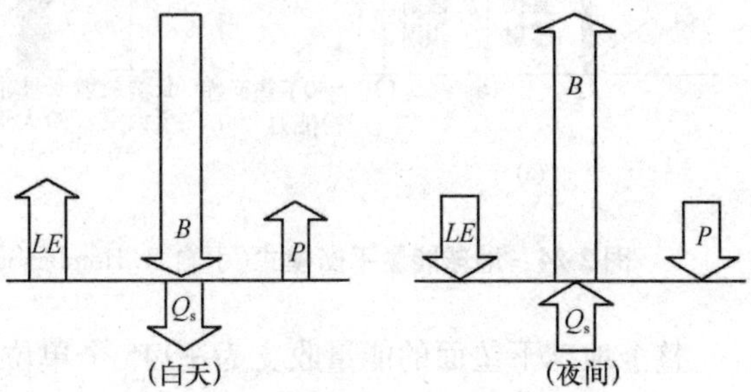

图 2-23 地表面热量收支示意

关于平流能量输送对于能量平衡的影响，有的学者认为：对 100m 以下气层可忽略不计；同时它可通过改变 B、LE、P 和 Q_s 的量值表现出来，因此可在能量平衡方程中不考虑。

对于年平均而言，土壤热通量(Q_s)值小到可忽略不计，故式(2-30)具有下列形式：

$$B = LE + P \tag{2-31}$$

对蒸发量接近 0 的干旱或沙漠地区，能量平衡方程为：

$$B = P \tag{2-32}$$

2.6.2 地—气系统的能量平衡

将地—气系统平均能量收支各分量之间的相互关系用图形的方式表示出来，这种图称为全球能量平衡模式。

为了论述方便，将到达大气上界的太阳辐射($175\ 000 \times 10^{12}\ W/m^2$)作为 100 个单位：①该 100 个单位进入大气圈后，被大气吸收 18 个单位(主要是水汽、臭氧、二氧化碳、尘埃等的吸收)，云滴吸收 2 个单位，二者共吸收 20 个单位。②云层反射 20 个单位，大气散射返回宇宙空间 6 个单位，地面反射 4 个单位，地气系统共反射 30 个单位，又称为地球行星反射率。③地面吸收直接辐射 22 个单位，散射辐射 28 个单位(来自云层散射 16，大气散射 12)，合计吸收总辐射 50 个单位[图 2-24(a)]。④地面因吸收总辐射而增温。根据全球年平均地面气温 T，其长波辐射能量相当于 115 个单位。地面长波辐射进入大气圈 109 个单位为大气(主要为 CO_2、水汽、云滴等)所吸收，只有 6 个单位透过“大气之窗”逸入宇宙空间。⑤大气吸收了 20 个单位的太阳辐射和 109 个单位地面长波辐射，它本身也根据其温度进行长波辐射。⑥大气和云长波辐射一部分为射向地面的逆辐射，其值相当于 95 个单位，另一部分射向宇宙空间为 64 个单位(其中大气 38 个单位，云层 26 个单位)。因此，通过辐射过程，大气总计吸收 129 个单位(20 + 109)，而长波辐射支出 95 + 64 = 159 个单位。这亏损的 30 个单位能量，由地面向大气输入的潜热 23 个单位和湍流显热 7 个单位来补充，以维持大气的能量平衡[图 2-24(b)]。

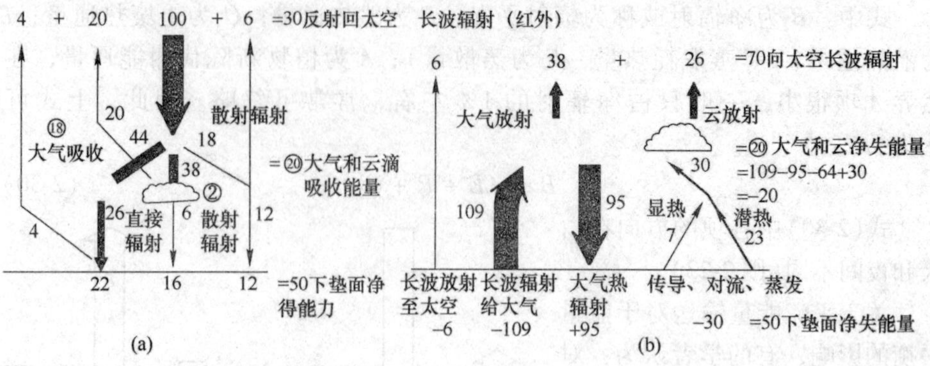

图 2-24　地球能量平衡模式（引自 A. Henderson-sallees & P. J. Robinson，1987）

整个地球下垫面的能量收支为 ±145 个单位，大气的能量收支为 ±159 个单位，从宇宙空间射入太阳辐射为 100 个单位，而地球的反射为 30 个单位，长波辐射射出 70 个单位，各部分能量收支是平衡的。这些估算的数值是很粗略的，它们仅仅提供一个地气系统中能量收支的梗概。在这种能量收支下形成并维持着现阶段的地球气候状态。

2.7　辐射与森林

辐射能包括太阳辐射、地面和大气长波辐射，它们都是森林生长发育、形成生态、经济、社会和文化等多功能和多种效益所必需的能源，也是唯一的能源。森林吸收太阳辐射进行光合作用制造有机物，地面和大气长波辐射给植物提供热量，形成一定温度环境，影响森林分布、森林生长和产量。森林对辐射也能产生一定的反作用，带来一定影响，森林作为地球上生态系统的主体这种特殊下垫面，通过影响辐射从而影响地—气系统水热循环，对地方及全球气候发生影响，形成特殊的森林气候。

2.7.1　辐射对森林的影响

太阳辐射是植物进行光合作用的能源，也是影响植物生长发育的重要气象要素之一。培育森林，提高单位面积木材生产量，从能源角度说就是提高太阳辐射能的利用率。因此，林业生产也是人类对太阳能的一种利用。我们的任务是：广泛营造森林，充分发挥绿色森林特有的功能，力争摄取较多的太阳辐射能。

2.7.1.1　太阳辐射光谱和成分对森林的影响

太阳辐射光谱中不同的部分，对树木生长发育起着不同的作用。太阳辐射能中的生理辐射部分供给树木进行光合作用和制造有机物质。太阳辐射能中的红外线既能促进树木的延长生长，供给树木热量，又能促进树木体内水分循环和蒸腾过程。紫外线能抑制树木枝条的徒长，促使花青素的形成和引起树木向光性的敏感。紫外线还能起杀菌消毒作用，提高种子的萌发能力。不同波段的太阳辐射对森林植物生命活动起着不同作用，有的为植物提供热量，有的参与光化学反应及光形态的发生等。其重要作用有：

①波长大于1.00μm的辐射，被植物吸收转化为热量，影响植物体温度和蒸腾作用，可促进干物质积累，但不参加光合作用。

②波长在1.00~0.72μm的辐射，只对植物延长生长起作用，其中0.78~0.80μm的红外光，对光周期及种子形成有重要作用，并控制开花与果实的颜色。

③波长在0.72~0.61μm的红光和橙光，可被植物体内叶绿素强烈吸收，光合作用最强，并表现为强光周期作用。

④波长在0.61~0.51μm的绿光，表现为低光合作用和弱形成作用。

⑤波长在0.51~0.40μm的蓝紫光，可被叶绿素和黄色素较强烈吸收，表现为次强光合作用与形成作用。

⑥波长在0.40~0.32μm紫外光，主要起形成和着色作用，使植物变矮、颜色变深、叶片变厚等。

⑦波长在0.32~0.28μm的紫外线，它对大多数植物有害。

⑧波长小于0.28μm的远紫外线可立即杀死植物。

2.7.1.2 光合有效辐射

太阳辐射中对森林植物光合作用有效的光谱成分称为光合有效辐射(*PAR*)，*PAR*波长范围在0.4~0.7μm，与可见光基本重合。光合有效辐射占太阳直接辐射的比例随太阳高度增加而增加，最高可达45%，而散射辐射中，光合有效辐射比例可达60%~70%，所以多云天提高了*PAR*的比例。平均光合有效辐射占太阳总辐射的比例约有50%。*PAR*常用下列经验公式估算：

$$PAR = 0.43S_b + 0.57S_d \tag{2-33}$$

式中：S_b和S_d分别代表水平面上得到的太阳直接辐射和散射辐射。

太阳辐射的光效应、光照强度(通常用1×度量)及光照时间(小时度量)对森林有着重要作用。

2.7.1.3 光照度对森林生长的影响

(1)光饱和点

光合作用是绿色植物最重要和最基本的生理机能，而光是光合作用能量的来源，在一定的光照度范围内，光合强度是随着光照的增加而增加的，但当光照度增到一定数值时，光合强度便不再增加，这种现象叫光饱和现象。开始达到光饱和现象时的光照度，叫做光饱和点。光饱和点时的光合强度，表示植物同化CO_2的最大能力。各种植物的光饱和点不同，根据植物对光照度的需要，可分为喜光植物和耐荫植物。植物群体的光饱和点比单株的高得多。光饱和点较高的植物，在较强的光照下能形成更多的光合产物。在光饱和点以上的光照度，植物不能利用。因此，提高植物的光饱和点，将是发挥光合潜力的一个方面。

(2)光补偿点

当光照度较高时，植物的光合强度往往要比呼吸强度高若干倍。当光照度下降时，光合强度与呼吸强度逐渐接近，当光照度降低到光合作用吸收的CO_2与呼吸作用放出的CO_2相等时，也就是净光合强度等于零，这时的光照度，称为光补偿点。在光补偿点时，植物有机物的形成和消耗相等，不能积累干物质，加上夜间消耗，对整株植物来说，消耗大于积累，对植物的正常生长发育是十分不利的。所以要使植物维持生长，光照度至少要高于光补偿点。一般喜光植物较耐荫植物的光补偿点高。

光饱和点和补偿点的高低，与温度、土壤水分、二氧化碳浓度，以及作物的种类、品种、不同发育期、种植密度等有关。

光饱和点与补偿点，分别代表植物或叶子的光合作用所需光照度的上限和下限，间接反映植物叶片对强光与弱光的利用能力，可作为植物光特性的参考指标，根据它来衡量植物的需光量。这两种指标，在生产实践中的间作、套种时作物种类的搭配、林带树种的配置、田间密植程度、间苗、果树修剪等均有指导意义。

太阳辐射的光量和光照强度对林木生长发育和生产力意义很大。同一树种，在各个发育阶段中的需光量是不同的；同一发育阶段，又因树种及其他环境条件不同，对光的需求也有差异，光照过弱，林木光合作用制造的有机物质比呼吸作用消耗的还多，这时林木就停止生长。林冠下的幼树，有时因光照不足，可以导致叶子和嫩枝枯萎，以致死亡。当光照强度在补偿点以上时，林木才能正常生长。一般情况下，光合作用的强度随着光照强度的增大而增强，但是光照过强时，也会破坏原生质，引起叶绿素分解，或者使细胞失水过多而促使气孔关闭，造成光合作用减弱，甚至停止。所以，只有在光照强度适宜的情况下，光合作用达最强，林木生长发育良好，生长量最高。不同树种要求的最适宜光照强度是不同的。这是由于不同树种长期处在不同光照条件下，对光的需要量及光照强度产生了一定的适应性，它包含在树种的遗传性内。有些树种喜光，要求在全光下生长，如山杨、桦树、马尾松等，这类树种称为喜光树种。有些树种比较耐荫，要求在一定的蔽荫条件下生长，如云杉、冷杉等，这类树种称为耐荫树种。树种的喜光和耐荫程度决定于补偿点的高低，也就是决定于呼吸作用的强度。树木的需光量，是随树木年龄的增长而增加的。

(3)光照强度对森林生长的影响

光照强度对树木外形的影响也很大。生长在空旷地的孤立木，常常是树干粗矮，树冠庞大。在光照强度比较弱的条件下生长的林木，则树干细长，树冠狭窄且集中于上部，节少挺直，生长均匀。

光照强度也影响林内下木和活地被物的种类数量及林木的天然更新。根据研究，如果林内地表的光照强度是空旷地的 0.6% 以下，则草本植物不生长，当光照强度达 2% ~3%，才能良好地发育生长。如果林内下层的光照强度是空旷地的 4% ~6%，不仅下木而且幼树也能生长。

光照强度的突然变化，有时可以使树木生长减弱，树叶枯黄，甚至死亡。例如，皆伐后林缘木突然暴露于强光下，或由于上层林木被砍去，幼树处于全光照射下，都可能发生上述现象。

光的来向对林木的生长发育也有影响。单方面的光可以引起树木发育不平衡，向光面的枝条茂盛粗壮，背光面的枝条稀疏细弱，有时还可以导致树干偏斜，髓心不正，尤其是松树和刺槐表现很明显。

强光有利于果树果实的发育，相对的弱光有利于营养生长。弱光对果树已形成的花芽，因养分不足而早期退化或死亡；树木开花期和幼果期如光照不足，会使果实停止发育及落果。喜光树种需要有充足的阳光，而对耐荫树种强光则会使其生长停滞，甚至死亡。

2.7.1.4 光照时间对森林生长的影响

光照时间长短对森林植物也有影响。可照时数是从日出到日落太阳可能照射时间，如果加上晨昏蒙影，光照时间会长一些。各地纬度不同、地形和海拔高度以及天气、气候不同，实际日照时间长短各异，影响各地获得太阳光不同，植物生长和产量也不同。

植物对昼夜交替及其延续时间长度有不同的适应，它影响到开花、落叶、休眠、营养器官及贮藏器官包括地下块茎生长。植物对昼夜长短的这些反应称为光周期现象。一般北方生长季内日照时间比南方长，故北方植物适应长日照时间为长日照植物，南方则相反为短日照植物。在引种栽培中，北种南引，由于日照时间短，将延迟发育成熟，南种北引则相反。

树木对日照或黑夜长短的反应，称为光周期现象。当延长白天日照时数而开花，缩短日照时数则不开花的树木，称为长日照树木；相反，称为短日照树木。生长季时，南方白昼比北方短，所以南方多数为短日照树木，北方则多数为长日照树木。据计算，树木形成 $1m^3$ 木材需太阳能 468×10^8 cal①，树木同化 1g 二氧化碳，消耗太阳能 2 500cal。一般情况下，树木光合作用利用太阳能仅 1% ~2%，最多不超过 5%。因此，提高森林对太阳辐射能的利用率是迫切需要研究和解决的课题之一。

2.7.2 森林对辐射的影响

森林对太阳辐射、地面辐射和大气辐射都有一定的影响，可以影响到光质、光强、光量等多方面，使森林的净辐射方程各分量及森林能量平衡方程各分量都会发生改变，从而对地方及全球气象及气候产生一定影响。

2.7.2.1 森林对太阳辐射的影响

(1)林冠中的直接辐射

太阳直接辐射射入林冠后，辐射通量被减弱，减弱程度与林冠结构的几何形状和特征有关。如郁闭度 0.5 的落叶松林透射率为 13.6%，而郁闭度 0.68 的马尾松林则透射率为 8.6%。太阳辐射通过林冠层的减弱规律与通过大气层的情况相似，也遵循指数减弱规律。门司(Monsi)和佐伯(Saeki)根据贝尔定律提出了下面的表达式：

---

① 1cal = 4.186J。

$$S_f = S_b e^{-KF} \tag{2-34}$$

式中：S_f是林冠下的直接辐射通量密度；K 是植物叶子的消光系数；F 是叶面积系数；S_b是到达林冠表面的直接辐射通量密度。K 值、F 值和叶子几何形状、分布状况有关。当叶子呈垂直状排列，K 值为 0.3～0.5；叶子呈水平状排列，K 值为 0.7～1.0。门司和佐伯以式(2-34)计算了垂直叶片和水平叶片这两种情况的林冠下太阳辐射量，结果表明，后者只有前者的 44%。

(2)林冠中的散射辐射

散射辐射穿过林冠层时也被减弱，由于散射辐射来自天穹各个方向，所以减弱规律比直接辐射要复杂。继门司-佐伯后又有很多人从考虑植被的几何形状着手，结合统计学方法，建立了许多新模式。如 1982 年，朱劲伟等人分析了林冠结构和光分布，分别导出了被林冠吸收的直射光强和散射光强的数学模式。并得出到达林内的散射辐射除决定了太阳高度外，主要随林冠结构特性而变化。

(3)林地上的总辐射

太阳总辐射投射到林冠上方时，一部分被林冠表面反射，大部分被林冠中叶子吸收，还有一部分是透过林冠层，经林内大气衰减，然后到达林地表面。显然，林地上的总辐射要比空旷地少得多。表 2-13 是北京林业大学（原北京林学院）气象教研室于 1960 年 7 月 11 日(昙天)，在小兴安岭地区落叶松林内(郁闭度 0.5)的观测结果，影响林地上太阳总辐射的因子有林冠郁闭度、林分密度、树木年龄和林木状况等。林地上总辐射决定于以下因子。

表 2-13　落叶松林内和空旷地的总辐射(小兴安岭地区)　W/m²

观测时间	5：30	6：30	9：30	12：30	15：30	18：30	19：30
林　内	20.93	34.89	132.58	174.45	146.54	20.93	6.98
空旷地	90.71	125.61	327.97	376.81	334.94	132.58	13.96
相对总辐射(%)	23	28	40	46	44	16	50

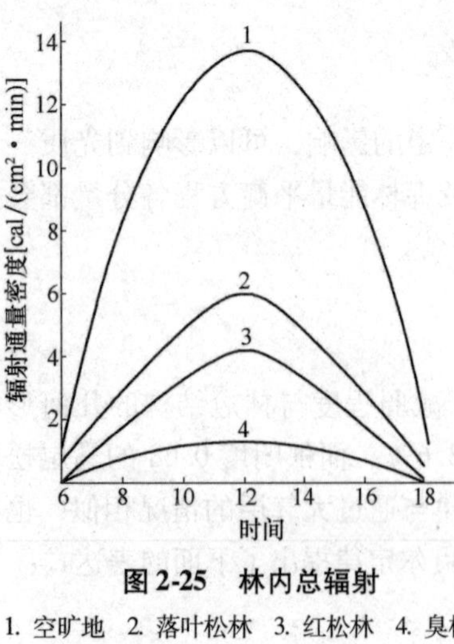

图 2-25　林内总辐射

1. 空旷地　2. 落叶松林　3. 红松林　4. 臭松林

①林冠郁闭度　随着林冠郁闭度增加，到达林地上的太阳辐射减少。图 2-25 是北京林业大学（原北京林学院）气象教研室于 1964 年 5 月 28 日至 6 月 1 日(均为晴天)，在小兴安岭林区的落叶松、红松和臭松林内的观测结果。

②林分密度　林分密度增加，到达林地上的太阳辐射减少。表 2-14 是不同密度的幼松林下，林地上的辐射量与空旷地的比值，即相对总辐射。相对总辐射与株行距几乎呈线性关系。

表 2-14 林分密度与总辐射

林木株行距(m×m)	每公顷株数	相对总辐射(%)
0.6×0.6	26 900	15.9
1.2×1.2	6 730	36.0
1.8×1.8	1 990	46.0
2.4×2.4	1 680	55.4

③树木年龄 壮龄期，树冠郁闭度大，枝叶密集，林内太阳辐射必然少。幼龄期树冠小，老龄期林冠疏开，这两段时期林地上的总辐射都比壮龄期多。

④林木状况 冬季，阔叶林落叶后，林地上获得的总辐射增多；夏季，树叶茂盛期林地上获得的总辐射最少，如白杨林未发叶时，林地上可以获得空旷地太阳辐射量的39%，盛叶期却只有10%左右。

2.7.2.2 森林对净辐射的影响

(1)林冠层的净辐射方程

图2-26是林冠层中辐射能收支的示意图，对于短波辐射，投射到林冠层表面的总辐射 S_f(即 $S_{fb}+S_{fa}$)，林冠表面反射辐射通量 S_{fr}；林冠层透射通量 S_{ft} 在林冠层底部输出，这样，林冠层吸收总辐射通量为 $S_{fa}=S_f-S_{fr}-S_{ft}$，透射通量 S_{ft} 经林内大气衰减，被地面接受。同样，地面也有反射作用。反射通量也被林冠层吸收，但数量很小，可忽略不计。

长波辐射应从3个方面分析：①大气逆辐射通量 L_f 到达林冠层时，一部分被林冠反射，以 L_{fr} 表示，透过林冠的辐射通量为 L_{ft}，林冠层吸收大气逆辐射通量为 $L_{fa}=L_f-L_{fr}-L_{ft}$。②林冠层的上表面和底部都能向外发射长波辐射，分别以 L_1 和 L_2 表示。③地面发射长波辐射，到达林冠底部的通量为 L_0，经反射和透射后，林冠吸收的通量为 $L_{0a}=L_0-L_{0r}-L_{0t}$。L_{0r} 是反射通量，L_{0t} 是透射通量。把短波的和长波的辐射通量合并在一起，便得林冠层的净辐射表达式为：

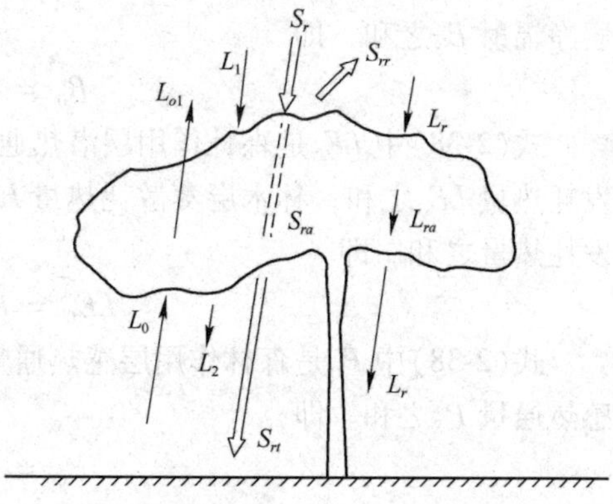

图 2-26 林冠层净辐射各分量示意

$$B_D=(S_f-S_{fr}-S_{ft})+(L_f-L_{fr}-L_{ft})+(L_0-L_{0r}-L_{0t})-(L_1+L_2) \quad (2\text{-}35)$$

如果用反射率和透射率表示，式(2-31)可写成：

$$B_D=S_f(1-r-t)+(L_f+L_0)(1-r'-t')-(L_1+L_2) \quad (2\text{-}36)$$

式中：r 和 t 是林冠层的短波反射率和透射率；r' 和 t' 是林冠层的长波反射率和透射率。

(2)林冠下的地表净辐射方程

如果地表的短波和长波反射率为 r_s 和 r'_s 不计林冠下至地表间大气的衰减作用，

则地表短波辐射通量的收入为 $S_{ft}(1-r_s)$；长波辐射通量的收入为 $(L_{ft}+L_2)(1-r_s')$。地面发射长波辐射 L_0，则林内地表净辐射的表达式为：

$$B_s = S_{ft}(1-r_s) + (L_{ft}+L_2)(1-r_s') - L_0 \tag{2-37}$$

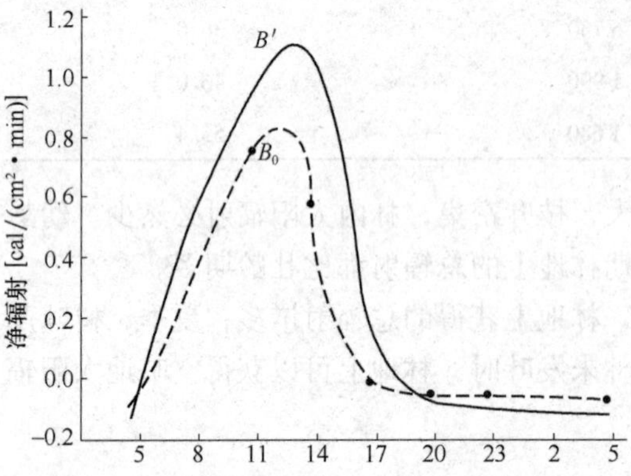

图 2-27　云天时马尾松幼林净辐射的日变化

〔林龄 7 年，树高 1.2m，密度 1 株/(1.2m×1.5m)〕
B′. 林冠净辐射　B₀. 林冠下离地面 20cm 的净辐射

图 2-27 是云天时，马尾松幼林中测得净辐射。图中 B' 代表林冠净辐射，B_0 为林冠下离地面 20cm 的净辐射。白天，林冠表面获得的总辐射比林冠下多；夜间，林冠层阻挡了长波辐射，因此出现了相反的分布状况。卢其尧等在海南岛阔叶林内取得的观测结果也表明，林内净辐射的各个分量一般不超过空旷地的 20%。

2.7.2.3　森林对能量平衡的影响

(1)森林的能量平衡方程

根据能量平衡方程(2-29)，森林作用层(包括林冠表面至林地土壤层)的能量平衡方程为：

$$B_0 = LE_0 + P_0 + Q_0 + IA_0 \tag{2-38}$$

式中：B_0 为森林作用层的辐射平衡或净辐射，它等于林木层净辐射 B_D 和林地层净辐射 B_S 之和，即

$$B_0 = B_D + B_S \tag{2-39}$$

式(2-38)中 LE_0 是森林作用层潜热通量，它是林木层蒸散耗热量 LE_D 和林地蒸发耗热量 LE_S 之和；林木层蒸散耗热量 LE_D 包括林冠蒸腾耗热与林木层截持水的蒸发耗热量之和。即

$$LE_0 = LE_D + LE_S \tag{2-40}$$

式(2-38)中 P_0 是森林作用层感热通量，它是林木层感热通量 P_D 和林地空气间感热通量 P_S 之和。即

$$P_0 = P_D + P_S \tag{2-41}$$

式(2-38)中 Q_0 是森林作用层贮热量的变化，它是森林植物热通量 Q_D 和林地土壤热通量 Q_S 之和。即

$$Q_0 = Q_D + Q_S \tag{2-42}$$

式中：IA_0 是森林作用层新陈代谢能通量，它是林木层新陈代谢能通量 IA_D 与林地活地被物新陈代谢能通量 IA_S 之和。由于 IA_0 很小而且主要决定于 IA_D，而 IA_S 常可忽略，故

$$IA_0 = IA_D + IA_S \approx IA_D \tag{2-43}$$

林地作用层(包括林地表面至土壤一定深度层)，也可以林地作用面来表达，它的能量平衡方程可写为：

$$B_S = LE_S + P_S + Q_S + IA_S \tag{2-44}$$

因 IA_S 可忽略，故也可写为：

$$B_S = LE_S + P_S + Q_S \tag{2-45}$$

对于林木层（森林地上部分）的能量平衡方程可由式（2-38）减去式（2-44）得到，即

$$B_0 - B_S = B_D$$

$$B_D = LE_D + P_D + Q_D + IA_D \tag{2-46}$$

森林作用层能量平衡的各项分量可用图2-28简要表示。

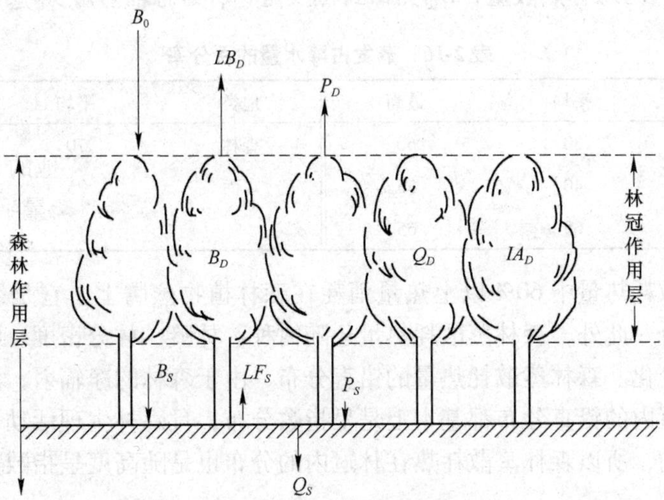

图2-28 森林能量平衡示意

（2）森林能量平衡各分量的变化

森林作用层的净辐射与各种自然表面的净辐射差异，主要决定于不同表面的反射率和温度差异，森林的反射率较小，平均为10% ~15%（针叶林反射率10%左右，阔叶林15%左右），除了水面以外（水面反射率为5% ~10%），与其他自然表面相比较，森林的反射率是最小的。卫星资料表明，热带地区大面积森林，几乎像海洋一样，是一种灰暗的表面。与田野相比，森林不仅反射率小，而且森林作用层的温度低于田野，因此其长波有效辐射也小于田野，致使森林净辐射大于田野，也就是森林比田野获得较多的辐射能量。通常，森林作用层的净辐射比田野大10%以上，比裸地有时可大30%（表2-15）。

表2-15 森林作用层的净辐射 W/m²

地类	短波净辐射	长波净辐射	净辐射
森林	108	29	79
农田	97	30	67
绿地	93	35	58
裸地	78	32	46

林地净辐射，由于受到林冠的遮蔽，白天透过林冠到达林地的太阳辐射大大减少，夜间受林冠阻挡林地长波有效辐射也较小，因此林地净辐射明显减小。据贺庆棠等在小兴安岭郁闭度为 0.45 的落叶松林中测得，生长季林地净辐射仅为森林作用层净辐射的 7.4%。

森林蒸散量几乎与水面蒸发接近，而比其他各种自然表面的蒸发量都大（表 2-16）。森林与田野比较，森林蒸散量要大 10% ~30%，平均情况可表示为：

$$E_{森} = E_{田} + 0.1Q \tag{2-47}$$

式中：$E_{森}$为森林蒸散量；$E_{田}$为田野蒸发量；Q 为总辐射。

表 2-16　蒸发占降水量的百分率　%

地类	平均	最高	地类	平均	最高
裸地	30	60	森林	70	80
农地	40	55	水面	75	85
绿地	65	65			

森林蒸散耗热量中 60% 以上热量消耗在森林植物蒸腾上，它是组成森林蒸散的最主要部分。此外，森林蒸散耗热量还随树种、林龄、林分密度、叶面积系数等林分因子而变化。森林蒸散耗热量的铅直分布，由于森林的净辐射、温度、饱和差和风速在林冠内的铅直分布都基本上是呈指数分布，且森林生理活动也是从林冠表面向下减小的，所以森林蒸散耗热在林冠内的分布也是随高度呈指数变化的。据崔启武等得到：

$$LE_Z = LE_0 e^{-CF} \tag{2-48}$$

式中：C 为减弱系数；F 为叶面积系数；LE_Z为林冠内某高度的蒸散耗热量。

森林作用层的感热通量一般都比其他植被大。据鲍姆加特纳观测得到：云杉林的年感热通量为 12 560W/m²；农地为9 071W/m²；而裸地仅为6 280W/m²；森林感热通量平均大 20% 以上。这是因为森林的粗糙度大，乱流作用强，铅直混合速度较大的缘故。

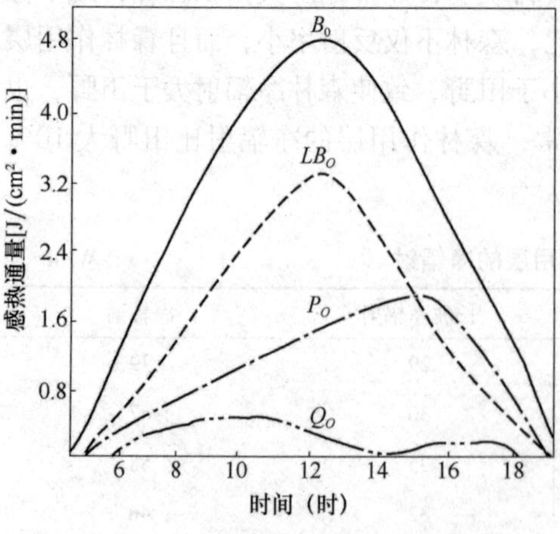

图 2-29　森林能量平衡各分量的日变化

森林作用层贮热量的变化和新陈代谢能通量均很小，前者占净辐射的 8% 左右，后者仅占 1% ~2%。对于较长时间的平均来说，可以忽略不计。森林能量平衡分量的日变化见图 2-29 所示。

森林能量平衡占净辐射的比例，综合现有国内外观测结果得到：森林作用层潜热通量 LE_0 约占森林作用层净辐射 B_0的 60% ~70%；森林作用层感热通量 P_0占 B_0的 20% ~40%，Q_0和 IA_0约占 B_0 的 10% 以下（表 2-17）。

表 2-17　生长季森林的能量平衡　$\times 10^3 W/m^2$

地类	B_0	LE_0	P_0	Q_0+IA_0
云杉林	157.8	105.1	52.3	0.0
马铃薯地	137.3	92.5	32.2	12.6
牧草地	132.7	109.3	20.5	2.9

2.7.2.4　森林对长波辐射的影响

森林的长波辐射是森林能量平衡的一个重要组成部分。它影响着森林植物蒸腾和林地蒸发，影响植物体温。夜间长波辐射是林内辐射传输的唯一形式。

森林长波辐射，由于其温度比较低，波长属红外线，强度低，漫射向各方。但可归结为向上和向下两部分长波辐射。森林向上的长波辐射为：林地长波辐射的透过辐射；叶片向上发射的长波辐射和叶片对来自上方长波辐射的反射三部分。森林向下的长波辐射为：大气逆辐射的透过部分；叶片向下发射的长波辐射和叶片对来自下方长波辐射的反射三部分。森林长波辐射的大小取决于森林植物体的温度、空气温度、林地表温度、林地湿度、叶面积指数及叶子空间分布情况等。据计算森林向上和向下的长波辐射均随叶面积指数的增加而增大。

森林有效辐射随深度变化不是单调的递增或递减，而是在某一高度达最小，由此向上向下均增大。林冠层顶部有效辐射最大。与空旷地相比森林的有效辐射是较小的。这是因为森林作用层的温度低于空旷地和田野，而反射率又较小，致使森林的净辐射大于田野，森林比田野净获得较多热量。通常森林的净辐射可比田野大10%以上，比裸地有时可大30%。

2.7.3　森林的光能利用率

2.7.3.1　森林的光能利用率

森林或植物群落的光能利用率是指植物光合作用把辐射能转变成化学能的效率(%)。光能利用率可用植被的总生产量除以同一时间、同一面积植被吸收的光合有效辐射得到。但由于总生产量难以精确测定，常用净生产量求算。另外，为使单位统一和互相比较，需将总(净)生产量，光合有效辐射等进行测定或换算成热量单位的焦耳值。陆生植物组织平均热值是18.5kJ/g。如落叶乔木的叶是16.4～21.6kJ/g、木材17.6～19.3kJ/g，根16.8～19.7kJ/g等。如果植被吸收的光合有效辐射未经测定，可用总入射辐射量的40%估算。据计算，植物群落的光合效率约2%～3%，集约农业最高达6%，低产植物群落低于1%(表2-18)。光能利用率受太阳辐射、温度、水分及养分等自然条件的限制。

光能利用率(U)可以公式(2-49)表示：

$$U = \Delta W \cdot H \Big/ \sum S_t \tag{2-49}$$

或

$$U = \Delta W \cdot H \Big/ \sum PAR \tag{2-50}$$

式中：H 为单位干物质燃烧时释放的能量，也称折能系数，一般采用17.8×

10^{-2}/kg；ΔW 为测定期间单位土地面积上干物质增量；$\sum S_t$ 是同期的总辐射总量；$\sum PAR$ 为光合有效辐射总量。严格地说，式(2-49)应称为太阳能利用率，式(2-50)才叫光能利用率。

2.7.3.2　提高森林光能利用率的途径

目前林业生产上，森林光能利用率比较低的原因有：

①未郁闭的幼龄林期间，林木矮小，地面覆盖率低，太阳辐射大部分漏射到地面未被利用而损失了。

②林木密度太小，分布不均，单层纯林，太阳能有相当部分漏射到林地未能充分被利用。

③不利环境条件如 CO_2 供应不足，温度过高或过低，使光合作用受影响；水分过多或亏缺；养分不足或缺乏等，限制了太阳辐射的充分利用；也可能是非乡土树种，不太适应当地环境条件，限制了光能利用。

④森林结构不合理或者不优化，群体内光分布不合理，叶面积系数过大或过小，使光合累积少，呼吸消耗多，限制了群体光合强度的提高。

⑤气象灾害和病虫危害导致森林结构破坏，林木衰弱，限制了光能利用率。

如能设法解决上述矛盾，就可较好地提高森林光能利用率，从而使森林优质、高产、稳定和可持续发展。提高森林光能利用率的主要途径有：

①合理密植是提高林木产量和有效利用太阳能的途径之一。在育苗造林中，栽植过稀，光能利用率低；栽植过密，单株树木得到的光能不足，产量和质量都下降；合理密植，既保证每株树木得到适宜光照，也充分利用了太阳能。因此林分过密时，需要进行恰当的抚育采伐，使林木获得适宜的光照强度。在改善光照强度的同时，林内温湿状况也相应地发生了变化。由于温度上升，促使林内枯枝落叶的分解，提高土壤肥力，为林木生长发育创造良好条件，必然有利于提高林分产量和质量，提高森林光能利率。

②发展立体林业，构建复层林结构。使投射到林冠上的太阳辐射，经过复层林多层次立体吸收，使太阳能被不同层次、不同需光量的森林植物层层吸收，提高光能利用率。可以乔、灌、草结合；不同高度喜光和耐荫树种结合；农林牧副渔结合，构建复层结构的立体林业。也可以林粮、林药、林茶、林菇等多种产业的结合。这样可大大提高森林的光能利用率，提高林业及各种产业的产量和质量。

③营造各种类型的混交林。从光的角度考虑，应使林冠上层为喜光树种，中层为中性树种，下层为耐荫树种，有助于充分利用光能和提高林地生产力。调节和保持林分结构，有效利用光能，提高群体光合作用能力，是森林经营的方向。

④对已有林包括人工纯林、原始林破坏后的次生林和低价值林分的改造等，要针对其不同状况，采取提高其光能利用率的措施。如人工纯林可适当引入其他树种，使其成为多树种复层林，提高光能利用率和稳定性；过密次生林应除去非目的树种做好透光伐，引入珍贵目的树种；有的次生林林木分布不均，对空隙地可以补

植或加大其密度；有的林分林木过密，难以人工或天然更新，有的可疏伐或择伐等。对于某些特殊用途林如速生林、纸浆林等，要根据其林地条件，尽量提高其光能利用率。

⑤苗圃育苗中要根据树木种类喜光性、耐荫性等苗木特性培育良种壮苗，做到优质丰产，调节太阳能数量、强度、质量及日照时间和光周期。有的可增加人工光照提高光能利用，加速苗木培养，有的可用温室、塑料大棚；有的要在一定时期搭建荫棚或凉棚；有的要盖草、覆盖防冻；有的还要加温或保温与除湿等，其目的都是调节光能，调控温度。特别是引种外来树种的育苗，更要精心养护。

⑥培育母树林，应将林分疏伐到适当密度，使林木得到充足阳光，这样既可提高结实数量又能提高种子品质，这样做也是为了提高母树光能利用率。

⑦选育良种，特别是要根据林木的不同用途和目的，制定出选育标准，通过人工选择育种或杂交育种，或基因工程等方法，有目的培养光能利用率高，有优良遗传特性的树种。

表 2-18 是地球陆地植物的辐射能利用率。

表 2-18 地球陆地植物的辐射能利用率

类型	净初级生产量 [kcal/(m² · a)]	总初级生产量 [kcal/(m² · a)]	接受的总辐射量 [kcal/(m² · a)]	光合有效辐射 [kcal/(m² · a)]	以总初级生产量计算的效率(%)	以净初级生产量计算的效率(%)
热带雨林	8 200	25 000	1 400 000	560 000	4.46	1.46
冬季落叶阔叶林	4 000	7 100	1 100 000	440 000	1.61	0.91
硬叶林群落	3 900	6 000	1 500 000	600 000	1.00	0.65
北方针叶林	2 400	3 700	800 000	320 000	1.16	0.75
热带草地	2 800	3 500	1 400 000	560 000	0.63	0.50
温带草地	2 000	2 300	1 000 000	400 000	0.58	0.50
冻原	600	900	600 000	240 000	0.38	0.25
半荒漠	300	350	1 800 000	720 000	0.05	0.04
农田	2 700	3 200	1 100 000	440 000	0.73	0.61

转引自李景文，1994。

思 考 题

1. 何谓辐射？辐射遵循哪些基本定律？
2. 太阳高度角随纬度的变化规律是什么？
3. 日地关系与季节形成之关系如何？何谓二十四节气？
4. 太阳辐射光谱分为哪三段？何谓太阳常数，其值是多少？
5. 太阳辐射在大气中是如何减弱的？太阳辐射在大气中减弱的规律如何？

6. 何谓大气质量和大气透明度？
7. 贝尔减弱定律表示方法及意义是什么？
8. 到达地面的太阳辐射有哪几种，用什么单位来表示？
9. 何谓地面和大气辐射？何谓大气逆辐射？
10. 何谓地面有效辐射，它受哪些因子影响？
11. 何谓地面净辐射方程？何谓地面能量平衡及其表示方程？
12. 算一算地气系统能量收支情况。
13. 辐射对森林有何作用？
14. 太阳光质、光强、光照时间和光周期对森林有何作用？
15. 森林对辐射有何影响？包括对短波辐射与长波辐射各有何影响？
16. 森林对净辐射和能量平衡有何影响？
17. 何谓森林光能利用率及其表示方程？
18. 试述提高森林光能利用率的途径。

第3章　温　度

地球表面吸收了太阳辐射后，不仅升高了本身的温度，同时也成为对流层空气的主要热量来源。地面温度的变化，在很大程度上影响着对流层空气温度的变化。同时，温度的变化还能引起其他因子的变化。

3.1　土壤温度

3.1.1　土壤热特性

(1)热容量(heat capacity)

①质量热容量　表示单位质量的物质，温度变化1℃所需吸收或放出的热量。用C_m表示，单位为J/(kg·℃)。

②容积热容量　表示单位体积的物质，温度变化1℃所需吸收或放出的热量。用C_V表示，单位为J/(m^3·℃)。

它们与物质密度(ρ)之间的关系为：

$$C_v = C_m \cdot \rho \tag{3-1}$$

很显然，热容量大的物质，温度升高或降低1℃所需吸收和放出的热量就越多，受热后升温和失热后降温都较缓和；热容量小的物质，温度升高或降低1℃所需吸收和放出的热量就越少，得到或失去热量后，温度变化急剧。

由于各种土壤的物质组成成分、密度及含水量不同，使得它们的热容量变化范围很大。空气的热容量小，水的热容量大，是空气的3 000多倍。所以，影响土壤热容量的主要因素是土壤中水和空气所占比例。土壤湿度增大时，土壤中空气含量减少，热容量增大；土壤湿度减小时，土壤中空气含量增多，热容量减小。因此，干燥而疏松的土壤比潮湿而紧实的土壤热容量小，升温和降温都迅速而显著。水具有最大的热容量，因而，水域春夏得热后升温缓和，秋冬失热后降温也缓和。

(2)导热率(heat conductivity)

表示物体内部传导热量快慢的能力用导热率(λ)表示。它是指1m深度内温度相差1℃、1s通过1m^{2}截面积的热通量，单位是J/(m·s·℃)。在其他条件相同时，物体导热率越大，其表面温度的升降也就越缓和。

自然界物体间若存在温差时，就会产生热能的传递，热流的方向总是由高温指

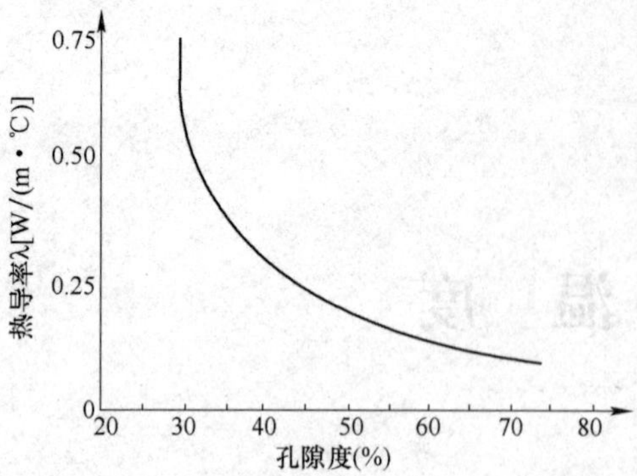

图 3-1 土壤孔隙度对土壤导热率的影响

向低温。物体传递热量的能力用热导率来表示。

土壤的导热率大，说明土壤传递热量的能力强，传递热量的速度快，在同一时间内传递的热量越多。导热率大的土壤，热量容易传入深层或从深层得到热量，因而表层土壤温度变化小。如潮湿土壤和干燥土壤相比，潮湿土壤表层昼夜温差小。若土壤的导热率小，则情况相反。

土壤导热率主要取决于土壤中空气和水分含量的多少，土壤导热率随土壤孔隙度的增加而减小(图 3-1)，随土壤湿度的增加而增大。由表 3-1 可知，土壤中固体成分的导热率最大，空气最小，水的导热率居中，但仍为空气的 28 倍。

表 3-1 土壤固体成分、空气和水的热特性

成 分	热特性			
	比热(C) [J/(kg·℃)]	热容量(Cv) [J/(m^3·℃)]	导热率(λ) [J/(m·s·℃)]	导温率(K) (m^2/s)
土壤固体成分	$(0.76\sim0.97)\times10^3$	$(2.06\sim2.44)\times10^6$	$0.8\sim2.5$	$(0.39\sim1.02)\times10^{-6}$
空气	1.008×10^3	0.0013×10^6	0.021	1.6×10^{-5}
水	4.2×10^3	4.2×10^6	0.59	1.4×10^{-7}

(3) 导温率

导温率(K)定义为单位体积的物体，流入或流出数量为 λ 的热量后，温度升高或降低的数值，单位是 m^2/s。可用下式表示：

$$K = \lambda / C_v \tag{3-2}$$

式中：K 为导温率；λ 为热导率；C_v 为容积热容量。土壤导温率与土壤导热率成正比，与土壤容积热容量成反比。所以，土壤导热率越大，土壤容积热容量越小，土壤导温率就越大，土壤温度变化越快。反之，土壤导热率越小，土壤容积热容量越大，土壤导温率就越小，土壤温度变化越慢。

导温率大的土壤，如湿润的黏土，白天当获得太阳辐射能后，它很快将表层得到的热量传递到土壤深层，这样土壤表层温度就不会过高；夜间，当土壤表面由于地面有效辐射失去热量时，它又可以把土壤深层的热量很快传递到土壤表层来，使土壤表层的夜间温度不致太低。因此，这种土壤的地面温度不易出现极端值(即白天地温过高，夜间地温又过低)，这对植物的生长是非常有利。相反，如果土壤的导温率很小，如干燥的泥炭土，白天它不易将地表的热量迅速传递到土壤深层，使白天地表温度过高；夜间，它又不易将土壤深层的热量传递到土壤表面，致使夜间地表面温度过低。所以这种土壤很容易出现极端温度，使生长在它上面的植物极易受到冻害或热害的威胁。

3.1.2 土壤表面的热量收支

土温的变化首先决定于土壤表面热量的收支状况。地面的热量收支用地面热量平衡方程表示：

$$B = LE + P + Q_s \tag{3-3}$$

式中：B 为净辐射；P 为感热通量；LE 为潜热通量；E 为蒸发或凝结量；L 为蒸发或凝结耗热量，约等于 2.5×10^6 J/kg，式中各项单位均为 W/m^2。其中 Q_s 为土壤热通量：

$$Q_s = B - LE - P \tag{3-4}$$

太阳辐射到达地面后，被地面吸收，从日出后1h到日落前1h左右，地面净辐射为正值，表面吸收净辐射后转变为热能，则地面必须通过湍流热交换、潜热热交换和分子热交换等方式把热量传递给周围大气和土壤内部；从日落至日出后一段时间，地面净辐射为负值，则地面又必然通过上述各种方式从大气和土壤内部获得热量以达到本身的热量平衡。

热量由地面向下层或由下层向地面传输的过程，称为土壤热交换过程，即单位时间、单位面积上的土壤热交换就是土壤热通量(Q_s)。它的大小与温度梯度$\left(\frac{\partial T}{\partial Z}\right)$及土壤导热率($\lambda$)成正比，即

$$Q_s = \lambda \frac{\partial T}{\partial Z} \quad 或 \quad Q_s = -KC_v \frac{\partial T}{\partial Z} \tag{3-5}$$

因此，土壤温度的高低和变化决定于土壤热量的收支和土壤热特性。当土壤热通量 Q_s 一定时，土壤温度的高低和变化则决定于土壤热特性。土壤热容量和导温率越大，土壤温度变化则缓和；反之，变化则剧烈。所以，影响土壤热收支和土壤热特性的因子都会影响到土壤温度的高低和变化，这些因子有纬度、季节、太阳高度、天气状况、坡向和坡度、海拔高度、土壤种类、土壤颜色、土壤质地、土壤湿度和孔隙度、地面有无覆盖物等，这些因子对土壤温度的影响随时间和地点而不同。例如，坡向和坡度的影响，在中纬度山地就很大，而在低纬度山地较小。因此，在考虑土壤温度高低和变化时，要对影响土壤温度的各因子进行具体和综合的分析，并找出主导因子，这样才能掌握土壤温度的高低和变化规律。

3.1.3 土壤温度的时间变化

由于地球的自转和公转，使到达地面的太阳辐射出现周期性的日变化和年变化，因而土壤温度也相应地表现出周期性的日变化和年变化。温度的这种周期性变化，可以用较差和位相来描述。较差是指一定周期内，最高温度与最低温度之差。位相是指最高温度和最低温度出现的时间。

(1)土壤温度的日变化

土表日间增热和夜间冷却引起土壤温度的昼夜变化，土壤温度在一昼夜内随时间的连续变化，称为土壤温度的日变化(图3-2)。一般土壤表面的最高温度出现在

午后 13：00 左右，比太阳辐射最大值(12：00)稍落后，土壤最低温度出现在日出前后。一天中，土壤温度有一个最高值和一个最低值，两者之差为土温日较差。

土温日较差的大小，主要决定于地面热量收支状况和土壤热特性。土温日较差一般是低纬度大于高纬度，内陆大于沿海，夏季大于冬季，凹地大于平地，阳坡大于阴坡，干土大于湿土，裸地大于有各种覆盖的地面(如植物、森林、雪等)，晴天大于阴天等。随深度增加，土温日较差减少，位相也逐渐落后(图 3-2)。

(2)土壤温度的年变化

土壤表面温度的年变化，主要取决于太阳辐射能的年变化。在北半球中、高纬度地区，土壤表面月平均最高温度，一般出现在 7 ~ 8 月；月平均最低温度出现在 1 ~ 2 月。它们分别落后于太阳辐射最强的夏至和最弱的冬至月份(图 3-3)。

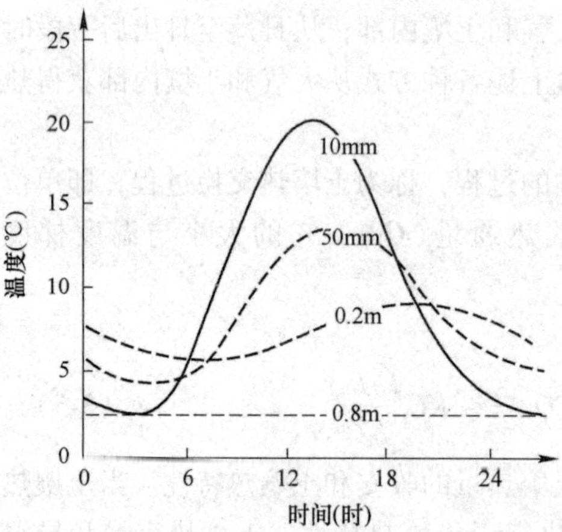

图 3-2　不同深度的土壤温度日变化曲线
(据 T. R. Oke，1981)

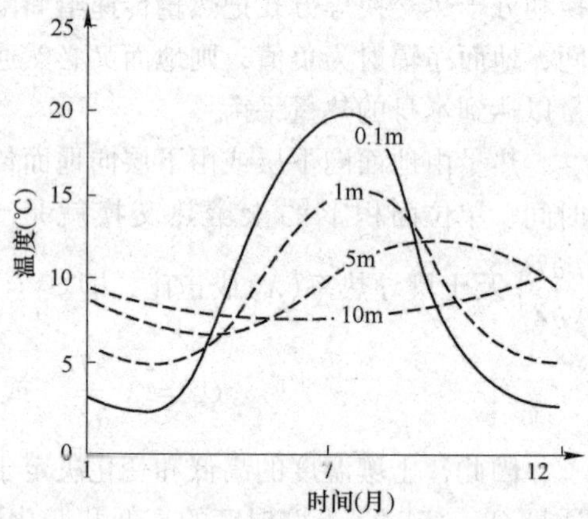

图 3-3　不同深度的土壤温度年变化曲线
(据 T. R. Oke，1981)

一年中，月平均温度的最高值和月平均温度的最低值之差，称为温度年较差或年变幅。

土壤温度年较差的大小与纬度、季节、下垫面状况、天气条件等因子密切相关，与日较差相反，土壤温度的年较差随纬度的增高而增大。例如，广州(23°08′N)年较差为 15.9℃；北京(39°57′N)为 34.7℃；齐齐哈尔(47°20′N)为 47.8℃，这是因为太阳辐射的年变化随纬度增高而增大。其他因子对土壤温度的年较差的影响与日较差大体相同。土壤温度的年变化与日变化相似，也是随土壤深度的增加而减小，位相落后。

3.1.4　土壤温度的垂直分布

由于土壤中各层热量昼夜不断地进行交换，使得土壤温度的垂直分布具有一定的特点。根据观测结果，可将土壤温度的垂直分布归纳为 3 种类型，即日射型、辐射型和过渡型。

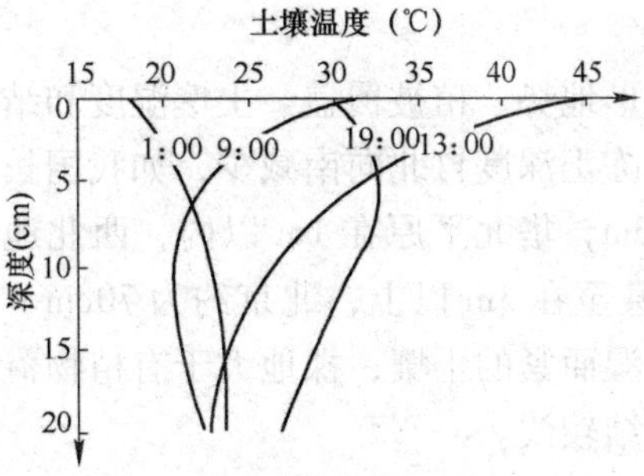

图 3-4 土壤温度的垂直分布日变化

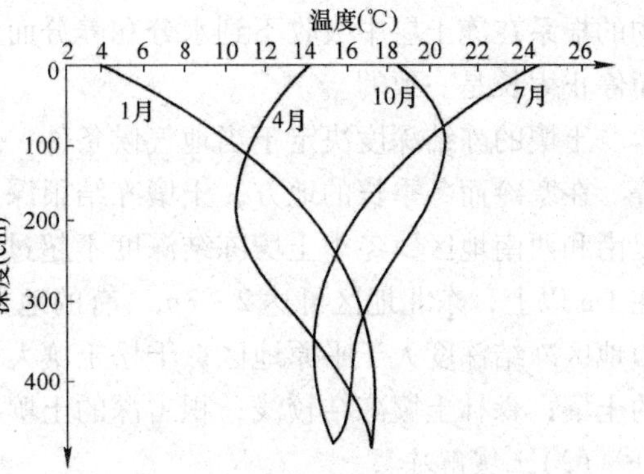

图 3-5 土壤温度的垂直分布季节变化

(1)日射型

在白天和夏季，当土壤表面获得太阳辐射后首先增温，热量由地表向下层传递，土壤温度随深度增加而降低。一般用一天中 13：00 和一年中 7 月的土壤温度垂直分布代表日射型(图 3-4、图 3-5)。

(2)辐射型

在夜间和冬季，土壤表面首先辐射冷却降温，土壤上层温度低于下层，热量由土壤下层向地表传递，土壤温度随深度增加而增加。一般可用一天中 1：00 和一年中的 1 月的土壤温度垂直分布代表辐射型(图 3-4、图 3-5)。

(3)早上过渡型

日出后地面升温，土壤上层温度分布迅速变成日射型，但下层仍然保持辐射型，此时土壤中间层的温度最低，所以，早上过渡型就是上层日射型下层辐射型(图 3-4 中的 9：00)。一年中出现在春季(图 3-5 中的 4 月)。

(4)晚上过渡型

傍晚地面因辐射冷却温度下降，土壤上层开始出现辐射型，下层仍然保持日射型，此型下的温度分布时上层和下层都比较低，中间层温度最高(图 3-4 中的 19：00)。一年中出现在秋季(图 3-5 中的 10 月)。

因为土壤深层温度变化小，位相也落后，当地表很热时，深层却很凉爽；地表面很冷，甚至冰冻 1m 时，深层却较暖和。所以冬天可以在较深的地窖中储存如白菜、萝卜、苹果等蔬菜、水果不致冻坏。而夏季外面异常炎热时，地窖中的温度却可以保持较低。

3.1.5 土壤冻结与解冻

(1)土壤冻结

在寒冷的冬季，当土壤温度降低到 0℃以下时，土壤中的水分冻结成冰，使土壤变得非常坚硬，这叫做土壤冻结，也叫冻土。由于土壤水分中含有不同浓度的盐类，盐分会使冰点降低，所以只有当温度低于 0℃，一般是 -0.5 ~ -1.5℃时才会发生土壤冻结。土壤冻结后，土壤微生物停止活动，各种化学作用也极其微弱，植物的根系在冻土层中吸收不到水分和养分而停止活动，这与整个植株为了安全越冬而停止生长是一致的。

土壤的冻结深度决定于当地气候条件、地形地势、植被覆盖、土壤湿度和结构等。在寒冷而冬季长的地方，土壤冻结很深，冻土深度自北向南减少，如我国长江以南和西南地区，冬季土壤冻结深度不超过5cm，华北平原在1m以内，西北地区在1m以上，东北地区可达2~3m，有的地方甚至在3m以上，北京约为70cm。高山地区冻结深度大于平原地区；干松土壤大于湿而紧的土壤；裸地大于有植物覆盖的土壤；森林土壤冻结较浅；积雪深的土壤冻结较浅。

(2)土壤解冻

春季，由于太阳辐射增强，土壤温度和气温上升，使冻土逐渐融解，叫做土壤解冻。在少雪而寒冷的冬季，土壤冻结很深，这样，春季土壤全部解冻发生于积雪覆盖层消失以后，这时土壤的解冻是从上而下和从下而上两个方向进行的。在多雪季节，土壤冻结不会很深；解冻仅依靠深层土壤的传热，所以在这种情况下的解冻只能从下而上进行。在土壤解冻初期，由于冻土还未化冻，上层解冻后的水分不能下渗，常造成地面泥泞，通常称为返浆。返浆会影响苗圃作业和田间作业的进行。

土壤冻结对土壤的物理特性影响很大，由于冰晶的体积膨胀，能使土壤破裂，孔隙度增大，土壤变得比较疏松，在春天解冻后，可提高土壤透气性和水分渗透力。土壤冻结对植物的影响很大，土壤冻结和土壤解冻交替进行时，会发生土表掀耸现象，也称为冻拔害。使植物根部裸露于地表不能吸收到土壤中的水分，因而，造成植物的生理干旱而死亡。

因土层结冰抬起林木致害的现象叫冻拔。受害多为幼苗、幼树。土壤水分过多，昼夜温差较大，土壤连同根系冻结在一起使其体积增大而被抬高；解冻时土壤下陷，根系因悬空吸收不到水分而导致树木枯死。冻拔发生后应及时把树苗周围松土压实，避免死苗。树木是热的不良导体，温度骤降时树干表皮比内部收缩快而造成冻裂。树木向阳面比阴面容易发生冻裂，林缘、孤立木冻裂现象严重。为防止冻裂，应保持林冠一定的郁闭度，单株可采取林干基部包草办法。

3.1.6 调节温度的技术措施

在林业生产上为了调节温度，常采用以下方法：

(1)地覆盖

在苗圃育苗工作中，为了提高地温，常用盖草、盖草木灰、盖油纸及塑料薄膜等，以减少地面辐射。为了降低地温，可以用遮荫、搭荫棚，以及用白色覆盖物，增大对太阳辐射的反射率，降低地温。

(2)灌溉

灌溉是林业上调节温度的有效方法之一。通过灌溉，增加了土壤热容量和导热率，使白天温度降低，夜间温度升高，在炎热季节。灌溉可以防止温度过高，保护苗木及幼树免遭灼伤，霜冻季节，灌溉可以防冻。

(3) 垄作

垄作使接受太阳辐射的面积增大，通气性好，排水性强，能提高地温，春季有利于早出苗。垄作的日温差大，有利于干物质积累，苗木生长快。

(4) 掺沙或掺土

在黏重土壤上，掺入适量沙，可以使土壤变松，增加了土壤通气性，改变了土壤热容量，从而使白天地温增高，夜间降低地温，增大温度日较差，有利于苗木生长；在沙地掺土可以增大土壤热容量，降低白天温度，提高夜间温度，减少日温差。

(5) 镇压或松土

镇压能减少土壤孔隙，增大土壤热容量，白天降低地温，提高夜间地温。松土对温度的作用正相反。

(6) 使用土面增温剂

土面增温剂能抑制土壤水分蒸发耗热，提高土壤温度，加速种子发芽出苗，延缓土壤变干，其有效期可达 10 ~ 20d。由于土壤温度的高低直接影响近地层的气温，因此通过调节土壤温度，也就调节了近地层的空气温度。

3.2 大气温度

气温是表示空气冷热程度的物理量，大气温度状况是决定天气变化的重要因子之一。因此，气温既是天气预报的重要项目，也是天气预报的重要依据。

3.2.1 大气的增热和冷却

当空气获得热量时，温度升高，当空气失去热量时，温度降低。引起空气热量变化的原因主要有 2 个：一个是由于空气与外界有热量交换引起的，称为非绝热变化；另一个是空气与外界没有热量交换，而是由外界压力的变化，使空气膨胀或压缩引起的，称为绝热变化。

3.2.1.1 空气的非绝热变化

空气与外界的热量交换是通过分子热传导、辐射、对流、湍流、平流、蒸发和凝结(包括升华和凝华)等方式进行的。

(1) 分子热传导(conduction)

分子热传导是以分子运动来传递热量的传热方式。它是土壤层中热量交换的主要方式。但空气是热的不良导体，分子导热率很小，所以通过这种方式交换的热量很少，其作用仅在贴地气层中较为明显。

(2) 辐射(radiation)

地面和大气层之间的辐射热交换是始终存在的。大气主要依靠吸收地面的长波辐射而增热；地面一方面吸收太阳辐射和大气逆辐射，同时也向大气放出长波辐射。这样它们之间就通过长波辐射的方式不停地交换热量。空气团之间，也可以通过长波辐射而交换热量。

（3）对流（convection）

当暖而轻的空气上升时，周围冷而重的空气便下来补充，这种空气的升降运动称为对流。通过空气的对流运动，空气上下层互相混合，热量也就随之得到交换，使低层空气的热量传递到较高的层次，这是对流层中热量交换的重要方式。

（4）湍流（turbulence）

空气的不规则运动称为湍流，也叫乱流。它是在空气层之间相互发生摩擦或空气沿粗糙不平的下垫面运动时产生的。当有湍流时，相临空气之间在各个方向发生混合，热量也随着发生了交换。湍流是摩擦层中热量交换的重要方式（图 3-6）。

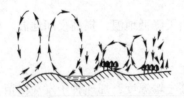

图 3-6　空气的湍流

（5）平流（advection）

大规模空气的水平运动称为平流。空气经常发生大规模的水平流动，当冷空气流经暖的区域时，可使流经区域温度下降；反之，当暖空气流经冷的区域时，可使该区域的温度升高。空气的平流运动对缓和地区之间和纬度之间的温度差异有很大作用，是水平方向上传递热量的主要方式。如冬季人规模冷空气南下，可使气温急剧下降；夏季海洋上暖湿气流北上，可使影响地区的气温升高。

（6）蒸发和凝结（evaporation and condensation）

水蒸发（或冰升华）时要吸收热量；相反，水汽凝结（或凝华）时要放出潜热。通过蒸发（升华）和凝结（凝华），也能使地面和大气之间、空气团和空气团之间发生潜热交换。由于大气中的水汽主要集中在离地面 5km 以下的大气层中，所以潜热交换主要发生在对流层下层。

上面分别讨论了空气与外界热量交换的方式，但实际上，空气温度的变化常常是几种传热方式共同作用的结果。如地面与空气之间的热量交换，辐射是主要的。气层（气团）之间，以对流和湍流为主，其次通过蒸发、凝结过程的潜热出入，进行热量交换。在不同纬度和地区之间，空气的热量交换主要依靠平流。

3.2.1.2　空气的绝热变化

空气团在上升过程中，由于外界压力的不断减小，空气团体积膨胀对外做功，因空气团与外界无热量交换，所以做功所需能量只能由其本身的内能承担，空气团因消耗内能而降温，这种现象称为绝热冷却。任一空气团与外界不发生热量交换时的状态变化过程叫绝热过程。

同样，空气团在绝热下沉过程中，因为外界压力的不断增大，空气团被压缩体积缩小，外界对气团做功，在绝热条件下，所作的功只能用于增加气团的内能，因而气团温度升高，这种现象称为绝热增温。

气块在铅直运动中所发生的绝热冷却和绝热增温的变化称为空气的绝热变化。空气团水汽含量不同，空气团在作铅直运动时，其温度变化程度是不同的，所以绝热变化又可分为干绝热变化和湿绝热变化。

(1)干绝热变化

一团干空气或未饱和湿空气团，在作绝热上升或下降过程中的绝热变化称为干绝热变化。其温度随高度的变化率称为干绝热直减率，常用 γ_d 表示，其值约为1℃/100m。这就是说在干绝热过程中，空气团每上升或下降100m，温度要降低或升高1℃。

(2)湿绝热变化

一团饱和湿空气团，在绝热上升或下降过程中的绝热变化称湿绝热变化。其温度随高度的变化率称为湿绝热直减率，常用 γ_m 表示，其值平均为0.5℃/100m。

由于在湿绝热变化过程中，伴随着水相的变化，所以 γ_m 不是一个常数，而是随气压和温度变化。表3-2给出了不同温度和气压下 γ_m 的值。由表可见，温度较高时的 γ_m 值比温度较低时为小。这是因为气温高时，饱和湿空气的水汽含量大，在绝热上升发生凝结时所释放的潜热多。例如，温度从20℃降低到19℃时，每立方米的饱和空气有1g的水汽凝结，温度从0℃降低到-1℃时，每立方米的饱和空气只有0.33g的水汽凝结。另外，在相同温度条件下，γ_m 随气压的升高而增大。其原因是：对于同温度、同体积的2个气块，虽然处于不同气压下，但降温1℃时凝结出的水量及放出的潜热应相等，但由于压强大的气块的密度及热容量均大于压强小的，所以增温补偿作用在气压高时小，气压低时大。

表3-2 湿绝热直减率 γ_m ℃/100m

气压(hPa)	温度(℃)						
	-30	-20	-10	0	10	20	30
1 000	0.93	0.86	0.76	0.63	0.54	0.44	0.38
800	0.92	0.83	0.71	0.58	0.50	0.41	
700	0.91	0.81	0.69	0.56	0.47	0.38	
500	0.89	0.76	0.62	0.48	0.41		
300	0.85	0.66	0.51	0.38			

应该特别指出的是，干绝热直减率 γ_d、湿绝热直减率 γ_m、气温垂直梯度 γ 在物理意义上完全不同。γ_d 和 γ_m 是指某气团升降过程中，气团本身的温度变化率，γ 则表示实际大气层中温度随高度的变化率。

3.2.2 气温随时间的变化

空气温度高低取决于空气的热量收支情况，低层空气的热量主要来源于下垫面，由于下垫面的热量不断地发生日、年周期性变化，所以空气温度也随着发生日、年周期性变化，特别是离地50m以下的近地气层，这种变化更为明显。另外，在空气的水平运动影响下，空气温度还会产生非周期变化。

3.2.2.1 感热通量与气温

地面与大气间，在单位时间内，沿铅直方向通过单位面积流过的热量称为感热通量，单位为 W/m^2 或 $J/(cm^2 \cdot min)$。由于地面和大气间热量输送主要通过乱流扩散完成，故也称为地面与大气间乱流热交换。白天，在强烈日射下地温高于气温，感热通量由地面传送给上面较冷的空气并促其增热；夜间，地面辐射冷却，气温高于地温，感热通量为负值，热量由空气传送给地面并促使空气冷却。在空气层之间热量传送，也总是由暖的流向冷的气层。因此，在近地层，空气的增热与冷却的主要方式是地面与大气间的乱流热交换。

感热通量可用类似于分子热传导的公式来描述，即

$$P = -\rho \cdot C_p \cdot K_T \frac{\partial T}{\partial Z} \tag{3-6}$$

式中：ρ 是空气密度，标准状态下 $\rho = 0.001\,29 g/cm^3$；C_P 为定压比热，$C_P = 1.0 \times 10^3 J/(kg \cdot ℃)$；$\partial T/\partial Z$ 为铅直空气温度梯度；K_T 为乱流热交换系数。

K_T 可理解为当温度梯度为1℃时，单位时间、单位质量空气中所含热量，因乱流作用而沿铅直方向转移的数量。K_T 的单位为 cm^2/s 或 m^2/s。它的变化范围由近于 0～10 000cm^2/s 或更大，因此它比分子导温率 K 大好几个量级。K_T 表示近地层乱流发展强烈程度，它随高度的增加而增大。因为在近地层，高度愈高，下垫面对乱流减弱影响愈小，有利于乱流混合的加强。

下垫面粗糙度对乱流发展有很大影响，地面愈粗糙愈有利乱流运动的发展，其乱流交换系数比光滑表面大。森林的林冠参差不齐，比地面其他植被都粗糙，具有较大的乱流交换系数。水面的乱流发展情况与陆面有明显差异，白天水面上由于蒸发的结果，层结稳定，不利于乱流的发展，乱流交换系数较小；夜间蒸发减弱，层结不稳定，有利于乱流的发展，乱流交换系数反而较大。地形对乱流的发展也有明显影响，山区地形起伏粗糙，乱流交换系数也较大。

乱流交换系数具有明显的日变化，特别是在暖季晴天和干燥的下垫面上，变化幅度更大。一般乱流交换系数最大值出现在午后，最小值发生在清晨。

由式(3-6)可知，感热通量的大小决定于乱流交换系数和温度铅直梯度。由于 K_T 和 $\partial T/\partial Z$ 都在午后达最大值，故感热通量亦在午后达最大值，清晨出现最小值。

感热通量一般具有山地大于平原、陆地大于水面、森林地大于空旷地、空旷地大于林内以及干燥地区，或干燥季节大于湿润地区或季节的特点。

3.2.2.2 气温的日变化

一天中气温随时间的连续变化称为气温的日变化。气温日变化特征与土壤温度相似，在一天中空气温度有一个最高值和一个最低值，两者之差为气温日较差。通常最高温度出现在午后 14：00～15：00，最低温度出现在日出前后。这是因为早晨日出以后随着太阳辐射的增强，地面净得热量，温度升高。此时地面放出的热量随着温度升高而增强，大气吸收了地面放出的热量，气温也跟着上升。到了正午太阳辐射达到最强。正午以后，太阳辐射强度虽然开始减弱，但地面得到的热量大于

失去的热量，地面储存的热量仍在增加，所以地温继续升高，长波辐射继续加强，气温也随着不断升高。到午后一定时间，地面得到的热量因太阳辐射的进一步减弱而少于失去的热量，这时地温开始下降。地温的最高值就出现在地面热量由储存转为损失，地温由上升转为下降的时刻。这个时刻通常在午后13：00左右。由于地面的热量传递给空气需要一定的时间，所以最高气温出现在午后14：00左右。随后气温逐渐下降，一直下降到清晨日出之前地面储存的热量减至最少为止。所以，最低气温出现在清晨日出前后，而不是在半夜。

气温日较差受纬度、季节、天气、地形和下垫面性质等因子的影响。

(1)纬度

气温日较差随纬度的升高而减小。这是因为一天中，太阳高度的变化是随纬度的增高而减小的。一般低纬度地区气温日较差为10～12℃；中纬度地区为8.0～9.0℃；高纬度地区为3.0～4.0℃或更小。

(2)季节

一般夏季气温日较差大于冬季，最小值出现在冬季。但在中高纬度地区，气温日较差的最大值不在夏季，而在春季。因为虽然夏季太阳高度角大，日照时间长，白天温度高，但由于中高纬度地区昼长夜短，冷却时间不长，使夜间温度也较高，所以夏季气温日较差不如春季大。例如，北京7月气温日较差平均为10.2℃，而4月为13.9℃。

(3)地形

凹地(如盆地、谷地)的气温日较差大于凸地的气温日较差。低凹地形，地形遮蔽，通风条件差，白天气温升得很高，而夜间常为冷空气下沉汇合之处，故气温日较差大。而凸出地形因风速较大，湍流作用较强，热量交换迅速，气温日较差小。平地则介于两者之间。

(4)下垫面性质

由于下垫面的热特性和对太阳辐射吸收能力的不同，气温日较差也不同。陆地上气温日较差大于海洋，且距海越远，日较差越大。砂土、深色土、干松土壤上的气温日较差分别比黏土、浅色土和潮湿紧密土壤大。有植被和雪覆盖的地方，气温日较差小于裸地。林内气温日较差比空旷地小得多。

(5)天气状况

晴天气温日较差大于阴(雨)天的气温日较差，这是因为晴天时，白天太阳辐射强烈，地面增温强烈，而夜晚地面有效辐射强，地面降温强烈(图3-7)。

另外，随着离地面高度的增加，气温日较差随之减小，位相也随之落后，但远不如土壤明显。到2 000m以上的自由大气中，气温日较差只有1～2℃或更小。

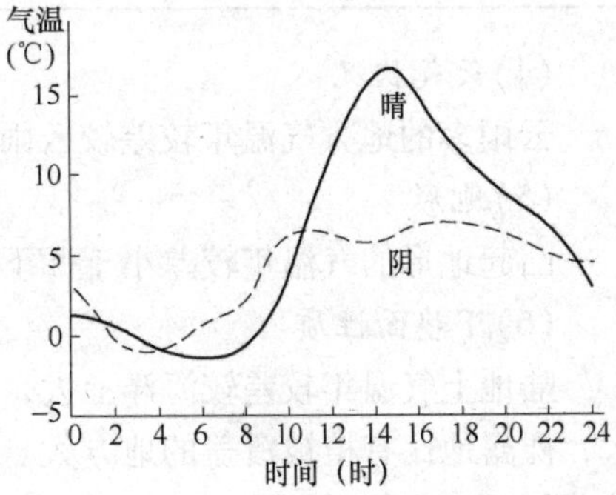

图3-7 不同天气状况对气温日变化的影响

3.2.2.3 气温的年变化

气温的年变化和日变化一样，在一年中月平均气温有一个最高值和一个最低值。就北半球来说，中、高纬度内陆地区月平均最高温度出现在夏季 7 月，月平均最低温度出现在冬季 1 月；而海洋上以 8 月最高，2 月最低。一年中月平均气温的最高值与最低值之差，称为气温年较差。影响气温年较差的因子有：

(1)纬度

气温年较差与气温日较差相反，随纬度的升高而增大。这是因为随纬度的增高，太阳辐射能的年变化增大。例如，我国华南地区气温年较差为 10 ~ 20℃，长江流域 20 ~ 30℃，华北和东北 30 ~ 40℃，东北北部 40℃以上。图 3-8 给出了不同纬度地区气温的年变化情况。低纬度地区气温年较差很小，高纬度地区气温年较差可达 40 ~ 50℃。

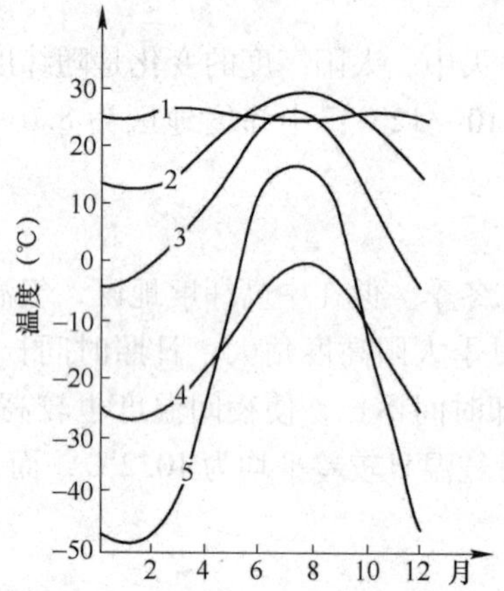

图 3-8 不同纬度的气温年变化情况

1. 雅加达 6°11′S 2. 广州 23°08′N
3. 北京 39°57′N 4. 德兰乌兰贝尔格 80°N
5. 维尔霍扬斯克 67°39′N

(2)海陆

由于海陆热特性不同，对于同一纬度的海陆相比，大陆上气温年较差比海洋大得多，一般情况下，温带海洋上年较差为 11℃，大陆上年较差可达 20 ~ 60℃。

(3)距海远近

由于水的热特性，使海洋升温和降温都比较缓和，距海洋越近，受海洋的影响越大，气温年较差越小；距海洋越远，受海洋的影响越小，气温年较差越大(表 3-3)。

表 3-3 距海洋远近与气温年较差

纬度	39°N		40°N	
距海洋远近	远	近	远	近
地点	保定	大连	大同	秦皇岛
年较差	32.6℃	29.4℃	37.5℃	30.6℃

(4)天气状况

云雨多的地方气温年较差较云雨少的地方小。

(5)地形

凸起地形的气温年较差小于凹下地形，气温年较差随海拔高度的增加而减小。

(6)下垫面性质

陆地上气温年较差较海洋上大，内陆地区较沿海地区大，干燥地区比湿润地方大，裸露地比有植被覆盖的地方大。森林作为一种特殊的下垫面，在一定程度上调节着气温变化状况。

3.2.2.4 气温的非周期变化

气温除了由于太阳辐射的作用引起的周期性日、年变化外，在大气水平运动的影响下还会发生非周期性的变化。例如，3月以后，我国江南春季正是春暖花开气温回升的季节，常常因北方冷空气南下，出现突然变冷的现象，即倒春寒现象。秋季，正是秋高气爽气温下降的时候，往往也会因暖空气来临而出现突然回暖现象，或称为“秋老虎”现象。

气温的非周期性变化，可以加强或减弱甚至还可以改变气温的周期性变化。实际上，一个地方气温的变化是周期性变化和非周期性变化共同作用的结果。但是，从总的趋势和大多数情况来看，气温日、年周期性变化还是主要的。

3.2.3 气温的铅直变化

对流层中气温的垂直分布特点一般是随高度的增加而降低。其原因：一是地面是大气增温的主要和直接热源，对流层主要依靠吸收地面长波辐射增温，因而距离地面越远，获得的地面长波辐射的热能也越少，气温越低；二是距离地面越近水汽和气溶胶粒子也就越多，它们吸收地面辐射能力强，气温也就越高，越远离地面，水汽和气溶胶粒子越少，则气温越低。

3.2.3.1 气温直减率

在对流层中气温的垂直变化用气温垂直梯度表示，简称气温直减率。它是指高度每升高100m，气温的降低值。单位为℃/100m，对流层中气温直减率的平均值约为0.65℃/100m。常用γ表示。即

$$\gamma = -\Delta T/\Delta Z \tag{3-7}$$

式中：ΔZ表示两高度差；ΔT表示两高度相应的气温差；“－”表示气温垂直分布的方向。若气温随高度的增加而降低，则$\gamma>0$；气温随高度的增加而增高，则$\gamma<0$。γ的绝对值越大，表示气温随高度变化越大。但实际上气温垂直梯度随时间和高度的不同而变化。

近地层中气温的铅直变化，主要决定于下垫面辐射状况和乱流运动的变化。白天，下垫面在太阳辐射的作用下强烈受热，以感热形式输送给近地层，造成气温随高度升高而降低，为日射型分布，如中午时的曲线；夜间，下垫面辐射冷却，感热由空气输向地面，气温随高度升高而增加，为辐射型分布，如日出前的曲线（图3-9）。介于日射型与辐射型之间的过渡形式称为过渡型。

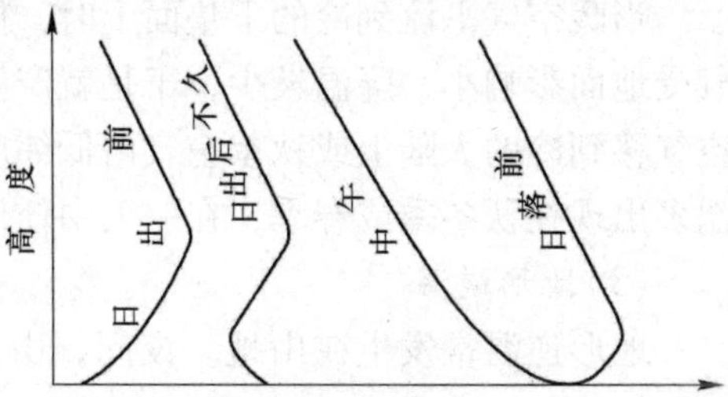

图3-9 不同时间气温垂直分布图

在近地层中，由于乱流运动的结果，各高度的气温都具有脉动的特点，在中午尤其明显。有观测表明，中纬度地区中午离地面5cm高度处，5s内气温的脉动达1.7℃。

3.2.3.2　对流层中的逆温现象

对流层大气的热量主要直接来自地面的长波辐射，一般情况下，离地面越远，气温越低，即气温随高度增加而递减，平均垂直递减率为 0.65℃/100m。但在一定条件下，对流层的某一高度有时也会出现气温随高度增加而升高的现象，这种出现逆温的气层称为逆温层。

在逆温层中，较暖而轻的空气位于较冷而重的空气上面，形成一种极其稳定的空气层，就像一个锅盖一样，笼罩在近地层的上空，严重地阻碍着空气的对流运动，由于这种原因，近地层空气中的水汽、烟尘、汽车尾气以及各种有害气体，无法向外向上扩散，只有飘浮在逆温层下面的空气层中，有利于云雾的形成，而降低了能见度，给交通运输带来麻烦，更严重的是，使空气中的污染物不能及时扩散，加重大气污染，给人们的生命财产带来危害，因此，逆温层又称为阻挡层。

近代世界上所发生的重大公害事件中，就有一半以上与逆温层的影响有关。1952 年 12 月 5 ~ 9 日，英国发生了震惊全球的伦敦烟雾事件，整个城市笼罩在一片浓烟之中，酿成了 10 000 多人死亡的"世纪悲剧"。1955 年美国的洛杉矶发生了严重的光化学烟雾事件，当地 65 岁以上的老人近 400 人因污染造成心肺衰竭死亡。科学家发现，这些重大污染事件的发生，除因污染严重外，还与一个重要现象——逆温有关。

逆温按形成原因可分几种类型，其中常见的逆温主要有辐射逆温、平流逆温和地形逆温。

(1) 辐射逆温

在晴朗无风或微风的夜晚，地面很快辐射冷却，贴近地面的大气层也随之降温。由于空气愈靠近地面，受地面的影响愈大，所以，离地面愈近，降温愈多；离地面愈远，降温愈少，因而形成了自地面开始的逆温。随着地面辐射冷却的加剧，逆温逐渐向上扩展，黎明时达最强。一般日出后，太阳辐射逐渐增强，地面很快增温，逆温便逐渐自下而上消失。夏季夜短，逆温层较薄，消失也快；冬季夜长，逆温层较厚，消失较慢。

(2) 平流逆温

当暖空气平流到冷的下垫面上时，使近地面的空气冷却，降温较多，而上层空气受地面影响小，降温较少，于是就产生了逆温现象。例如，在冬季，当海上的暖空气移到冷的大陆上或秋季空气由低纬度流到高纬度时，常发生这种逆温。平流逆温多出现在秋冬季或春季，在一天中任何时间都可能出现。

(3) 地形逆温

地形逆温常发生在山地。夜间，由于山上冷空气沿斜坡向下移动到低洼地区(谷地、盆地)并聚集于底部，使原来在洼地底部的较暖空气被迫抬升形成逆温，这样的逆温主要是在一定的地形条件下形成的，所以又称为地形逆温。它对低洼地区的农业有很大的危害，原因是冷空气停留在山谷盆地中，使这里经常出现霜冻，缩短作物生长期，并经常冻坏果树、蔬菜和农作物。如美国的洛杉矶因周围三面环山，每年有200多天出现逆温现象。

不管是何种原因形成的逆温，都会对空气质量产生很大影响，它阻碍了空气的垂直对流运动，妨碍了烟尘、污染物、水汽凝结物的扩散，几十米甚至几百米厚的逆温层像一层厚厚的被子罩在城市的上空，近地面的污染物“无路可走”，只好“原地不动”，越积越厚，烟尘遮天蔽日，空气污染势必加重。

逆温现象在农林生产上有很多应用。例如，在有霜冻的夜晚，常常会有逆温存在，气层稳定，此时燃烧柴草、化学物质等，所形成的烟雾会被逆温层阻挡而弥漫在贴地气层，使大气逆辐射增强，防霜冻效果好。在果树栽培中，也可利用逆温现象进行高接，避开了低温层，使嫁接部位恰好处于气温较高的范围之内，这样果树的嫁接苗在冻害严重的年份就能够安全越冬。山区的逆温程度往往比平地强，可把喜温怕冻的果树种植在离谷地一定距离的山腰上，由于山腰处夜间气温高于谷地，果树不容易遭受低温危害。

3.2.4 大气稳定度

大气稳定度是表征大气层稳定程度的物理量。它表示在大气层中的某个空气团是否稳定在原来所在的位置，是否易于发生对流。当空气团受到垂直方向扰动后，大气层结(温度和湿度的垂直分布)使它具有返回或远离原来平衡位置的趋势和程度，称为大气稳定度。

大气中某高度上的气块，当它受到外力作用向上或向下运动时，如果气块逐渐减速并有返回原高度的趋势，这时大气是稳定的；如果气块加速运动并有远离原高度的趋势，这时大气是不稳定的；如气块被外力推到某一高度后，并在该处停止下来，这时大气处于中性状态。

(1) 大气稳定度的判据

当气块位于平衡位置时，具有与周围大气相同的气压、温度和密度，即为P_0、T_0及ρ_0。当它受到外力作用后，就按绝热过程上升，移动ΔZ高度后，其状态为P'、T'及ρ'，而周围大气状态相应为P、T及ρ，除$P'=P$外，一般$T'\neq T$，$\rho'\neq\rho$。此时单位体积气块受到两个力的作用，一是周围大气对它的浮力ρg，方向垂直向上；另一个是气块本身的重力$\rho' g$，方向垂直向下。该两力的合力以f表示：

$$f=\rho g-\rho' g \tag{3-8}$$

单位质量气块所受的力就是加速度a，所以

$$a=\frac{f}{\rho'}=\frac{\rho g-\rho' g}{\rho'}=\frac{\rho-\rho'}{\rho'}g$$

利用气体状态方程有$\rho=P/RT$，$\rho'=P'/R'T'$及$P'=P$代入上式，则

$$a=\frac{T'-T}{T}g \tag{3-9}$$

式(3-9)就是判别稳定度的基本公式。当气块温度大于周围大气温度时，即$T'>T$时，$a>0$，气块将受到一向上的加速度而上升，大气是不稳定的；当气块温度比周围大气温度低时，即$T'<T$时，$a<0$，气块将受到一个向下的加速度，气块

有返回原来位置的趋势，大气是稳定的；当 $T'=T$ 时，$a=0$，大气是中性的状态。

(2)未饱和湿空气的稳定度

当干空气或未饱和湿空气块上升 ΔZ 高度时，其温度 $T'=T_0-\gamma_d\Delta Z$，周围空气温度为 $T_0=T-\gamma\Delta Z$，其中 γ 为气温直减率，γ_d为空气的干绝热直减率，将这两式代入式(3-9)得到：

$$a = g\frac{\gamma-\gamma_d}{T}\Delta Z \tag{3-10}$$

由式(3-10)可见，$\gamma-\gamma_d$的符号决定 a 与 ΔZ 的方向十分一致，即决定了大气是否稳定：

①当 $\gamma<\gamma_d$时，若 $\Delta Z>0$，则 $a<0$，加速度与位移方向相反，大气层结是稳定的；

②当 $\gamma>\gamma_d$时，若 $\Delta Z>0$，则 $a>0$，加速度与位移方向一致，大气层结是不稳定的；

③当 $\gamma=\gamma_d$时，若 $a=0$，大气层结呈中性。

(3)饱和湿空气的稳定度

饱和湿空气块在作铅直运动时，温度沿湿绝热直减率变化，即气块温度 $T'=T_0-\gamma_m\Delta Z$，周围空气温度为 $T_0=T-\gamma\Delta Z$，其中 γ_m为空气的湿绝热直减率，将这两式代入式(3-10)得到：

$$a = g\frac{\gamma-\gamma_m}{T}\Delta Z \tag{3-11}$$

同样，由式(3-11)可见，$\gamma-\gamma_m$的符号决定 a 与 ΔZ 的方向十分一致，即决定了大气是否稳定：

①当 $\gamma<\gamma_m$时，大气层结稳定；

②当 $\gamma>\gamma_m$时，大气层结不稳定；

③当 $\gamma=\gamma_m$时，大气层结中性。

综上所述，总括有4种情况：

①$\gamma<\gamma_m<\gamma_d$，不论空气是否饱和，大气都是稳定的，称为绝对稳定；

②$\gamma>\gamma_d>\gamma_m$，不论空气是否饱和，大气层结不稳定的，称为绝对不稳定；

③$\gamma_d>\gamma>\gamma_m$，未饱和空气是稳定的，对饱和空气是不稳定的，称为条件性不稳定；

④$\gamma=\gamma_d$，大气层结中性平衡。

在一般情况下，实际大气属于条件不稳定，即 $\gamma_d>\gamma>\gamma_m$。图3-10中A、B、C分别为不同的气温垂直梯度情况。圆圈表示空气团，圆圈内数字表示气团温度，圆圈外的数字表示环境温度。如果大气温度垂直梯度为 $\gamma=0.8$℃/100m，即 $\gamma<\gamma_d$，在200m处空气团A与环境温度一致，均为12.0℃，该空气团受外力作用上升到300m，因按干绝热直减率降温，则温度降至11.0℃，而环境温度为11.2℃，空气团的温度小于周围空气的温度。气团受到的重力大于浮力，其向上的速度就要减小，并有返回原来高度的趋势：如果气团A由200m下降到100m处，空气团温度

由12.0℃升到13.0℃，高于周围空气温度12.8℃，气团所受到的重力小于浮力，则气团下降速度减小，并有返回原高度的趋势。可见，当$\gamma<\gamma_d$时，对未饱和空气而言，大气处于稳定状态。

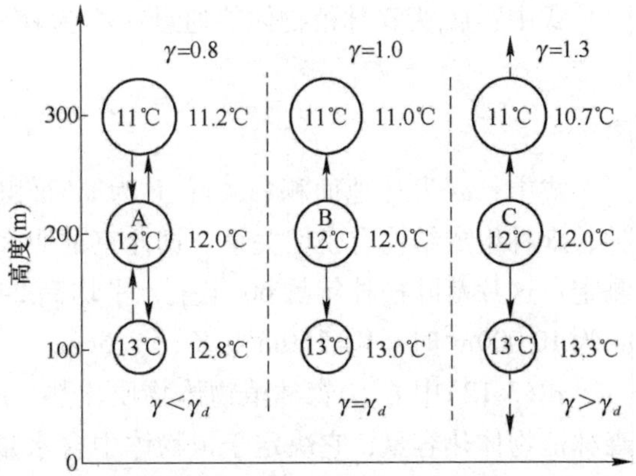

图3-10 某未饱和气块的大气稳定度

如果$\gamma=\gamma_d=1.0$℃/100m，空气团B受到外力作用后，不管上升或下降，其本身温度在任意高度上，均与周围气温相等，即浮力与重力相等，加速度为零。当$\gamma=\gamma_d$时，对未饱和空气而言，大气处于中性状态。

如果$\gamma>\gamma_d$，假定$\gamma=1.3$℃/100m，200m高度处的空气团C上升到300m，其本身按干绝热直减率降温，降到11.0℃，而环境温度只有10.7℃，所以气团所受到的浮力大于重力，因而气团加速上升。如果空气团C下降到100m处，其本身温度增加到13.0℃，而环境温度为13.3℃，气团重力大于浮力，故要加速下降。由此可见，当$\gamma>\gamma_d$时，对未饱和空气而言，大气处于不稳定状态。

由上面分析可知；γ越小，大气越稳定。在逆温情况下，$\gamma<0$，大气极为稳定，阻碍对流和湍流的发展。γ越大，则大气越不稳定。当地面强烈受热时，或高空有平流时，可出现不稳定状态，将有助于对流的加强和云的发展。

对饱和空气而言，当$\gamma<\gamma_m$时，大气是稳定的；当$\gamma=\gamma_m$时，大气是中性的；当$\gamma>\gamma_m$时，则大气是不稳定的。

大气稳定度直接影响大气中对流发展的强弱。在稳定的大气层结下，对流运动受到抑制，常出现雾、层状云、连续性降水等天气现象；而在不稳定层结时，对流运动发展旺盛，常出现积状云、阵性降水和冰雹等天气现象。

3.3 森林植物体贮热量和树木温度

3.3.1 森林植物体贮热量

森林植物体白天因太阳辐射获得热量而增温，夜间因植物体本身的长波辐射而降温。因此，它与土壤及其他物质一样，随着热量的吸收和放出而具有温度的日变化和年变化。

白天，森林植物体获得的热量比它本身辐射损失的热量多，故有热量积累贮存；夜间，获得的热量少于它本身辐射失热，故使其贮热量消耗和减少。森林植物体热量的贮存或消耗称为森林植物体贮热量的变化或称为森林植物体热通量。它可用类似于土壤热通量计算方法求得。其计算式可表示为：

$$Q_D = C_D \cdot \rho_D \cdot Z_D \cdot \Delta T \tag{3-12}$$

式中：Q_D为森林植物体热通量；Z_D为森林植物体平均有效厚度，可表示为：

$$Z_D = \frac{V}{\omega'} \tag{3-13}$$

式中：ω'为林地面积（m^2）；V为ω'面积上森林植物体总容积（m^3）。Z_D与树种、森林组成结构有密切关系。据北京林业大学贺庆棠对小兴安岭一片落叶松林的测定：这片落叶松林年龄60年生，平均高24m，平均胸径23.7cm，郁闭度0.45，ω'为10 000m^2时，$V = 160m^3$，$Z_D = 1.6cm$。

式（3-12）中C_D为森林植物体物质比热；ρ_D为森林植物体物质密度；$C_D\rho_D$则是森林植物体热容量，它决定于植物体中含水量。ΔT为相邻两时间森林植物体深度至Z_D的平均温度差（后一时间减前一时间）。对于干木材其比热$C_D = 1.25 \times 10^3 J/(kg \cdot ℃)$，热容量$C_D\rho_D$约为$0.75 \times 10^6 J/(m^3 \cdot ℃)$，导热率为$0.13 J/(m \cdot s \cdot ℃)$；对于含有水分的森林植物体热容量$C_D\rho_D$平均约等于$2 \times 10^6 \sim 3 \times 10^6 J/(m^3 \cdot ℃)$。

据贺庆棠用式（3-12）对小兴安岭一片落叶松林计算得到，森林植物体热通量Q_D值，白天变化于$0.04 \sim 0.20 J/(cm^2 \cdot min)$之间，对于一昼夜来说$Q_D$值接近于0。

森林植物体不同部位的贮热量及其变化也是不同的。树干蓄积量占到林分或树木容积的80%～90%，而枝叶容积仅占10%～20%，因此树干中贮热量的变化比枝叶要大得多。

3.3.2　树木温度

（1）林冠枝叶的温度

林冠枝叶表面得到大部分太阳辐射，只有少量的太阳辐射透过林冠到树干空间及林地上。被林冠截留的太阳辐射能大部分消耗于林冠蒸腾上，只少量用于提高枝叶本身温度。同时由于林冠的多孔性和枝叶的摆动，被林冠获得的热量通过辐射和乱流交换作用，很快地又释放出来。特别是叶子几乎不能贮存比周围环境多的热量，它能迅速与环境温度保持平衡。

（2）树干温度

孤立木树干，太阳光早上照东面，中午照南面，下午照西面，故获得热量随树干方位而变化。一般树干南面得到太阳辐射最多，北面最少，特别是在春季、秋季和冬季。夏季中午太阳高度角大，受树冠阴影的遮蔽，南面树干得到的太阳辐射比东面和西面少。最高温度不出现在树干南面，而是在西南面。树干北面一年四季都是温度较低的面。

林内树干获得太阳辐射的情况比较复杂，由于林木彼此的遮荫作用，有的树干也许整天在阴影中，或者间隙性的受到光照。但树干的北面几乎总是很难照到太阳光，它的增热是通过周围空气增热后获得热量，所以白天温度总是低于其他方位的树干温度，同时也比气温低。

树干温度的高低，除决定于太阳辐射对树干照射时间和强度外，与周围环境的空气温度、树皮的颜色、厚度和粗糙度等因子都有关系。

由于树皮颜色、厚度和粗糙度随树种不同，对太阳辐射的反射和吸收也不同，从而使树干增热不同。粗糙而厚的暗色树皮，有许多空气填充在树皮木栓细胞中，对太阳辐射的反射率小，导热性能差，使树皮表面增热、冷却都厉害，温度变化剧烈；而树干内部的温度变化则较缓和。例如，直径都是28.4cm的松树和云杉树干，在其他条件相同时，由于松树皮厚2.0cm，而云杉皮厚仅0.5cm，松树树皮形成层处的最低温度比云杉高1℃，最高温度低4℃，日温差减小5℃。又如薄皮而颜色淡的自桦树干能强烈反射太阳辐射，白天它比厚皮而暗色的松树树干形成层处的温度低，在南面低3.4℃，北面低1.9℃。由于树干内部受到树皮隔热作用，树干中的温度白天总是低于气温，夜间稍高于气温，日平均温度约比气温低0.5℃左右。

3.4 温度与森林

温度是森林生活的重要条件之一。一方面它直接影响森林的生长、分布界限和质量产量；另一方面，温度影响森林植被的发育速度，从而影响整个森林生育期的长短和各发育期出现的早晚，温度还影响森林病虫害的发生发展等。

3.4.1 生物学温度

林木的各种生命活动过程，如光合作用、呼吸作用、蒸腾作用以及林木的生长发育、地理分布等，都与土壤温度和空气温度有密切关系。对于林木生长发育的各种生理活动起作用的温度称为生物学温度。生物对最低需求温度和能忍受的高温都有一定的界限。生物学温度通常用3个温度指标来表示，即生物学最低温度、生物学最适温度和生物学最高温度。

(1)生物学最适温度

生物学最适温度是林木生理活动过程最旺盛、最适宜的温度。它是指生物生长发育或生理活动得以正常进行的范围。最适温度因生物种类、各生长发育阶段和生理活动，以及植物体的不同部分而有差异。例如，热带植物的生长发育与温带植物相比，最适温度高。C_4植物净光合作用的最适温度在30℃以上，温带树木在20~30℃光和能力最强。多数植物枝条生长的最适温度为20~25℃。热带柚木的树高及胸径生长的活跃温度都在25~30℃。东北红松日高生长量在5月中旬，如遇低温(0~-2℃)，会明显下降。多数树种，根系生长的最适温度比地上部分低。

(2)生物学最低温度和最高温度

生物学最低温度是林木生理活动过程起始的下限温度。生物学最高温度是林木生理活动过程能忍受的最高温度。植物生长发育和生理活动都有低温和高温限度。例如，陆生植物可在较宽的温度范围内生长，维持生命的温度范围通常为-5~55℃。林木生长发育要求温度范围为0~50℃。净光合的低温限度，热带植物为5~7℃，而温带和寒带植物在稍低于0℃的温度下也能同化CO_2。木本植物净光合的高温限度约为40~50℃。

对于林木种子发芽来说，生物学最低温度一般为0~5℃，生物学最适温度为25~30℃，生物学最高温度为35~40℃，超过这一温度就对种子发芽产生有害作用。又如林木的光合作用在温带生长的大部分树种，生物学最低温度为5~6℃，最适温度为20~30℃，最高温度为40~50℃。对于林木的生长，大多数温带树种需要5℃以上的温度条件才能开始生长，生长最适温度为25~30℃，生长的最高温度为35~40℃；而热带和亚热带树种，生长最适温度为30~35℃，生长的最高温度为45℃。温度高低也是决定林木蒸腾作用强弱的重要因子。在一定范围内，蒸腾作用随温度升高而加强，温度升高到一定值，蒸腾作用达最大强度，温度再升高，气孔关闭，蒸腾减弱，甚至受到破坏。林木的呼吸作用与温度关系也很密切，在林木能忍受的温度范围内，随温度升高，呼吸作用加强，大约温度升至45~50℃时，呼吸作用达最大强度，超过50℃则下降。不同树种，这3种温度指标的界限是不同的。

另外，平均温度包括日平均、候平均、旬平均、月平均、年平均温度，它能说明一个地区的一般平均状况，与林木生长发育有一定的关系，但平均温度有时还不能完全说明问题。例如，有时从日平均温度及年平均温度来看，对林木生长是适宜的，但最高温度和最低温度仍可产生不利影响。又如，从林木要求的温度范围来看，尽管平均温度偏低，但在白天和生长季温度较高，仍能满足林木生长要求。因此，还需要用极端温度来表示温度变化范围。

温度变幅对林木光合作用和呼吸作用以及物质的积累具有重要意义。白天光合作用与呼吸作用同时进行。因此，当昼夜的温度不超过林木所能忍受的最高温度和最低温度的情况下，白天温度较高，光合作用能积累较多的有机物质，夜间温度较低，呼吸作用弱，消耗积累物质少，使林木迅速生长。

3.4.2 界限温度

对林木生长发育有重要意义的指标温度还有界限温度。一般取日平均温度0℃、5℃、10℃、15℃、20℃这几个界限温度，这些温度的起止日期和持续天数在林业上有重要意义。

0℃表示开始冻结或解冻，0℃以上的持续日数为温暖期，0℃以下持续日数为寒冷期。

5℃表示大多数林木开始生长或停止生长的界限。所以通常把日平均温度稳定通过5℃以上到冬季稳定下降到5℃以下的这一段时间称为生长期。

10℃表示大多数林木活跃生长，所以通常把春季日平均温度稳定通过10℃到秋季稳定下降到10℃以下这一段时间称为活跃生长期。

15℃以上的持续天数作为喜温树种的活跃生长期。

20℃以上的持续天数是热带、亚热带树种的活跃生长期。

林木在生长发育中，不仅要求一定范围的温度，而且要求有相当长的持续期。温带和寒带树种除了要求适于生长发育的一定温暖的持续期，并且还要求一定低温的持续期。据研究，云杉的生长要求不低于 24℃ 的温度 65d 和低于 0℃ 的温度 100d。

3.4.3 积温

积温(accumulative temperature)是指生物各生长发育阶段和整个生育期所需要的热量条件。林木的生长发育除了要求一定的温度范围和温度持续期外，对持续期温度的逐日累积总数也有一定的要求。只有积累到一定温度总数才能完成其生长发育。林木在某一生长发育期或整个生长发育期所需的累积温度总和称为积温。积温一般有活动积温和有效积温两种表示法。

(1)活动积温

活动积温是林木在某一生长发育期或整个生长发育期内全部活动温度的总和。而活动温度是等于或高于生物学最低温度(B)的日平均温度(t_i)。例如，某天日平均温度为15℃，某树木生长下限温度为10℃，则当天对该树木的活动温度就是15℃。活动积温(Y)则是指树木在某时期内活动温度的总和。

$$y = \sum_{i=1}^{n} t_i \geqslant B \tag{3-14}$$

当 $t_i < B$ 时，式(3-14)中 t_i取值为 0。例如，一般林木种子发芽的生物学最低温度为5℃，5℃或5℃以上的日平均温度就是活动温度。若某天的日平均温度为8℃，因8℃高于5℃，所以这一天的日平均温度 8℃就是活动温度。又如为了求林木种子发芽到出现真叶这一生长期的活动积温，就是将这一生长期内日平均温度等于和高于5℃以上的活动温度全部加起来，得到的温度总和，即为这一生长期的活动积温。活动积温的计算方法，把生物学零度换为物理学零度。植物在整个生长发育内，要求不同的积温总量。如杉木积温 4 885 ~7 809℃。最适积温 6 156℃。根据各树种需要的积温量，再结合各地的温度条件，初步选定这一地区能栽树种或引种哪些树种，还可根据各树种对积温的需要量，推测或预报各发育阶段到来时间，以便及时安排生产活动。

(2)有效积温

有效积温是林木在某一生长发育期或整个生长发育期内有效温度的总和。有效温度是指日平均温度(t_i)与生物学下限温度(B)之差，它表示对林木生长发育起有效作用的温度值。即

$$X = \sum_{i=1}^{n} (t_{i \geqslant B} - B) \tag{3-15}$$

当 $t_i < B$ 时，式(3-15)中($t_i - B$)取值为 0。有效积温是从某一时间内的平均温度减去生物学零度(即生长发育的起点温度，温带地区常用5℃；亚热带地区常用10℃作为生物学零度)，再乘以该时期天数。如某温带树种，生长发育的起始温度为5℃，当平均温度达 5℃时，到开始开花共需 30d，这段时间内的日平均温度为15℃，该树种开始开花的有效积温是 300℃。再如，林木种子发芽的生物学最低温

度为5℃，某日的日平均温度为8℃，那么对种子发芽的有效温度则是8℃－5℃＝3℃。对于林木种子发芽到出现真叶这一生长期内，全部有效温度累积的总和，就是这一生长期的有效积温。

发育是指林木通过各发育阶段的生理过程，如发芽、展叶、开花、结实、果熟、落叶、休眠等，在林木中，这种发育过程是缓慢而且重复进行的。但是，林木发育的每个阶段除了需要一定的光周期外，还需要通过一定界限温度的界限值及一定数量的积温。一般说来，林木种子发芽、树液流动、叶芽的展开等主要决定于温度临界值的通过。如北京柳树飞絮时间在4月24日~5月9日，前后相差20d，杏树开花日期变动在3月26日~4月13日，前后也相差近20d，不同年份物候期出现时间不同，但各自所需要的积温值大致相同。生长在暖温带、亚热带树木芽的开放、开花临界温度约为6~10℃。而杨属和桦属及某些针叶树种在0℃以上便能萌发。在秋季，果实成熟、叶变色到落叶以及可能延缓或加速都与温度的变化密切相关。竺可桢等计算杏树开花日期与＞3℃的活动积温相关系数为0.970，即温度高开花早，反之则晚。同一树种在不同海拔高度上，因温度垂直递减，生育期相应推迟。如茶树在向阳的山坡上，采茶始期可提前7d左右，海拔高度每升高100m，生育期推迟5~7d。

(3)积温的应用

积温在林业上应用较为广泛，其应用范围主要有以下几方面：

①在林业气候分析与区划中，积温被用做林业区划主要的热量指标。可根据积温分析为确定各地种植制度提供依据，用积温作为指标，划出区界，作出区划。例如，≥10℃的积温是一个比较重要的林业界限温度。如我国寒带针叶林区，≥10℃的日数达120d，年积温1 100~1 700℃，最冷月平均气温－28~－38℃；而热带季雨林区，≥10℃的日数为365d，年积温8 000~9 000℃，最冷月平均21℃左右。其余各带，如温带针叶阔叶混交林区、中亚热带落叶阔叶林区、南亚热带季风常绿阔叶林区等依次居间。

②不同树种，或同一树种的不同生长发育期，要求不同的积温。但某些地区对某一树种生长发育积温达不到，而有时这一树种也能生长，这是由于环境因子有着相互作用、互相补偿的结果。例如，西藏高原东北部，对某些树种所需积温达不到，但因高原太阳辐射强烈，补偿了积温的不足，从而使这些树种不仅能生长而且生长发育得很好，生产力很高，每公顷蓄积量达到2 000m^3左右。另外，在某一地区，虽然积温能满足某些树种生长发育的要求，但由于极端温度的限制，仍难以生长。例如在华中一带，积温可以充分满足桉树的生长，但因最低温度较低，常常使桉树受到冻害，使引种工作受到了限制。

③积温可以作为树木物候期、发育期和病虫害发生期等重要依据。预测植物发育期公式为：

$$D = D_1 + \frac{A}{t - B} \tag{3-16}$$

式中：D为所要预报的发育期日期；D_1为前一发育期出现的日期；A为由D_1

到 D 期间植物所要求的有效积温；B 为该发育时期所要求的下限温度。

④积温可以为植物引种和品种推广提供科学依据，以避免引种和推广的盲目性。

在自然条件下，一般对积温要求高的树种，只能分布在较低的纬度；对积温要求低的树种则分布在较高纬度，造成了树种的不同地理分布，形成了不同的森林，同时使各地森林的生产力也不同。

思 考 题

1. 什么是热容量和导热率？它们的概念和单位是什么？

2. 写出地面热量平衡方程和解释各项的意义。解释感热通量、潜热通量、土壤热通量。它们是如何影响土壤温度和气温的？

3. 林上层、林下层和整个森林系统的热量平衡表达式有何不同？其热量平衡的主要特征是什么？

4. 土温的日变化和年变化有何规律？它与太阳总辐射的日变化和年变化有何差异？什么是土温的日较差和年较差？土壤温度的铅直分布有哪几种类型？各有何特点？

5. 气温的日变化和年变化特征如何？什么是气温的日较差和年较差？主要与哪些因子有关？

6. 试述对流层气温的铅直分布特征，并解释具有此特征的原因。

7. 说明干绝热过程和湿绝热过程的概念和物理意义。为什么未饱和湿空气的绝热过程可近似地看做是干绝热过程？

8. 什么是干绝热直减率(γ_d)、湿绝热直减率(γ_m)和气温直减率(γ)？为什么通过比较 γ 和 γ_d 或 γ_m 可以判断某层大气的层结稳定度？

9. 什么是气温直减率？什么叫逆温和逆温层？逆温的成因和分类如何？逆温对林业生产有何影响？

10. 何谓生物学温度？它对植物的生命活动起何作用？

11. 何谓界限温度？重要的界限温度有哪些？它们对林业生产有何意义？

12. 试述活动积温和有效积温的概念和计算方法，它们对林业生产有何意义？

第4章　大气中的水分

水在大气有3种形态，即气态、液态和固态。它被称为水的三相。水一般以气态存在于大气中，它常以云、雾、雨、雪等形式出现在自然界中，这是它相态变化的产物。大气从海洋、湖泊、河流及潮湿土壤的蒸发中或植物的蒸腾中获得水分。水分进入大气后，由于它本身的分子扩散和空气的运动传递而散布于大气之中。在一定条件下水汽发生凝结，形成云、雾等天气现象，并以雨、雪等降水形式重新回到地面。地球上的水分就是通过蒸发、凝结和降水等过程循环不已。因此，地球上水分循环过程对地—气系统的热量平衡和天气变化起着非常重要的作用。

4.1　水的相变

水是由水分子组成的。在一定条件下，水的三相之间能够互相转化，称为水的相变。大气中的水分经常不断地从一种形态转变为另　种形态。

4.1.1　水相变化的物理过程

从分子运动学的观点来看，水相变化是各相之间分子交换的过程。例如，在水和水汽两相共存的系统中，水分子在不停地运动着，当某些分子速度相当大，则这些分子有可能跑出水面，进入液面上方的空间。同时，接近水面的一部分水汽分子，又可能受水面水分子的吸引或相互碰撞，运动方向不断改变，其中有些向水面飞去而重新落回水中。单位时间内跑出水面的水分子数与温度成正比，温度越高，速度大的水分子越多，单位时间内跑出水面的水分子也越多。落回水中的水汽分子数则与大气中水汽的浓度有关，水汽浓度越大，单位时间内落回水中的水汽分子也越多。

单位时间内，脱离液面的水分子数比落回水中的水汽分子多，有一部分液态水变成了水汽，这种由水变成水汽的过程就是蒸发过程。在蒸发过程中要吸收热量，称蒸发潜热。反之，单位时间内，返回水面的分子比脱离液面的分子多，有一部分水汽转变成液态水，这种由水汽变成液态水的过程就是凝结过程。凝结过程向外释放的热量，称为凝结潜热。若在同一时间内，跑出水面的水分子与落回水中的水汽分子恰好相等，即水和水汽之间达到了动态平衡，这时大气中的水汽称为饱和水汽，此时的水汽压称为这个温度下的饱和水汽压。

同理，气相与固相共存时也会出现类似蒸发与凝结的升华与凝华过程，液相与固相共存时也会出现冻结和融解过程。所以，在相变过程中，同时伴有能量的转换，在凝结、凝华和冻结过程中释放出相变潜热，分别称为凝结潜热、凝华潜热和冻结潜热。而在蒸发、升华和融解过程中要吸收热量，分别称为蒸发潜热、升华潜热和融解潜热。

4.1.2 水相变化的判据

假设 N 为单位时间内跑出水面的水分子数，n 为单位时间内落回水中的水汽分子数，则得到水和水汽两相变化和平衡的分子物理学判据，即

$N > n$　　蒸发(未饱和)

$N = n$　　动态平衡(饱和)

$N < n$　　凝结(过饱和)

但在气象工作中不测量 N 和 n，所以不能直接应用以上判据。在某一温度下，水和水汽达到动态平衡时，水汽压 E，即饱和水汽压对应的落回水面的水汽分子数又等于该温度下跑出水面的水分子数，所以可得两相变化和平衡的饱和水汽压判据：

$E > e$　　蒸发(未饱和)

$E = e$　　动态平衡(饱和)

$E < e$　　凝结(过饱和)

若 E_s 为某一温度下对应的冰面上的饱和水汽压，与以上类似也可得到冰和水汽两相变化和平衡的判据：

$E_s > e$　　升华(未饱和)

$E_s = e$　　动态平衡(饱和)

$E_s < e$　　凝华(过饱和)

上面说明了水相变化是可以由实测的水汽压值 e 与同温度下的饱和水汽压值 E (或 E_s)之间的比较来判定的。

4.2 蒸发与蒸腾

蒸发(evaporation)是指水分子从液面逸出变成气态的过程。单位时间单位面积上蒸发的水量称为蒸发通量密度，单位是 $kg/(m^2 \cdot s)$。在气象观测中，常以某时段内(日、月、年)，单位面积上，因蒸发而消耗的水层厚度来表示蒸发量。

蒸发是海洋和陆地水分进入大气的唯一途径，是地球水分循环的主要环节。自然界中蒸发现象颇为复杂，不仅受气象条件的影响，而且还受地理环境的影响。蒸发又分水面蒸发和土壤表面蒸发两种。

4.2.1 水面蒸发

在自然条件下，水面蒸发是发生在湍流大气中，所以影响蒸发速度的主要因子有水源、热源、饱和差、风速与湍流扩散强度及溶质浓度等。

(1) 水源

水源是蒸发的根源，因此开阔水域、雪面、冰面或潮湿土壤、植被是蒸发产生的基本条件。在沙漠中，几乎没有蒸发。

(2) 热源

蒸发需要消耗热量，如果没有热量供给，蒸发面会逐渐冷却，使蒸发面上的水汽压降低，蒸发就会减缓或逐渐停止。蒸发速度取决于热量的供给。一般夏季和秋季蒸发耗热比较多。这是因为夏季和秋季土壤和水的温度比较高，因而有足够的热源供给蒸发。

(3) 饱和差

蒸发速度与饱和差成正比，饱和差愈大，蒸发速度也愈快。

(4) 风速与湍流扩散

大气中的水汽垂直和水平扩散能加快蒸发速度。无风时，蒸发面上的水汽主要靠分子扩散，水汽压减小得慢，饱和差小，因而蒸发缓慢。有风时，湍流加强，蒸发面上的水汽随风和湍流迅速扩散到广大的空间，蒸发面上水汽压很快减小，饱和差增大，蒸发加快。

(5) 溶质浓度

蒸发速度与溶质浓度成反比。例如，江河湖水比海水蒸发得快些，因为海水中含有盐分。

除上述基本因子外，大陆上的蒸发还应考虑到土壤的结构、湿度、植被的特性等。在影响蒸发的因子中，蒸发面的温度通常是起决定作用的因子。由于蒸发面(陆面及水面)的温度有年、日变化，所以蒸发速度也有年、日变化。

4.2.2 土壤蒸发

土壤表面的蒸发取决于土壤含水量、气象条件、土壤结构、性质、颜色、方位及植被等因子。土壤中的水分变为水汽，逸出土壤表面是通过两种过程完成的。一种是土壤表面直接蒸发，即土壤内部的水分沿毛细管上升到土壤表面而后进行蒸发；另一种是在土壤内部水分进行的蒸发，再通过土壤中的孔隙扩散逸出土壤表面。

由于土壤中的扩散能力很小，所以第二种蒸发作用是很小的。当土壤十分潮湿，含水量足够充分时，土壤中的水分是按第一种方式进行蒸发的，这与水面蒸发几乎相同，主要受气象条件的影响。在干旱地区或干旱时期，土壤中的水分主要是通过第二种过程进行蒸发，其蒸发速率要比同样条件下湿润土壤少得多，气象因素对蒸发的影响减小，蒸发速度主要取决于土壤含水量和土壤结构。土壤表面蒸发率的计算，可以通过地面能量平衡方程进行估算，也可以通过湍流扩散方程近似求取，或进行直接测量。

4.2.3 植物蒸腾

植物体内的水分主要是通过植物叶面气孔以气态水的形式向大气输送的过程称

为植物蒸腾作用(transpiration)。蒸腾的单位与蒸发一样。蒸腾既是物理过程，又是生理过程，因此这个过程要受植物结构和生理作用的调节，所以比一般水分蒸发作用要复杂。植物一生从土壤中吸收大量水分，只有一小部分用于植物本身，绝大部分是通过叶面气孔散失到大气中去的。

4.2.4 蒸散

植物蒸腾和植被下土壤表面蒸发是同时发生的，将植被蒸腾和植物下土壤表面水分输送到大气中去的总过程称为蒸散(evapotranspiration)。它是植物蒸腾与地面蒸发二者之和。

4.3 空气湿度的变化

大气湿度，特别是相对湿度，对自然界动植物的生活、生长影响很大。大气湿度的变化是天气现象形成与消散的主要原因。相对湿度的降低，会造成大气干燥，增加地表的蒸发和植物的蒸腾；相对湿度过大，潮湿的大气有利于细菌的繁殖，增加动植物的病虫害。空气湿度随空间、时间变化很大，掌握湿度的变化规律，能更好地指导人类的活动和农林生产。

4.3.1 水汽压的日变化和年变化

由于影响蒸发的诸多因子均随时间变化，所以近地层大气的水汽压也有明显的日、年变化。

4.3.1.1 水汽压的日变化

日变化有2种类型：单峰型和双峰型。

(1)单峰型

在海洋上、沿海地区和陆地上湍流交换不强的秋冬季节较常见。水汽压的大小直接取决于当地蒸发量，由于白天温度高，蒸发量多，水汽压也大；夜间温度低，蒸发量少，水汽压也小。一天中最高值出现在午后，最低值出现在清晨(如图4-1中虚线所示)。

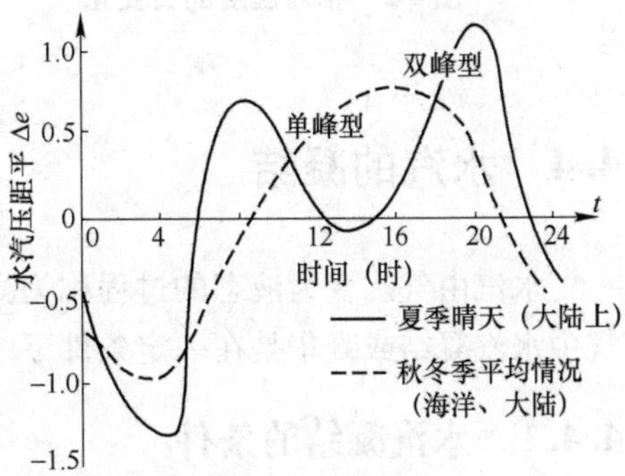

图4-1 水汽压的日变化

(2)双峰型

主要在夏季湍流交换较强的陆地上，水汽压的日变化出现二高和二低的极值，最高值出现在9：00~10：00和21：00~22：00，最低值出现在清晨温度最低时和午后湍流最强时。这是由于水汽压要受蒸发量和湍流垂直交换的双重影响。日出后地面增温，蒸发加快，使水汽压逐渐增大，同时由于地表增温，湍流交换加强，近地面层的水汽被输送到上层空间，使低层水汽压减小。所以在午后湍流最强时出现次低值，而湍流充分发展之前的9：00~10：00出现次高值。下午湍流减弱，低层水汽又逐渐增大，到 21：00～22：00 以后，地面辐射冷却蒸发减弱，甚至有凝结现象发生，所以 21：00～22：00 出现最大值，清晨出现最小值(如图 4-1 中实线所示)。

4.3.1.2　水汽压的年变化

水汽压的年变化，主要取决于蒸发量的多少，而蒸发量与温度的变化基本一致。所以一年中最高值出现在温度高、蒸发强的 7、8 月，最低值出现在温度低，蒸发弱的 1、2 月。

4.3.2　相对湿度的日变化和年变化

在水汽压一定时，相对湿度的大小主要取决于温度，温度增高时，地表蒸发会加强使空气中的实际水汽压增大，但因饱和水汽压为温度的函数，随温度增加得更快，所以温度的增高，相对湿度一般是减小的。温度降低时则相反，相对湿度增大。因此，相对湿度的日变化与温度的日变化相反，一天中最高值出现在清晨，最低值出现在14：00～15：00(如图 4-2 所示)。

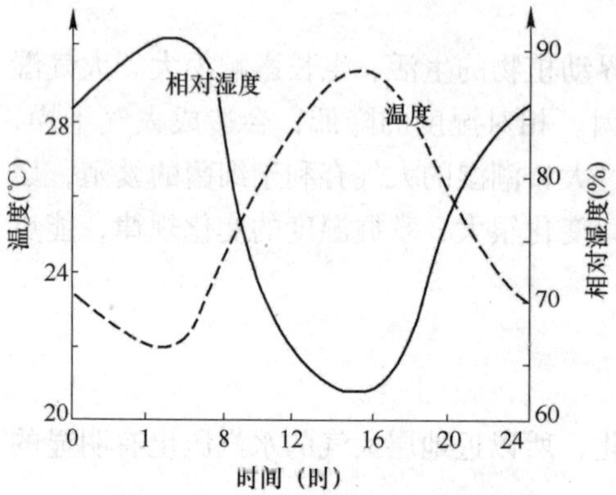

图 4-2　相对湿度的日变化

相对湿度的年变化一般情况是夏季最小，冬季最大。但这些变化规律，若受不同性质平流的影响也会遭到破坏。如某些受季风影响的地区，例如我国，由于夏季风来自海洋，为暖湿平流，冬季风来自内陆，为干冷平流，也会出现相对湿度夏季最大，冬季最小的情况。

4.4　水汽的凝结

水汽由气态变为液态的过程称为凝结。水汽直接转变为固态的过程称凝华。大气中水汽凝结或凝华是在一定条件下才能发生。

4.4.1　水汽凝结的条件

大气中水汽凝结或凝华的一般条件：一是有凝结核或凝华核的存在；二是大气中水汽要达到饱和或过饱和状态。

4.4.1.1　凝结核或凝华核

在大气中，水汽压只要达到或超过饱和，水汽就会发生凝结，但在实验室里却发现，在纯净的空气中，水汽过饱和到相对湿度为 300%～400%，也不会发生凝结。这是因为作不规则运动的水汽分子之间引力很小，通过相互之间的碰撞不易相互结合为液态或固态水。只有在巨大的过饱和条件下，纯净的空气才能凝结。然而巨大的过饱和在自然界是不存在的。大气中存在着大量的吸湿性微粒物质，它们比水汽分子大得多，对水分子吸引力也大，从而有利于水汽分子在其表面上的集聚，使其成为水汽凝结核心。这种大气中能促使水汽凝结的微粒，称为凝结核，其半径一般为 $10^{-7} \sim 10^{-3}$cm，而且半径越大，吸湿性越好的核周围越易产生凝结。凝结核的存在是大气产生凝结的重要条件之一。

自由大气中的凝结核很多，如火山爆发形成的尘埃；海水浪花蒸发后遗留在空气中的盐粒；燃烧进入大气中的烟粒等。在凝结核数量多的地区，大气中的水汽只需达到饱和就会有凝结现象发生。所以，大工业区和城市上空出现雾的机会比一般地区要多。

4.4.1.2 水汽达到饱和或过饱和状态

要满足这个条件，需要增加空气中的水汽含量使水汽压增大，或降低温度使饱和水汽压减小，或是二者的共同作用。

(1)暖水面蒸发

要增加大气中的水汽含量，只有在具有蒸发源，且蒸发表面的温度高于气温的条件下才有可能。在自然界中，当冷空气流经暖水面时，由于水面温度比气温高，暖水面上的饱和水汽压比空气的饱和水汽压大得多，通过蒸发可使空气达到过饱和，并产生凝结。秋冬季的早晨，水面上腾起的蒸发雾就是这样形成的。

(2)空气的冷却

在自然界中，绝大部分凝结现象是产生在降温过程中。降温是导致空气中水汽达到饱和的主要途径。大气中常见的降温过程主要有以下几种：

①绝热冷却　指空气在上升过程中，因体积膨胀对外做功而导致空气本身的冷却。随着高度升高，温度降低，饱和水汽压减小，空气至一定高度就会出现过饱和状态。这一方式对于云的形成具有重要作用。

②辐射冷却　指在晴朗无风或微风的夜间，由于地面的辐射冷却，导致近地面层空气的降温。当空气中温度降低到露点温度以下时，水汽压就会超过饱和水汽压产生凝结。辐射雾就是水汽以这种方式凝结形成的。

③平流冷却　暖湿空气流经冷的下垫面时，将热量传递给冷的地表，造成空气本身温度降低。如果暖空气与冷地面温度相差较大，暖空气降温较多，也可能产生凝结。

在上述几种过程中，冷却通常是主要的。对形成雾来说，由于凝结出现在贴近地面的气层中，因此辐射冷却、平流冷却是主要的；对形成云来说，由于凝结是在一定高度上，因而绝热冷却就成为主要的了。

水汽的凝结或凝华既可产生于地表或地物上，也可产生于空气中。按水汽凝结现象发生的空间位置不同，可分为地面上、近地层和高空的水汽凝结物 3 种。

4.4.2 地面水汽凝结物

4.4.2.1 露和霜

傍晚或夜间，地面或地物由于辐射冷却，使贴近地表面的空气层也随之降温，当其温度降到露点以下，即空气中水汽含量过饱和时，在地面或地物的表面就会有水汽的凝结或凝华。如果此时的露点温度在 0℃以上，在地面或地物上就出现微小的水滴，称为露(dew)。如果露点温度在 0℃以下，则水汽直接在地面或地物上凝华成白色的冰晶，称为霜(frost)。

形成露和霜的气象条件是晴朗微风的夜晚。原因是夜间晴朗有利于地面或地物迅速辐射冷却，微风可使辐射冷却在较厚的气层中充分进行，而且可使贴地空气得到更换，保证有足够多的水汽供应凝结。风速过大时由于湍流太强，使贴地空气与上层较暖的空气发生强烈混合，导致贴地空气降温缓慢，均不利于露和霜的生成。

对于霜，除辐射冷却形成外，在冷平流以后或洼地上聚集冷空气时，都有利于其形成。这种霜称为平流霜或洼地霜，它们又常因辐射冷却而加强。因此，在洼地与山谷中，产生霜的频率较大；在水边平地和森林地带，产生霜的频率较小。

露的降水量很少。在温带地区夜间露的降水量约相当于 0.1～0.3mm 的降水层，但在许多热带地区却很可观，多露之夜可有相当于 3mm 的降水量，平均约 1mm。露的量虽有限，但对植物很有利，尤其在干燥地区和干热天气，夜间的露常有维持植物生命的功用。例如，在埃及和阿拉伯沙漠中，虽数月无雨，植物还可以依赖露水生长发育。

4.4.2.2 雾凇和雨凇

(1)雾凇

雾凇(freezing fog)是形成于树枝上、电线上或其他地物迎风面上的白色疏松的微小冰晶或冰粒。根据其形成条件和结构可分为晶状雾凇和粒状雾凇两类。

①晶状雾凇　主要由过冷却雾滴蒸发后，再由水汽凝华而成。它往往在有雾、微风或静稳以及温度低于 -15℃时出现。由于冰面饱和水汽压比水面小，因而过冷却雾滴就不断蒸发变为水汽，凝华在物体表面的冰晶上，使冰晶不断增长。这种由物体表面冰晶吸附过冷却雾滴蒸发出来的水汽而形成的雾凇叫晶状雾凇。它的晶体与霜类似，结构松散，稍有震动就会脱落。在严寒天气，有时在无雾情况下，过饱和水汽也可直接在物体表面凝华成晶状雾凇，但增长较慢。

②粒状雾凇　往往在风速较大，气温在 -2～-7℃时出现。它是由过冷却的雾滴被风吹过，碰到冷的物体表面迅速冻结而成的。由于冻结速度很快，因而雾滴仍保持原来的形状，所以呈粒状。它的结构紧密，能使电线、树枝折断，对交通运输、通讯、输电线路等有一定影响，多出现在浓雾、风大的严冬。

雾凇和霜在形态上有时很相似，其区别在于霜一般在夜晚形成，而雾凇昼夜均可发生；霜形成于强烈辐射冷却的平面上，而雾凇主要形成在物体的迎风面上或细长物体上；霜多发生在晴朗天气，而雾凇多形成在有雾的阴沉天气。

(2)雨凇

雨凇(glazed frost)是形成在地面或地物迎风面上的透明的或毛玻璃状的紧密冰层。它主要是过冷却雨滴降到温度低于 0℃的地面或地物上冻结而成的。雨凇的破坏性很大，它能压断电线、折损树木，对交通运输、电讯、输电以及农业生产都有很大影响。例如，山东临沂一次雨凇曾使一根 1m 长的电话线上冻结重达 3.5kg 的冰层，造成损失。在高纬度地区，雨凇是常出现的灾害性天气现象。

4.4.3 近地层水汽凝结物

雾(fog)是悬浮于近地面空气中的大量水滴或冰晶，使水平能见度小于1km的物理现象。如果能见度在1～10km范围内，则称为轻雾。

形成雾的基本条件是近地面空气中水汽充沛，有使水汽发生凝结的冷却过程和凝结核的存在。贴地气层中的水汽压大于其饱和水汽压时，水汽即凝结或凝华成雾。如气层中富有活跃的凝结核，雾亦可在相对湿度小于100%时形成。此外，因为冰面的饱和水汽压小于水面，在相对湿度未达100%的严寒天气里可出现冰晶雾。

根据空气冷却降温的方式不同，可将雾分为辐射雾、平流雾、蒸发雾和锋面雾等，其中最常见的是辐射雾和平流雾。

(1)辐射雾

辐射雾是由地面辐射冷却使贴地气层变冷而形成的。有利于形成辐射雾的条件是：①空气中有充足的水汽；②天气晴朗少云；③风力微弱(1～3m/s)；④大气层结稳定。

辐射雾的厚度随空气的冷却程度及风力而定。如只在贴近地面的气层内，温度降到露点以下，而且风力微弱，则形成低雾。低雾的高度在2～100m之间，有时低雾厚度不到2m，薄薄地蒙蔽在地面上，这种雾称为浅雾。低雾的形成常与近地层的逆温层有关，它的上界常与逆温层的上界一致。低辐射雾常在秋天的黄昏、夜晚或早晨日出之前出现在低洼地区。在日出前后，浓度达最大。上午8：00～10：00，由于逆温层被破坏，低雾即随之消失。如空气冷却作用所及高度增大，辐射雾能伸展到几百米高，这种辐射雾称高雾，范围很广，能持续多日不散，仅在白天稍有减弱。辐射雾多出现在高气压区的晴夜，它的出现常表示晴天。例如，冬半年我国大陆上多为高压控制，夜又较长，特别有利于辐射雾的形成。

辐射雾有明显的地方性。我国四川盆地是有名的辐射雾区，其中重庆冬季无云的夜晚或早晨，雾日几乎占80%，有时还可终日不散，甚至连续几天。城市及其附近，烟粒、尘埃多，凝结核充沛，因此特别容易形成浓雾(常称都市雾)。如果机场位于城市的下风方，这种雾就会笼罩机场，严重地影响飞机的起飞和着陆。

(2)平流雾

平流雾是暖湿空气流经冷的下垫面而逐渐冷却形成的。海洋上暖而湿的空气流到冷的大陆上或者冷的海洋面上，都可以形成平流雾。形成平流雾的有利天气条件是：①下垫面与暖湿空气的温差较大；②暖湿空气的湿度大；③适宜的风向(由暖向冷)和风速(2～7m/s)；④层结较稳定。

因为只有暖湿空气与其流经的下垫面之间存在较大温差时，近地面气层才能迅速冷却形成平流逆温，而这种逆温起到限制垂直混合和聚集水汽的作用，使整个逆温层中形成雾。适宜的风向和风速，不但能源源不断地送来暖湿空气，而且能发展一定强度的湍流，使雾达到一定的厚度。

平流雾的范围和厚度一般比辐射雾大，在海洋上四季皆可出现。由于它的生消主要取决于有无暖湿空气的平流，因此只要有暖湿空气不断流来，雾可以持久不消，而且范围很广。海雾是平流雾中很重要的一种，有时可持续很长时间。在我国沿海，以春夏为多雾季节，这是因为平流性质的海雾，只当夏季风盛行时才能到达陆上。所以，在海上，尤其是冷洋流表面，雾日极多。在纬度 40°以上的大陆东岸和低纬度的大陆西岸都是冷洋流经过地区，不但海面多雾，大陆近岸受海风影响，雾日也多。像日本北海道沿岸，北美纽芬兰沿岸和加利福尼亚沿岸，南美秘鲁和智利沿岸，北非加那利冷流沿岸，以及南非本格拉冷流沿岸，都是世界著名的多雾区域。

大陆上除了沿海地区受海风影响雾日较多外，一般大陆内部都是雾少霾多。陆地雾以辐射冷却形成为主，盛行于冬季晴夜和清晨，近午时因日照强而蒸发消散；海面雾的形成以平流冷却为主，春夏出现频率最大，正午日照虽强也不能消散，只有当风向改变，风力增强，使气流上下扰动时才被吹散。

在大陆沿海地区多平流辐射雾，它是由湿空气平流至陆上，再经夜晚辐射冷却，空气达到饱和时而形成的。此外，还有冷气流流经暖水面时产生的蒸发雾，稳定的空气沿高地或山坡上升时因绝热冷却而形成的上坡雾，以及冷暖性质不同的气团交界处形成的锋面雾等。

4.4.4　高空水汽凝结物

云(cloud)是悬浮于大气中的水滴、冰晶，或两者混合组成的可见聚合体，底部不与地面相接，并有一定的厚度。云和雾没有本质区别，不同的是雾的下层接地，是发生在低空的水汽凝结现象。而云的凝结高度较高，空气上升时绝热冷却，当上升到一定高度时，空气因冷却而达到饱和，水汽凝结成小水滴或冰晶形成云，这个高度称为凝结高度。一般来说，云底高度与凝结高度一致。云是降水的基础，是地球上水分循环的中间环节。云的形状千变万化，一定的云状常伴随着一定的天气出现，因而云对于天气变化具有一定的指示意义。

4.4.4.1　云的形成条件

大气中，凝结的重要条件是要有凝结核的存在及空气达到过饱和。对于云的形成来说，其过饱和主要是由空气垂直上升绝热冷却引起的。上升运动的形式和规模不同，形成云的状态、高度、厚度也不同。大气的上升运动主要有以下 4 种方式：

①热力对流　指地表受热不均和大气层结不稳定引起的对流上升运动。由对流运动所形成的云多属积状云。

②动力抬升　指暖湿气流受锋面、辐合气流的作用所引起的大范围上升运动。这种运动形成的云主要是层状云。

③大气波动　指大气流经不平的地面或在逆温层以下所产生的波状运动。由大气波动产生的云主要属于波状云。

④地形抬升　指大气运行中遇地形阻挡，被迫抬升而产生的上升运动。这种运动形成的云既有积状云，也有波状云和层状云，通常称为地形云。

4.4.4.2　云的分类

天空中云的种类很多，形状差别较大，按云底高度将云分成三族：高云族、中

表 4-1 云状分类表

云族	云属 学名	云属 简写	云类 学名
高云	卷云	Ci	毛卷云 密卷云 伪卷云 钩卷云
	卷层云	Cs	毛卷层云 钩卷层云
	卷积云	Cc	卷积云
中云	高层云	As	透光高层云 蔽光高层云
	高积云	Ac	透光高积云 蔽光高积云 荚状高积云 积云性高积云 絮状高积云 堡状高积云

云族	云属 学名	云属 简写	云类 学名
低云	积云	Cu	淡积云 碎积云 浓积云
	积雨云	Cb	秃积雨云 鬃积雨云
	层积云	Sc	透光层积云 蔽光层积云 积云性层积云 堡状层积云 荚状层积云
	层云	St	层云 碎层云
	雨层云	Ns	雨层云 碎雨云

云族和低云族。再按云的结构特点、形态特征分为 10 属 29 类(见表 4-1)。

(1)高云族

云底高度一般在 6 000m 以上。由冰晶构成，呈白色，有柔丝般光泽，薄而透明，日光透过高云时，地面物体的影子清楚可见。高云族包括卷云(cirrus)、卷层云(cirrostratus)和卷积云(cirrocumulus)3 属。

①卷云(Ci) 具有丝缕状结构，呈丝条状、羽毛状、马尾状、钩状、片状和团簇状等，分散地飘浮在空中。卷云覆盖天空时可出现不完整的晕，晕环绕日月之外，晕环半径对应的视角约 22°的内红、外紫的光环和光弧。卷云又可分为毛卷云、密卷云、伪卷云和钩卷云 4 类。

②卷层云(Cs) 为乳白色透明的云幕，日月透过卷层云时常有晕环出现。卷层云又可分为毛卷层云和匀卷层云 2 类。

③卷积云(Cc) 呈白色鳞片状或球状，排列成行或成群，像轻风吹过水面而引起的小波纹。

(2)中云族

云底高度一般在 2 000 ~6 000m，由水滴或水滴与冰晶混合构成，云体较稠密，厚的可遮住阳光，中云有时可产生降水。中云族包括高层云和高积云 2 属：

①高层云(As) 为灰白色或略带蓝色的云幕，是有条纹或丝缕结构，水平范围很广，时常布满全天，垂直厚度很不均匀，薄的部分透过云层可看到昏暗不清的太阳轮廓，厚的部分可将太阳完全遮蔽。有时可降连续性或间歇性小雨、雪。高层云又可分为透光高层云和蔽光高层云 2 类。

②高积云(Ac) 云块较小，轮廓分明，薄的云块呈白色，厚的呈暗灰色，呈

扁圆形、鱼鳞片、瓦块状或水波状的密集云条，成群、成行或成波状排列，有时孤立分散，有时又聚合成层。云块可同时出现在 2 个或几个不同高度上。常有环绕日月的内紫、外红的彩色光环。高积云又可分为透光高积云、蔽光高积云、荚状高积云、积云性高积云、絮状高积云和堡状高积云 6 类。

(3) 低云族

云底高度通常在 2 000m 以下，由水滴或由水滴和冰晶混合组成。低云一般都有降水。包括积云(cumulus)、积雨云(cumulonimbus)、层积云(stratocumulus)、层云(stratus)和雨层云(nimbostratus)5 属，各属之间在形态上有很大差异。

①积云(Cu)　云体垂直向上发展，云底水平，云顶呈圆弧形，或重叠的圆弧形突起，边缘分明，孤立分散在天空。根据其垂直发展程度，可将积云分为淡积云、浓积云和碎积云 3 类。

②积雨云(Cb)　云体垂直发展极盛，像耸立的高山，云顶由冰晶组成，有丝缕结构，常呈铁砧状或马鬃状。云底阴暗混乱，起伏明显，有时有冰雹。积雨云又可分为秃积雨云和鬃积雨云 2 类。

③层积云(Sc)　是由大团块、薄片或条状云组成，成行、成群或成波状排列，云块个体都很大，呈灰色或灰白色。厚的层积云可降小雨雪。层积云又可分为透光层积云、蔽光层积云、积云性层积云、堡状层积云和荚状层积云 5 类。

④层云(St)　是低而均匀的灰色或灰白色云幕，像雾，但不接地，云底很低，能将小山或建筑物的顶部掩没，云层厚时，日月光不能透过，云层薄时，日月轮廓清晰可辨。层云可降毛毛雨或米雪。

⑤雨层云(Ns)　是低而均匀的降水云层，暗灰色，水平范围很大，常能遮蔽全天。有连续性降水，若无降水，则有大量雨幡下垂，使得云底混乱，没有明显的界限。

4.4.4.3　各种云的形成

(1) 积状云的形成

积状云是垂直发展的云块，主要包括淡积云、浓积云和积雨云。积状云多形成于夏季午后，具孤立分散、云底平坦和顶部凸起的外貌形态。积状云的形成总是与不稳定大气中的对流上升运动相联系。

淡积云、浓积云和积雨云是积状云发展的不同阶段。气团内部热力对流所产生的积状云最为典型。夏半年，地面受到太阳强烈辐射，地温很高，进一步加热了近地面气层。由于地表的不均一性，有的地方空气加热得厉害些，有的地方空气湿一些，因而贴地气层中就生成了大大小小与周围温度、湿度及密度稍有不同的气块(热泡)。

这些气块内部温度较高，受周围空气的浮力作用而随风飘浮，不断生消。较大的气块上升的高度较大，当到达凝结高度以上，形成了对流单体，再逐步发展，就形成孤立、分散、底部平坦、顶部凸起的淡积云。由于空气运动是连续的，相互补偿的，上升部分的空气因冷却，水汽凝结成云，而云体周围有空气下沉补充，下沉空气绝热增温快，不会形成云。所以积状云是分散的，云块间露出蓝天。对于一定的地区，在同一时间里，空气温、湿度的水平分布近于一致，其凝结高度基本相同，因而积状云底部平坦(图 4-3)。

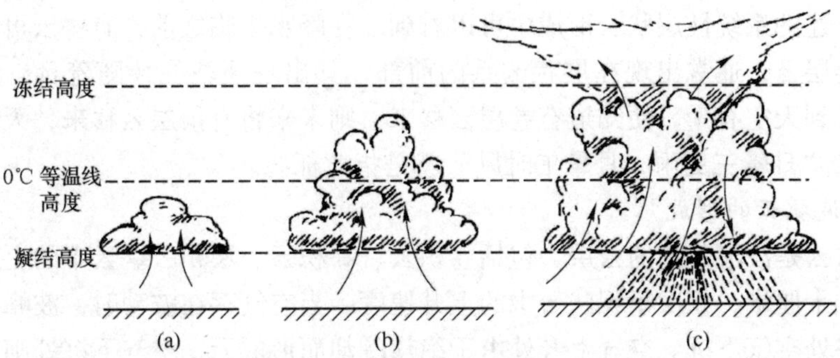

图 4-3 积状云的形成

(a)淡积云 (b)浓积云 (c)积雨云

热力对流形成的积状云具有明显的日变化。通常，上午多为淡积云。随着对流的增强，逐渐发展为浓积云。下午对流最旺盛，往往可发展为积雨云。傍晚对流减弱，积雨云逐渐消散，有时可以演变为伪卷云、积云性高积云和积云性层积云。如果到了下午，天空还只是淡积云，这表明空气比较稳定，积云不能再发展长大，天气较好，所以淡积云又叫晴天积云，是连续晴天的预兆。夏天，如果早上很早就出现了浓积云，则表示空气已很不稳定，有可能发展为积雨云。因此，早上有浓积云是有雷雨的预兆。傍晚层积云是积状云消散后演变成的，说明空气层结稳定，一到夜间云就散去，这是连晴的预兆。由此可知，利用热力对流形成的积云的日变化特点，有助于直接判断短期天气的变化。

(2)*层状云的形成*

层状云是均匀幕状的云层，常具有较大的水平范围，其中包括卷层云、高层云和雨层云。层状云是由于空气大规模的系统性上升运动而产生的，主要是锋面上的上升运动引起的。这种系统性的上升运动，通常水平范围大，上升速度只有 0.1 ~ 1m/s，因持续时间长，能使空气上升好几千米。例如，当暖空气向冷空气一侧移动时，由于二者密度不同，稳定的暖湿空气沿冷空气斜坡缓慢滑升，绝热冷却，形成层状云(图 4-4)。

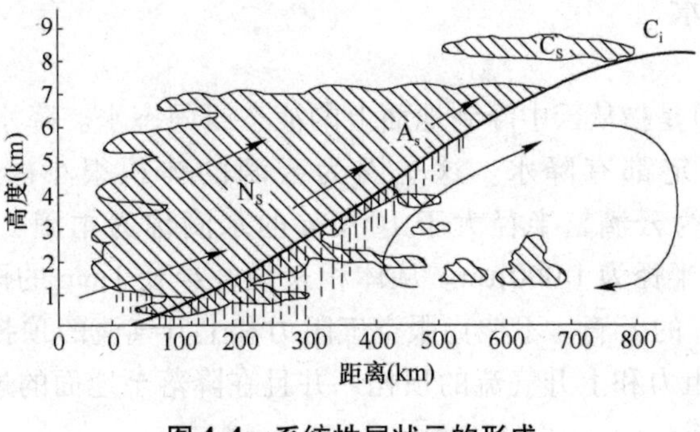

图 4-4 系统性层状云的形成

从上述的系统性层状云形成中可以看到，在降水来临之前，有些云可以作为征兆。如卷层云，通常出现在层状云系的前部，其出现还往往伴随着日、月晕，因此，如看到天空有晕，便知道有卷层云移来，则未来将有雨层云移来，天气可能转雨。农谚“日晕三更雨，月晕午时风”就是指此征兆。

(3)波状云的形成

波状云是波浪起伏的云层，包括卷积云、高积云、层积云。云中的上升速度可达每秒几十厘米，仅次于积状云中的上升速度。当空气存在波动时，波峰处空气上升，波谷处空气下沉。空气上升处由于绝热冷却而形成云，空气下沉处则无云形成(图4-5)，从而形成厚度不大、保持一定间距的平行云条，呈一列列或一行行的波状云。

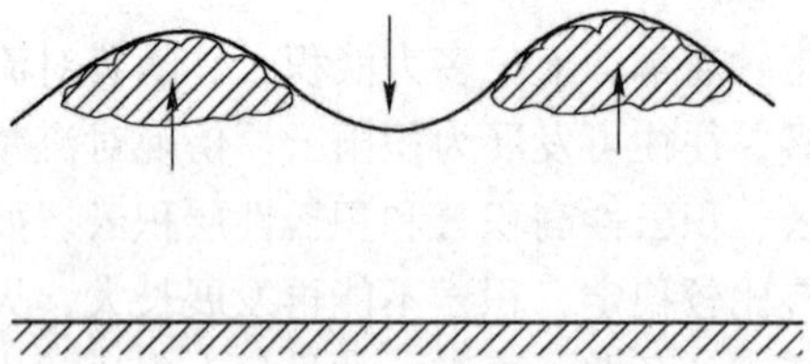

图4-5 波状云的形成

波动气层甚高时形成卷积云，较高时形成高积云，低时形成层积云。波状云的厚度不大，一般为几十米到几百米，有时可达1 000～2 000m。在它出现时，常表明气层比较稳定，天气少变化。谚语“瓦块云，晒死人”“天上鲤鱼斑，明天晒谷不用翻”，就是指透光高积云或透光层积云出现后，天气晴好而少变。但是系统性波状云，像卷积云是在卷云或卷层云上产生波动后演变成的，所以它和大片层状云连在一起，表示将有风雨来临。“鱼鳞天，不雨也风颠”就是指此种预兆。

云状不是孤立的不变的，由于条件的变化，它们可以发展或消散，也可以从这种云转化为那种云。例如，积状云中，淡积云可以发展到浓积云，最后形成积雨云。积雨云在消散时，可以演变成伪卷云、积云性高积云和积云性层积云。又例如，波状云发展时，可以演变成层状云(蔽光高积云可以演变成为高层云，蔽光层积云可以演变成为雨层云)。层状云消散时，也会演变成为波状云(雨层云消散时，可演变为高层云、高积云或层积云)。总之，云的产生、发展和演变是复杂的，也是有规律的。

4.5 大气降水

降水(rainfall)是指从云中降到地面上的液态或固态水。降水虽然主要来自云中，但有云不一定都有降水。这是因为云滴的体积很小，通常把半径小于100μm的水滴称为云滴，半径大于100μm的水滴称为雨滴。标准云滴半径为10μm，标准雨滴半径为1 000μm。从体积来说，半径1mm的雨滴约相当于100万个半径为10μm的云滴，不能克服空气阻力和上升气流的顶托。只有当云滴增长到能克服空气阻力和上升气流的顶托，并且在降落至地面的过程中不致被蒸发掉时，降水才形成。

4.5.1 降水的形成

降水的形成就是云滴增大为雨滴、雪花或其他降水物，并降至地面的过程。一块云能否降水，则意味着在一定时间内(例如1h)能否使约10^6个云滴转变成一个雨滴。使云滴增大的过程主要有2个：一是云滴凝结(或凝华)增长，二是云滴相互冲并增长。实际上，云滴的增长是这两种过程同时作用的结果。

(1)云滴凝结增长

凝结(或凝华)增长过程是指云滴依靠水汽分子在其表面上凝聚而增长的过程。在云的形成和发展阶段，由于云体继续上升，绝热冷却，或云外不断有水汽输入云中，使云内空气中的水汽压大于云滴的饱和水汽压，因此云滴能够由水汽凝结(或凝华)而增长。当云层内部存在着冰水云滴共存、冷暖云滴共存或大小云滴共存的任一种条件时，产生水汽从一种云滴转化至另一种云滴上的扩散转移过程。例如，在冰晶和过冷却水滴共存的混合云中，在温度相同的条件下，由于冰面饱和水汽压小于水面饱和水汽压，当空气中的现有水汽压介于两者之间时，过冷却水滴就会蒸发，水汽就转移凝华到冰晶上去，使冰晶不断增大，而过冷却水滴则不断减小。当冷暖云滴共存或大小云滴共存时，同样也可发生这种现象，使冷(或大)的云滴不断增大。

但是，不论是凝结增长过程，还是凝华增长过程，都很难使云滴迅速增长到雨滴的尺度，而且它们的作用都将随云滴的增大而减弱。可见要使云滴增长成为雨滴，势必还要有另外的过程，这就是冲并增长过程。

(2)云滴的冲并增长

云滴经常处于运动之中，这就可能使它们发生冲并。大小云滴之间发生冲并而合并增大的过程，称为冲并增长过程。

云内的云滴大小不一，相应地具有不同的运动速度。大云滴在下降过程中很快追上小云滴，大小云滴相互碰撞而粘附起来，成为较大的云滴。在有上升气流时，当大小云滴被上升气流向上带时，小云滴也会追上大云滴并与之合并，成为更大的云滴。云滴增大以后，它的横截面积变大，在下降过程中又可合并更多的水云滴(图4-6)。

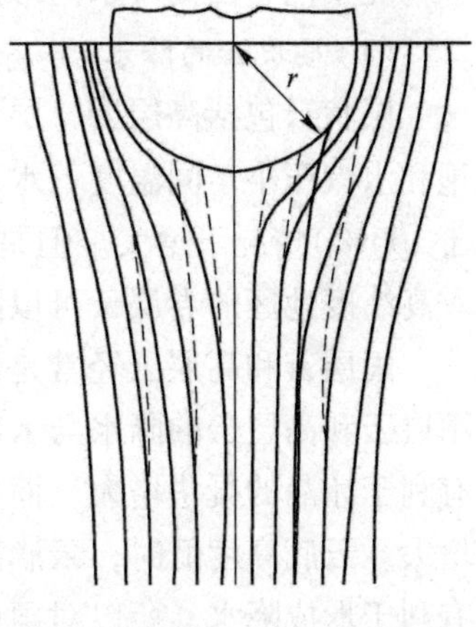

图4-6 水滴的冲并（细实线表示气流线；虚线为小水滴的轨迹线）

计算和观测表明，对半径小于20μm的云滴，其重力冲并增长作用可忽略不计，但对半径大于30μm的大水滴却在很短的时间内，就可通过重力冲并增长达到半径为几个毫米的雨滴。大水滴越大，冲并增长越迅速。也就是说，水滴的冲并增长是一种加速过程。

上述两种云滴增大过程在由云滴转化为降水的过程中始终存在。但观测表明，在云滴增长的初期，凝结(或凝华)增长为主，冲并为次；当云滴增大到一定阶段(一般直径达50～70μm)后，凝结(或凝华)过程退居次要地位，而以重力冲并为主。

4.5.2 雨和雪的形成

(1)雨的形成

由液态水滴(包括过冷却水滴)所组成的云体称为水成云。水成云内如果具备了云滴增大为雨滴的条件，并使雨滴具有一定的下降速度，这时降落下来的就是雨或毛毛雨。由冰晶组成的云体称为冰成云，而由水滴(主要是过冷却水滴)和冰晶共同组成的云称为混合云。从冰成云或混合云中降下的冰晶或雪花，下落到0℃以上的气层内，融化以后也成为雨滴下落到地面，形成降雨。

在雨的形成过程中，大水滴起着重要的作用。当水滴半径增大到2～3mm时，水分子间的引力难以维持这样大的水滴，在降落途中，就很容易受气流的冲击而分裂，通过“连锁反应”，使大水滴下降，小水滴继续存在，形成新的大水滴。这是上升气流较强的水成云和混合云中形成雨的重要原因。

(2)雪的形成

在混合云中，由于冰水共存使冰晶不断凝华增大，成为雪花。当云下气温低于0℃时，雪花可以一直落到地面而形成降雪。如果云下气温高于0℃时，则可能出现雨夹雪。雪花的形状极多，有星状、柱状、片状等，但基本形状是六角形。

雪花之所以多呈六角形，花样之所以繁多，是因为冰的分子以六角形为最多，对于六角形片状冰晶来说，由于它的面上、边上和角上的曲率不同，相应地具有不同的饱和水汽压，其中角上的饱和水汽压最大，边上次之，平面上最小。在实有水汽压相同的情况下，由于冰晶各部分饱和水汽压不同，其凝华增长的情况也不相同。

4.5.3 各类云的降水

不同的云，由于其水平范围、云高、云厚、云中含水量、云中温度和升降气流等情况不同，因而降水的形态、强度、性质也随之而有差异。

(1)层状云的降水

层状云包括高层云、层云、雨层云和卷层云。卷层云是冰晶组成的，由于冰面饱和水汽压小于同温度下水面饱和水汽压，使冰晶可以在较小的相对湿度(可以小于100%)情况下增大。但是，因卷层云中含水量较小，云底又高，所以除了在冬季高纬度地区的卷层云可以降微雪以外，卷层云一般是不降水的。

雨层云和高层云经常是混合云，所以云滴的凝华增大和冲并增大作用都存在，雨层云和高层云的降水与云厚和云高有密切关系。云厚时，冰水共存的层次也厚，有利于冰晶的凝华增大，而且云滴在云中冲并增大的路程也长，因此有利于云滴的增大。云底高度低时，云滴离开云体降落到地面的路程短，不容易被蒸发掉，这就有利于形成降水。所以对雨层云和高层云来说，云愈厚、愈低，降水就愈强。雨层云比高层云的降水大得多，也主要是这个缘故。由于层状云云体比较均匀，云中气流也比较稳定，所以层状云的降水是连续性的，持续时间长，降水强度变化小。

(2)积状云的降水

积状云包括淡积云、浓积云和积雨云。淡积云由于云薄，云中含水量少，而且水滴又小，所以一般不降水。浓积云是否降水则随地区而异。在中高纬度地区，浓积云很少降水。在低纬度地区，因为有丰富的水汽和强烈的对流，浓积云的厚度、云中含水量和水滴都较大，虽然云中没有冰晶存在，但水滴之间冲并作用显著，故可降较大的阵雨。

积雨云是冰水共存的混合云，云的厚度和云中含水量都很大，云中升降气流强，因此云滴的凝华增长和冲并作用均很强烈，致使积雨云能降大的阵雨、阵雪，有时还可下冰雹。

积状云的降水是阵性的。因为它的云体水平范围与垂直伸展的尺度差不多，即它的水平范围小，降水的起止很突然。由于积状云中升降气流变化大，上升气流强时，降水物被“托住”降落不下来；当上升气流减弱或出现下沉气流时，降水物骤然落下，也使降水具有阵性。

(3)波状云的降水

波状云由于含水量较小，厚度不均匀，所以降水强度较小，往往时降时停，具有间歇性。层云只能降毛毛雨，层积云可降小的雨、雪和霰。高积云很少降水。但在我国南方地区，由于水汽比较充沛，层积云也可产生连续性降水，高积云有时也可产生降水。

4.5.4 降水表示方法

(1)降水量

天空降落到地面上的液态降水或融化后的固态降水未经蒸发、渗透和流失而聚积在水平面上的水层深度称为降水量(precipitation)，以 mm 为单位。

(2)降水强度

降水强度是指单位时间内的降水量。其单位为 mm/h 或 mm/d。按降水强度的大小可将降雨分为小雨、中雨、大雨、暴雨、大暴雨和特大暴雨等。降雪也可分为小雪、中雪和大雪(见表 4-2)。

(3)降水变率

某一时期的实际降水量与多年同期平均降水量之差，叫做降水绝对变率。它表示降水量的变动程度。为了便于不同地区进行比较，通常采用降水相对变率。相对变率是降水绝对变率与多年同期平均降水量的百分比。相对变率小，说明降水比较稳定；相对变率大，说明降水变动程度大。由某地的多年平均相对变率可以看出该地降水量的可靠程度有多大。

(4)降水保证率

某界限降水量在一定时期内出现的次数与该期降水总次数的百分比，叫做降水频率。高于(或低于)某界限降水量的频率总和，叫做降水保证率。它表示某一界限降水量出现的可靠程度的大小。在气候资料统计中，求频率与保证率至少要有 25 ~ 30 年以上的资料。

4.5.5 降水成因

(1)地形抬升作用——形成地形雨

暖湿气流在移动过程中遇到地形的抬升，发生绝热冷却而形成的降水，称为地形雨。因此，山的迎风坡常成为多雨中心，而山的背风坡，气流下沉增温，加之水汽在迎风坡已凝结降落而变得十分干燥。如喜马拉雅山南坡(迎风坡)的乞拉朋齐，年雨量可达12 666mm，而北坡年雨量只有200～300mm。长白山的东坡，正对着海洋气团的来向，年雨量可达1 000mm，而背风面的辽河平原却只有700mm左右。武夷山的东坡、广东云开大山及广西的十万大山的东南坡、海南岛五指山的东部等都是暖湿气流的迎风坡，雨量都较背风坡多。

(2)热对流作用——形成对流雨

暖季白天，地面剧烈受热，引起强烈对流。若此时空气湿度较大，就会形成积雨云而产生降水，称为对流雨。因常伴有雷电现象，故又称热雷雨。夏季午后常有出现。

(3)气旋活动——形成气旋雨

气旋又称低气压，中心因有辐合上升气流，空气绝热冷却而凝结降水，称为气旋雨。气旋规模大，形成的降水范围广，降水时间也较长。气旋雨是我国最主要的一种降水，在各地区降水量中，气旋雨占的比重都比较大。

(4)台风活动——形成台风雨

台风是形成在热带洋面上的强大的气旋性涡旋。台风侵袭时，常常带来狂风暴雨，由于台风活动而形成的降水叫台风雨。在台风活动频繁的地区，台风雨在该地降水量中也占有重要地位。如台湾琼山台风雨占年雨量的35.2%，广州占20.8%。

海洋上的降水绝大多数是锋面雨和气旋雨。愈向内陆，海洋气团变性愈甚，空气愈来愈干燥，降水量就逐渐减少，到了大陆中心就形成干旱沙漠气候。北半球大陆面积大，特别是亚欧大陆东西延伸范围很广，内陆地区受不到海洋气团影响，所以出现大片干旱、半干旱气候；在南半球由于大陆面积较小，内陆干旱区域也相应地比北半球小。

4.5.6 降水的种类

由于云的温度、气流分布等状况的差异，降水具有不同的形态，根据降水形态可把降水分为雨、雪、霰、雹。

雨是自云体中降落至地面的液体水滴。雪是从混合云中降落到地面的雪花形态的固体水。霰是指云中降落至地面的不透明的球状晶体，由过冷却水滴在冰晶周围冻结而成，直径2～5mm。雹是由透明和不透明的冰层相间组成的固体降水，呈球形，常降自积雨云。

按降水强度的大小，降水可分为小雨、中雨、大雨、暴雨、特大暴雨、小雪、中雪、大雪，划分标准见表4-2。根据降水的性质，降水又可分为3类：

表 4-2 降水强度划分标准

雨(mm/d)	小雨	中雨	大雨	暴雨	大暴雨	特大暴雨
	<10	10~25	25~50	50~100	100~200	>2 000
雪(mm/d)	小雪	中雪	大雪			
	<2.5	2.5~5.0	>5.0			

(1)连续性降水

高层云及雨层云云系中的降水，降水历时长，强度具有变化性，它们以中长尺度的雨滴或雪花的形式下降。

(2)阵性降水

阵性降水历时短，强度大，具有突然性，有时可达 200~300mm/h。降水来自浓积云和积雨云。有时还会降雹。

(3)毛毛状降水

从层云或层积云中降下，这种降水是由极小的雨滴、雪所组成。这种降水的强度极小，仅 0.05~0.25mm/h。

4.5.7 人工影响降水

人工影响云雨是人类和大自然作斗争的一个重要方面。远在一百多年前，我国云南、甘肃地区的劳动人民就在生产实践中开展了炮击雷雨云的防雹斗争，进行了人工影响云雨的尝试。1958 年我国在吉林省用干冰催化降水，进行大规模人工降水试验获得成功。以后在全国广泛开展了人工降水试验。近年来，由于科学技术的迅速发展，对云、雾、降水的宏观和微观结构的探测以及催化方法和效果检验等方面都取得了很大进展。现将人工降水的基本原理，简单介绍如下：

(1)冷云的人工降水

由温度低于 0℃过冷却水滴组成的冷云很稳定，是不能产生降水的，其原因是缺少冰晶。一旦出现过冷水滴与冰晶共存的状态，便产生冰晶效应，使水滴蒸发而减小，冰晶凝华而增大，增大到一定程度，冰晶开始下降，沿途凝华和碰撞合并，使冰晶不断增大而形成降水。所以，人工影响冷云降水的基本原理是使冷云中人工地产生冰晶，改变其微结构的稳定性。

目前，在冷云内人工产生冰晶的方法有两种：一种是向冷云中撒播人工冰核，如碘化银、碘化铅等。碘化银等的晶体结构与冰晶相似，具有冰核作用，水汽可以在其表面上直接冻结或凝华，而形成冰晶。另一种方法，是向冷云撒播制冷剂，如干冰等。干冰即固体二氧化碳，是不透明的白色晶体，在一个大气压下，汽化时，其表面温度为 -78.9℃，升华潜热为 5.73×10^5 J/kg。干冰撒入云中后，干冰升华，从周围吸取大量的热，使周围空气急剧冷却而形成高度过饱和。实验指出，当温度低于 -40℃时，就有自生冰晶产生。

(2)暖云的人工降水

整个云体位于 0℃等温线以下的云称为暖云，暖云中不易产生降水的原因是云滴大小均匀。因此，影响暖云人工降水的基本原理是改变云的滴谱分布的均匀性，破坏其稳定状态，促使凝结及碰撞合并过程的进行，从而导致降水的形成。所以，暖云的人工降水，是人工提供大水滴，在暖云中撒播吸湿性物质的粉末，如氯化钠、氟化钾、氯化钙和氯化铵等。吸湿后形成溶液，加速凝结增长，很快形成具有碰并能力的大水滴。或直接向暖云喷撒大水滴，催化暖云降水。

人工降水目前虽然已经取得了初步成果，但在理论和技术上还存在不少问题，有待今后进一步研究解决。

4.6 森林与水分

地球上的水分约有97%集中在海洋中，陆地表面、大气中的水量与海洋相比，虽数量不多，但是，对人类来讲却是极为重要的。

4.6.1 水分循环与水量平衡方程

地球上的水并不是处于静止状态的。海洋、大气和陆地的水，时刻都在通过相变和运动进行着连续大规模的交换。水在太阳辐射作用下，由地球水陆表面蒸发变成水汽，水汽在上升和输送过程中遇冷凝结成云，又以降水的形式返回地表，水分进行这种不断的往复过程，叫做水分循环。水分循环是自然界最重要的物质循环之一，对人类的生产活动和生活活动都有密切的关系。自然界的水分循环可分为大循环和小循环两种。

由海洋蒸发到大气中的水汽，一部分被气流带至大陆上空，以凝结降水的形式降落地面。这些降水一部分蒸发回到大气中，一部分形成地表径流，流入河流，再以河川径流的形式注入海洋；另一部分渗入土壤，以地下水的形式注入海洋，使海洋失去的水分得到补偿，这种海陆之间的水分循环，称为大循环，又叫外循环（如图4-7所示）。它是海陆之间的水分交换形式。

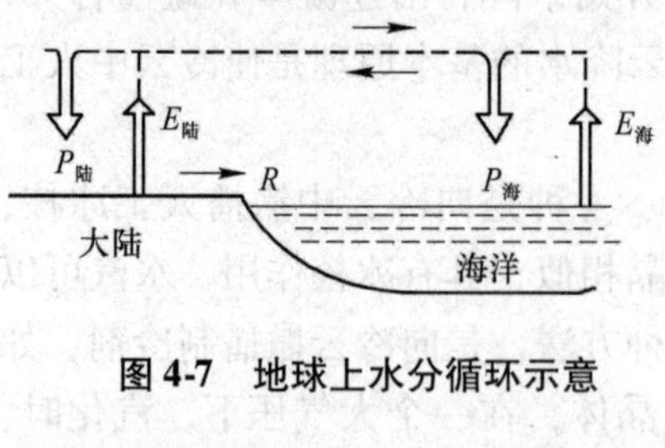

图4-7 地球上水分循环示意

由海洋蒸发的水汽，上升到高空，凝结致雨，又降落到海洋上，或陆地蒸发的水，上升到高空，凝结致雨，又降落到陆地上，这种局部的水分循环，称为小循环，又叫内循环。

根据长期观测及物质不灭定律，地球上的总水量大体上是不变的。因而地球上的水分总收入与总支出是平衡的，但在短时期内，局部地区水分总收入与总支出则不一定相等，其收支差造成了该地区该时段内蓄水量的变化，这时水分收入应等于水分支出与蓄水量变化之和，这就叫做水量平衡。水量平衡是水分循环过程的结果。由此可以得出下列水量平衡方程。

大陆上的水量平衡方程为：

$$E_{陆} = P_{陆} - R \pm \Delta S_{陆} \tag{4-1}$$

海洋上的水量平衡方程为：

$$E_{海} = P_{海} + R \pm \Delta S_{海} \tag{4-2}$$

式(4-1)和式(4-2)中，$E_{陆}$和$E_{海}$分别为大陆和海洋的蒸发量；$P_{陆}$和$P_{海}$分别为大陆和海洋的降水量；R为径流量；$\Delta S_{陆}$和$\Delta S_{海}$分别为该时段大陆和海洋蓄水量的变化值。

对于任意地区、任意时段，可以发现有时水分的收入大于支出，ΔS为正值，即水分有盈余；有时水分收入小于支出，ΔS为负值，即水分有亏损。但对大范围地区，如整个大陆或整个海洋，多年平均的情况下，水分的盈余与亏损相抵后，剩余值极小，可略而不计。因此可从水量平衡方程中去掉ΔS项，即

大陆的多年平均水量平衡方程为：

$$E'_{陆} = R'_{陆} - R' \tag{4-3}$$

海洋的多年平均的水量平衡方程为：

$$E'_{海} = P'_{海} + R' \tag{4-4}$$

式(4-3)和式(4-4)中，$E'_{陆}$和$E'_{海}$分别为陆地和海洋的多年平均蒸发量；$P'_{陆}$和$P'_{海}$分别为陆地和海洋的多年平均降水量；R'为多年平均径流量。由式(4-3)与式(4-4)相加，就可得到全球的多年平均水量平衡方程：

$$E'_{陆} + E'_{海} = P'_{陆} + P'_{海} \tag{4-5}$$

由式(4-5)可以看出，就多年平均情况，地球上的总蒸发量与总降水量相等。整个地球上的水分总量大体上是恒等的。

表4-3所列为北半球不同纬度水量平衡各分量的平均值。可以看出，北纬0°～10°一带，降水量超过蒸发量，水分过剩；10°～40°一带，蒸发量大于降水量，水分不足；40°～90°一带，降水量又大于蒸发量，又出现了水分过剩。北极地区，降水量与蒸发量均少，接近平衡。

表4-3　北半球不同纬度带的水收支情况

纬度(N)	海洋占有面积(%)	气温(K)	水收支(mm/a)		
			降水量	蒸发量	径流量
80°～90°	93.4	249.6	120	42	78
70°～80°	71.3	257.3	185	145	40
60°～70°	29.4	266	415	333	82
50°～60°	42.8	273.7	789	469	320
40°～50°	47.5	280.7	907	641	266
30°～40°	57.2	287.2	872	1 002	－130
20°～30°	62.4	293.6	790	1 246	－456
10°～20°	73.6	298.7	1 151	1 389	－238
0°～10°	77.2	298.7	1 934	1 235	699
0°～9°	60.6	286	1 009	944	65
全球	70.8	285.5	1 004	1 004	0

水量平衡方程各分量的大小不是固定不变的，只要改变下垫面的构造和特征，就能使水量平衡的各个分量发生变化。如大面积修建水库，拦蓄洪水，使水面面积增大，地下水位提高，径流量减少，陆面蒸发随之增大，改善了农业生产的自然条件；又如大面积植树造林可减少地表径流，使蒸发量和土壤蓄水量相应增大，从而

起到涵养水源和保持水土的作用等。

4.6.2 森林水量平衡方程

由于森林的存在，使到达林地的降水与空旷地有很大不同。到达林区的大气降水要发生两次再分配过程。首先，大气降水到达林冠作用层以后，一部分被林冠截留，一部分通过林冠空隙直接到达林地表面。被林冠截留的降水：一部分直接蒸发返回到大气中；一部分顺着枝条和树干流到林地表面，形成树干径流，而大部分以水滴或雪团的形式从枝叶上滴落到林地表面，形成滴流，这是降水的第一次再分配过程。

到达林地的降水，要发生第二次再分配。其中一部分向地下渗透；一部分沿地表径流。在下渗部分中，一部分被土壤吸附，改变土壤含水量；一部分渗入到土壤中，通过地中而流出，成为土壤径流；一部分渗透到深层去，形成地下径流；再有一部分被土壤直接蒸发到大气中，或由乔灌木、活地被物的根部吸收，通过蒸腾作用返回到大气，林冠截持降水的蒸发、土壤蒸发和森林植物蒸腾共同构成森林蒸散量，林区降水主要消耗于森林的蒸散上。

林区的降水量为收入，森林蒸散量和林地径流量的损失为支出，收支相抵后剩余部分储存在森林土壤中，引起土壤含水量的变化。根据物质不灭定律，森林对水分的总收入应该等于其总支出，这种水分收支在数量上的平衡关系就是森林的水量平衡方程。林冠层的水量平衡方程可表示为：

$$P_f + Q = (E_1 + E_1') + r_p + r_f + \Delta S + \Delta q \tag{4-6}$$

式中：P_f为大气降水；Q为乔灌木根系吸水量；E_1为林冠物理蒸发量；E_1'为林冠蒸腾量；r_P为透过林冠直接到达林地的降水量；r_f为树干径流量；ΔS为植物体含水量的变化；Δq为林内空气水汽含量的变化。林地的水量平衡方程可表示为：

$$r_p + r_f = (E_2 + E_2') + (F_1 + F_2) + f + Q + \Delta w \tag{4-7}$$

式中：E_2为林地表面的物理蒸发；E_2'为林地表面的植物蒸腾；F_1为地表径流；F_2为土壤径流；f为地下径流；Δw为土壤储水量的变化。

由式(4-6)加上式(4-7)可以得到森林(包括林冠层和林地)水量平衡方程为：

$$P_f = (E_1 + E_1') + (E_2 + E_2') + (F_1 + F_2) + f + \Delta S + \Delta q + \Delta w \tag{4-8}$$

式(4-8)中，土壤储水量的变化项Δw的多年平均值可视为0，林内空气水汽含量的变化Δq以及植物体含水量的变化ΔS，根据观测资料估算很小，可忽略不计。上述式(4-6)、式(4-7)、式(4-8)可简化为：

$$P_f + Q = (E_1 + E_1') + r_p + r_f \tag{4-9}$$

$$r_p + r_f = (E_2 + E_2') + (F_1 + F_2) + f + Q \tag{4-10}$$

$$P_f = (E_1 + E_1') + (E_2 + E_2') + (F_1 + F_2) + F \tag{4-11}$$

林分状况不同，森林水量平衡方程各分量的大小也不同，森林对水量平衡各分量都有一定影响。

在降水的两次再分配过程中，林冠对降水的截留起着重要作用。林冠截留可减少渗入土壤的降水量。林冠对降水量的截留率(截留量与林外降水量之百分比)主要决定于降水性质和林冠的结构特征。森林郁闭度愈大，结构愈复杂，林冠对降水的截留率就愈大；不同的树种和林龄，截留率也不同。林分状况相同的森林，其林冠截留率又随降水性质而不同，降水强度愈大，雨滴愈大；降水持续时间愈长，截留率愈小。截留率一般随水量的增加而减小，而截留量随降水量的变化，在降水开始时截留量有可能随降水量的增大而增大。但不同结构的林冠对降水的截留量都有一个极限值，当截留量达到极限值以后，即使降水量再增加，截留量也不再增加了。森林的平均截留率大约为10% ~40%，林冠截留率的大小直接影响着到达林地降水量的多少，改变森林蒸散量、径流量，从而可影响到水量平衡状况。

4.6.3 水分对森林的影响

林木所有的部分都含有水，一般含水量为60% ~90%。水分是林木同化作用和异化作用等一系列生理过程的基础，是林业生活中所必需的。缺水会引起林木生命过程的减退，甚至停止。严重缺水，则会造成林木死亡。不同树种，为了维持正常生活的需水量是不同的，而且对土壤水分有着不同的要求。有的树种较耐旱，称为旱生树种；有的树种喜水湿，称为湿生树种。有的树种介于旱生与湿生之间，称为中生树种。

空气湿度对林木有很大影响，它强烈制约着林木的蒸腾作用。当湿度小时，蒸腾作用加强，若林木根部吸收的水分供不应求，使林木体内水分失去平衡，引起林木凋萎，甚至干枯死亡。空气湿度过高，会推迟林木开花结实，影响授粉和种子质量以及种子的传播。林木病虫害的发生也与湿度有密切的关系。在苗圃中，往往由于排水不良，空气湿度过高，引起猝倒病的大量发生。

降水量与林业生产关系很大。在我国华北和西北干旱地区，由于降水量少，水分不足，使造林成活困难。降水量也是限制森林分布、形成各地树种不同的主要原因之一。各种形式的降水，对森林生长发育和产量有不同影响。台风能毁坏林木，冰雹能打伤或折断新芽嫩枝，击落花果，毁坏幼苗和幼树。暴雨会造成洪涝，冲毁林木。降雪虽可增加水分，冻死病虫害，但大雪能造成林木被雪压、雪折和雪倒。雾可增加水分来源，但对林木授粉不利，也是病虫害发生的适宜条件。雾凇和雨凇常使林木受害，但露水却能补充林木白天失去的水分。

各地区的水分条件不一样，使树种和森林类型也不同。某一地区的水分条件决定于蒸发量与降水量的比值。降水量相同的地方，如果温度较高，蒸发量较大，则显得比较干燥；如果温度较低，蒸发量较小，则显得比较湿润。

4.6.4 水分与森林生长发育

水是生命之源，是进行生化过程的必要介质。原生质只有在水分饱和时才表现出生命的各种状态，当干燥时，即便不死，生命过程也处于停滞状态。水又是进行光合作用，合成碳水化合物的原料之一，植物体内养料和有机物质的运输全依赖水分的吸收与运动。

4.6.4.1 水分在树木生活中的意义

植物的主要组成部分是水。一般植物中，果实的含水量特别高，约为鲜重的85%~95%，嫩叶和根的含水量分别为鲜重的80%~90%和70%~90%，新伐木材含水量为50%，春季更高，成熟种子含水量最低约为10%~15%。

在影响林木生长发育的诸多环境因子中，自然降水数量及其在年内的分布，强烈地制约着自然地理景观，决定着自然植被的类型。年降水量<250mm的地区为荒漠，干旱草原，这一类地区为灌溉农业区；年降水量250~400mm为草原或稀树草原，以畜牧业为主，水分条件较好的局部地区可以生长灌木林；年降水量在400mm以上的地区，可以生长高大的乔木林。降水量由少变多，森林类型也逐步以针叶林、落叶阔叶林过渡到混交林，热带雨林和湿生植物群落。降水量的年际变化和年内分配状况，不仅影响到林木的年生长量，也影响到经济林的产量。水分供应不足或过多都会影响林木对光热资源的利用，生产潜力不能发挥，当然不同树种对水分要求的数量指标是不同的，如杉木需水量就大于马尾松，在林业生产中应合理利用水分。

4.6.4.2 水分对林木生理过程的影响

土壤含水量的高低，首先影响到树木根系。当土壤含水量低于土壤含水量10%左右时，一般植物根系就不能从土壤中吸收水分，随着土壤含水量继续降低，部分根系干枯、死亡，地上部分也因植物体内水分平衡失调而凋萎。

水分从根部经木质部输导组织向上移动，是大气与土壤之间存在水势梯度的结果，在根系吸水不受阻挠时，植物体内液流速度随蒸腾速度的增加而增加，在大树中，树冠顶端和枝条尖端，水分于清晨开始移动，把延伸到树干基部的水柱向上拉，随后蒸腾流即迅速流动，上午达到最高速度，下午则液流变缓。

4.6.4.3 树木对水分的适应性

树木有庞大的根系，从土壤深层吸收水分，耐旱性相对较强。但由于树冠表面积大，蒸腾作用强，且水分由根部运到叶子需要经过很长距离。

树木对干旱的反应也是很敏感的。树木对干旱的适应性，首先表现在树木叶子的气孔开闭程度，随体内水分亏缺状况而变化。在晴热的天气条件下，正午前后，树木叶子的气孔关闭，降低蒸腾作用，减少水分损失；生长在热带地区的树木，在干旱到来时，叶子脱落，减少水分损失。

树木对水分亏缺的适应性，是树木生存中适应环境条件变化的一种生理和形态特性，如大气和土壤干旱时，树木通过延长根系，降低水势，增强吸水能力，叶面积缩小，角质层增厚都是减少水分损失的一种措施。如同一种树种生长在干燥的阳坡叶面积小而厚，而生长在阴湿的阴坡上叶面积大而薄；在干旱地区，幼苗根长是地上部分的10倍左右。

不同树种需水量差异很大，喜湿树种，需水量高，而耐旱树种，需水量低。如水杉、池杉，必须生长在水湿的地方，而马尾松、刺槐、油松、樟子松需水量少，可以生长在干燥丘陵地区。同一树种在不同气候区中需水量也不相同，在高温区需水量大，低温区需水量少。

4.6.5 森林对降水的影响

森林对降水的影响，主要表现在森林对水平降水、垂直降水和降水的截留作用等方面。

(1)森林对水平降水的影响

林内空气湿度大，森林植物枝叶的总表面积大，夜间因有效辐射而冷却降温，在地面和低空往往产生较多的水汽凝结物，如雾、露、霜、雾凇等，称水平降水。林区的水平降水比旷野多，森林能增加水平降水。另外，夏季午夜以后，林冠由于辐射冷却作用不断增强，林内湿空气随着气温的降低而趋于饱和，最后凝结成水滴，附在林木的枝叶上，气温不断下降，凝结的水滴不断增大、增多，最后像降水一样降落，形成“森林夜雨”，早晨日出以后，温度逐渐回升，凝结作用停止，水滴开始蒸发，“夜雨”即结束。又如春秋季节，由于林区湿度大，加上夜间辐射冷却强烈，往往多辐射雾，日出后，随着温度上升而逐渐消散。森林夜雨和辐射雾都使森林的水平降水增加。

(2)森林对垂直降水的影响

到达林内的大气垂直降水由穿过林冠层空隙直接到达林地的降水量、从大小枝条和树叶上滴下的降水量和树干径流三部分组成。由于林冠层的不均匀性，使得到达林内的降水分布很不均匀，离树愈远，降水量愈大，在树冠边缘达到最大。而根系周围，由于树干径流，降水量也比较大，林内降水强度一般较林外小。但林内降水时间较林外长。在降水期间，林冠层起着调节林内降水的作用。这种作用主要表现在使峰值降低，降水强度减小，降水时间增长，林外降水停止后，林内还可以得到一部分降水。

有人认为，森林能增加大气的垂直降水。其原因是：①森林枝叶繁茂，根系发达，可从土壤中吸收足够的水分供林木蒸腾消耗，使林区的空气湿度大于无林地区，为大气的垂直降水提供了条件；②森林的反射率比邻近的无林地区小，吸收率大，被森林表面吸收并用来产生降水的热量将比反射大的无林地区要多；③森林高达十几米甚至几十米，气流通过森林时被迫抬升，抬升高度可达几百米甚至几千米，有利于云和降水的形成；④森林使下垫面的粗糙度增大，使森林上方的乱流交换作用加强，促使水汽向上输送，降低了凝结高度，有利于降水的形成。也有人认为森林不能增加大气的垂直降水。

实际观测到的林区降水比毗邻的无林地区多，造成这种现象的原因至少有2个：①通常森林多分布于山地，而山地由于地形的影响往往使降水增加。一般来说，这种地形影响大约为每升高100mm，年雨量可增加40～80mm，以此计算25m高的森林每年约可增加降水只有10～20mm。②林区的风通常较无林地小，风对雨量观测结果有一定影响。风能影响雨量器对降水的接收量。风大时，雨滴降落的倾斜角增大，使雨滴散布在一个较大的局部范围内，而使雨量器接收的降水量减少。林区风小，故雨量器接收的降水较无林地多。

(3)林冠对降水的截留作用

①林冠对水平降水的截留作用 近地层空气中，悬浮着的雾滴、云滴或水蒸气，当气温在0℃以上时成为水滴附着在林木的枝叶上。如果附着在林冠层上的水滴很多，则一部分便会滴落到林地，形成树雨。当气温在0℃以下时，则成为细小的冰粒附着在林木的枝叶上，形成雾凇，在树雨和雾凇的多发地带，可以作为降水以外，向林地供给水量。一般来说，浓雾多发区，是树雨发生量较多的地带。如海岸、山岳、溪谷等地带，都是浓雾大量发生的地带，在多雾期间，树雨量可达林外降水量的2~3倍；树雨量随树冠高度的增加而增加，也随树冠的垂直面积和水平面积的增加而加大；孤立树所发生的树雨量，背风面比迎风面多。

②林冠对垂直降水的截留作用 最初到达林冠的降水，先淋湿枝叶的表面，透过林冠的很少。当林冠对降水的积累量超过林冠的储藏能力时，多余的水分才会从林冠滴下或沿树干流下到达林地。

一般来说，林冠的截留量随降水量的增加而增大，但不是直线关系。截留率则随降水量的增大而减小。雨量小时，截留率大，截留效应明显，随雨量增大，截留率减小。

林冠截留量随降水强度的增大而减小，降水强度小时，降水历时长，截流降水能均匀湿润枝叶表面。截留降水蒸发到大气中去的时间较长，因而增加截留的能力，林冠对液态降水的截留量较多，而对固态降水的截留量大大降低。截留率与前次降水相隔时间也有关系。前次降水时间愈早，雨前林冠愈干燥，截流降水的潜在能力愈大。反之，与前次降水相隔时间愈短，林冠含有较多的未来得及蒸发的前次截留的降水，截流降水的潜在能力相对较小。林冠郁闭度大，冠层深厚，枝叶表面积大的情况下，附着于枝叶表面的截留降水量也多。树种不同，林冠的截留量也不同。针叶林的截留量大于阔叶林，不同植被，以灌木林的截留能力最大，乔木林次之，草本植物最小。

森林树冠可以截留降水，林下的疏松腐殖质层及枯枝落叶层可以蓄水，减少降雨后的地表径流量，因此森林可称为“绿色蓄水库”。雨水缓缓渗透入土壤中使土壤湿度增大，可供蒸发的水分增多，再加上森林的蒸腾作用，导致森林中的绝对湿度和相对湿度都比林外裸地为大。

4.6.6 森林对蒸散的影响

森林的物理蒸发与森林的植物蒸腾二者之和，称为森林蒸散。它是由林地的蒸发、林冠截留水分的蒸发和森林植物的蒸腾三部分组成。

森林的蒸散过程是地—气系统水分循环的组成部分，是森林水分平衡方程的重要支出项，也是有林地区水从土壤和植物进入大气中去的唯一形式。森林蒸散是森林植物水分状况的重要指标，它能比较客观地反映森林植物基本生态特征和一系列外部因素对水分消耗的影响。同时，在气候类型、土壤类型和森林植被类型划分时，常用气候指标作为划分的标准。干燥度就是一个重要的气候指标，它是由可能蒸散量与降水量之比来确定的。因此，森林蒸散不仅是森林水分平衡和热量平衡中的重要分量，对于森林生态类型的划分也是一个重要因子。

森林蒸散的大小首先决定于土壤含水量和气象条件。土壤水分含量增大时，森林蒸散量随之增大，当土壤水分增大到某一临界值时后，森林蒸散量的大小则取决于风速、净辐射、饱和差等气象因子。土壤水分含量不足时，森林蒸散的大小则取决于水分和热量的供应状况。

在环境条件一定的情况下，森林蒸散量随森林的结构特征的不同而改变，森林蒸散量与林分密度有很大关系。一般森林蒸散量随林分密度的增加而增大。森林蒸散量还与树木年龄有关。在林木生长发育过程中，最大蒸散量出现在连年生长旺盛阶段，最小蒸散量则出现在林分衰退阶段。另外，森林蒸散量还随树种的不同而不同。一般针叶林蒸散量比阔叶林小，针叶林中落叶松蒸散量最大，云杉、欧洲冷杉较小。

4.6.7 森林对径流的影响

沿地表或地下运动的水流，称为径流。按径流的位置可分为地表径流和地下径流。地表径流是指降水沿地表运动的水量。地下径流是指土壤下渗的降水量在地下运动的水流，其中从地中流出的为土壤径流；下渗到深层变成地下水的成分，又在切割深度比较大的河道中流出的为地下径流。某一时段的径流量(以毫米水深表示)与周期降水量之比叫做径流系数。显然径流系数是表示某一时段内，降水量中有多少水量变为径流而补给河流。

林地的地表径流显著地小于空旷地，这是因为林内土壤有枯枝落叶层覆盖，乔灌木和草本植物根系发达，土壤结构疏松，土壤冻结较浅，使得森林土壤具有良好的透水性和持水能力。在未受干扰的森林中，降水的下渗速度甚至超过观测到的最大降水强度。因此，林地的地表径流比无林地小，降水强度愈大，其差异愈显著。这是森林水文特征的一个重要方面。

森林不仅能减小地表径流，而且对河川径流也有一定的影响。由于森林有较大的持水能力和蒸散量，从而使河川中的径流不至猛涨猛落，削弱了洪峰，减弱径流速度和延长径流时间。森林对径流影响的程度，决定于森林的持水能力和蒸散量。持水能力大，利于削弱洪峰；蒸散量大，可减少沿河道流出的水量。降水量一定时，蒸散量大，径流量就小，否则反之。所以，径流量随森林覆盖率而变化，河川径流量的减少与蒸散量的增加值基本相等，但森林对短时段的径流，特别是一次降水的影响，不能单纯地从蒸散这个因素来考虑，而是要同时考虑森林的结构、下垫面性质、热量状况及土壤性质等各因素。

思 考 题

1. 什么叫水的相变和水的三相？如何用水汽压和饱和水汽压来判断水相变化？

2. 什么叫蒸发和凝结？什么是蒸发量和蒸发速度？蒸发量的大小受哪些因子的影响？

3. 什么是土壤蒸发？影响土壤蒸发的因子是什么？土壤蒸发有哪几种过程？什么是植物蒸腾？蒸散的概念是什么？

4. 水汽压与气温的日变化和年变化规律有何差异？水汽压和相对湿度的日变化和年变化规律又有何差异？原因是什么？

5. 大气中水汽的凝结条件是什么？哪些过程能降低饱和水汽压而有利于云、雾的形成？

6. 什么是凝结核？它们的来源、分类和作用如何？

7. 大气中的凝结现象主要有哪些？雾和云的定义和成因有哪些差异？

8. 大气中的云主要分哪几个族、哪几个属？掌握主要云的名称。说明积状云和层状云特征上的主要差别，比较它们的形成过程有何不同？

9. 地面上的水汽凝结现象有哪些？了解露和霜、雾凇和雨凇的定义和形成条件。

10. 降水是如何定义的？什么是降水量、降水强度、降水变率和降水保证率？

11. 降水形成的基本过程是什么？形成降水的原因有哪4种？

12. 何谓阵性降水、毛毛雨类降水和连续性降水？

13. 试比较凝结增长和碰并增长对云雾降水形成所起的作用。

14. 人工影响天气的基本内容和特征有哪些？

15. 水分循环和水分平衡的特征和意义是什么？水分与森林的相互关系主要有哪些？

第5章　大气的运动

大气在时刻不停地运动着，既有大规模的全球性运动，又有小尺度的局地运动。气压的空间分布和变化决定了大气的运动状况。大气运动使不同地区、不同高度间的热量和水分得以传输和交换，直接影响着天气和气候的形成和演变。一切天气变化都离不开大气的运动，只有认识了大气运动的规律，才能掌握天气变化和气候变化的规律。

5.1　气压和气压场

5.1.1　气压的概念

单位地球表面所承受大气柱的重量，称为大气压力，简称气压。地球大气受地球引力作用而具有重量，据计算，地球大气的总重量约为 5.13×10^{15} t。

一个地方气压的高低决定于大气柱的长短和大气柱中的空气密度。大气质量在铅直方向上的分布是极不均匀的，大气质量的一半集中在 5.5km 以下的气层中，3/4 集中在 10km 以下的气层中，99% 集中在 30km 以下的气层中。因此，海拔愈高，大气柱愈短，空气密度愈小，气压就愈低。

5.1.2　气压变化的原因

气压是经常变化的，地球上各地的气压值随时间和空间而变化，变化的根本原因是其上空大气柱中空气质量的增多或减少。气柱中质量增多了，气压就升高；质量减少了，气压就下降。

5.1.2.1　水平气流的辐合与辐散

水平气流的辐合与辐散引起空气质量在某些区域堆聚，而在另一些地区流散。空气质点向周围流散，引起气压降低，这种现象称为水平气流辐散。相反，空气质点聚积起来，引起气压升高，这种现象称水平气流辐合。实际大气中空气质点水平辐合、辐散的分布比较复杂，有时下层辐合、上层辐散，有时下层辐散、上层辐合。因而某一地点气压的变化要依整个气柱中是辐合占优势还是辐散占优势而定（图 5-1）。

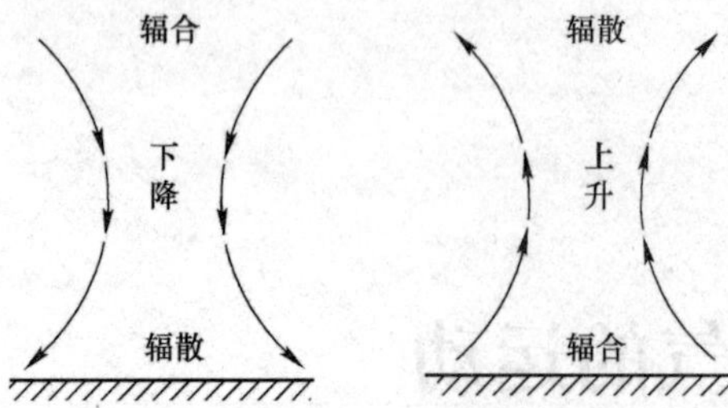

图5-1　水平气流的辐合、辐散和垂直运动的相互关系

5.1.2.2　空气的垂直运动

在出现空气垂直运动的区域会在上层和下层出现水平气流的辐合和辐散。如图5-1所示，上层有水平气流辐合、下层有水平气流辐散的区域，从而出现空气的下沉运动。反之则会出现空气上升运动。

5.1.2.3　不同密度气团的移动

不同性质的气团，密度往往不同。如果移到某地的气团比原来气团密度大，则该地上空气柱中质量会增多，气压随之升高。反之，该地气压就要降低。例如，冬季大范围强冷空气南下，流经之地空气密度相继增大，地面气压随之上升。

5.1.3　气压的空间变化

5.1.3.1　气压的垂直变化

任何地方的气压值总是随着海拔高度的增高而递减。例如，位于平均海拔6 000m以上的昆仑山脉山顶的气压还不到海平面气压的一半。据实测，在地面气层中，高度每升100m，气压平均降低12.7hPa，在高层则小于此数值。确定空气密度大小与气压随高度变化的定量关系，一般应用静力学方程和压高方程。

(1)静力平衡方程

气压与海拔高度(Z)之间有密切的关系。同一地点、同一时刻的气压与高度相对应，因此常用气压来表示高度。

研究气压随高度的变化规律可应用压高公式。压高公式是由静力平衡方程导出的，所以首先推导静力平衡方程。大气中任一微小气块都要受到重力和外界大气压力的作用。为了讨论方便起见，假设体积为$dx \cdot dy \cdot dz$的微气块相对于地面呈静止状态，这时气块在水平方向上不受力的作用，在铅直方向上受到平衡力的作用，这时称气块处于静力平衡状态。气块在铅直方向上受到的重力为$\rho g dx \cdot dy \cdot dz$，气块上下底面受到外界的压力差为$-dp \cdot dx \cdot dy$。当两力相平衡时，静力平衡方程应为：

$$dp = -\rho g dz \tag{5-1}$$

式中：dp为上下底面所受的压力差；ρ为气块的密度；g为重力加速度；dz为气块的厚度；负号表示气压随高度增加而降低。

静力平衡方程说明气压随高度的变化取决于空气密度和重力加速度。由于重力加速度随高度变化很小，所以气压随高度的变化主要决定于空气密度，密度大的气层，气压随高度增加而降低较快，密度小的气层，气压随高度增加而降低较慢。静力平衡方程是在空气处于静力平衡条件下得到的。除了有强烈对流的地区外，实际大气的铅直运动一般都很小，水平方向气压差一般也很小，可以近似地看做处于静力平衡状态。因此，静力平衡方程应用到实际大气中，具有一定的准确性，在气象学中得到广泛的应用。

(2)拉普拉斯压高公式

将状态方程$\rho = \frac{p}{R_d T}$代入静力平衡方程，得到：

$$dp = -\frac{p}{R_d T} g dz \tag{5-2}$$

$$\frac{dp}{p} = -\frac{g}{R_d T} dz \tag{5-3}$$

对式(5-3)积分，并假设T为常数，得：

$$\int_{p_1}^{p_2} \frac{dp}{p} = -\frac{g}{R_d T} \int_{z_1}^{z_2} dz \tag{5-4}$$

$$\ln \frac{p_2}{p_1} = -\frac{g}{R_d T}(z_2 - z_1)$$

$$z_2 - z_1 = -\frac{R_d T}{g} \ln \frac{p_2}{p_1} \tag{5-5}$$

以$R_d = 0.287 \text{J/(g} \cdot ℃)$；$T = 273\left(1 + \frac{t}{273}\right) = 273(1 + \alpha t)$；$g = 980.6 \text{cm/s}^2$代入式(5-5)，并把自然对数变为以10为底的对数，则得到拉普拉斯压高公式

$$z_2 - z_1 = 18\,400(1 + \alpha t) \lg \frac{p_1}{p_2} \tag{5-6}$$

在实际工作中，常用式(5-6)，由铅直方向上两点的气压来求高度差，其中t取气层的平均温度。

(3)气压阶

单位高度气压差即铅直气压梯度。它是指高度每变化单位距离气压的改变值，通常用hPa/100m或hPa/m来表示。实际工作中，常用气压阶来表示气压随高度变化的快慢程度。若气压阶用h表示，则由静力平衡方程可以得到：

$$h = -\frac{dz}{dp} = \frac{1}{\rho g} \tag{5-7}$$

式(5-7)说明，气压阶的大小随空气密度而变，在密度较大的气层中，气压阶较小。而在密度较小的气层中，气压阶较大。同一地点，高空的气压阶比低空大。

由于空气密度不易直接测定，将式(5-7)作如下变换。

把状态方程$p = \frac{p}{R_d T}$代入式(5-7)，得：

$$h = \frac{R_d T_0}{Pg}(1 + \alpha t) \tag{5-8}$$

以$R_d = 0.287 \text{J/(g} \cdot ℃)$；$T_0 = 273℃$；$g = 980 \text{cm/s}^2$，代入式(5-8)，得：

$$h = \frac{8\,000}{P}(1 + \alpha t) \tag{5-9}$$

式中：t 为起始高度的温度；P 为起始高度的气压。由式(5-9)可以计算出各种不同温度和气压条件下的气压阶。温度一定时，气压愈高，气压阶愈小；气压随高度递减愈快，气压愈低；气压阶愈大，气压随高度递减愈慢。气压一定时，空气柱温度愈高，气压阶愈大，气压随高度减小愈慢。反之，空气柱温度愈低时，气压阶愈小，气压随高度减小得愈快。因此，同一气压条件下，冷气团中气压随高度降低的速度要比暖气团快，降低同样的气压，冷气团中上升的高度小，而暖气团上升的高度大。

在气层不太厚，精度要求不太高的情况下，可利用式(5-9)计算高度。为了精确起见，式中的气压和温度均取气层的平均值。

5.1.3.2 气压的水平分布

各地温度不同，空气密度分布也就有差异，因而气压的水平分布不均匀。在同一海拔高度上，由于太阳辐射分布的纬向地带性，如果地表性质均匀，气压的水平分布会呈现规则的纬向气压带。实际上地表性质很不均匀，海洋与陆地交错分布，海陆间的热力差异使纬向气压带发生断裂，使同一纬度带里形成独立的高、低压中心。这些高低压中心伴随的气流辐合或者辐散，也会造成空气质量增多或减小，从而引起气压的变化。地形地貌、洋流等都对低空气压分布有不同程度的影响，因此地面的气压分布变得非常复杂。

5.1.4 气压的时间变化

(1)气压的周期性变化

气压的周期性变化是指气压随时间变化的曲线上呈现出有规律的周期性波动。地面气压的日变化最常见的是双峰型。另外，气压日较差随纬度的增高逐渐减小，热带地区气压日较差可达3～5hPa，纬度50°的地区日较差则不到1hPa(图5-2)。

气压日变化的原因比较复杂。一般认为气压的日变化同气温日变化和大气潮汐密切相关。双峰型的气压日变化可能与一日中增温和降温的交替有关，气压的日变化是气温日变化和局部地形条件等综合作用形成的。气压日变化的振幅同气温一样随海陆、季节和地形而有区别，表现出陆地大于海洋、夏季大于冬季、山谷大于平原。

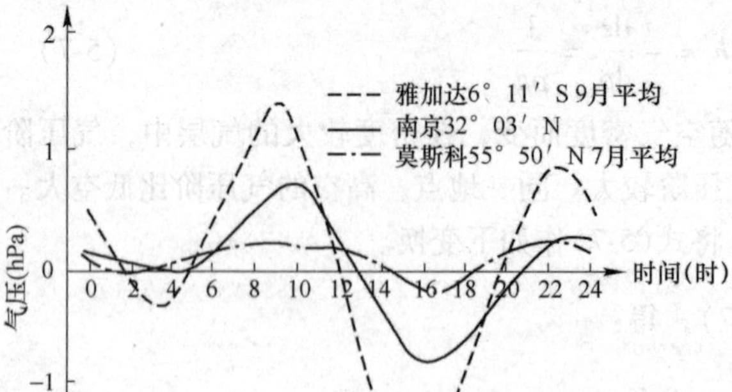

图5-2 气压日变化示例

气压年变化是以一年为周期的波动，受气温的年变化影响很大。最常见的气压变化型可概括为以下三类(图5-3)：

①大陆型 一年中气压最高值出现在冬季，最低值出现在夏季，年较差较大，并由低纬向高纬逐渐增大。

②海洋型 一年中气压最高值出现在夏季，最低值出现在冬季，年较差小于同纬度的陆地。

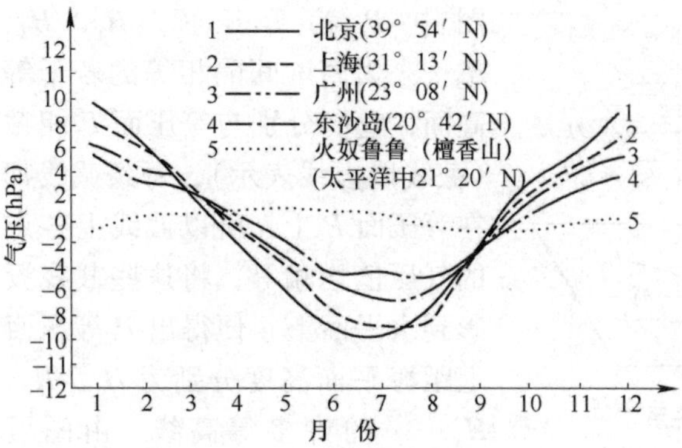

图 5-3 气压年变化示例

③高山型　一年中气压最高值出现在夏季，最低值出现在冬季。这种类型看来与海洋型相似，但形成原因完全不同。在夏季由于大气受热，整个大陆上的气柱膨胀，使高山地区地面以上气柱质量增加，所以气压较高；在冬季因大气冷却下沉，使高山地区空气柱质量减少，所以气压较低。我国青藏高原地区，其气压年变化就属于此类型。

(2)气压的非周期性变化

气压的非周期性变化是指气压变化不存在固定周期的波动，它是气压系统移动和演变的结果。通常在中高纬度地区气压系统活动频繁，气团属性差异大，气压非周期性变化远较低纬度明显。如高纬度地区气压的非周期性变化在 24h 内可达 10hPa，而低纬度地区 24h 内气压的非周期变化一般只有 1hPa。

某地区的气压变化是周期性变化和非周期变化的综合表现。一般中高纬度地区气压的非周期性变化比周期性变化明显得多，因而气压变化多带有非周期性特征；低纬度地区气压的非周期性变化比周期性变化弱小得多，因而气压变化的周期性比较显著。

5.1.5 气压场的表示方法

气压的空间分布称为气压场。由于各地气柱的质量不同，气压的空间分布也不均匀，有的地方高，有的地方低，呈现出各种不同的气压形势，这些不同的气压形势统称气压系统。

5.1.5.1 等压线和等压面

气压的水平分布形势通常用等压线或等压面来表示。等压线(isobaric line)是同一水平面上各气压相等点的连线。等压线按一定气压间隔(如 2.5hPa 或 5hPa)绘出，构成一张气压水平分布图。若绘制的是海平面的等压线，就是一张海平面气压分布图；若绘制的是 5 000m 高空的等压线，就成为一张 5 000m 高空的气压水平分布图。

等压面(isobaric surface)是空间气压相等点组成的面。如 850hPa 等压面上各点的气压值都等于 850hPa。由于气压随高度递减，因而在 850hPa 等压面以上各处的气压值都小于 850hPa，等压面以下各处的气压值都大于 850hPa。空间气压的分布状况可用一系列等压面的排列和分布来表示。

实际大气中，等压面是一个高低起伏的曲面。等压面下凹部位对应着水平面上的低压区域，等压面越下凹，水平面上气压就越低。等压面向上凸起的部位对应着水平面上的高压区域，等压面越上凸，水平面上气压就越高。图 5-4 是等压面图。

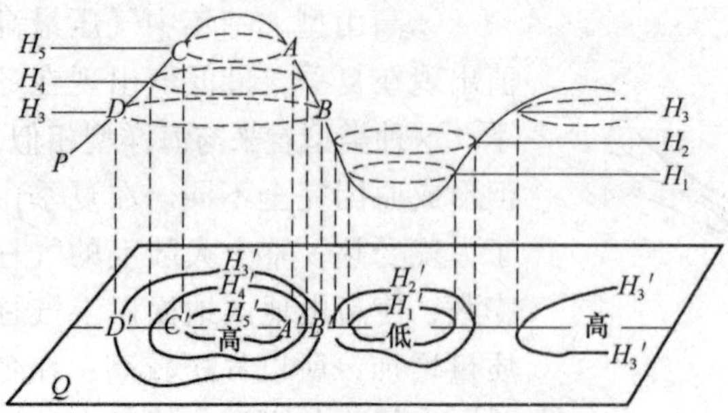

图5-4 等压面和等高线的关系

图中 P 为等压面，H_1、H_2、H_3……为高度间隔相等的若干等高面，它们分别与等压面 P 相截(截线以虚线表示)，每条截线都在等压面 P 上，所以截线上各点的气压值均相等，将这些截线投影到水平面上，便得出 P 等压面上距海平面高度分别为 H_1、H_2、H_3……的许多等高线。由图可见，和等压面凸起部位相对应的是由一组闭合等高线构成的高值区域，高度值由中心向外递减，同理，和等压面下凹部位相对应的是由一组闭合等高线构成的低值区域，高度值由中心向外递增。因此，海平面图中等高线的高、低中心即代表气压的高、低中心，而且等高线的疏密同等压面的缓陡相对应，等压面陡的地方，等高线密集，等压面平缓的地方等高线稀疏。

气象上等高线的高度不是以米为单位的几何高度，而是位势高度。所谓位势高度是指单位质量的物体从海平面(位势取零)抬升到 Z 高度时，克服重力所做的功，又称重力位势，单位是位势米。1位势米定义为1kg空气上升1m时，克服重力作了9.8J的功，也就是获得9.8J/kg的位势能，即

$$1\text{位势米} = 9.8\text{J/kg} \tag{5-10}$$

位势高度与几何高度的换算关系为：$H = \dfrac{g_\varphi Z}{9.8}$ (5-11)

式中：H 为位势高度(位势米)；Z 为几何高度(m)；g_φ 为纬度 φ 处的重力加速度(m/s^2)。当 g_φ 取9.8m/s^{2}时，位势高度 H 和几何高度 Z 在数值上相同，但两者物理意义完全不同，位势米是表示能量的单位，米是表示几何高度的单位。由于大气是在地球重力场中运动着，时刻受到重力的作用，因此用位势米表示不同高度气块所具有的位能，显然比用几何高度要好。

气象台日常分析的等压面图有850hPa、700hPa、500hPa和300hPa等，它们分别代表平均高度为1 500m、3 000m、5 500m和9 000m附近的水平气压场。等压面上一般间隔4位势什米划一条等高线，如分析850hPa高空天气图时，对应的等高线为144、148、152等位势什米线。

5.1.5.2 气压场的基本形式

低空气压场水平分布的类型，一般从海平面图上等压线的分布特征来确定。

(1)低气压

简称低压，又称气旋。它是由闭合等压线构成，气压值由中心向外逐渐增高。空间等压面向下凹陷，形如盆地。如图5-5(a)所示。

(2)低压槽

简称槽，是低气压延伸出来的狭长区域。在低压槽中，各等压线弯曲最大处的连线称槽线。气压值沿槽线向两边递增。槽附近的空间等压面类似地形中狭长的山

谷，呈下凹形。低压槽一般由北向南伸，相反，由南向北伸的槽称为倒槽。

(3)高气压

简称高压，又称反气旋。由闭合等压线构成，中心气压高，向四周逐渐降低，空间等压面类似山丘，呈上凸状。如图 5-5(b)所示。

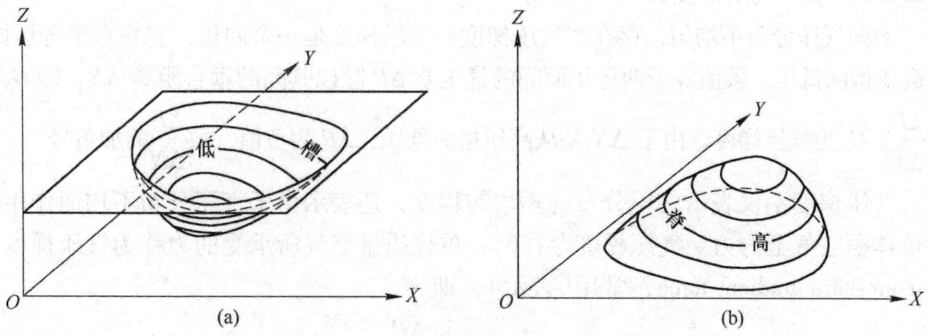

图 5-5 低压和高压的空间等压面图示

(4)高压脊

简称脊，是由高压延伸出来的狭长区域，在脊中各等压线弯曲最大处的连线叫脊线，其气压值沿脊线向两边递减，脊附近空间等压面类似地形中狭长山脊。

(5)鞍形气压场

鞍形气压场是两个高压和两个低压交错分布的中间区域。鞍形区空间的等压面形似马鞍(如图 5-6所示)。

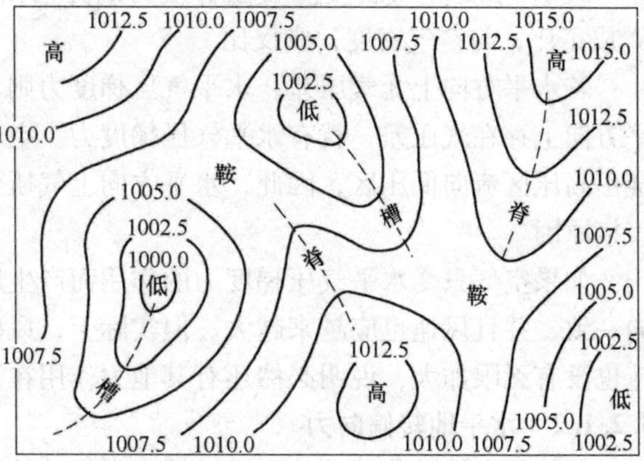

图 5-6 气压场的几种基本形式

以上几种气压水平分布形式统称气压系统。气压系统存在于三度空间中。由于愈向高空受地面影响愈小，以致高空气压系统比低空系统要相对简单，大多呈现出沿纬向的平直或波状等高线。

5.2 空气的水平运动

围绕地球的大气处于不停的运动状态中。大气的运动可分为水平运动和垂直运动两部分。通常把空气的水平运动称为风。风能引起空气质量的输送，同时也造成热量、动量及水汽、二氧化碳、灰尘的输送和交换，是天气变化和气候形成的重要因素。

5.2.1　作用于空气上的力

空气在水平方向上的运动是由作用于空气质点上的水平作用力决定的。这些力包括水平气压梯度力、水平地转偏向力、惯性离心力和摩擦力。

5.2.1.1　水平气压梯度力

空间气压分布不均匀，存在着气压梯度。气压梯度是一个向量，它垂直于等压面，由高压指向低压，数值等于两等压面间的气压差 ΔP 除以其间的垂直距离 ΔN，即 $G_N = -\frac{\Delta P}{\Delta N}$，$G_N$为气压梯度。由于 ΔN 是从高压指向低压，ΔP 为负值，故$\frac{\Delta P}{\Delta N}$前加负号。

气压梯度不仅表示气压分布的不均匀程度，还表示由于气压分布不均而作用在单位体积空气上的力。气压梯度存在时，单位质量空气所承受的力称为气压梯度力(air pressure gradient force，常用$\vec{G}$表示)，即

$$\vec{G} = -\frac{1}{\rho}\frac{\Delta P}{\Delta N} \tag{5-12}$$

式中：ρ 是空气密度。气压梯度力的方向由高压指向低压，大小与气压梯度 G_N成正比，与空气密度 ρ 成反比。

若水平方向上无气压差，水平气压梯度力则为零，空气没有水平运动。只要水平方向上存在气压差，就有水平气压梯度力。空气在水平气压梯度力的作用下，就会由高压区流向低压区，因此，水平方向上气压分布不均是使空气产生水平运动的直接原因。

如果空气只受水平气压梯度力的作用而产生风时，则风向和水平气压梯度力方向一致，并且风速也应越来越大。但实际上，风向和水平气压梯度力并不一致，风速也没有无限加大，说明必然还有其他力作用在运动的空气上。

5.2.1.2　水平地转偏向力

空气是在转动着的地球上运动着，当运动的空气质点依其惯性沿着水平气压梯度力方向运动时，对于站在地球表面的观察者看来，空气质点却受着一个使其偏离气压梯度力方向的力的作用，这种因地球绕自身轴转动而产生的非惯性力称为水平地转偏向力(coriolis force，用 A 来表示)。

举例说明，取一个圆盘并让它作逆时针旋转，同时取一小球让它从圆盘中心 O 点向 OB 方向滚去。当小球从 O 点沿 OB 方向滚到圆盘边缘 A 点的时间里，站在圆盘上 A 点的人也随圆盘一起转动到 A'点了。但是小球作曲线运动向右偏到 A 的位置上了(图 5-7)。小球在作直线运动时，时刻受到一个与其运动方向垂直的作用力，使小球不断地偏离原来运动方向而向右方偏转，这就是由于圆盘转动而产生的偏向力，这种力是假想的，事实上并无任何物体作用于小球来产生这个力。

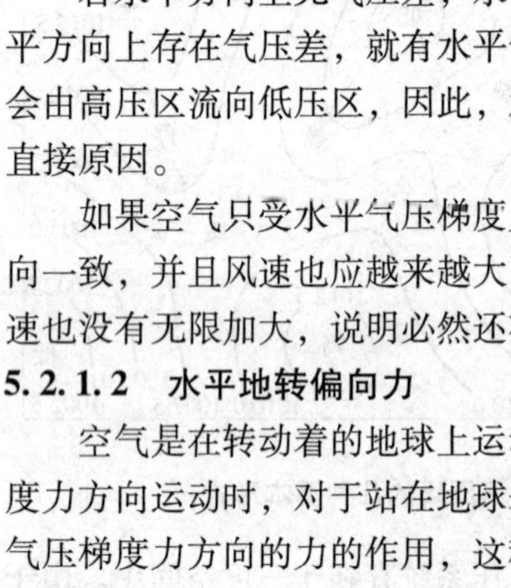

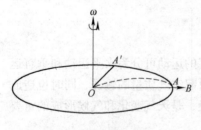

图 5-7　转动圆盘上运动物体受到的偏向力

假设小球运动的速度是 V，从 O 点出发经过

时间 t 到达 A 点，它的位移为$OA = Vt$。与此同时，圆盘逆时针转动了角$\angle AOA'$，圆盘转动的角速度为 ω，在 t 秒钟内转过的角度$\angle AOA' = \omega t$。当$\angle AOA'$很小时，小球偏离的距离 S 可近似看成$\overset{\frown}{AA'}$。则有：

$$S = \overset{\frown}{AA'} = OA \cdot \angle AOA' = Vt \cdot \omega t = V\omega t^2$$

根据加速度公式：$S = \dfrac{1}{2}at^2$

因而：
$$\frac{1}{2}at^2 = V\omega t^2, \quad a = 2V\omega$$

根据牛顿定律，对单位质量物体，水平地转偏向力 $A = ma = 2V\omega$。

上式表明，A 的大小等于圆盘的角速度 ω 与小球运动速度 V 的乘积的 2 倍。A 的方向垂直于转动轴，也垂直于相对速度 V，指向 V 的右侧。

在北半球的其他纬度上，地球自转轴与地平面垂直轴的交角小于 90°，因而任何一地的地平面都有绕地轴转动的角速度(图 5-8)，图上 ω 表示绕地轴转动的角速度，AC 表示 A 点地平面的垂直轴。由于$\angle AOD = \varphi$，所以$\angle ABC = \varphi$，ω 在地平面垂直轴方向的分量为 ω_1($\omega\sin\varphi$)。根据圆盘转动速度所得的公式 $\alpha = 2V\omega$，可以得出任何纬度上作用于单位质量运动空气上的偏向力为：

$$A = 2V\omega\sin\varphi \tag{5-13}$$

在南半球，由于地平面绕地轴按顺时针方向转动，因而地转偏向力指向运动物体的左方，其大小与北半球同纬度上的地转偏向力相等。水平地转偏向力有如下性质：

①水平地转偏向力的方向与空气运动的方向相垂直，在北半球偏向空气运动的右方。南半球则偏向其左方，因为水平地转偏向力与空气运动方向垂直，因此它只能改变运动方向，不能改变运动速度。

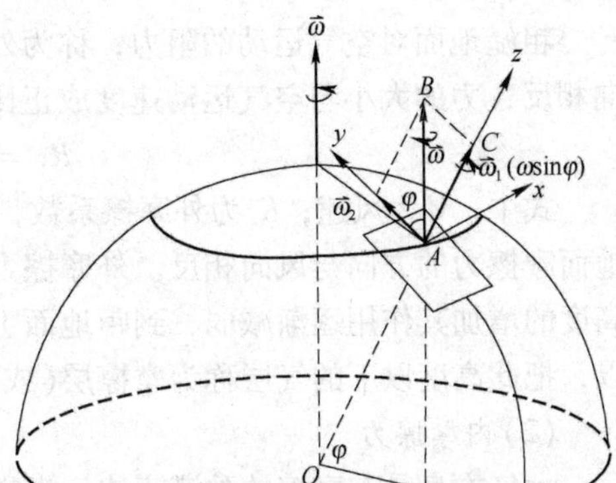

图 5-8 纬度 φ 处地平面绕其垂直轴的转动角速度

②水平地转偏向力只在空气相对于地面有运动时产生。水平地转偏向力的大小与风速成正比，当风速为零时，即空气相对于地球为静止状态时，空气不受地转偏向力的作用。

③水平地转偏向力的大小还与纬度有关，与纬度的正弦成正比，风速一定时，水平地转偏向力随着纬度增高而增大。极地最大，为 $2V\omega$；赤道最小，为零。

5.2.1.3 惯性离心力

惯性离心力(centrifugal force)是物体在作曲线运动时所产生的，由运动轨迹的曲率中心沿曲率半径向外作用在物体上的力。这个力是物体为保持沿惯性方向运动

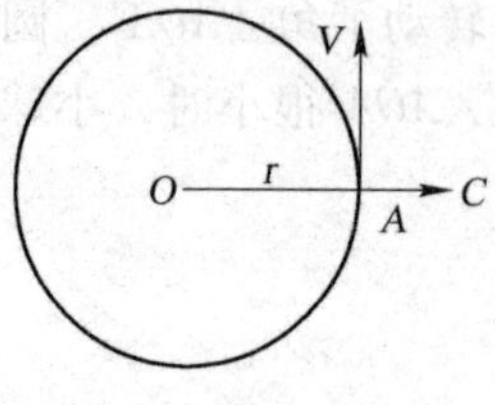

图5-9 惯性离心力

而产生的，因而称惯性离心力。惯性离心力同运动的方向相垂直，自曲率中心指向外缘(图5-9)，其大小同物体转动的角速度 ω 的平方和曲率半径 r 的乘积成正比。对单位质量而言，惯性离心力 C 的表达式为：

$$C = \omega^2 r$$

因为物体转动的线速度 $V=\omega r$ 代入上式，得

$$C = \frac{V^2}{r} \tag{5-14}$$

式(5-14)表明惯性离心力 C 的大小与运动物体的线速度 V 的平方成正比，与曲率半径 r 成反比。

实际上，空气运动路径的曲率半径一般都很大，从几十千米到上千千米，因而空气运动时所受到的惯性离心力一般比较小，往往小于地转偏向力。但是在低纬度地区或空气运动速度很大而曲率半径很小时，也可以达到较大的数值并有可能超过地转偏向力。惯性离心力和地转偏向力一样只改变物体运动的方向，不改变运动的速度。

5.2.1.4 摩擦力

近地层空气受到的摩擦力(friction force，用 R 来表示)分为外摩擦力和内摩擦力两种。

(1)外摩擦力

粗糙地面对空气运动的阻力，称为外摩擦力。外摩擦力的方向与空气运动的方向相反，力的大小与空气运动速度成正比。若外摩擦力用 R_1 表示，则

$$R_1 = -K_1 V \tag{5-15}$$

式中：V 为风速；K_1 为外摩擦系数，其大小由地面的粗糙程度决定；负号表示地面摩擦力的方向与风向相反。外摩擦力的作用以近地气层最为显著。外摩擦力随高度的增加其作用逐渐减弱，到距地面1~2km以上作用就很小，可忽略不计，所以，把此高度以下的气层称为摩擦层(或行星边界层)，此层以上称为自由大气层。

(2)内摩擦力

大气本身是有摩擦的黏滞流体，当空气内部运动速度不一致，或运动方向不同时，上下各气层之间就会引起互相牵制的作用。这种作用发生在大气内部，称为内摩擦力。其数值很小，往往不予考虑。内摩擦力的方向与上下层风速向量差的方向一致，其大小与上下层风速的向量差成正比。若内摩擦力用 R_2 表示，则

$$R_2 = -K_2 \Delta V \tag{5-16}$$

式中：ΔV 为上下层风速的向量差；K_2 为内摩擦系数，其大小与乱流交换强度有关。

上述4个力都是在水平方向上作用于空气的力，它们对空气运动的影响是不一样的。一般来说，气压梯度力是使空气产生运动的直接动力，是最基本的力。其他力是在空气开始运动后产生和起作用的，而且所起的作用视具体情况而有不同。地转偏向力对高纬地区或大尺度的空气运动影响较大，而对低纬地区特别是赤道附近的空气运动影响甚小。惯性离心力是在空气作曲线运动时起作用，而在空气运动近

于直线时，可以忽略不计。摩擦力在摩擦层中起作用，而对自由大气中的空气运动也不予考虑。地转偏向力、惯性离心力和摩擦力虽然不能使空气由静止状态转变为运动状态，但却能影响运动的方向和速度。气压梯度力和重力既可改变空气运动状态，又可使空气由静止状态转变为运动状态。

这些力之间的不同结合，构成了不同形式的水平运动，可用空气水平运动方程来表示。

根据牛顿第二定律，空气所受的力等于空气质量和空气运动加速度的乘积。对于单位质量的空气，即 $m=1$ 时，其所受的力在数值上就等于它的加速度。若空气水平运动速度为 V，则加速度为$\frac{\mathrm{d}V}{\mathrm{d}t}$，那么，空气的水平运动方程可写做：

$$\frac{\mathrm{d}V}{\mathrm{d}t}=\overrightarrow{G}+A+C+R \tag{5-17}$$

若空气水平运动接近直线运动，惯性离心力可忽略不计。空气所受的摩擦力就数量级来说，比水平气压梯度力和水平地转偏向力小得多，也可略而不计，大气的水平运动方程可简化为：

$$\frac{\mathrm{d}V}{\mathrm{d}t}=\overrightarrow{G}+A=-\frac{1}{\rho}\frac{\partial P}{\partial N}+2V\omega\sin\varphi \tag{5-18}$$

5.2.2 自由大气中空气的水平运动

离地面 1.5km 以上的自由大气，由于摩擦力对空气运动的影响可以忽略不计，因此，空气运动规律比摩擦层要简单得多。

5.2.2.1 地转风

地转风(geostrophic wind)是气压梯度力和地转偏向力相平衡时，空气作等速、直线的水平运动。图 5-10 表示在等压线平直的气压场中，原静止的单位质量空气受水平气压梯度力的作用自高压向低压方向运动。当它一开始运动时，水平地转偏向力 A 立即产生，并使运动向右偏转(在北半球)。随后在气压梯度力的不断作用下，空气水平运动速度越来越快，水平地转偏向力使运动向右偏转也越来越大。最后，当水平地转偏向力增大到与水平气压梯度力大小相等方向相反时，空气就沿着与等压线平行的方向作匀速直线运动，这就形成了地转风。地转风方向与水平气压梯度力方向垂直，即平行于等压线。因而得到地转风与气压场的关系，即风压定律：在北半球，背风而立，高压在右，低压在左；南半球相反。

实际大气中中高纬度自由大气的实际风与地转风比较接近。在低纬度地转偏向力很小，地转风的概念不适用。

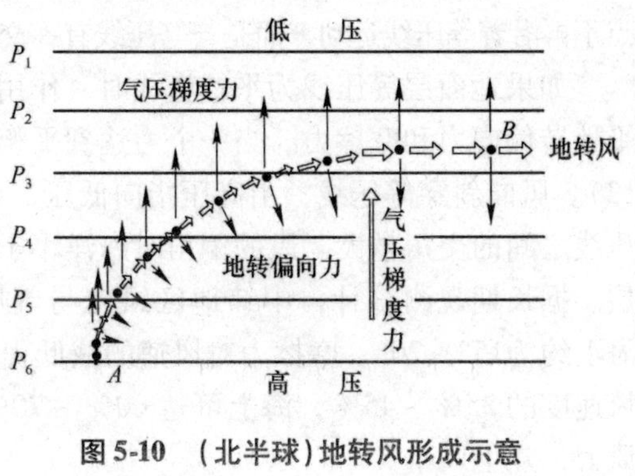

图 5-10 (北半球)地转风形成示意

5.2.2.2 梯度风

在自由大气中，空气作曲线运动时，除了受水平气压梯度力和水平地转偏向力的作用外，还受惯性离心力的作用，这3个力达到平衡时的风，称为梯度风(gradient wind)(图5-11)。

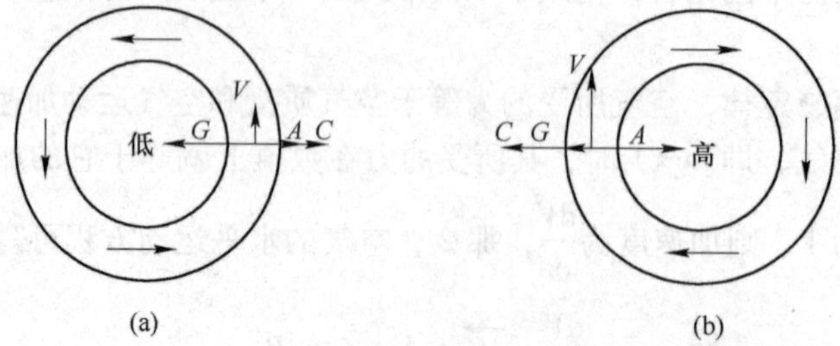

图5-11 自由大气中低压区(a)和高压区(b)的梯度风

由于作曲线运动的气压系统有高压和低压之分，而且在高压和低压系统中，力的平衡状况不同，其梯度风也各不相同。在低气压中，水平气压梯度力 G 的方向指向中心，惯性离心力 C 和水平地转偏向力 A 的方向自中心向外。在高气压中，水平气压梯度力 G 和惯性离心力 C 的方向自中心向外，水平地转偏向力 A 自外缘指向中心。

在北半球，低压中的梯度风必然平行于等压线，绕低压中心作逆时针方向旋转，故低气压又称气旋。高压中梯度风平行于等压线绕高压中心作顺时针旋转，故高气压又称反气旋。南半球则相反。梯度风也同样遵循风压定律。

梯度风和地转风都是作用于空气质点的力达到平衡时的风。梯度风考虑了空气运动路径的曲率影响，它比地转风更接近于实际风。

在自由大气中大尺度空气运动时，梯度风是基本适用的，它概括了空气曲线运动风场和气压场的基本关系。但空气运动路径不会是圆形或者曲线，结果气压梯度力随时间和空间在发生变化，力的平衡也会遭到破坏，出现非平衡下的实际风。

5.2.3 摩擦层中空气的水平运动

在摩擦层中空气运动受到摩擦力的影响，不仅风速减弱、风向受到干扰，使空气质点不再沿着等压线运动，而是与等压线有一交角，即斜穿等压线，自高压指向低压。

如果地面层等压线为平行直线时，作用于运动空气的力有水平气压梯度力、水平地转偏向力和摩擦力。当3个力达到平衡时，便出现了稳定的地面平衡风(图5-12)。风向斜穿等压线，由高压指向低压，而且摩擦力越大，风速越小，风向与等压线之间的交角越大。风的偏角时海洋小于陆地，平原小于山地，大气上层小于下层。据长期观测统计，中纬地区风向与等压线之间的交角，陆上约为35°~45°，海上约为15°~20°。摩擦力对风速的减低程度，中纬度陆地约为该气压场应有地转风速度的35%~45%，海上可达60%~70%。因此，在相同气压梯度之下，海上风大，陆上风小。

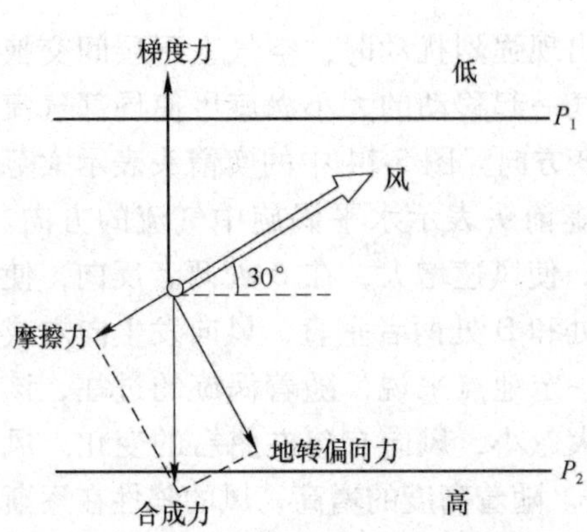

图 5-12 平直等压线气压场中的摩擦风

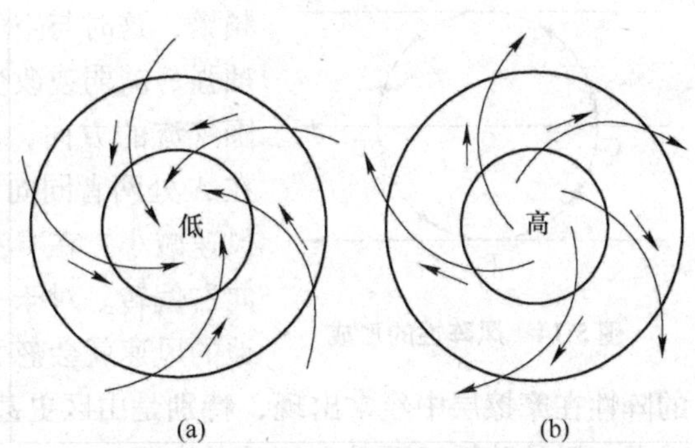

图 5-13 摩擦层中低压(a)和高压(b)中的气流

对于受到摩擦力影响的地面风而言，风压关系是：在北半球背风而立，高压在右后方，低压在左前方；南半球则相反。这就是白贝罗风压定律。

在等压线弯曲的气压场中，例如闭合的高压和低压中，由于地面摩擦力的作用，风速比气压场中所应有的梯度风风速要小，风斜穿等压线吹向低压区。所以，低压中的空气是一面旋转、一面向低压中心辐合；高压中空气则是一面旋转、一面从高压中心向外辐散(图 5-13)。这种近地面层辐合和辐散决定了气流的绝热上升和绝热下沉，直接对所控制地区的天气变化起决定作用。

以上讨论自由大气和近地层的风，都假设气压分布是均匀的，即等压线之间是互相平行的，气压场中气压梯度到处都相等的条件下导出的。在实际气压场中，等压线并非处处平行，因此气压梯度也不是处处相等。因此，上述平衡关系是暂时的，其结论只是实际风的一种近似。

5.2.4 风的日变化和风的阵性

5.2.4.1 风的日变化

近地面层中，风存在着有规律的日变化。白天风速增大，午后增至最大，夜间风速减小，清晨减至最小。而摩擦层上层则相反，白天风速小，夜间风速大。这是因为在摩擦层中，通常是上层风速大于下层。白天地面受热，空气逐渐变得不稳定，湍流得以发展，上下层间空气动量交换增强，使上层风速大的空气进入下层，致下层风速增大，风向向右偏转。同理，下层风速小的空气进入上层，造成上层风速减小，风向向左偏转。午后湍流发展旺盛，下层风速增至最大值，风向右偏最多，上层风速减到最小值，风向左偏最多，这时上下层风的差异最小。夜间湍流减弱，下层风速变小、风向左偏，上层风速增大、风向右偏。上层与下层的分界线随季节而有变化，夏季湍流最强，可达 300m，冬季湍流最弱，低至 20m，平均约 50 ~ 100m。风的日变化，晴天比阴天大，夏季比冬季大，陆地比海洋大。当有强烈天气系统过境时，日变规律可能被扰和或被掩盖。

5.2.4.2 风的阵性

风的阵性是指风向变动不定、风速忽大忽小的现象。它是因大气中湍流运动引

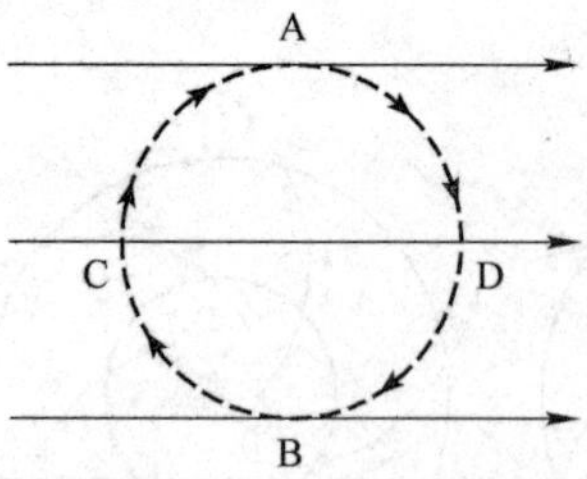

图 5-14 风阵性的形成

起的。当大气中出现强烈扰动时，空气上下层间交换频繁，这时与空气一起移动的大小涡旋可使局部气流加强、减弱或改变方向。图 5-14 中的实箭头表示大范围气流的方向，虚箭头表示水平涡旋中气流的方向。在 A 处两者同向，使风速增大，在 B 处两者反向，使风速减小，在 C 处和 D 处两者垂直，风向发生向左或向右偏转。对于一定地点来说，随着涡旋的过往，该地的风速就会忽大忽小，风向有忽左忽右的变化。风的阵性在摩擦层中经常出现，特别是山区更甚。随着高度的增高，风的阵性在逐渐减弱。风的阵性以夏季和午后最为明显。

5.3 大气环流

地球上各种规模的大气运动的综合表现称为大气环流，它既包括大范围的大气运动现象，也包含一些中、小范围的大气运动现象。大气环流不仅决定一个地区的天气状况，在一定程度上也决定了气候的形成。

5.3.1 单圈环流模式

太阳辐射是地球的主要能源，也是大气运动的基本动力，低纬度地区接受的太阳辐射能量多，地面热量丰富。高纬度地区太阳辐射能量少，地面寒冷，因而造成南北气温差异。

假设地球表面是均匀一致的，并且没有地球自转运动。那么赤道地区空气受热膨胀上升，极地空气冷却收缩下沉，赤道上空某一高度的气压高于极地上空某一相似高度的气压。在水平气压梯度力的作用下，赤道高空的空气向极地上空流去，赤道上空气柱质量减小，使赤道地面气压降低而形成低气压区，称为赤道低压；极地上空有空气流入，地面气压升高而形成高气压区，称为极地高压。于是在低层就产生了自极地流向赤道的气流补充了赤道上空流出的空气质量。这样在极地与赤道之间，因太阳辐射作用而形成的经向环流，称为单圈环流。如图 5-15 所示。

事实上地球时刻不停地自转着，假使地表面是均匀的，但由于空气流动时会受到地转偏向力作用，环流变得复杂起来。

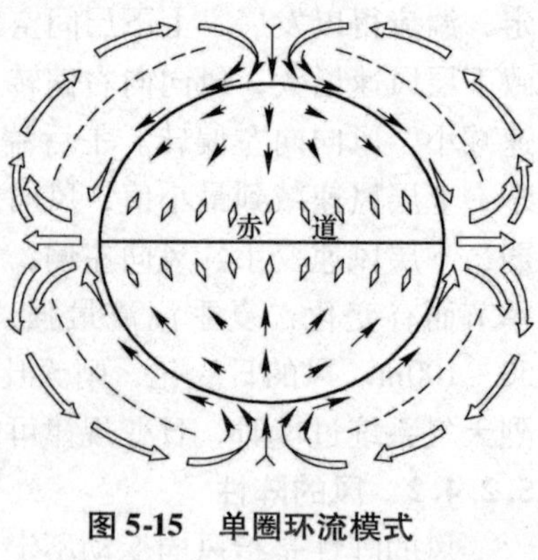

图 5-15 单圈环流模式

5.3.2 三圈环流模式

由于地球自转，只要空气一有运动，地转偏向力随即发生作用。赤道上受热上升的空气，自高空流向高纬，起初受地转偏向力的作用很小，空气基本上是与气压梯度力的方向相同沿经圈运行。随着纬度的增加，地转偏向力作用逐渐增大，到30°N附近，地转偏向力增大到与气压梯度力相等，这时在北半球的气流几乎成沿纬圈方向的西风，它阻碍气流向极地流动。故气流在30°N上空堆积并下沉，使低层产生一个高压带，称为副热带高压带，赤道则因空气上升形成赤道低压带，这就导致空气从副热带高压带分别流向赤道和高纬地区。其中流向赤道的气流，受地转偏向力的影响，在北半球成为东北风，在南半球成为东南风，分别称为东北信风和东南信风。这两支信风到赤道附近辐合上升，形成一个低纬度地区的环流圈，称为信风环流圈或热带环流圈。如图5-16所示。

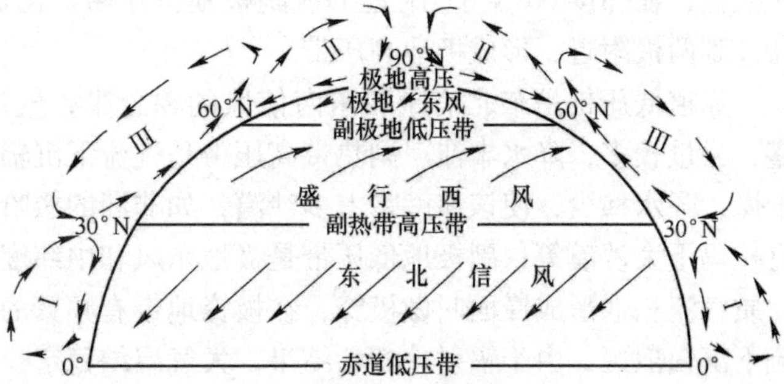

图5-16 三圈环流模式

副热带高压带向北的分支也要向右(北半球)偏转，形成中纬低层偏西风。另外，极地寒冷、空气密度大，地面气压高，形成极地高压带。极地高压带的空气，在低层向南流，并向右偏转，成为东北风。它与北上的偏西气流大约在60°N附近汇合。暖空气沿冷空气爬升，从高空分别流向极地和副热带。在纬度60°N附近，由于气流流出，低层形成副极地低压带。流向极地的气流与下层从极地流向低纬的气流构成极地环流圈；自高空流向副热带处的气流与地面由副热带高压带向高纬流动的气流构成中纬度环流圈。

受太阳辐射和地球自转影响所形成的环流圈称为三圈环流，它是大气环流的理想模式。由上可以看出，在三圈环流形成过程中，南、北半球近地面层中各出现了4个气压带和3个风带。在北半球，4个气压带为赤道低压带、副热带高压带、副极地低压带和极地高压带。3个风带为东北信风带、盛行西风带、极地东风带。另外，赤道低压带内由于有上升气流，水平气压梯度力很小，风力很弱，又称赤道无风带。纬度30°附近的副热带空气停止向两极移动而下沉，形成副热带无风带。

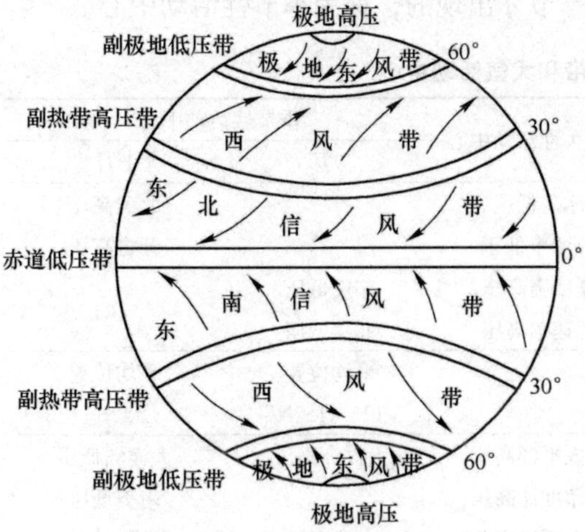

图5-17 全球气压带和风带分布

所谓行星风系是指全球范围内带状分布的气压带和风带，如图5-17所示。在赤道附近，终年气压都很低，称为赤道低压带；由此向高纬，气压逐渐增加，在纬度30°～35°附近形成副热带高压带；气压自此向高纬减低，在纬度60°~65°附近形成副极地低压带。由此向极地方向，气压又有升高，到两极附近，形成极地高压带。

赤道低压带是东北信风和东南信风的辐合带，气流上升，风力减弱，对流旺盛，云量较多，降水丰沛；副热带高压带是气流下沉辐散区，绝热增温作用使空气干燥，降水稀少，使该纬度带上多沙漠，如非洲的撒哈拉大沙漠，我国西北部的塔克拉玛干大沙漠等；副极地低压带是极地东风和中纬度西风交汇的地区，两种不同性质气流相遇形成锋面叫做极锋，在极锋地带有频繁的气旋活动；极地高压带是气流下沉辐散区，由于辐射冷却的结果，大气层结稳定，晴朗少云，温度极低，形成冷空气的源地。行星风系随季节作南北移动，冬季南移，夏季北移。这种季节性位移的结果，使行星风系扩大了南北影响的范围。

5.3.3 大气活动中心

上述大气环流模式，只考虑了太阳辐射和地球自转的作用，而没有考虑地球表面的不均匀性。实际上由于海陆分布和地形条件的影响，使得大气环流比理想的模式要复杂得多。如海陆分布的影响，由于海陆的热力差异，使得有规律分布的气压带和风带或被割裂或变形。位于30°~50°N副热带高压带，本来是连续的气压带，夏季在海洋上高压明显，而大陆上由于强烈增温，使之变成低压区。这样，副热带高压带被割裂了。在北半球的夏季，高压中心分别在太平洋的夏威夷群岛附近和大西洋的亚速尔群岛附近。低压区分别出现在印度和北美大陆。冬季大陆上为强大的冷高压控制，海洋上相对为低压区。在北半球，低压中心分别在冰岛附近和阿留申群岛附近，高压中心在西伯利亚或蒙古和加拿大。由于海陆热力差异而使完整的纬向气压带分裂成一个个范围较大的闭合的高、低压区，它们主宰着大气的活动和水热的交换，对天气和气候变化有重大影响，称之为大气活动中心。

表5-1中列出全球大气活动中心。其中常年存在，只是强弱和势力范围有变化的，称为半永久活动中心。而只在一定季节才出现的，称为季节性活动中心。

表5-1 气压带和大气活动中心

气压带		半永久性活动中心	季节性活动中心	
			7月	1月
北半球	副极地低压带	冰岛低压		北美高压
		阿留申低压		蒙古高压
	副热带高压带	夏威夷高压	印度低压	
		亚速尔高压	北美低压	
赤道	赤道低压带		平均位置 12°~15°N	平均位置 5°S
南半球	副热带高压带	南太平洋高压	大洋洲高压	大洋洲低压
		南印度洋高压		南美低压
		南大西洋高压	南非高压	南非低压

5.4 地方性风

观测表明，即使大范围的水平气压场相同，不同地区的风也可以有很大的差异，因此，既要了解大范围的空气水平运动规律，也要研究特殊地区的空气水平运动规律。由于各地地理条件的影响，常常形成某些地方性的空气环流，称为地方性风(local winds)。常见的地方性风有海陆风、山谷风、焚风和峡谷风等。

5.4.1 海陆风

在沿海地区发生的昼夜间有风向转换现象的风称为海陆风(land and sea breezes)。白天风从海洋吹向陆地称为海风；夜间风从陆地吹向海洋称为陆风。昼间地表受热后，陆地增温比海面快，出现由海洋指向陆地的气压梯度，在下层形成由海洋吹向陆地的海风，入夜后，陆地表面辐射冷却比海面快，使陆面气温低于海面，出现与日间相反的热力环流，下层风由陆地吹向海洋，形成陆风(图5-18)。

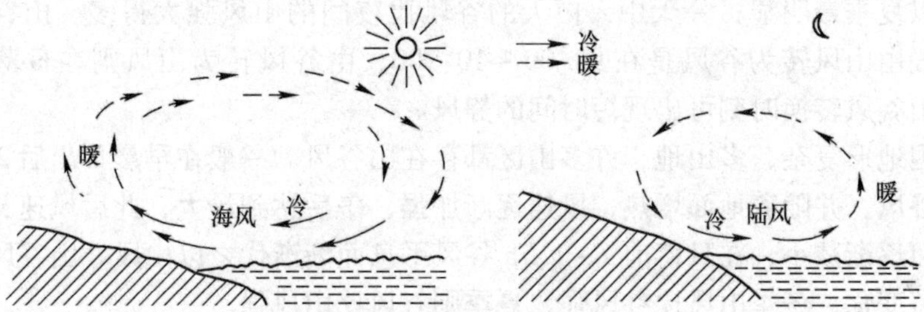

图5-18 海陆风的形成

海陆风深入陆地的距离因地而异，一般为20～50km。一般在上午出现海风，13：00～15：00海风最强，日落后海风渐渐减弱，并转为陆风。海风风力一般比陆风强，可达5～6m/s或更大，陆风一般只有1～2m/s。

海陆风对海滨地区的气候有一定的影响，白天吹海风，海上水汽输入大陆沿岸，往往形成雾或低云，甚至产生降水，同时还可以降低沿岸的气温，使夏季不至于十分炎热。在内陆地区，大的湖泊、水库和河流沿岸，也有类似海陆风的地方性风，称为水陆风，但强度比海陆风要小得多。

5.4.2 山谷风

山地中，风随昼夜交替而转换方向。白天风从山谷吹向山坡称为谷风；夜间风从山坡吹向山谷，称为山风。山风和谷风合称为山谷风(mountaiu valley wind)。

山谷风是由于在接近山坡的空气与同高度谷底上空的空气间，因白天增热与夜间失热程度不同而产生的一种热力环流。白天，山坡接受太阳辐射而很快增温，靠近山坡的空气也随之增温，而同高度谷底上空的空气，因远离地面，增温缓慢，这种热力差异，产生了由山坡上空指向山谷上空的水平气压梯度。而在谷底，则产生了由山谷指向山坡的水平气压梯度。所以，白天风从山谷吹向山坡(上层相反，风从山坡吹向山谷上空)，形成了谷风。夜间，山坡由于辐射冷却而很快降温，山坡附近的空气也随之降温，而同高度谷底上空冷却较慢。形成了和白天相反的热力环流，下层风由山坡吹向山谷(上层风由山谷吹向山坡)形成了山风(图5-19)。

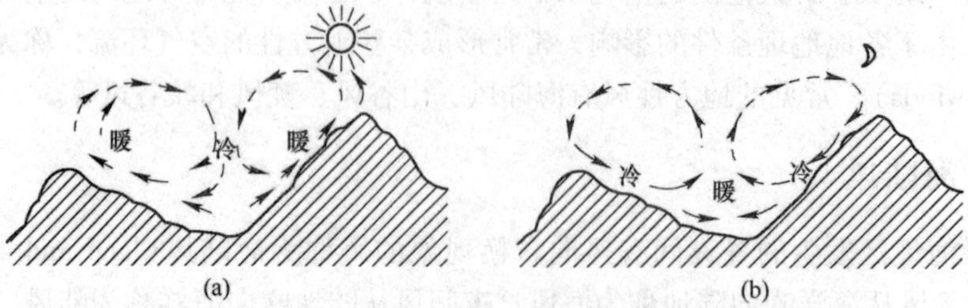

图5-19 谷风(a)和山风(b)

只有在同一气团控制下的天气，山谷风才会表现出来。当有强大气压系统控制时，山谷风常被系统性气流所掩盖。地形比较复杂时，山谷风也不明显。一年中，山谷风以夏季最明显；一天中，白天的谷风比夜间的山风强大得多。山谷风的转换，一般由山风转为谷风是在9：00～10：00，由谷风转为山风则在日落以后开始，在山谷风转换时刻可出现短时间的静风。

我国地形复杂，多山地，许多山区都存在山谷风。一般在早晨日出后2～3h开始出现谷风，并随着地面增热，风速逐渐加强，午后达到最大，此后风速又随温度的下降而逐渐减小，在日落前1～1.5h谷风平息而渐渐代之以山风。山谷风还有明显的季节变化，冬季山风比谷风强，夏季则谷风比山风强。

山谷风对山区天气有一定影响。在晴朗的白天，谷风把谷地的暖空气带到山上，使山上的气温增高；夜晚，山风把山上的冷空气带到谷地，使谷地气温降低，冷空气在谷地堆积，冬季容易发生霜冻。同时，谷风使山上在白天多云雾，夜晚则云雾较易消散。如果在山区中，山谷风的交替有反常现象，这表示天气将有变化。

5.4.3 焚风

沿着背风山坡向下吹的又干又热的风叫焚风(warm braw)。当气流越过山脉时，在迎风坡上升冷却，起初是按干绝热直减率降温，当空气湿度达到饱和状态时，水汽凝结，气温就按湿绝热直减率降低，大部分水分在山前降落，过山顶后，空气沿坡下降，并基本上按干绝热率(即1℃/100m)增温，这样过山后的空气温度比山前同高度的气温要高得多，湿度也小得多。如图5-20所示，山前原来气温20℃，水汽压12.79hPa，相对湿度为73%，当气流沿山上升到500m高度时，气温为15℃，达到饱和，水汽凝结，然后按湿绝热直减率平均0.5℃/100m降温，到山顶(3 000m)时气温在2℃左右，过山后沿坡下降，按干绝热直减率增温，当气流到达背风坡山脚时，气温可增加到32℃，而相对湿度减小到15%。由此可见，焚风吹来时，确有干热如焚的现象。

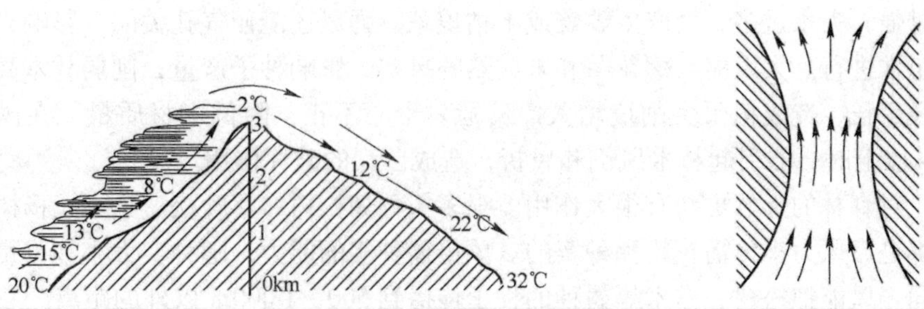

图 5-20 焚风的形成和峡谷风

焚风是山地经常出现的一种现象，白天夜晚都可出现。例如，偏西气流经过太行山下降时，位于太行山东麓的石家庄就会出现焚风。其他如亚洲的阿尔泰山、欧洲的阿尔卑斯山、北美的落基山等都是著名的焚风出现区。

我国幅员广大，地形起伏，很多地方都有焚风现象，如喜马拉雅山、横断山脉、二郎山等高大山脉的背风坡，都有极为强烈的焚风效应。无论冬季还是夏季，白天还是夜间，焚风在山区都可以出现。初春的焚风可使积雪融化，利于灌溉。夏末的焚风可使谷物和水果早熟。但强大的焚风会引起森林火灾和旱灾。

5.4.4 峡谷风

当空气由开阔地区进入山地峡谷口时，气流的横截面积减小，由于空气质量不可能在这里堆积，于是气流加速前进（流体的连续性原理），从而形成强风（图 5-20），这种风称为峡谷风。在我国的台湾海峡、松辽平原等地，两侧都有山岭，地形像喇叭管。当气流直灌管口时，经常出现大风，就是由于这个缘故。

此外，气流经过不同地形尚可产生一些其他地方性风。

5.5 风与林业

风虽然不是林木所必需的生活因子，但它可引起温度、水分状况的改变，因而影响到林木某些生理过程如蒸腾作用与光合作用等的变化。风可起到传播花粉及种实的作用，影响森林的天然更新。同时，风能帮助传播林木的某些病虫害。风有时还能对林木产生巨大的破坏作用。风是一种自然力，既可以为人类造福，也可以给人类造成灾害，因此，风对林业生产的影响有利也有害。

5.5.1 风对森林的影响

一般来说，在风力不大时，风对林木有利。它可吹走叶面四周因蒸腾作用释放出的水汽，带来较为干燥的空气，可促进蒸腾作用，有利于枝叶的放热降温，使根的吸收能力加强。同时，它还能将林木周围含二氧化碳较少的空气吹走，带来含二氧化碳较多的空气，在一定程度上促进同化作用的进行。但是风力过大，林木蒸腾作用过强，失水过多，会产生萎蔫或干枯现象。强风还能使气孔关闭，影响光合作用的正常进行。大风能吹落花朵和未成熟的果实，影响种子产量，削弱林木高生长和直径生长，造成树干尖削度增大、偏冠、干心不正，降低木材质量。在风速达10m/s 以上时，能引起林木风倒和风折，造成巨大的破坏作用。

风对森林的天然更新有很大作用。很多树种如松树、落叶松、云杉、杨树、柳树等都是靠风力来传播花粉和种实的。风传播种实的能力，随种实大小和重量不同而不同。风能把松树、桦木等树种的种子传播到500～1 000m 以外的距离。

5.5.2 森林对风的影响

森林对空气运动有阻碍作用。林木的高大树干和稠密枝叶是空气流动的障碍。它可以改变气流运动的速度、方向和结构，使风廓线变形。在森林与邻近的旷野之间还可形成局地环流。

当风由旷野吹向森林时，受到森林的阻挡，大约在森林的向风面，距林缘2～4倍林高处，风速开始减弱。在距林缘1.5倍林高处，大部分气流被迫抬升，小部分气流进入林内。被抬升的气流在森林上空造成流线密集，使风速增大，由于林冠的起伏不平，引起强烈的乱流运动可达数百米高度。当气流越过森林以后，形成一股下沉气流。大约在背风面10倍林高处，气流向各方向扩散。在30～50倍林高处恢复到原来的风速。进入林内的小部分气流，由于受到树干、枝叶的阻挡、摩擦、摇摆，使气流分散，消耗了动能，从而使风速减小，而且随着离林缘距离的增加，风速迅速减小。

由于森林与邻近空旷地的增热和冷却情况不同，在林缘附近会形成一种热力环流。白天林内气温低于空旷地，低空空气由林地流向旷野，而上空空气则由旷野流向森林；夜间，由于林冠阻挡长波辐射，林内比旷野降温缓慢，则形成与白天相反的空气环流。这种由于热力差异而形成的空气环流，叫做林风。林风只有在静稳天气条件下才会表现出来。由于林内外温度差异不大，所产生的风力也较小，一般只有1m/s。这种局地环流虽然很微弱，但对林缘附近的水汽水平衡输送和牵制扩散有一定的影响。

在干旱地区森林可以减小干旱风的袭击，防风固沙。在沿海大风地区森林可以防御海风的侵袭，保护农田。此外，森林根系的分泌物能促使微生物生长，可以改进土壤结构。森林覆盖区气候湿润，水土保持良好，生态平衡有良性循环，可称为“绿色海洋”。

思考题

1. 什么是单位气压高度差？其大小为什么随温度和气压变化？
2. 等压面和等压线的概念和特征如何？为什么高压等压面向上凸，低压等压面向下凹？
3. 气压系统有哪几种类型？各有何特点？（包括低压、高压、低压槽、高压脊的概念）

4. 作用在空气上的力有哪些？各个力的定义和意义是什么？为什么会产生地转偏向力？地转偏向力有哪些特点？

5. 什么是自由大气中的风？地转风和梯度风是如何形成的？画图解释自由大气中地转风和梯度风的形成过程。

6. 什么叫自由大气和摩擦层？用图解释摩擦层中平直等压线和高低气压系统中地转风和梯度风的形成过程。

7. 大气环流的模式单圈环流和三圈环流是如何形成的？

8. 什么是行星风系？有哪些气压带和风带？在行星风系的控制下，各纬度的气候特征是什么？

9. 什么是大气活动中心？它是如何形成的？

10. 什么叫地方性风？用图解释海陆风、山谷风、焚风的形成过程。

第 6 章　天气与灾害性天气

天气是指一定地区短时段内气象要素和天气状况(如冷暖、风雨、干湿、阴晴等)的综合表现。天气是复杂的，又是多变的。同一时刻不同地区的天气不同，同一地区不同时间的天气状况也不同。天气学是研究天气的形成和演变规律并预报其未来变化的科学。

天气系统通常是指引起天气变化和分布的高压、低压和高压脊、低压槽等具有典型特征的大气运动系统。一个地方的天气变化，是由于大气中一个个移动的大大小小的天气系统引起的。可将天气系统分为小尺度(如龙卷风)、中尺度(如强雷暴)、天气尺度(如锋)、大尺度(如副热带高压)等天气系统(表 6-1)。

表 6-1　常见的各种尺度的天气系统

地带	尺度(km)			
	大尺度 (>2 000)	中间(天气)尺度 (2 000~200)	中尺度 (200~2)	小尺度 (<2)
温带	超长波、长波	气旋、锋	背风波	雷暴
副热带	副热带高压	副热带低压切变线	飑线、暴雨	龙卷风
热带	赤道辐合带季风	台风、云团	热带风暴对流群	对流单体

各类天气系统都是在一定的大气环流和地理环境中形成、发展和演变的，都反映着一定地区的环境特性。比如极区及其周围终年覆盖着冰雪，气候严寒、干燥，这一特有的地理环境成为极区低空冷高压和高空极涡、低槽形成、发展的背景条件。赤道和低纬地区终年高温、潮湿，大气处于不稳定状态，是对流性天气系统产生、发展的必要条件。中高纬度是冷、暖气流经常交汇地带，不仅冷暖气团交替频繁，而且是锋面、气旋系统得以形成发展的重要基础。

在天气图上的天气形势主要由锋、气旋、反气旋、低压、高压等天气系统组成。天气形势或天气系统、天气现象随时间的演变历程叫天气过程。因而认识和掌握天气系统的形成、结构、运动变化规律以及同地理环境间的相互关系，对于了解天气气候的形成、特征、变化和预测及其随地理环境的演变都是十分重要的。

6.1 气团和锋

6.1.1 气团

气团(air mass)是指气象要素(主要指温度、湿度和大气静力稳定度)在水平分布上比较均匀的大范围空气团。其水平范围从几百千米到几千千米，垂直范围可达几千米到十几千米。同一气团内的温度水平梯度一般小于1~2℃/100km。

6.1.1.1 气团的形成

气团形成的源地需要两个条件：一是范围广阔、地表性质比较均匀的下垫面。空气中的热量、水分主要来自下垫面，因而下垫面性质决定着气团的属性。在冰雪覆盖的地区往往形成冷而干的气团。在水汽充沛的热带海洋上，常常形成暖而湿的气团。在沙漠或干燥大陆上形成干而热的气团。所以，大范围性质比较均匀的下垫面，可成为气团形成源地。二是有一个能使空气物理属性在水平方向均匀化的环流场。比如缓行的高压(如反气旋、副热带高压等)，在其控制下不仅能使空气有充足时间同下垫面进行热量和水分交换，以获得下垫面属性，而且高压中的低空辐散流场利于空气温度、湿度的水平梯度减小，趋于均匀化，成为有利于气团形成的环流条件。

气团的形成是在具备了上述两个条件下，主要通过辐射交换过程、湍流对流过程、蒸发凝结过程与地表间进行水汽和热量交换，并经过足够长的时间来获得下垫面的属性影响。

6.1.1.2 气团的变性

气团形成后，随着环流条件的变化，由源地移行到另一新的地区时，由于下垫面性质以及物理过程的改变，气团的属性也随之发生相应的变化，这种气团原有物理属性的改变过程称为气团变性。日常所见到的气团大多是已经离开源地而有不同程度变性的气团。

6.1.1.3 气团的分类

为了分析气团的特性、分布、移动规律，常常对地球上的气团进行分类。分类的方法大多采用地理分类法和热力分类法。

(1)地理分类法

地理分类法是根据气团源地的地理位置和下垫面性质进行分类。首先按源地的纬度位置把北(南)半球的气团分为4个基本类型，即冰洋(北极和南极)气团、极地(中纬度)气团、热带气团和赤道气团。再根据源地的海陆位置，把前3种基本类型又分为海洋型和大陆型。赤道气团源地主要是海洋，故不再区分海洋型和大陆型。这样，每个半球划分出7种气团(表6-2)。

(2)热力分类法

热力分类法是依据气团与流经地区下垫面间热力对比进行的分类。凡是气团温度高于流经地区下垫面温度的称暖气团(warm air mass)。相反，气团温度低于流经

表 6-2 气团的地理分类

名 称	符 号	主要特征天气	主要分布地区
冰洋(北极、南极)大陆气团	Ac	气温低，水汽少，气层非常稳定，冬季入侵大陆时会带来暴风雪天气	南极大陆和65°N以北冰雪覆盖的极地地区
冰洋(北极、南极)海洋气团	Am	性质与Ac相似，夏季从海洋获得热量和水汽	北极圈内海洋上，南极大陆周围海洋
极地(中纬度)大陆气团	Pc	低温干燥，天气晴朗，气团底层有逆温层，气层稳定，冬季多霜、雾	北半球中纬度大陆上的西伯利亚、蒙古、加拿大、阿拉斯加一带
极地(中纬度)海洋气团	Pm	夏季同Pc相近，冬季比Pc气温高，湿度大，可能出现云和降水	主要在南半球中纬度海洋上，以及北太平洋、北大西洋中纬度洋面上
热带大陆气团	Tc	高温、干燥，晴朗少云，低层不稳定	北非、西南亚、澳大利亚和南美一部分副热带沙漠区
热带海洋气团	Tm	低层温暖、潮湿且不稳定，中层常有逆温层	副热带高压控制的海洋上
赤道气团	E	湿热不稳定，天气闷热，多雷暴	在南北纬10°之间的范围内

地区下垫面温度的称冷气团(cold air mass)。暖气团一般含有丰富的水汽，容易形成云雨天气。冷气团一般形成干冷天气。

6.1.1.4 影响我国的气团及其天气特点

我国的大部分地区处于中纬度，冷、暖气流交汇频繁，缺少气团形成的环流条件。同时，地表性质复杂，没有大范围均匀的下垫面作为气团源地。因而，活动在我国境内的气团，大多是从其他地区移来的变性气团。影响我国的气团主要有：变性极地大陆气团和变性热带海洋气团，其次还有热带大陆气团和赤道海洋气团。

(1)我国冬季气团的活动

主要是极地大陆气团和热带海洋气团。极地大陆气团来源于西伯利亚和蒙古一带，常称为西伯利亚气团，西伯利亚气团活动范围最广(西部和西南部除外)。从西北方或北方直接影响我国，所经之处气温急剧下降，在它控制下，天气寒冷而干燥。热带海洋气团来源于副热带太平洋上或南海海面，常称热带太平洋气团和南海气团。热带太平洋气团主要侵袭我国南方地区，所经之处气温显著上升，气团潮湿，有降水，是江南冬季多雨的主要成因，如图 6-1 所示。

(2)我国夏季气团的活动

热带太平洋气团是夏季活跃于我国的主要气团。它从我国南部或东南部沿海登陆时，常出现显著不稳定天气，有时因地形抬升作用而形成雷暴天气。变性的西伯利亚气团在夏季势力已北退，活动范围大大缩小，只出现在长城以北地区，有时也南下，可达华南地区。热带大陆气团出现在青藏高原附近，非常干燥，天气晴好，日照强烈，容易干旱。赤道气团影响华南、华中和华北地区，在它控制下潮湿、炎热、多雷阵雨天气，如图 6-2 所示。

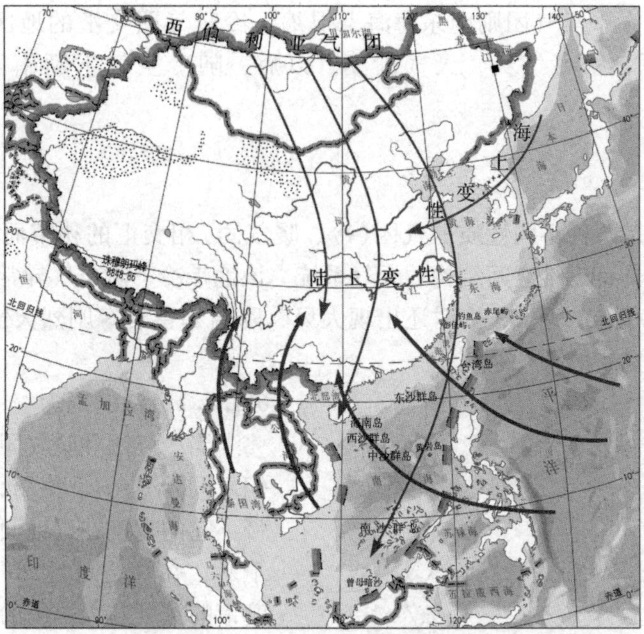

图 6-1 我国冬季气团活动示意

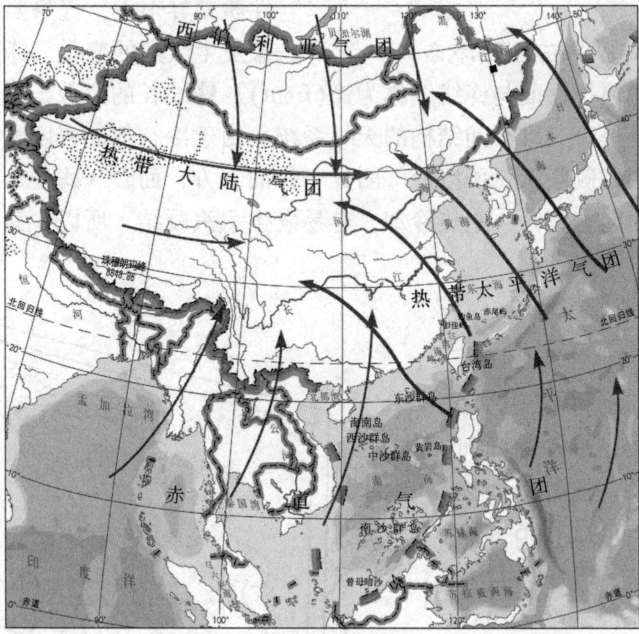

图 6-2 我国夏季气团活动示意

(3)我国春秋季气团的活动

也是变性西伯利亚气团和热带太平洋气团，春季两者分据南北并频繁交替，造成天气多变，随夏季的到来，变性西伯利亚气团不断向北退缩，我国大部分地区逐渐受热带太平洋气团控制。秋季，变性西伯利亚气团又不断加强，逐渐向南扩展，而热带太平洋气团则向东海海上退缩。冷暖气团交汇的地区，形成秋雨，冷气团控制下，秋高气爽，天气晴朗。以后，随冷空气不断南下，天气日渐转凉。

6.1.2 锋

锋(front)是两种不同性质的气团(冷、暖气团)相交汇的狭窄而倾斜的过渡区域。它是一个具有三维空间结构的天气系统。该地带冷、暖空气异常活跃，常常形成广阔的云系和降水天气，有时还出现大风、降温和雷暴等剧烈天气现象。因此，锋是温带地区重要的天气系统。

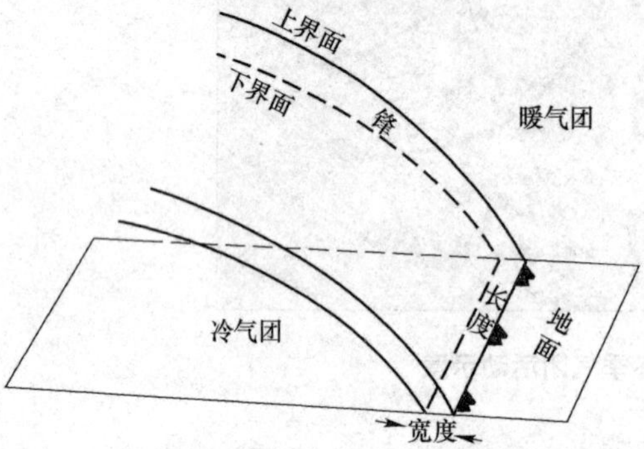

图6-3 锋在空间的状态

6.1.2.1 锋的概念

当冷气团和暖气团相遇时，在它们之间形成一个狭窄而倾斜的过渡带，它的宽度在近地面气层中约数十千米，在高空可达200~400km，过渡带的宽度与大范围的气团相比显得很狭小，可近似看成是一个几何面，称为锋面(图6-3)。锋面两侧气团的性质差异很大，气象要素值和天气现象发生激烈的变化。锋面与地面的交线称为锋线。习惯把锋面与锋线统称为锋(front)。锋线长的有数千千米，短的有几百千米。锋面是具有三维空间结构的天气系统，由于冷空气的密度大，锋面在空间随高度向冷气团一侧倾斜，所以冷气团处于锋面下方，而暖气团处于上方，通常暖空气会沿着锋面向上爬升，绝热冷却，容易发生水汽凝结，所以，锋面多预示着阴雨天气。

6.1.2.2 锋的类型和天气

(1)暖锋天气

在锋面的移动过程中，暖气团起主导作用，推动锋面向冷气团一侧移动，这种锋面称为暖锋(warm front)(图6-4)。暖锋的坡度较小，约在1/150。暖锋中暖气团在推挤冷气团过程中缓慢沿锋面向上滑行，滑行过程中绝热冷却，当升到凝结高度后在锋面上产生云系，如果暖空气滑行的高度足够高，水汽又比较充足时，锋上

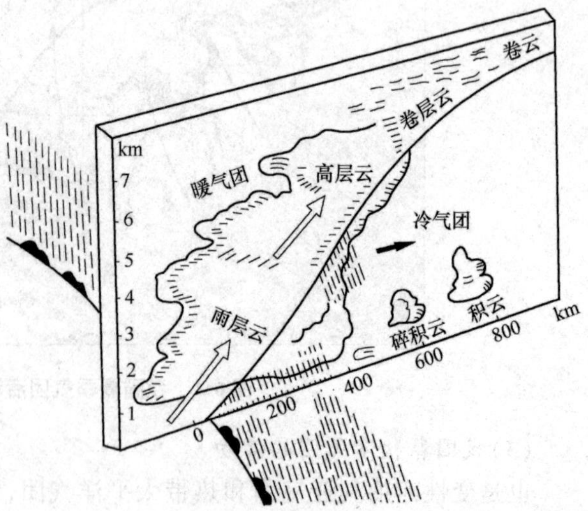

图6-4 暖锋天气示意

常常出现广阔的、系统的层状云系。典型云序为：卷云(Ci)、卷层云(Cs)、高层云(As)、雨层云(Ns)。云层的厚度视暖空气上升的高度而异，一般可达几千米，厚者可到对流层顶，而且距地面锋线愈近，云层愈厚。暖锋降水主要发生在雨层云内，多是连续性降水。

由于暖锋的坡度较小，暖空气的对流较弱，所以降水区域宽广，其平均宽度一般约300~400km，而降水强度较小，降水持续时间较长。在降水区，由于雨滴在下面冷气团中蒸发，使冷气团中水汽含量达饱和时，在低空可以出现一些碎雨云，并可形成锋面雾。地面锋线移过本地后，天气逐渐晴朗，气温升高，气压下降。

夏季暖空气不稳定时，可能出现积雨云、雷雨等阵性降水。春季暖气团中水汽含量较少时，可能仅仅出现一些高云，很少有降水。

在我国明显的暖锋出现得较少，大多伴随着气旋出现。春、秋季一般出现在江淮流域和东北地区，夏季多出现在黄河流域。

(2)冷锋天气

在锋面的移动过程中，冷气团起主导作用，推动锋面向暖气团一侧移动，这种锋面称为冷锋(cold front)。根据冷锋移动速度快慢，可将其分为一型冷锋(缓行冷锋)和二型冷锋(急行冷锋)。

①第一型冷锋 一型冷锋(缓行冷锋)移动缓慢、锋面坡度较小(1/100左右)，当暖气团比较稳定、水汽比较充沛时，产生与暖锋相似的层状云系，只是云系的分布序列与暖锋相反，而且云系和雨区主要位于地面锋后。由于锋面坡度大于暖锋，因而云区和雨区都比暖锋窄些，且多稳定性降水。但当锋前暖气团不稳定时，在地面锋线附近也常出现积雨云和雷阵雨天气。这类冷锋是影响中国天气的重要天气系统之一，一般由西北向东南移动(图6-5)。

②第二型冷锋 此型冷锋移动速度较快，锋面坡度很大，一般1/40~1/80，锋前暖空气被迫急剧抬升，产生剧烈的天气变化，但范围较窄。二型冷锋(急行冷锋)移动快、坡度大(1/40~1/80)(图6-6)，冷锋后的冷气团势力强，移速快，猛烈地冲击着暖空气，使暖空气急速上升，形成范围较窄、沿锋线排列很长的积状云带，产生对流性降水天气。夏季时，空气受热不均，对流旺盛，冷锋移来时常常狂风骤起、乌云满天、暴雨倾盆、雷电交加，气象要素发生剧变。但是，这种天气历时短暂，锋线过后

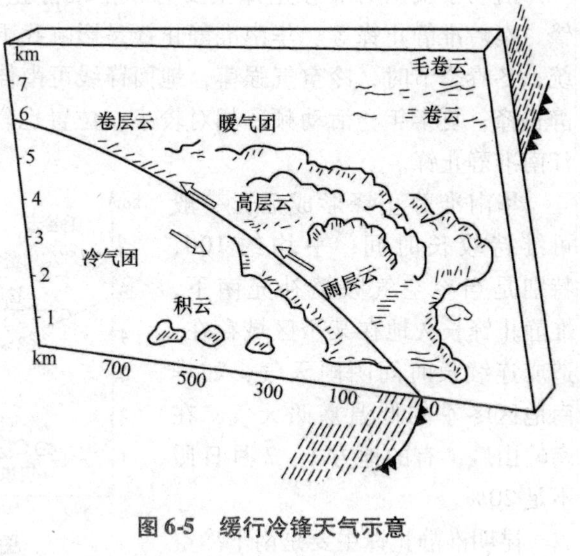

图6-5 缓行冷锋天气示意

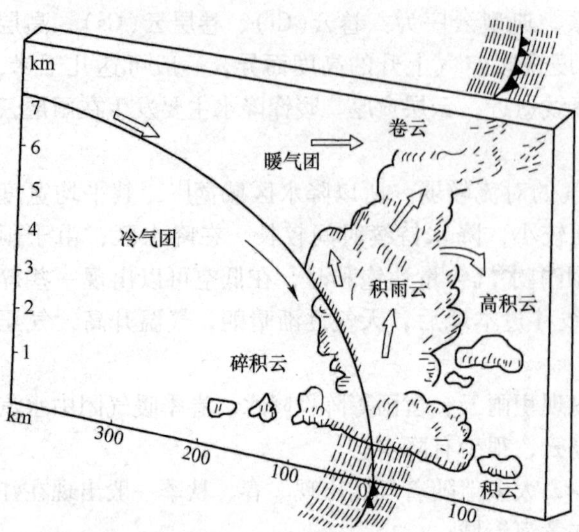

图6-6 急行冷锋天气示意

气温急降，天气豁然开朗。而冬季时，特别在北方，由于暖空气相对干燥而稳定，仅在地面锋线附近出现降水云层，有连续降水，锋过境后，云很快消失，但风速迅速增大，常出现大风天气；对于特别干旱的地区或季节，二型冷锋到来时，经常会出现沙尘暴，而没有或很少降水。

冷锋在我国活动范围甚广，几乎遍及全国，尤其在冬半年，北方地区更为常见，它是影响我国天气的重要天气系统。我国的冷锋大多从俄罗斯、蒙古进入我国西北地区，然后南下。冬季时多二型冷锋，影响范围可达华南，但其移到长江流域和华南地区后，常常转变为一型冷锋或准静止锋。夏季时多一型冷锋，影响范围较小，一般只达黄河流域。

(3)准静止锋天气

当冷、暖气团相遇时，势均力敌，或由于地形阻滞作用，锋面很少移动或在原地来回摆动，这种锋称为准静止锋(静止锋)。准静止锋多数是冷锋南下，冷空气逐渐变性，势力减弱而形成的。同暖锋天气类似，只是坡度比暖锋更小，沿锋面上滑的暖空气可以伸展到距锋线很远的地方，所以云区和降水区比暖锋更为宽广，降水强度比较小，但持续时间长，可能造成绵绵细雨连日不止的连阴天气。当冷空气或暖空气加强，准静止锋转为冷锋或暖锋，可以产生短时较大强度降水(图6-7)。

活动于我国的准静止锋主要有华南准静止锋、昆明准静止锋和天山准静止锋、秦岭准静止锋等。华南准静止锋是影响我国长江以南地区的一个重要天气系统，冬春季节时，冷空气强盛，地面锋线可南伸至南海中北部海面，称为南海准静止锋；夏半年，活动频率相对较小，位置也较偏北，一般在30°N附近，称为江南准静止锋。

华南准静止锋形成后，一般可维持较长时间，平均约10d，特别是当冷空气频繁补充南下，准静止锋长久地在某个区域存在，造成连续长时间阴雨天气，如华南地区冬季的低温寡照天气，在南岭山区，有的地方1、2月日照不足20%。

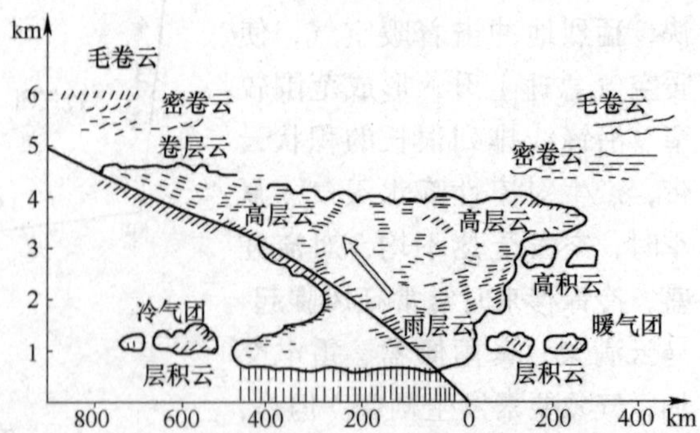

图6-7 准静止锋天气示意

昆明准静止锋主要是南下冷空

气受云贵高原所阻挡而形成的，常与南岭准静止锋连为一体，二者天气特征也近似。

(4)锢囚锋天气

由于冷锋移动速度较暖锋快，冷锋赶上暖锋或者两条冷锋相遇，把暖空气抬到高空而在原来锋面下面又形成的新锋面，叫锢囚锋。如果锋前冷气团比锋后冷气团更冷，称为暖性锢囚锋。而如果锋后冷气团比锋前冷气团更冷，则称为冷性锢囚锋。由于锢囚锋是两条移速不同的锋合并而成，因此保留了其原有两条锋的一些天气特征。但由于锢囚后，暖空气被逐渐抬高，沿锋面扩展，所以锢囚初期，云层逐渐增厚，云区范围扩大，降水区域也随之扩大，降水增强。随着锢囚的发展，暖空气被抬得很高，水汽含量减少，云层变薄至消散，降水慢慢减弱停止，而锢囚锋也变成了单一的暖锋或冷锋，锢囚消失(图 6-8)。锢囚锋主要出现在我国东北和华北地区，以春季最常见。

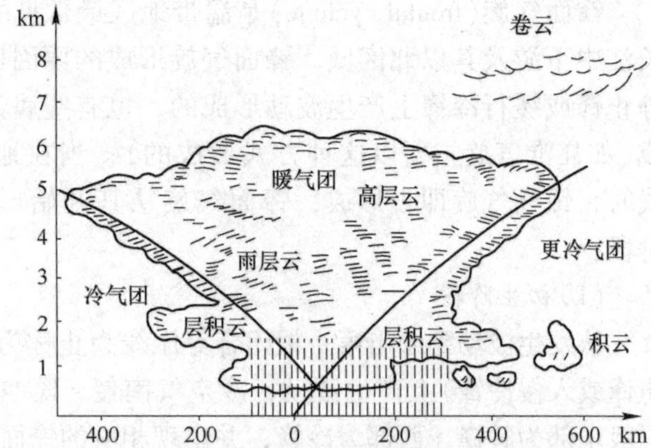

图 6-8 锢囚锋天气示意

上述各种锋是影响我国天气的主要天气系统，由于我国特殊的地理位置，冷、暖气团活动频繁，锋生现象十分活跃，锋的形成和移动，给许多地区带来充沛的降水，是造成我国夏季温暖湿润、冬季严寒干燥的主要原因之一。

6.2 气旋和反气旋

气旋(cyclone)和反气旋(anticyclone)也是常见的天气系统，它的形成和移动对一地的天气影响很大。气旋是占有三度空间的中心气压比四周低的水平空气涡旋，又称低压。反气旋是占有三度空间的、中心气压比四周高的水平空气涡旋，又称高压。气旋和反气旋的名称是从大气流场而来，而高压和低压名称是从气压场而来。

6.2.1 气旋

6.2.1.1 气旋的一般特征

气旋的范围是以地面天气图上最外围闭合等压线的直径来确定的。气旋的平均直径为 1 000km 左右，大的可达 2 000 ~ 3 000km，小的只有 100 ~ 200km。

气旋的强度以其中心气压值表示，气压越低，其强度越大，地面气旋中心值一般在 1 010 ~ 970hPa，发展特别强大的气旋可低于 935hPa，海洋上曾有的低到 920hPa。若气旋中心气压随时间下降，称为气旋“加深”或“发展”，反之，称为气旋“减弱”或“填塞”。

在北半球，气旋内部气流运动模式为：近地层气流围绕中心作逆时针旋转，由于摩擦作用，气流向中心辐合，中心气流由于周围气流的辐合作用而上升。因为绝热冷却，发生水汽凝结，形成云雨，所以气旋内部一般多阴雨天气。按气旋形成地理位置的不同，可分为温带气旋和热带气旋。若按其内部热力结构又可分为锋面气旋和无锋面气旋。

6.2.1.2 锋面气旋

锋面气旋(frontal cyclone)是温带地区最常见的一类气旋，在我国主要发生在长江中下游及其以北区域。锋面气旋形成的原因比较复杂，大多数情况下是在准静止锋或缓行冷锋上产生波动形成的，也有些属于冷锋进入热低压后暖锋锋生而成(如江淮气旋主要以这种方式形成的)，当在地面锋带上出现第一根闭合等压线时，锋面气旋即告形成，锋面气旋从其开始形成到最后消亡大致可分为4个阶段：

(1)初生阶段

从发生波动到绘出第一根闭合等压线为止称为初生阶段。此时，原锋面(准静止锋或入侵冷锋)上产生波动，冷空气南侵，暖空气向北扩展，形成冷暖锋结构，一般东部为暖锋，西部为冷锋，并出现相应的锋面天气。

(2)发展阶段

冷暖锋进一步发展，气旋进一步加深，南侧暖区变窄，天气表现为云层变厚，雨区扩大，降水强度增加。

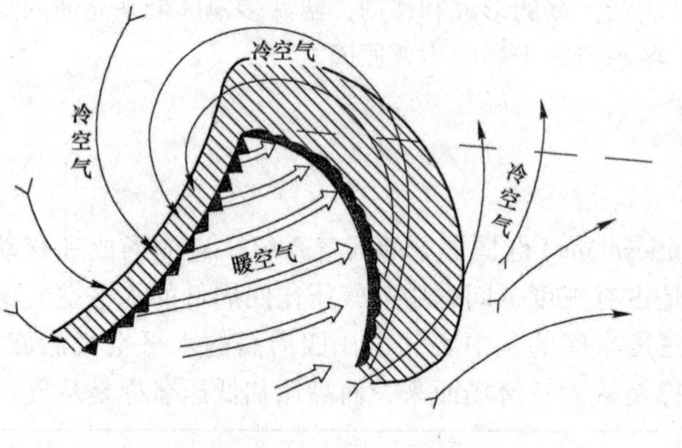

图6-9 锋面气旋模式

(3)锢囚阶段

冷锋赶上暖锋，形成锢囚，暖锋进一步变窄，暖空气被抬升，此时气旋达到全盛阶段，地面为锢囚锋天气(图6-9)。

(4)消亡阶段

暖区消失，暖空气被抬离地面，地面形成冷性涡旋，此时降水区域变宽，降水强度由强转弱并逐渐停止，随着冷空气的入侵以及气旋和地表的摩擦等热量交换，冷涡逐渐填塞、减弱，最后消失。

由于锋面气旋处在盛行西风带内，所以它是有规律自西向东移动。当锋面气旋的前部(东部)经过时，常出现气压下降，温度升高，天气回暖，有阵雨或暴雨，较大的偏南风；它的后部(西部)经过时，气压上升，温度下降，刮西北风或北风，多云、阴天或下雨、下雪。有些气旋并不是在锋面上形成的，这类气旋属无锋面气旋(如热带低压台风、地方性气旋雷暴等)。

6.2.1.3 活动于我国的气旋

活动在我国的气旋中有锋面气旋，也有无锋面气旋(如热带气旋台风)。这里主要讨论活动于中高纬度、气旋内形成锋面的温带气旋。

(1)蒙古气旋和东北气旋

活动于东北地区，一年四季都可出现，在春季4~5月活动频繁。主要天气是大风、风沙、雷暴和雷雨，常引起东北林区的森林火灾。大兴安岭林区的特大森林火灾几乎有一半是在它影响下形成的。

(2)黄河气旋

多发生在河套及黄河下游一带，全年均可出现，以夏半年为多。夏半年气旋发展较强，可在内蒙古中部、华北北部和山东中南部形成降水过程和大风天气。

(3)江淮气旋

生成于长江中下游及淮河流域，一年四季都有，以4~7月最多，是造成此地区暴雨的重要天气系统之一，也是长江流域梅雨天气的形式原因。

(4)东北冷涡

东北冷涡是高空冷性旋涡，是我国北方地区的主要天气系统。5~6月多，常引发地面大风，导致大兴安岭森林火灾。夏季引起东北、华北和内蒙古雷阵雨、降雹天气；冬季是大风低温天气，常伴有阵雪。

(5)西南涡

西南涡是四川盆地西部和南部高空冷性低涡，一年四季均出现，在其控制下，多阴雨天气，是长江流域和南方地区风雨天气的主要系统之一。

6.2.2 反气旋

6.2.2.1 反气旋的一般特征

反气旋是占有三维空间的，在同一高度上中心气压高于四周的大尺度涡旋，从气压场角度看就是高压系统。在北半球，反气旋内近地层空气沿顺时针方向由中心向外辐散，中心气流下沉，高空气流辐合。

反气旋的尺度是以其地面最外围闭合等压线的直径表示，一般反气旋尺度较大，发展强盛的反气旋可以覆盖直径几千千米的区域，也有一些尺度较小，但对大气环流形势影响巨大，如阻塞高压等。

反气旋的强度一般用其中心气压值表示，中心气压值越高，其强度越大，一般在1 030~1 040hPa，强时可达1 080hPa以上。当反气旋中心气压随时间逐渐升高时，称为反气旋“发展”或“加强”，反之，称为反气旋“减弱”或“填塞”。

反气旋内部天气由于其中心气流下沉增温，因此一般为晴好天气，气温的日较差较大，冬季在冷性反气旋控制下，可出现霜冻，有时可形成辐射雾。

6.2.2.2 活动于我国的反气旋

(1)冷性反气旋(冷高压)

冷性反气旋发生于极寒冷的中纬度和高纬度地区(如北半球的格陵兰、加拿大、北极、西伯利亚和蒙古等地区)，在冬半年活动频繁。其势力强大，影响范围广泛，往往给活动地区造成降温、大风和降水，是中、高纬地区冬季最重要的天气系统。

由于亚洲大陆面积广大，北部地区冬半年气温很低，南部又有青藏高原和东西走向的高大山脉阻挡冷空气南下，故亚洲大陆是北半球冷性反气旋活动最频繁、发展最强大的地区。冬半年，蒙古是相当寒冷的地区，易产生冷性反气旋。如果强冷高压入侵我国时带来大量冷空气，这种大范围的强烈冷空气活动可形成寒潮。

(2)暖性反气旋(太平洋副热带高压)

由于大气环流，在南北半球的副热带地区，经常维持着沿纬圈分布的高压带，称为副热带高压带(简称副高)。位于太平洋上的高压称为太平洋副热带高压。

副高呈椭圆形，长轴大致同纬圈平行，是暖性动力系统。它的维持和活动对低纬与中纬地区间水汽、热量、能量、动量的输送和平衡起着重要作用，对低纬度环流和天气变化具有重大影响。影响我国的太平洋副热带高压，在其不同部位，因结构不同，天气也不相同。在脊线附近为下沉气流，多晴朗少云的天气。高压脊的西部和西北部边缘与西风带锋区相邻，多气旋和锋面活动，一般水汽丰沛，上升运动强烈，故多阴雨天气。脊线附近有很强的辐散下沉气流，多晴朗少云、炎热的天气；脊线南侧为东风气流，常有台风、热带低压、东风波、热带辐合带等热带系统活动，常产生大雨甚至暴雨、大风、雷暴等强对流性天气。

西太平洋高压脊位置的季节变化(图6-10)，与我国大陆上雨带的季节位移有密切关系。通常雨带位于副热带高压脊线以北约5～8个纬距，脊线移动，雨带也随之移动。副高脊线的移动并不是均匀的，而是跳跃式前进，表现为快速北上和振荡徘徊相结合。一般来说，冬季2～3月，副高脊线在15°N徘徊，随着季节变暖，脊线缓慢北移。4～6月，脊线明显地向北移到20°N以南，这时大范围雨区常在华南地区；6月中旬至下旬，副高脊线北跳到20°N以北，徘徊在20°～25°N之间，此时我国长江中下游正是梅雨开始时期；到了7月上、中旬副高脊线再次出现北跳至25°N以北地区，在30°N附近徘徊，大范围雨区由长江流域移到黄淮流域，长江流域梅雨结束，进入盛夏炎热少雨的伏旱期；7月底至8月初脊线稳定在35°N附近，华北和东北雨季开始；9月上旬副高脊线退回到25°N附近，10月上旬到达20°N以南，雨区也随之南移。此后，中国出现冬季天气形势，副高对我国天气影响转入次要地位。

以上是副高一年中季节性南北移动的一般规律。实际上副高活动经常出现异常，导致旱涝等灾害性天气发生。例如，我国1954年4～7月，1991年4～7月，1998年7～9月，副高北上迟缓，脊线稳定滞留在20°～25°N，长江流域梅雨持久，形成罕见的洪水；而1961、1983年副高脊线很快越过20°～25°N附近，6月中旬起，副高稳定在30°N附近，江淮流域夏季雨量较少，出现了旱象。

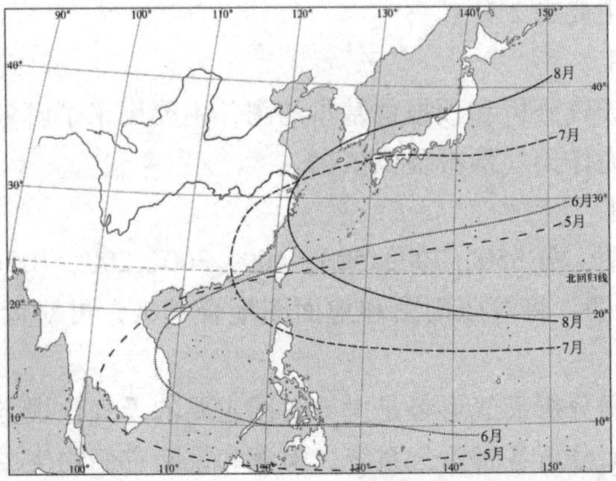

(a)

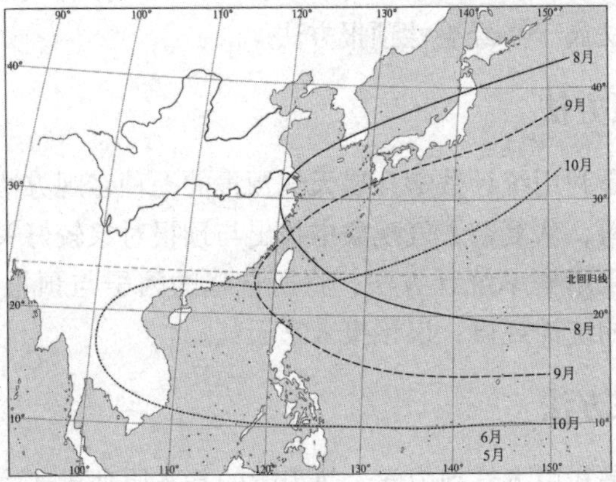

(b)

图 6-10 西太平洋副热带高压外围 5～8(a)月和 8～10(b)月 500hPa 平均位置

6.3 天气预报方法简介

天气预报(synoptic forecast)分为天气形势预报和气象要素预报。天气形势预报是对低压、高压、槽、脊、锋面等天气系统的移动、强度变化以及生成和消失的预报；而气象要素预报是对大气中云况、降水、温度、风及各种天气现象的预报，即通常意义的天气预报。根据预报时间的长短，又可分为 1～3d 的短期预报；3d 以上至 10d 的中期预报；一个月、一季或一年的长期预报；以及一年以上的超长期预报。

天气预报是气象工作为经济建设和国防建设服务的重要手段之一。随着国民经济和科学技术的发展，天气预报的方法和技术水平也在逐步提高。

6.3.1 天气图预报方法

将全国各地同时间观测的气象资料集中到气象中心，绘制出天气图，从天气图上分析高、低气压系统，预报它们的未来移动和强度变化，推断各地未来天气变化，及时分析出引起各地天气变化的天气系统，这种方法称天气图预报方法。目前，天气图的种类主要有2种：

(1)地面天气图

地面天气图是天气分析和预报最基本的图，主要用来了解地面天气系统和天气现象的分布状况，为作天气预报提供依据。

(2)高空天气图

即高空等压面图，分850，700，500，400，300，200，100mb，常用的是850，700，500mb等压面图，将等压面图和地面图配合起来，可对天气系统的空间结构作进一步分析研究。

以天气图为依据分析天气形势是世界各国主要的天气预报方法，是在前后连续地面和高空天气图上分析各种天气系统，追溯和推断它们的生成、移动和发展。因此，与预报员的经验有关。不同的认识和经验，在同一张天气图上，可得出不同的预报结论。这种方法属于半经验性预报方法。

6.3.2 统计预报方法

统计预报方法是利用统计数学开展天气预报的一种客观方法。基本做法是：根据大量历史气象资料，从复杂天气现象中找出与预报对象较好关系的物理因子作为预报的依据，然后采用概率统计方法，将所选择的因子与预报量之间建立客观联系，找出天气气候的统计规律，以预报未来天气。

6.3.3 数值预报方法

数值预报方法是利用大气动力学、热力学的基本原理描述大气运动，得到一组数学方程式，然后将起始时刻的天气图资料输入计算机对方程组求解，算出未来各时刻、各地点和各高度上的等压面气压、温度、湿度和风几个分量的预报值，绘制出天气形势预报图。数值预报的外推时间不能太长，做时效较长的预报必须一时段、一时段地往前预报，作多次的重复计算。通过计算机计算作出的天气预报方法，是一种客观定量的方法。

数值天气预报已经成为业务天气预报必不可少的基础。随着计算机技术的飞速发展、数值天气预报模式技术的不断改进、气象观测资料的增多，数值天气预报的水平将上一个新台阶。以数值天气预报为基础结合其他方法而建立起来的综合现代天气预报，也将更好地成为进行天气形势分析和实际天气预报重要而有效的方法和手段，并在防灾减灾、工程气象保障、社会公众服务等工作中发挥越来越重要的作用。

6.3.4 天气预报的前景

天气预报的技术在不断进步，这与全世界气象观测网调度的加强、电子计算机用于天气预报、气象卫星的出现以及天气学和动力气象学的发展都有关系。因为大气运动非常复杂，大气中包含有大大小小的各种运动，而人们对大气本身的运动认识还很不足，对大气外界因子的认识就更差一些，对于大气演变的规律性掌握不够，故天气预报水平不高。但是，科学总是不断地向前发展，不会永远停留在一个水平上。气象员在预报实践中，不断总结经验，对大气过程和外界因子的作用作更深入地研究，天气预报的水平会不断提高的。

近年来，随着各种先进成熟探测技术和信息技术的应用，现代气象观测技术和手段得到了长足的发展，已经建成了由天基、空基和地基观测系统组成的综合立体气象观测系统，在经济社会发展、国家安全、防灾减灾和国际合作中发挥了重要的作用。天基观测主要包括低轨卫星观测、高轨卫星观测和卫星数据处理系统；空基观测包括气球探测、飞机探测和火箭探测；地基观测包括地面气象观测、地基气候系统观测、地基遥感探测、地基大气边界层探测、地基中高层大气和空间天气监测、地基移动气象观测。下面介绍几种近代气象监测技术：

(1)多普勒雷达

多普勒雷达就是利用多普勒效应进行定位、测速、测距等工作的雷达。多普勒天气雷达是严重灾害性天气警报和临近天气预报的重要业务工具，是无线电技术、信息处理技术和计算机技术发展的产物。利用多普勒效应不仅能够探测表征云中含水量和降水强度的回波强度，还能探测气象目标物相对于雷达运动的速度，对天气预报研究具有重要意义。

常规天气雷达的探测原理是利用云雨目标物对雷达所发射电磁波的散射回波来测定其空间位置、强弱分布、垂直结构等。新一代多普勒天气雷达除能起到常规天气雷达的作用外，还可以利用物理学上的多普勒效应来测定降水粒子的径向运动速度，推断降水云体的移动速度、风场结构特征、垂直气流速度等。新一代多普勒天气雷达可以有效地监测暴雨、冰雹、龙卷等灾害性天气的发生、发展；同时还具有良好的定量测量回波强度的性能，可以定量估测大范围降水；多普勒天气雷达除实时提供各种图像信息外，还可提供对多种灾害性天气的自动识别、追踪产品。

新一代多普勒天气雷达在灾害性天气监测、预警方面，发挥着不可替代的作用。目前我国已建成的新一代多普勒天气雷达主要分S、C两种波段，S波段雷达主要分布在沿海地区及主要降雨流域，C波段雷达主要分布在内陆地区。到“十一五”计划末期，全国将建成158部多普勒天气雷达构成的天气雷达网。

①C波段天气雷达(CINRAD/CC)　C波段多普勒天气雷达可以对台风、暴雨等大范围强降水天气的监测距离大于400km，并能获取150km半径范围内的降水区降水及风场信息，可对150km半径范围内的降雨进行较准确估测。与常规天气雷达相比，CINRAD/CC雷达增加了风场信息，能有效地监测和预报阵风锋，下击暴流，热带气旋，风切变等灾害性天气。

②S波段雷达(CINRAD/SA)　新一代S波段多普勒天气雷达可以监视半径为400km范围的地区内台风、暴雨、飑线、冰雹、龙卷等大范围强降水天气，对雹云、龙卷气旋等中小尺度强天气现象的有效监测和识别距离可达230km，可在距离雷达150km处识别雹云中尺度为2～3km的核区，或判别尺度为10km左右的龙卷气旋。其先进的技术手段将显著增强对暴雨、冰雹等灾害性天气的监测和预警能

力，进一步提高降水预报的时间、空间分辨率，实现降水预报的定点、定量、定时化，为工农业生产和人民生活提供更好的气象预报服务。

(2)气象火箭

气象火箭是携带气象仪器对中、高层大气进行探测的火箭。探测高度主要在30km以上，80km以下自由气球所达不到的高度。探测项目包括大气温度、密度、风向和风速等气象要素，以及大气成分、太阳紫外线辐射等内容。当火箭达到顶端时，抛射出探空仪，利用丝绸或尼龙制成的降落伞使仪器阻尼下落，可探测20～70km高度的气象要素，如果火箭上升到顶端，放出金属化尼龙充气气球或尼龙条带或其他轻质材料，用精密雷达跟踪，可探测30～100km上空风、大气密度，再推算出温度、气压等气象要素。此外，还有甩取样火箭测定大气成分和臭氧含量等，以及用火箭来研究电离层、太阳紫外辐射等。

(3)气象卫星

气象卫星可连续、快速、大面积地探测全球的大气变化情况，是空间、遥感、计算机、通信和控制技术等高技术相结合的产物。由于轨道的不同，可分为两大类，即太阳同步极轨气象卫星和地球同步气象卫星。极轨气象卫星的运动采用近极地太阳同步轨道，卫星轨道平面和太阳光线保持固定的交角，飞行轨道接近圆形，飞行高度约为600～1 500km，卫星倾角约为81°～103°，每条轨道都经过高纬度地区，每天对地球表面巡视2遍，可以获得全球气象资料，但是对某一地区每天只能观测2次。地球同步气象卫星的运行高度约为35 800km，其轨道平面和地球的赤道平面重合，运行周期和地球自转周期相等。从地球上看，卫星静止在赤道某经度上空，所以又称为静止卫星。这种卫星在不到30min的时间内就可对其视野范围内的大气进行一次观测，利于监视变化快和生命史短的天气系统，如台风、强风暴等。由于地球同步卫星的运行高度比极轨卫星高得多。所以，取得的云图等资料的水平分辨率比极轨卫星差，而且只用一颗地球同步卫星也无法取得全球资料。

(4)自动气象站

自动气象站是由电子设备或计算机控制的自动进行气象观测和资料收集传输的气象站，一般由传感器、变换器、数据处理装置、资料发送装置、电源等部分组成。可以连续测量地面气压、气温、湿度、风向、风速、雨量、地温、辐射、日照、蒸发等气象要素。由计算机业务软件进行数据处理、显示和打印报表，并实现观测数据的存储、上传和查询。这种自动站早期用于实时查询气象资料，现在逐渐取代气象站日常主要观测工作。

6.4 主要灾害性天气过程

灾害性天气是指对人类生产生活或生存环境造成破坏和损失的特殊天气。本节将讨论主要灾害性天气以及与林业有关的气象灾害的发生规律和防御技术。

6.4.1 寒潮

6.4.1.1 寒潮的概念

寒潮(cold wave)是指大范围强冷空气活动引起气温下降的天气过程。为了区别寒潮与一般冷空气活动，中央气象台制定了全国性的寒潮标准，凡一次冷空气侵入使长江中下游及其以北地区，在48h内最低气温下降10℃以上，长江中下游最低气温达4℃或以下，陆上有相当3个大行政区出现5~7级大风，沿海有3个海区出现7级以上大风，称为寒潮。若在48h内降温达14℃以上则为强寒潮。

6.4.1.2 寒潮源地及路径

入侵我国的寒潮主要发源于北极地带(新地岛以东或以西洋面上或冰岛以南洋面上)，当它南侵时大多数都要经过所谓关键区(见图6-11的阴影部分)，然后分三路侵袭到我国各地，即东路、西路和中路。

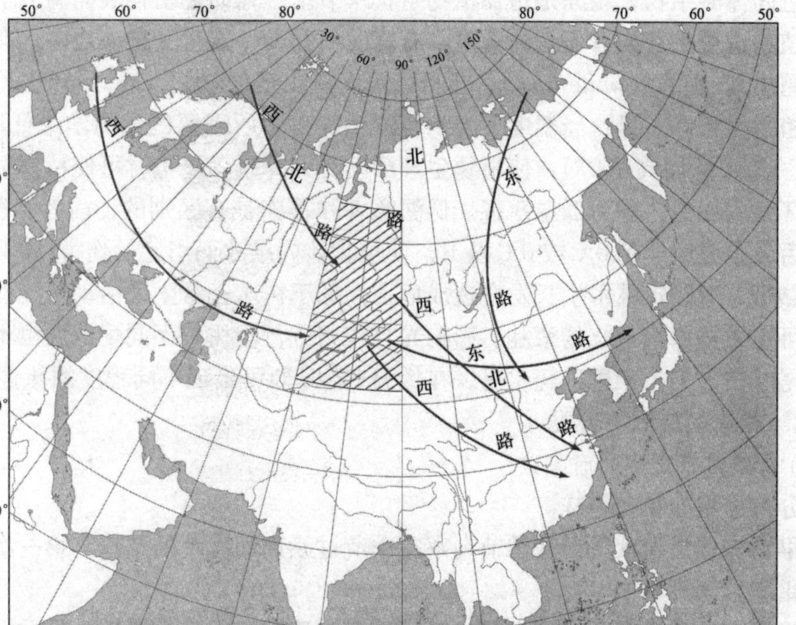

图6-11 影响我国寒潮源地和路径示意

(1)中路(或称西北路)

寒潮冷空气从关键区经蒙古由我国河套附近南下，直达长江中下游及江南地区。

(2)东路

寒潮冷空气从关键区经蒙古到达我国内蒙古及东北地区，以后其主力继续东移，但低层冷空气折向西南方向移动。从渤海经华北，直达两湖盆地。

(3)西路

寒潮冷空气从关键区经我国新疆、青海、西藏高原东侧南下。

冷空气从关键区入侵到我国西北地区，一般需要1~2d；入侵到华北、东北地区，一般需3d左右；侵入到长江以南，则需要4d左右。

6.4.1.3 寒潮天气

形成寒潮的天气系统在地面主要有强冷高压和强冷锋。冷锋过境时风向突变，锋后有偏北大风，常伴有降水，温度剧降，气压很快升高。这种冬半年北方冷空气大规模的向南暴发，使所经地区出现大风、降温、雨雪和冰冻等灾害天气。

6.4.2 霜冻

6.4.2.1 霜冻的概念

在植物生长的温暖季节里，土壤表面或植物表面温度下降到0℃或0℃以下，引起植物体内组织冻结产生的短时间低温冻害称为霜冻。霜冻和霜是有区别的。霜是指白色固体凝结物，霜冻是指在植物生长季节里，地面和植物表面温度下降到足以引起植物遭受伤害或者死亡的低温。有霜时植物不一定遭受霜冻之害。有霜冻时可以有霜出现(白霜，white frost)，也可以没有霜出现(黑霜，hard frost)。

在植物生长季节里，当温度下降到植物生长发育所需要的生物学最低温度(通常为5℃)以下，而高于0℃，使植物生理活动受到障碍，严重时可使植物某些组织和器官坏死的现象，称为低温寒害。低温寒害和霜冻是有区别的，前者温度在0℃以上，后者是温度达到0℃或0℃以下，使植物体内结冰而引起的伤害。0℃以上的寒害对热带、亚热带林木生长发育造成危害，低于树木正常生理活动所能忍耐的最低温度可造成林木酶系统的紊乱，影响光合作用进行。树种不同耐低温也不同，如橡胶、尾叶桉、马占相思、轻木等，在低温5℃时即可出现不同程度的寒害。

6.4.2.2 霜冻的成因与分类

(1)根据霜冻发生的时期分

可分为早霜冻和晚霜冻。

①早霜冻　是指秋天温暖季节向寒冷季节过渡期间发生的霜冻。第一次早霜冻也叫初霜冻。

②晚霜冻　是指春天寒冷季节向温暖季节过渡期间发生的霜冻。最后一次晚霜冻也叫终霜冻。

终霜冻至初霜冻之间的日期称为无霜冻期。由于大多数植物在温度低于0℃时遭受霜冻，所以通常用地面最低温度>0℃的初、终日期间的天数来表示，称为无霜期。无霜期是描述地区热量资源丰歉的一个指标。

(2)根据霜冻发生的天气条件分

可分成平流霜冻、辐射霜冻和混合霜冻3种。

①平流霜冻　北方冷空气平流入侵而形成的霜冻为平流霜冻。常表现为西伯利亚冷空气暴发南下，冷锋过后偏北风很大。由于冷空气侵袭的地区很广，所以霜冻造成灾害的地域也较大，受地形条件影响较小。平流霜冻常出现在早春或晚秋。

②辐射霜冻 晴朗无风或微风的夜间地面辐射热量降温而引起的霜冻。一般在冷高压控制下，空气比较干燥，夜间天晴风静。这种霜冻也多在早春或晚秋出现。

③混合霜冻 冷平流和辐射冷却共同作用下发生。首先是有冷空气入侵，引起温度急剧下降，夜间又由于辐射冷却作用继续降温。因此，混合霜冷强度比较大，经常出现于早秋和晚春，是形成初霜和终霜冻的主要形式，危害很严重。

6.4.2.3 霜冻的危害

晚秋早霜、初春晚霜都是生长尚未木质化或开始萌芽时，因突降霜冻而受害。不同的植物及其所处的生长发育阶段不同，它们对低温的抗御能力也不同。春季植物萌发的新枝、新叶不耐低温，如杏、桃、李、苹果和梨树等，在花芽期能忍受的最低温度是-4℃左右，开花期的温度不能低于-2℃。

一般说来，植物的营养器官的抗寒能力比繁殖器官强。花蕾尤其是雌蕊抗寒力最弱，气温在0~-2℃即遭冻害。植物在幼苗期抗寒能力弱，易受冻害。大树尤其是针叶树抗寒力极强，在-50~-60℃的低温下还能生存。此外，乡土树种由于适应了当地环境，具有较强的抗寒性。

植物遭受霜冻不严重时，植物不会冻死。温度回升后，可通过缓慢的解冻而恢复生命力。但如霜冻后气温急剧上升，会使细胞间的冰晶迅速融化成水，而这些水分在还未能被细胞逐渐吸收前就被大量蒸发，这样就会造成植物枯萎，甚至引起死亡。因此，霜冻强度愈大，降温后如果天气晴朗，气温回升愈急剧，则对植物危害愈大。霜冻的强度愈大，持续时间愈长，植物受害也愈重。

地形对霜冻的形成，特别是对霜冻的强度和持续时间有着密切的关系。盆地、洼地，坡地下部和山谷等处，地势低洼，冷空气由于密度大，夜间就容易沉积在那里。因此，这些地方气温下降得很低，霜冻也特别严重，群众中有“霜打洼地”的说法。山谷洼地与冷空气下沉堆积发生霜冻，对霜冻比较敏感的树种应尽量避开栽种。

山坡的不同部位霜冻情况也不一样。一般说来，山腰霜冻最轻，山顶次之，山麓霜冻最为厉害。坡向不同，霜冻情况也有差别。北坡的霜冻重于南坡，东坡和东南坡的霜冻危害比西坡和西南坡严重，因为日出时东坡温度回升快，对植物不利。

江湖河海和水库、池塘附近由于水汽充沛温度下降时水汽凝结释放潜热，使温度下降减缓，所以不易形成霜冻。

土壤状况对霜冻的发生和强度也有很大影响。干燥疏松的土壤和砂性土壤，地面温度极易降低，易形成霜冻，强度也大。而湿土、黏土则相反。

6.4.2.4 防御霜冻的对策

防御霜冻的方法主要分2种：一是生物技术方法，主要有选择抗冻品种，改进管理技术，增强植物抗寒性，适地适树，合理布局等；二是物理方法，有以下几种：

①熏烟法 燃烧烟堆形成烟雾，可以阻挡地面辐射，使地面温度不致降得很低。同时形成烟雾时会因燃烧而产生大量热量，使近地面的空气温度升高；而且，烟雾里有许多吸湿性烟粒，可以充当凝结核，使空气中的水汽在烟粒上凝结，并放

出潜热，也能提高近地面空气温度。据试验，一般熏烟能提高温度1～2℃，有时达3℃左右。

②灌水法　灌水使土壤湿润后，增强了导热性和热容量，使夜间土壤散热慢。并且灌水后近地面空气变得潮湿，水汽易于凝结，放出潜热，增加周围空气的温度。在霜冻来临的前一天下午灌水效果最好，可增温2～3℃。灌水量一般以土壤充分湿透为宜。近几年来，不少地方发展了喷灌，不仅省水，而且灌水均匀，在霜冻前进行喷灌可取得较好的效果。

③覆盖法　利用不同的覆盖物，以减少地面热辐射损失，同时被保护植物与外界隔离，本身温度不会降低，即可达到防御霜冻的目的。一般使用的覆盖材料有芦苇、稻草、麦秸、草木灰、杂草、牲畜粪以及塑料布、牛皮纸等。由于覆盖法所需的人力物力很大，故不适宜大面积使用。经济价值高的树木或果树可进行包扎，覆盖法的热效应常比其他方法更好些。

④喷雾法　把水滴均匀洒到植物叶面上，可释放热量，但要不断喷洒。

⑤直接加热法　用加热器直接加热空气，可提高温度几度。这种方法多用于果园和苗圃防霜冻。加热器通常烧油、煤油、天然气、红外线加热器等。

⑥风障法　如防护林，能减轻冷空气侵袭。

6.4.3　台风

6.4.3.1　台风的概念和分布

台风(typhoon)是形成于热带海洋上的强大而深厚的气旋性空气涡旋。在西太平洋称台风，在东北太平洋和大西洋称飓风，在印度洋称热带风暴。我国1989年1月1日起采用国际规定的热带气旋名称和等级标准(表6-3)。

表6-3　热带气旋名称和等级标准

热带气旋名称	等级标准(近中心最大风力)
热带低压	6～7级(风速10.8～17.1m/s)
热带风暴	8～9级(风速17.2～24.4m/s)
强热带风暴	10～11级(风速24.5～32.6m/s)
台风或飓风	12级以上(风速≥32.7m/s)

台风的范围，一般为600～1 000km，最大可达2 000km，最小仅为100km。中心附近风速愈大，中心气压愈低，标志着台风的强度愈大。

台风大多数发生在南、北纬5°～20°的海水温度较高的洋面上，主要发生在8个海区(图6-12)，即北半球的北太平洋西部和东部、北大西洋西部、孟加拉湾和阿拉伯海5个海区，南半球的南太平洋西部、南印度洋西部和东部3个海区。每年发生的台风总数约80次，其中半数以上发生在北太平洋(约占55%)，北半球占总数的73%，南半球仅占27%。南大西洋和南太平洋东部没有台风发生。

北半球台风(除孟加拉湾和阿拉伯海以外)主要发生在海温比较高的7～10月，南半球发生在高温的1～3月，其他季节显著减少。

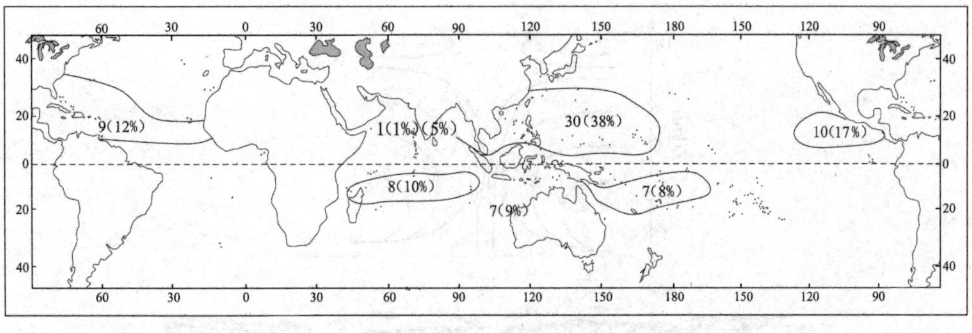

图 6-12 全球台风发生区域分布

6.4.3.2 台风形成的条件

每年在台风季节里，根据电台广播的台风消息、台风警报，它经常产生在北纬5°~20°的热带，而且年年是这样。可以说，热带的海洋是台风的老家。产生台风的条件，主要有3个：

(1)广阔的高温洋面

广阔的高温洋面是成为台风形成、发展的必要条件。海温低于26.5℃的洋面，一般不会有台风发生，而海温高于29~30℃的洋面则极易发生台风。洋面蒸发大量水汽，高温高湿的低层大气层结很不稳定。北太平洋西部的低纬洋面暖季(7~10月)海温可达30℃以上，水汽又充沛，成为全球台风发生最多的区域。

(2)要有合适的纬度

足够大的水平地转偏向力，可使热带扰动辐合气流形成气旋性涡旋。所以，大多数台风在纬度5°~20°之间的洋面上形成。

(3)合适的流场

因为大气低层扰动中有较强的辐合流场，高空有辐散流场，利于潜热释放，尤其当高空辐散流场强于低空辐合流场时，低空扰动就得以加强，逐渐发展成台风。热带辐合带是气流辐合系统，极易产生弱涡旋，成为台风形成发展的有利流场。

6.4.3.3 台风的结构和天气

台风的结构和天气可分为3个部分(图6-13)：

①台风眼区　位于台风中心，半径为10~20km，大的可达30~40km。在台风眼区，气流下沉，天气晴好，风也很小，仅有时出现薄的卷云和层云。但当台风中心强度减弱或登陆后受地面摩擦影响，台风眼区会出现上升气流，天气反而转坏，云层密布，有时出现降水。

②涡旋区　靠近台风眼外围的最大风速区，半径约50~100km，也有达200km以上的。这里强烈的上升气流，常造成数十千米，高达十几千米的垂直云墙，云墙下出现狂风暴雨，风力达12级以上，是台风中天气最坏的区域。

③外围大风区　台风的边缘向内一直到最大风速区的外围，半径约为200~300km，有时可更大，外围大风区风力一般6~8级。

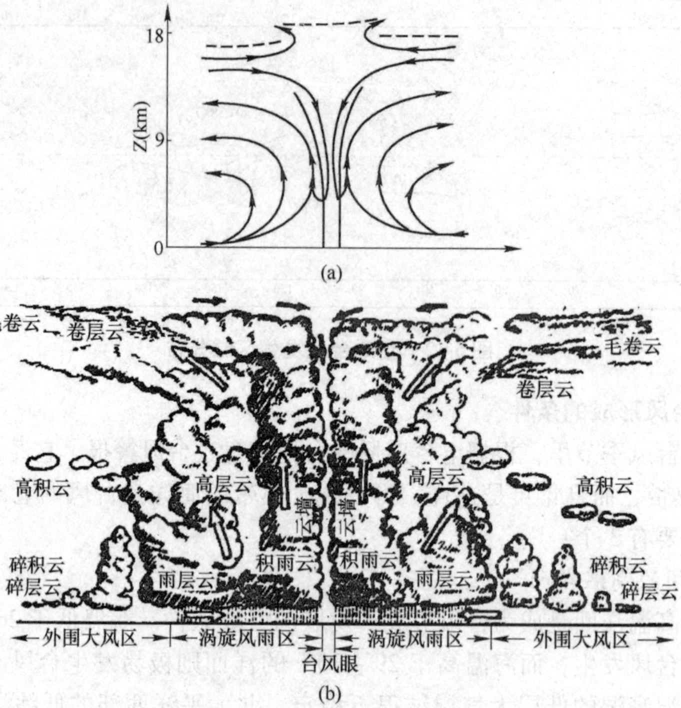

图 6-13 台风垂直环流(a)和水平结构模式(b)

6.4.3.4 台风的路径

西太平洋地区台风形成后，有 3 条移动路径(图 6-14)：

第一条是偏西路径：台风经菲律宾或巴林塘海峡、巴士海峡进入南海，西行至海南岛或越南登陆。有时进入南海西行一段后，突然北行至广东登陆，对华南地区影响较大。

第二条是西北路径：台风向西北偏西方向移动，在我国台湾省登陆，然后穿过台湾海峡在福建浙江再次登陆。或者以西北方向经琉球群岛在江浙一带登陆。这条路径也称登陆路径。

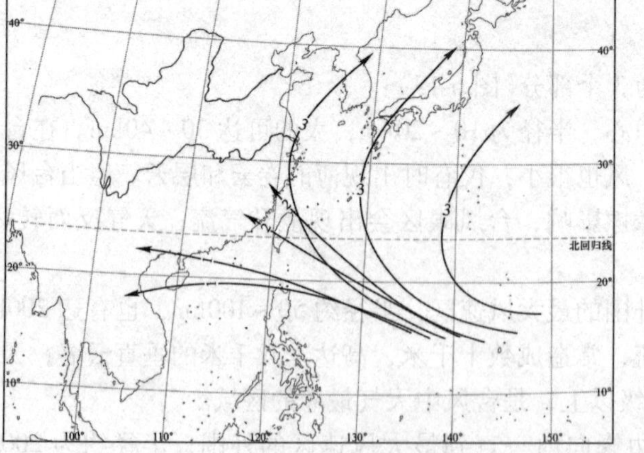

图 6-14 北太平洋西部台风移动路径示意

第三条是转向路径：台风从菲律宾以东海面向西北方向移动，在 25°N 附近转向东北，向日本方向移去。

一般在 6 月以前或 9 月以后，台风主要取第一、第三条路径，而 7、8 月多取第二条路径。近 20 年来，登陆我国的台风大约有 200

个，平均每年10个。最早在5月11日，最迟到11月27日。

6.4.3.5 台风的危害

台风是世界上最严重的自然灾害之一，死亡人数和经济损失均居全球之首。最强大的台风破坏范围宽达500km，弱小台风25km，多数台风80～160km。台风具有很大的破坏力，对工农业生产、交通运输和人民生活会带来很大损失。对树木常造成风倒、风折、风拔等危害。台风影响还能造成山洪暴发、冲毁堤坝和水库，造成涝灾。台风虽然带来灾害，但是台风也带来充沛降水，能解除伏旱和酷热，是我国南方主要降水形式。台风带来的灾害主要有3种：

①风灾　台风引起的狂风和波涛可倾覆船只，影响渔业生产和水上运输；吹倒大树，毁坏作物。

②雨涝灾　暴雨总量有时可达500～600mm以上，造成山洪暴发和内涝，冲跨水库和堤坝，中断交通，伤害人畜。

③风暴潮灾　强烈大气风暴可引起海面水位异常涌升。严重时可冲垮海堤，使海水倒灌，农田淹没。台风经常造成人畜死伤。

6.4.3.6 台风的防御

由于台风会造成重大灾害。所以当它一旦在海上形成后，气象部门就对它日夜监视，并及时发布预报。当台风预计在48h后可能影响我国时，便发布台风消息；预计48h内台风的六级大风区影响沿海地区，便发布台风警报；预计24h内台风登陆，便发布台风紧急警报。1960年以来，中央气象台对每年影响我国的台风都分别进行编号，例如今年第一号台风、第2号台风等，并发布台风中心位置、强度、移动速度和移动趋向的预报。具体预防措施有：

①监测　目前全球广泛应用气象卫星探测台风，许多国家还使用飞机。我国有完整的台站网和密度较大的气象雷达网，我国发射的风云气象卫星可以有效监测台风。

②预报　采用天气图、数值预报、数理统计或三者有机结合，特别注意应用气象卫星云图、雷达资料及各种气象资料综合分析。

③警报服务　如气象部门发布的台风消息、台风警报和台风紧急警报等。气象部门及时发布预报，预计48h内台风的六级大风区影响沿海地区，便发布台风警报；预计24h内台风登陆，便发布台风紧急警报。建立相应的防御机构，制订应急预案。

6.4.4 龙卷风

龙卷(cyclone)是自积雨云底部伸出来的漏斗状的涡旋云柱。龙卷伸展到地面时引起的强烈旋风称龙卷风。寿命短促，范围很小，但风力极强，破坏性极大，外形为漏斗状云柱，从浓积云或积雨云中垂直伸向地面，由凝结的水滴、地面杂物及从水体卷去的水分组成，龙卷有时悬挂在空中，有时伸延到地面。出现在陆地上的称陆龙卷，出现在海面上的称海龙卷。

龙卷风涡旋中心风速最小或无风，中心以外数十米极狭小环带风速最大，可达100m/s以上。破坏宽度多在1km以内，有的仅几十米。1988年7月4日下午河南省固始县5个村受害，640栋房屋被毁，损坏919间，死4人，伤79人，刮倒农作物107hm²，树木倒折无数，直接经济损失160万元。

龙卷的水平尺度很小，近地层直径一般几米到几百米，空中直径可达3~4km，甚至10km。垂直范围在3~15km间。生存时间几分钟到几十分钟。龙卷是一种强烈旋转的小涡旋，中心气压很低，一般比同高度四周低几十百帕，强龙卷中心附近的地面气压可降至400hPa以下，极端情况可达200hPa。由于中心气压很低、气压梯度极大，引发出强大风速和上升速度。据估计，龙卷中心附近的风速达几十到100m/s，极端情况可达150m/s以上，最大上升速度每秒达几十米至上百米。这种极强的上升和水平气流具有巨大破坏力，能摧毁建筑物并能将上千、上万吨重物卷入空中(图6-15)。

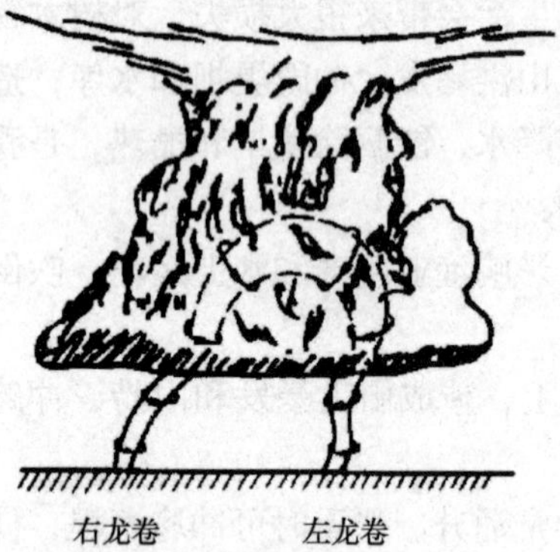

图6-15　左龙卷风和右龙卷风

从世界范围看，龙卷主要发生在中纬度(20°~50°)地区。美国是龙卷出现最多的国家，平均每年出现500次左右。澳大利亚、日本次之。我国也有出现，主要在华南、华东一带，以春季、夏初为多。龙卷风是灾害性天气，预防措施有以下几点：①植树造林，保持水土，减少对流，破坏其形成条件。②增加水体面积，缓和垂直对流。③加强监测预报，适时发出警报，向安全方向躲避。

6.4.5　雷暴

雷暴(lightning storm)是一种很窄有强风并伴随着雷暴大雨的对流性天气带，具有巨大破坏力，常出现在强冷锋前，过境风速20m/s以上，生命史6~9h，移速比冷锋快2~3倍。雷暴是由旺盛积雨云所引起的伴有闪电、雷鸣和强阵雨的局地风暴。没有降水的闪电、雷鸣现象，称干雷暴。雷暴过境时，气象要素和天气现象会发生剧烈变化，如气压猛升，风向急转，风速大增，气温突降，随后倾盆大雨。强烈的雷暴甚至带来冰雹、龙卷等严重灾害。

通常把只伴有阵雨的雷暴称一般雷暴，把伴有暴雨、大风、冰雹、龙卷等严重灾害性天气现象之一者，称强雷暴。两者都是由发展强烈的积雨云形成的，这类积雨云称雷暴云。一次雷暴过程并不只是一块雷暴云，而往往是由几个或更多个处于不同发展阶段的雷暴单体所组成。这些雷暴单体虽然处于同一个雷暴云中，而每个单体都具有独立的云内环流，都经历发展阶段(云中贯穿上升气流)、成熟阶段(云中出现降水以及降水拖曳的下沉气流)和消散阶段(云中为下沉气流)，并处于不断新生和消失的新陈代谢过程中。

雷暴活动具有一定的地区性和季节性。据统计，低纬度雷暴出现的次数多于中纬度，中纬度又多于高纬度。这是由于低纬度终年高温、多雨，空气处于暖湿不稳定状态，容易形成雷暴。中纬度夏半年，近地层大气增温增湿，大气层结不稳定度增大，同时经常有天气系统活动，雷暴次数也较多。高纬度气温低湿度小，大气比较稳定，雷暴很少出现。就同纬度来说，雷暴出现次数，一般是山地多于平原，内陆多于沿海。一年中，雷暴出现最多的是夏季，春秋次之，冬季除暖湿地区外，极少出现。

雷暴移动受地理条件影响很大。在山区受山地阻挡，雷暴常沿山脉移动，如果山地不高，发展强盛的雷暴可越山而过。在海岸、江河、湖泊地区，白天因水面温度较低，常有局部下沉气流产生，致使雷暴强度减弱甚至消失，而一些较弱雷暴往往不能越过水面而沿岸移动，但在夜间，雷暴可能增强。

6.4.6 冰雹

冰雹(hailstone)是从发展旺盛的积雨云中降落到地面的固态降水物。它通常以小冰粒为核心，外包以多层明暗相间的冰壳。冰雹直径一般5~50mm，大的可达30cm以上。

6.4.6.1 冰雹的时空分布

冰雹分布特征是山区多于平原，内陆多于沿海，中纬度地区多于高纬度地区和低纬度地区。冰雹在春夏之交和夏秋之交为多，冬季很少降雹。就日分布来说，各地冰雹多半在午后发生，夜间和清晨较少。通常冰雹降落范围较小，时间较短，仅几分钟。成灾的降雹带平均长度常在20~30km以下，宽度常在几公里以内。所以群众中流传有“雹打一条线”的说法。

我国各地降雹日数年际变化很大，并有明显的季节变化。2~3月主要发生在西南、华南和江南；4~5月主要在长江流域、淮河流域和四川盆地；6~9月在西北、华北和东北。从全国看，4~9月占总数84%，5~6月为高峰，各占22%。中纬度地区午后到傍晚降雹为主，四川盆地和湘西、鄂西夜间为主。多雹区主要在高原和大山脉，成带状分布，我国青藏高原和祁连山区冰雹最多。

6.4.6.2 冰雹的形成条件

(1)强烈的上升气流

发展旺盛的积雨云，云中必须有大于20m/s以上的强烈上升气流。且时强时弱，使冰雹在云中多次上下反复，冰雹逐渐增大。上升气流达50m/s时，可形成10cm的冰雹(图6-16)。

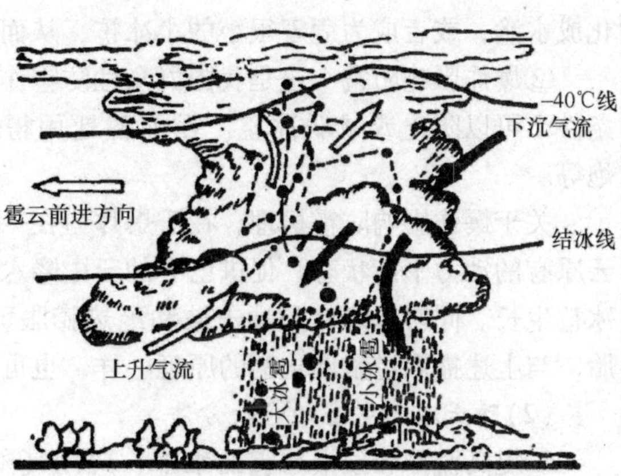

图6-16 冰雹的形成过程

(2)充足的水汽

水汽充足，经过上下反复碰并，冰雹容易增大。要在10min里从冰雹胚胎增长到1cm直径的冰雹，则云里含水量至少应大于

$10g/m^3$。

(3)足够的低温和适当的温度配置

冰雹是在0℃以下的环境里形成的，为了能有足够厚的负温区供冰雹运动增长，以及自发生地产生部分冰雹胚胎，则云顶温度一般在-20℃以下。中纬度地区，夏季对应的云顶高度约6~7km以上。摄氏度零度层应有适当高度，地面温度不能过高。

(4)冰雹的胚胎数量适当

冰雹是由胚胎碰并开始增长的，如果胚胎过多，也就不会造成大量有危害的冰雹。所以只有数量适当的胚胎才能造成有相当数量又有一定大小的成灾冰雹。

由于同时满足上述条件的时空区域相当有限，所以冰雹灾害具有局地性，出现的几率也较小。

例如，发展旺盛的积雨云垂直厚度一般在8 000m以上，云顶温度常达-40℃以下，云滴为冰晶和雪花；中部-40~0℃，为过冷却水滴和冰晶；云底高于0℃，由水滴组成。云体移动前方为上升气流，后方为下沉气流。具备适当的动力或热力条件，云内对流就迅速发展，云体中上部形成水分聚集区，下层云滴抬升与冰晶、雪花相碰冻结形成雹核并增大。雹体随对流运动上下往复，粒径变大重量增加。直至云中上升气流再也托不住时，即落地成雹。冰雹云边缘常发黄红色，带有推磨似的雷声，常伴随大风和暴雨天气。

6.4.6.3 冰雹的防御和补救

(1)冰雹的防御办法

目前人工防雹基本上是采用播撒催化剂和爆炸影响2种办法。在我国主要采用爆炸影响。国外防雹则更多采用插撒催化剂，他们利用飞机、高射炮和火箭向云体播撒催化剂，或采用地面燃烧作业，通过上升气流把催化剂带入雹云。具体方法如下：

①播撒催化剂防雹　人工播撒过量催化剂的目的，是使大量催化剂成为人工胚胎。致使每个胚胎竞争有限的水量，结果每个冰雹都长不大。它们在降落时，或者化成水滴，或者成为危害很小的小冰雹，从而达到防雹目的。

②爆炸影响防雹　这是我国群众性防雹作业中最常用的方法，实践证明在一定条件下可以防止或减弱冰雹。目前各地用得较多的是空炸炮、小火箭和三七高炮等。

关于爆炸影响防雹机理，在于爆炸力在一定条件下作为一种瞬时外力，打破雹云原有的动力平衡状态，促进已有的云中降水粒子提前下落，间接影响雹云发展和冰雹生长。同时爆炸时的冲击波和绝热膨胀可使云中过冷水滴冻结，造成大量胚胎，与上述播撒过量催化剂的原理一样，也可达到防雹目的。

(2)防止冰雹灾害的补救方法

①提高监测和预报冰雹的水平　应用气象雷达跟踪探测，总结强对流天气模式，应用计算机数值预报。还可肉眼识别雹云，一般移动快，云体发黄，有的中间灰暗，常伴有连续不断的沉闷雷声，多有横闪。

②改造下垫面 植树种草，绿化荒山，扩大灌溉面积等，缩小下垫面热力差异，削弱上升运动，从而减少雹灾。

③调整农业结构，以防为主 多雹地区适当加大林牧业比重，种植业调整作物比例，早期多雹地段增加再生能力强的作物；生长后期多雹的地段增加耐雹力强的作物。调整播种期，使最不抗雹的生育期错开多雹时段。

④人工消雹 在冰雹云中播撒凝结核，加速凝结成雨，避免成雹。

⑤雹灾后的补救 根据灾情，及时中耕松土提高地温，追施速效肥并浇水，促进植株恢复生长。

6.4.7 干旱灾害

我国气候具有强烈的季风性与大陆性，气候类型多样。由于季风在年际及季节间进退的时间、强度变化都很大，因而各种气象灾害频繁，尤其以旱涝灾害对我国林业生产影响最为严重。

旱灾是指没有降水或降水显著偏少，是土壤水分不能满足植物正常生长发育而造成灾害的现象。灾害发生地区遍及全国，在干旱半干旱气候区发生频率比较高，而在湿润、半湿润气候区发生几率小。但由于降水变率大，在降水量比平均值显著偏小的年份也可能发生灾害。我国历史上严重的旱灾都是由于长期无雨、少雨造成的。我国一般是北方春旱严重，长江流域江南和江淮则以伏旱较多。据历史记载，从公元前206年到公元1949年的2 115年中发生旱灾达1 056次。1949年以来，严重干旱的年份有1959、1960、1961、1966、1972、1978、1980、1988和1994年。如1994年几十年来罕见的江淮伏旱，使安徽全椒县8月上旬成片的2 000hm^2多树木、果木与竹子被旱死。干旱灾害影响着森林气候资源的充分利用，限制林木的速生丰产、蓄积量的提高以及林副产品数量的增加和质量的提高。

6.4.7.1 干旱灾害的概念

干旱(drought)一词包含2种含义：一是从气候上指干旱气候，如我国一般采用250～400mm的年降水量之间定为半干旱区，<250mm为干旱区。中国气候区划中，干旱气候是指H. L·彭曼公式计算的最大可能蒸散量与年降水量的比值大于或等于3.5的地区，如我国的内蒙古西部、宁夏、甘肃、青海、西藏北部、新疆的塔里木盆地和准噶尔盆地等地区。干旱的另一种含义是指干旱灾害，与干旱气候不同，干旱灾害是指某一地区长期降水偏少，造成空气干燥，土壤缺水，水源枯竭，影响植物正常生长发育而造成灾害的现象。

6.4.7.2 干旱的类型

按照干旱发生的原因，通常可分为大气干旱、土壤干旱和生理干旱。

(1)大气干旱

旱灾最初表现为空气干旱，它是由于大气的蒸发力很强，使林木蒸腾消耗的水分很多，即便土壤并不干旱，但根系吸收的水分不足以补偿蒸腾的支出，致使植物体内的水分状况恶化。例如，茶树对大气干旱非常敏感，采收前20d的平均相对湿度大于80%的产量最高，品质最佳；低于60%时呼吸作用强，光合作用弱，产量低而且品质差。大气干旱常导致植物病虫害的猖獗与森林火灾。

(2)土壤干旱

由于土壤含水量减少，植物吸收不到足够的水分去补偿蒸腾的支出，使植物体内水分收支失去平衡，从而影响植物正常的生理活动，林木生长发育受阻。土壤水分减少，植物吸水困难，明显不足以抵消蒸腾支出时，细胞失去膨压，出现萎蔫现象，此时土壤水分称做“凋萎系数”。当土壤水分减少到植物在夜间也不能恢复膨压而表现出永久萎蔫时称做“永久凋萎系数”，此时，植物严重受旱而逐渐死亡。

(3)生理干旱

它的危害程度与大气干旱和土壤干旱有关。由于植物主要是通过根系从土壤中吸收水分的，因此，土壤干旱程度主要将直接影响生理干旱的危害程度。土壤干旱对林木的许多生理功能变化，如淀粉的水解、呼吸作用、光合作用、原生质透性及黏滞性的增强等都可产生不利影响。最后导致生长减退、年轮变窄。如内蒙古乌兰布和以及干旱牧区由于降水少，土壤产生干旱，不但造林成活率低，而且成活的旱柳植株也因干旱而枯梢死亡。

6.4.7.3 干旱的指标

影响干旱严重程度的因子很多，所以确定干旱的指标是一个较复杂的问题。以下列举几种旱灾的指标：

(1)降水量

若某地区某时段的降水量少于某一个界限值，就可能发生干旱，则用这个界限值作为干旱指标。如广西林业上秋旱指标是：以 2~4 月降水量≤200mm 为春旱，8~10 月降水≤250mm 为夏秋旱。

(2)降水距平

表 6-4 是用降水量距平(D)提出的干旱标准，其表达式为：

$$D = \frac{R - \overline{R}}{\overline{R}} \times 100\% \tag{6-1}$$

式中：R 为当前某时段的实际降水量；$\overline{R}$为同期多年平均降水量。

表 6-4 干旱标准 $D\%$

旱期	一般干旱	重旱
连续 3 个月以上	-25% ~ -50%	-50% 以上
连续 2 个月	-50% ~ -80%	-80% 以上
1 个月	-80% 以上(关键期)	

(3)土壤湿度

当土壤湿度低于某数值，植物因吸收水分不足而受旱。以茶树为例，当土壤相对含水量降到 60% 时，就有缺水的表现，降到 40% ~50% 时生长大大减慢，尤其芽叶的生长几乎停止，降到 30% 时芽叶生长完全停止。

(4) 干燥度

干燥度(K)其表达式如下：

$$K = \frac{0.16\sum T}{R} \tag{6-2}$$

式中：$\sum T$ 为 >10℃ 积温；R 为同期降水。如贵州省以修正的干燥度 $\left(K = \frac{0.16\sum T}{R}\right)$ 作为干旱指标，以 3～5 月 K 值 1.0～1.2 为轻春旱，>1.2 为重春旱。

6.4.7.4 旱灾的天气气候成因

久旱与旱灾的发生与大气环流异常紧密相关。干旱天气主要在高压长期控制下形成，发生范围较大。我国北方春旱主要由于冷高压控制，导致空气干燥，风速大，蒸发强。南方伏旱主要是梅雨结束后，副热带高压控制，天气晴热蒸发强所引起。如 1959 年是我国江淮流域严重的夏旱年，该年 7 月 500hPa 图上长江流域为副热带高压系统所盘踞，其势力比常年强大而持久。

6.4.7.5 旱灾的防御措施

旱灾的防御措施主要有以下几点：

(1) 种草种树，改善生态环境

营造防护林，保存林地上地被物，并使其混入土中，改良土壤结构及保水力，有条件地区大力营造常绿阔叶林、涵养水源、减轻干旱危害。

(2) 选用耐旱植物，培育抗旱品种

根据各地区气候状况选择适宜的抗旱树种。一般在极干旱地区，如无地表水或地下水补充，则任何林木均不能生长。干旱地区，在无外来水补给情况下，可以生长和栽种超旱生的灌木，如梭梭、拐枣等。但用中生树种造林，必须进行灌溉。半干旱地区能生长和栽种中生的抗旱树种，但应采取相应的抗旱保墒措施，可以不灌溉。

(3) 节水灌溉

如广西在桂东北和桂西北的低山区域的用材林和经济林可以引中山区域的水源进行灌溉，平原地区可以利用少量(10%)良好土地以栽培农业的方法经营林业，以便于灌溉。

(4) 地面覆盖和化学控制措施

如薄膜、秸秆、稻草等覆盖；还有覆盖剂、保水剂和抗蒸腾剂等。

6.4.8 洪涝灾害

我国洪涝灾害相当频繁，从公元前 206 年到公元 1949 年的 2 155 年间，有文字记载的较大洪涝灾害就有 1 029 次之多，主要发生在长江、黄河、淮河、珠江、松花江和辽河等大江河的中下游地区，其中以黄淮海平原和长江中下游地区最为严重，约占全国受灾面积 3/4 以上。对农林业生产带来严重的影响。

6.4.8.1 洪涝灾害的概念和指标

在连阴雨、暴雨和热带气旋出现较多的春夏或秋季，常使某些地区发生河流泛滥、山洪暴发、低洼处积水、农林植物受淹被冲，并遭受严重损失的现象，称为洪涝(flood)灾害。

洪涝灾害主要是由于降水量过多或异常引起的，因而，许多学者常用降水量异常的程度来确定涝灾指标。以下列举几种洪涝灾害指标。

(1)涝害分级法

用年降水量的准平均值为$\bar{R} \pm d$($\bar{R}$为多年平均降水量，d为距平)，降水量的变化范围在$(\bar{R}+d)$和$(\bar{R}-d)$之间是正常的(朱炳海，1957)，其涝灾指标等级见表6-5。

表6-5 旱涝指标等级

正 常	$(\bar{R}+d) > R > (\bar{R}-d)$
小涝	$(\bar{R}+2d) > R > (\bar{R}+d)$
中涝	$(\bar{R}+3d) > R > (\bar{R}+2d)$
大涝	$R > (\bar{R}+3d)$

(2)标准差法

$$I = \frac{R-\bar{R}}{\sigma} \tag{6-3}$$

式中：I为涝害指标；σ为年降水量指标偏差，其表达式$\sigma = \sqrt{\dfrac{\sum_{i=1}^{n}(R_i-\bar{R})^2}{n-1}}$；$R_i$为某年的降水量；$\bar{R}$为多年平均降水量。当$I>2$为大涝年；$1<I\leqslant 2$为涝年；$-1\leqslant I<1$为常年。

(3)降水量距平分布法

此法根据我国季风气候的降水特征，以5~9月的区域平均总雨量表示夏半年降雨量，并考虑到降水距平分布的特征进行分级。涝害分级指标如下：

1级(涝)$R > (\bar{R}+1.17\sigma)$

2级(偏涝)$(\bar{R}+0.33\sigma) < R \leqslant (\bar{R}+1.17\sigma)$

3级(正常)$(\bar{R}-0.33\sigma) < R \leqslant (\bar{R}+0.33\sigma)$

6.4.8.2 洪涝灾害类型

按照水分过多的程度可分为洪水害、涝害和湿害等。

(1)洪水害

包括江河洪水和山洪，暴雨常形成洪水并引发山洪与山崩或泥石流，冲垮大坝或堤坝，由于暴雨或长时期大量降雨引起。它是山区严重灾害之一，如广西贺县滑水冲自然保护区规模最大的一区山洪泥石流，毁掉了冷水冲上源550~750m一段山坡的森林，破坏了原来森林景观。

(2)涝害

大雨后未能及时排水使地面出现积水。由于地面较长时间积水，使农林植物淹浸死亡，甚至因水分过多引起病菌危害。

(3)土壤湿害

土壤长期处于水分饱和状态，使植物根系缺氧受害发育不良、甚至死亡。如我国东北长白山地区，长白落叶松林地积水，高位沼泽化，落叶松枯死成片，死亡率达83%，死亡树木全部落叶，只剩残株。

6.4.8.3 洪涝灾害的天气气候成因

形成洪涝灾害的原因很多，它包括天气、气候、地形、土质、社会因素，以及人为的活动等。竺可桢早就指出，我国洪水泛滥与季风和风暴之活动有关。由于从春到夏随着夏季风的增强，西太平洋副热带高压也逐渐增强，主要雨带随之从南向北移动，若雨带在某地区长时间停留或徘徊，致使雨量比常年显著偏多，造成涝灾。如1950年6~8月初，雨带在江淮流域徘徊，造成百年不遇的特大涝灾。而1959年初夏，夏季风很强，副热带高压稳定持久盘踞在江淮流域，使雨带未能在长江流域停滞，提前移至华北地区，使华北地区雨水偏多出现洪涝，江淮地区出现干旱危害；9月以后，太平洋副热带高压，迅速减弱，东移南撤，雨带也随之南移。从初夏到秋季登陆热带气旋也常是形成涝害的一个重要天气系统，如1975年8月5~7日，登陆热带气旋在河南南部停留，发生了一次历史上罕见的特大暴雨，约有1 460km^{2}的面积上暴雨过程总降水量超过1 000mm，暴雨中心3d降水量达1 605mm，造成严重洪涝灾害。

6.4.8.4 防御洪涝灾害措施

除了治理河流、修筑水库、搞好排水系统等大型水利工程外，主要具体措施如下：

(1)对易出现山洪与泥石流伴生并发区。采取的防御对策是：①注意有关大暴雨连阴雨的天气预报，以便及早采取应急措施。②在地层岩石疏松的地段，对森林的开发严禁用皆伐方式，采用分期择伐保持坡面的措施。③山区采矿和开采要同时实施保护工程。④已经造成的崩塌要尽快恢复原来的植被面貌和采取保护工程措施。加强气候和水文监测预报，以便及早采取应急措施。

(2)对洪涝灾害易发区，除选择抗水性强、深根性树种造林外，树叶厚小、枝条稀疏的树种可减少暴雨的机械危害。

(3)合理开沟。排涝防湿，使地表水、潜层水和地下水都能迅速排出，以减轻湿害。

(4)生物工程措施，如封山造林，增加森林覆盖面积，是减轻洪涝的一个重要途径。在有森林的地方，降雨时，约有20%~30%的雨水被森林的枝叶截住，10%为枯枝落叶所吸收，其余渗入地下，因而减少地表径流和水土流失，从而减轻洪涝灾害。

(5)兴建水利工程防洪，如兴建水库、修筑堤防、整治河道、开辟分洪区、山区小流域综合治理等。

6.4.9 大风与干热风

气象上规定风力达6级即风速≥12m/s以上的风定为大风(high wind)，它将会给林木造成危害。当风速达20m/s时，森林将发生危害；风速达30m/s时，耐受力很强的森林也会发生危害。

6.4.9.1 大风灾害

(1)大风的种类与危害

①龙卷风　最大风速可达100m/s以上。如1978年4月14日15：15，陕西省乾县国城乡遭受15min的龙卷风袭击，合抱的大树连根拔起，折毁树木6 000多株。1938年6月德国塞纳等地上空，受龙卷风袭击，有几千株大树连根拔起。

②雷暴大风(飑线)　它是一种很窄、有强风并伴随雷暴大雨的对流性天气带，是一种具有巨大破坏力的灾害性天气现象。风速可达20m/s以上，生命史短促，一般6~9h。如1974年6月17日南京发生了一次风飑线过境，风速达38.9m/s，使直径30cm以上的大树被连根拔起。1971年6月16日河北省中部的一次飑线过程，所经之处大小树木全部被刮倒。

③热带气旋挟带的狂风　最强大的热带气旋破坏范围宽度可达500km，多数热带气旋为80~160km。它带来的灾害主要是风灾、雨涝灾以及风暴潮。如1984年10号强台风使广西合浦县树干折断，拔起树根非常普遍，沿海防护林带(网)的木麻黄树有1/3被整株吹断或连根拔起，尤其是与风向垂直的林带损失更大，部分竹丛也被连根拔起。热带气旋是橡胶树的重要灾害。风力大于10级，可使胶树普遍出现折枝、断干或倒伏等风害。风力人于12级可使整片胶园受到毁灭之灾。

④寒潮大风　冬春强冷空气南下产生的寒潮大风以及高压后部的偏南大风与温带低压发展时的大风都可能对林木造成不同程度的损失，寒潮大风几乎遍及全国，热带气旋大风主要影响我国东半部地区，雷暴大风和龙卷风具有一定的局地性。

(2)大风对林木的危害类型

①机械损伤

风倒：因强风吹袭使整株树木连根拔起倒伏地上的现象。

风折：因强风吹袭引起树干断折的现象。多发生于树冠较大和材质脆弱或腐朽的树木。树干的直径越大，折断处的高度越高。

风压：风压常毁坏树木幼芽，吹落树叶，刮落花果，还使树木的枝叶互相撞击摩擦致伤，容易被病菌侵染。

②树木形态和解剖构造的损伤　在强风作用下，甚至会使树木迎风面的芽枯死；在背风面枝叶继续发育，树枝长得粗壮又长，整株树木或是偏冠，或是树冠集中在树干的一面，形成“旗形树冠”。当树木受风作用只是向一边生长时，在迎风面，木材年轮又小又密，背风面年轮又粗又宽，整个木材断面是偏心的。

③树木生理性危害　风速过大，不但空气中CO_2含量减少，还会使树木的气孔关闭，因而使树木光合作用强度降低。

④降低植物生长量　当风速10m/s时，树木的直径生长要比5m/s时低1/2，

要比无风速低2/3。

(3)影响大风对森林危害的因素

①树种　各树种抗风倒能力不同。树冠浓密且庞大的浅根性树种易受风倒之害。主根发达，木材坚硬或深根性树种，一般不易风倒。阔叶树一般比针叶树具有较强的抗风性。

②环境条件　浅根性树种，在肥沃而深厚的土壤上，也能形成深根，增强抗风性。沼泽地、水湿地、土壤黏重，排水与通气不良以及地下水位太高的地方，树种多形成浅根系，很易发生风倒。

③森林的林分特征　郁闭的林分内，林内无风，林木稳定。经过采伐，林内通风条件改变，林木风倒的可能性增加。伐区边缘的林木和采伐迹地保留的母树都易风倒。抚育采伐时采伐强度过大，也都能造成风倒的后果。此外，天然林的抗风性比人工林要强，针阔混交林又比针叶纯林强。

④树木形态　树木高度较高，树干细长，枝下高度高，则风心高度也高，最终表现抗风性较弱。反之，抗风性较强。

⑤林龄　幼龄树木，枝干柔软，大风侵袭，有可能发生倒伏。壮龄时期的林木抗风性为最强，其后开始变弱。这是由于林木超过壮龄后根系发展衰弱，而地上部分生长仍在继续，使林木上部逐渐变得偏重，从而增加了不稳定性。此外，老龄时期的林木，树势减弱，易遭病虫害侵染，也使抗风性减弱。

⑥地形地势　山区多在风口处，山峰顶部，山脊和山坡上部以及狭谷等风速强大的地方风倒现象较多。

(4)防御风害的对策

①营造防护林带(网)　加强沿海防护林建设以减轻热带气旋灾害。还应在当地寒潮入侵路径的上游建立防护林体系，以防御寒潮大风危害。对龙卷风的防御可以通过广泛植树造林，做好水土保持，减少空气的对流作用，以减少或破坏龙卷风形成的条件。

②选择抗强风树种造林　营造混交林，避免大面积纯林。林缘处应种植抗风性的树种作保护。

③多风害地方避免皆伐　择伐更新为宜，间伐使林分结构均匀。还应早行疏伐，疏伐程度宜弱，若抚育采伐时，采伐强度过大，也都能造成风倒的后果。

6.4.9.2　干热风

(1)干热风的概念

干热风（drought and hot wind）是一种高温、低湿并伴有一定风力的农林业灾害天气。主导因子是热，其次是干。气流越过山脉下沉时绝热降温降湿形成的“焚风”实际上也是一种干热风。主要发生在雨季尚未到来之前的干旱少雨时期。在危害植物的过程中有“火风”“热风”，“干旱风”和“热东风”等不同叫法。尽管对干热风的叫法不同，实质都是高温、低湿引起的旱害和热害。常用的干热风气象指标为日最高气温＞30℃，相对湿度≤30%，风速≥3m/s。

(2) 干热风的天气成因

华北平原干热风主要由极地大陆气团南下变性增温造成。地面图上常为东北—西南走向的高压，华北平原处于高压后部，强烈下沉气流和回流西南风促成了干热风天气过程。甘肃河西地区由于柴达木盆地有一低压强烈发展，内蒙古及河套地区为高压，形成东高西低形势，出现偏东风向的干热风。

不同地理环境条件对干热风危害程度有很大影响。山脉背风坡的焚风作用使干热风加重；山谷、盆地由于山坡辐射增温、加上空气下沉增温减湿作用，干热风比平原要重。

(3) 干热风的危害机理

①干热风加剧了植物蒸腾失水。蒸腾强度一般高于正常天气30%～40%，使根系吸水供不应求，植物体内水分平衡失调，代谢活动受阻，导致植物的干燥和枯萎。

②破坏了叶片的光合作用。据研究，当最高气温＞32℃时，植物叶绿素含量开始急剧降低；当气温高于35℃，相对湿度小于25%时，叶片净光合强度几乎等于0。

③破坏了植物体的物质运输。因在高温条件下植物筛管细胞原生质发生部分解体，从而影响有机物质的输送。

④高温使原生蛋白质分解，并使植物体内积累有毒的中间代谢物质。

在上述各项综合作用下，明显阻碍了植物生长，严重的可导致植株死亡。为防止干热风对林木生长的影响，应在干热风严重发生地区选择抗旱的树种；合理调节播种时间；适当灌溉可调节土壤水分；作好田间管理，建立防护林体系改善小气候环境；加强对林木的抚育管理，以增强林木自身抗性。

6.5 气象与森林火灾

森林火灾的发生与否，发生后的蔓延和扩大，决定于是否有火源和森林的可燃性，而它们都与气象条件有着密切的关系。在我国引起森林火灾的火源主要是人为火，局部地区如大兴安岭和四川高山地带也存在天然火源雷击火。人为火引起森林火灾，各地均多发生在少雨雪的干燥季节，而雷击火多发生在夏季高温对流旺盛时期。我国北方春秋雨季是森林火险季节；我国南方除春秋季外，夏季高温少雨期也是林火的多发期，如长江流域在梅雨后有2～3个月在副高控制下的晴好天气，也易发生林火。1987年5月大兴安岭特大森林火灾，就是由于长期干旱无雨，起火后连续几天偏西大风达10级的条件下，林火迅速蔓延的结果。

6.5.1 气象条件与森林火灾

掌握气象条件与森林着火和火灾蔓延的关系，做好森林火险预报，对于消灭人为火是十分重要的，同时对于及时扑灭天然火，防止造成火灾，也是有意义的。有利于森林着火和蔓延发生的气象因子有下列5种。

(1)风

风能加速水分蒸发，使森林可燃物含水量减少，变得干燥，提高可燃物的燃烧性。一旦森林着火后，风能加速空气流通，及时补充森林燃烧过程中的氧气消耗，起助长燃烧作用，使小火迅速扩展为大火，地表火变成树冠火。风还能传播火源，造成飞火，越过河流、山坡、防火线等，引起新的火灾。因此，风速愈大，火险程度愈大，愈要更加严格控制用火。由于风对森林着火和蔓延都有促进作用，故在林区防火季节，风的大小和风向备受关注，有3级风时，野外要停止用火；5级风以上，烟囱不能冒烟。并随时作好扑火准备，以防止森林火灾发生。

(2)气温

气温高，空气相对湿度低，饱和差大，蒸散增强，可燃物含水少且温度高，森林易着火和蔓延。因此，在火险季节，由于白天午后温度最高，故最易发生火灾。

(3)降水

降水使可燃物湿度增大，可抑制林火。雨、雪可使森林可燃物失去可燃性，大雨还能帮助人们扑灭林火。雾、霜、露等水汽凝结物愈多，可提高可燃物湿度，起到减少着火、减弱火势和减缓蔓延的作用。因此火险季节有降水则可降低火险程度。

(4)空气湿度

空气湿度小，饱和差大，森林可燃物易干燥，燃烧性增大。因此，一般林内相对湿度在75%以上不会发生火灾。

(5)干旱持续日数

林区连续无降水日期，或降水量低于某个临界值的连续日数，也是林火发生的一个难易指标。一般来说，高温、风大、湿度小和无降水的天数持续愈长，森林可燃烧性提高，愈易发生火灾，着火后蔓延也愈快。例如大兴安岭林区，春季防火期日降水量<5mm的连续日数作为指标，超过10d，就容易发生森林火灾。

6.5.2 森林火灾预报方法

(1)估测法

没有仪器设备的条件下，根据天气阴晴、风力强弱和地被物干燥程度，凭经验来判断火灾危险程度的一种方法。在一般的多云天气状况下，气温不会强烈上升，2级风以上通常不会有森林火灾发生。3级风时发生森林火灾的几率也不大。晴天有4、5级风，则容易发生森林火灾，并能蔓延，因加强防火准备工作。5级风以上的晴天，森林地被比较干燥，很容易着火，并能迅速蔓延成灾，林区应停止一切用火。晴天如风力达到6级以上，森林极易着火，并能引起狂燃大火，很难扑灭，可造成大火灾或特大火灾，应发出防火警报，引起高度警惕。

(2)综合指标法

一个地区无雨期越长，温度越高，空气越干燥，森林地被物的湿度越小，则森林可燃物的燃烧性越大。综合指标是由雨后若干天内的气温和饱和差乘积的代数和来确定的，即

$$综合指标 = \sum_{1}^{n} t \cdot d \quad (6\text{-}4)$$

式中：n 为降水后的天数；t 为13：00空气温度(℃)；d 为13：00空气饱和差(hPa)。

计算综合指标后，根据降水量加以修正。如当时降水量超过2mm，则取消以前积累的综合指标；降水量大于5mm以上时，则将降雨后5d内的综合指标值减去1/4，然后累计得出综合指标。

依此法王正非等确定的小兴安岭林区综合指标等级见表6-6。后来他们提出根据当天风速对每天的综合指标加以修正。用风速补正的火灾危险等级见表6-7。

表6-6 小兴安岭林区确定火灾危险天气等级的综合指标

火灾危险天气等级		综合指标
Ⅰ级	没有危险	150以下
Ⅱ级	很少危险	151～300
Ⅲ级	中等危险	301～500
Ⅳ级	高度危险	501～1 000
Ⅴ级	极度危险	1 000以上

表6-7 用风速补正的火灾危险等级

风级	风速(m/s)	补正系数	综合指标				
			0～150	151～300	301～500	501～1 000	＞1 000
3	3.4～5.4	1.000	Ⅰ	Ⅱ	Ⅲ	Ⅳ	Ⅴ
4	5.5～7.9	1.525	Ⅰ	Ⅲ	Ⅳ	Ⅴ	Ⅴ
5	8.0～10.7	2.125	Ⅰ	Ⅲ	Ⅳ	Ⅴ	Ⅴ
6	≥10.8	2.725	Ⅰ	Ⅳ	Ⅴ	Ⅴ	Ⅴ

例如，风速为6m/s，综合指标为400，不考虑风速因子，森林火灾的危险性为Ⅲ级(查表6-6)。如加以风速修正，则将求得的综合指标乘以补正系数，即400×1.525=610，这样求得的火灾危险性等级为Ⅳ级(查表6-7)。

(3)实效湿度法

可燃物的易燃程度取决于它的含水量。森林可燃物的含水量大小，与空气湿度密切相关。当可燃物含水量大于空气湿度时，可燃物的水分就向外蒸散；反之则吸收。森林可燃物的含水量与空气湿度总趋向于平衡。因此，可用空气湿度预测森林火灾危险程度。实效湿度的计算式如下：

$$实效湿度 = (1-\alpha)(\alpha^0 h_0 + \alpha^1 h_1 + \alpha^2 h_2 + \cdots + \alpha^n h_n) \quad (6\text{-}5)$$

式中：h_0为当日的平均相对湿度；h_1为前1d平均相对湿度；h_2为前2d平均相对湿度；h_n为前n天平均相对湿度；α为系数($\alpha=0.5$)。计算得的实效湿度所对应得火灾危险等级(见表6-8)。

表 6-8 实效湿度和火灾危险等级

火灾危险等级	燃烧特性	实效温度
Ⅰ	不易燃	＞60
Ⅱ	可燃	51～60
Ⅲ	易燃	41～50
Ⅳ	最易燃	31～40
Ⅴ	猛烈燃烧	＜30

(4)火险尺法

黑龙江省大兴安岭防火指挥部，利用大兴安岭林区1956～1979年共发生800起林火资料，制成森林火险预报尺，它具有结构简单，使用方便，有一定准确率等优点。根据发生林火时的风速、空气湿度、温度和雨后天数、发火率的统计资料和实地测定林火发生时地被物的含水率，确定影响林火发生的主要因子及其比重。把影响林火发生的4个主要因子(风速、地被物含水率、雨后隔日数和温度)分别用 A、B、C、D 代表，多因子影响火险程度的比重用可变百分率表示。各火险因子所占比值范围(图6-17)。把整个范围分为五档，即0～20；21～40；41～60；61～80；81～100，5个档即代表5个火险等级。

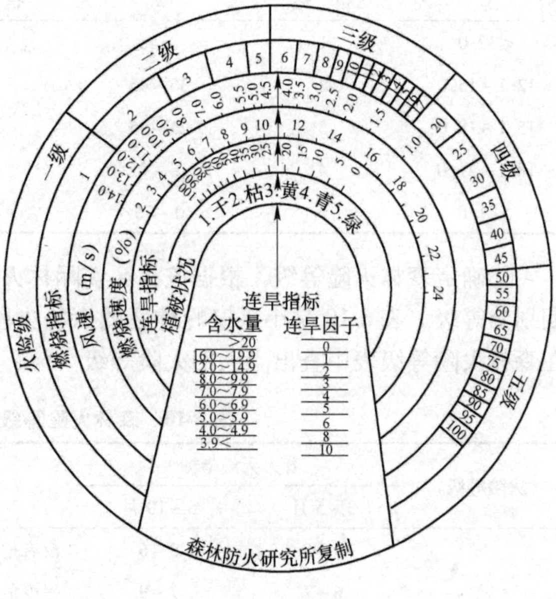

图 6-17 火险尺

使用时，首先查出当时的风速 A 值，对准火险指针，然后依此查出(或测出) B 值、C 值、D 值，对准火险指针。A、B、C、D 之和等于对应的 E 值，即可查出当时的火险等级。

例如，当时风速6.0，则 A 值为20%；地被物含水率为20%～29%，则 B 值为20%；温度为16～20℃，则 D 值为15%；雨后隔5～6d，则 C 值为12%。于是 $E=A+B+C+D=67\%$，即火险等级为Ⅳ级，容易燃烧，发生火灾蔓延快。

风速、温度可以实测，温度为10：00和14：00各测一次。可燃物含水率可凭手感确定。如杂草可拧成绳，无刺手感，则含水率为40%；不能拧绳，刺手感强，则含水率为29%～20%；草能部分折断，甩动有响声，则含水率为19%～10%；草可全部折断时，则含水率在10%以下。

(5)火险等级查算法

火险等级查算法是根据当天14：00实测的气温、空气相对湿度和24h降水量查算出着火天气指标，进而确定森林火险等级；并根据风速确定林火蔓延等级，此法在小兴安岭林区使用，准确率可达70%，具体查算步骤如下：

①确定着火天气指标 根据每日温度、相对湿度和降水记录由表6-9查出各自的指标，3项指标之和即是着火天气指标。

表6-9 要素指标

气温		相对湿度		降水量	
℃	指标	%	指标	mm	指标
≤12.0	1	≥46	1	≥3.1	1
12.1~15.0	2	36~45	2	1.6~3.0	2
15.1~18.0	3	26~35	3	0.6~1.5	3
18.1~21.0	4	16~25	4	0.0~0.5	4
≥21.0	5	0~15	5	无降水	5

②确定森林火险等级 根据该林区实际林火特征，把着火天气指标按不同火险期划分等级。表6-10是小兴安岭林区的森林火险等级表。用当天的着火天气指标在森林火险等级表中查出当天的火险等级。

表6-10 森林火险等级差算表

火险等级	着火天气指标		危险状况
	3~5月	6~10月	
一	3 5	3~6	没有危险
二	6~7	7~9	很少危险，有雷暴天气时雷击火
三	8~9	10~11	中度危险，风力小时可以点烧，注意雷击火
四	10~12	12~13	高度危险，加强巡护，禁止点烧
五	13~15	14~15	最危险，加强巡护，禁止一切用火

③根据当天风速 在表6-11中查出林火蔓延等级。根据查算得到的森林火险等级和林火蔓延等级，采取一定的防护措施。

表6-11 林火蔓延等级查算表

蔓延等级	风力(级)	风速(m/s)	蔓延状况
一	0~2	0.0~3.3	不蔓延或少蔓延
二	4	3.4~5.4	可蔓延
三	>4	≥5.5	蔓延快，禁止点烧

6.6 气象与森林病虫害

危害林木的昆虫与环境有着密切的关系。而环境因素中，与气象因子的关系尤为密切。气象条件不仅直接影响昆虫的生长、发育、繁殖、迁飞、栖息、寿命等，而且还对昆虫的食物、天敌及其构成环境的其他成分发生影响。

6.6.1 森林害虫与气象条件

害虫的防治也必须在适当的气象条件下进行，才能收到良好的效果。

(1)温度

温度是昆虫正常生命活动所必需的条件之一。昆虫正常生长发育所需的温度范围为10~40℃，不同的昆虫以及同一种昆虫的不同发育都有一定的适温范围，在该范围内，寿命最长，生命活动最旺盛，发育与繁殖正常进行。超过该范围，则繁殖停滞，发育迟缓，甚至死亡。根据不同的温度范围对昆虫的影响情况，大致可分为5个温区：

①致死高温区　是使昆虫在短期内致死的高温范围。温带地区该温区一般为45~60℃。

②亚致死高温区　不适宜的高温长期延续，能造成昆虫死亡。该温区一般为40~45℃。

③适宜温区　是使昆虫的生命活动正常进行的温度范围。该温区一般为8~40℃，其中最适温度为20~30℃。

④亚致死低温区　能使昆虫代谢活动激烈下降的低温范围，若低温持续时间过长，则有致死作用。该温区一般为8~-10℃。

⑤致死低温区　是使昆虫在短期内低温致死的温度范围。该温区一般为-10~-40℃。

昆虫某发育期的平均温度与昆虫的发育起点温度之差，表示对昆虫生长发育起有效作用的温度叫做有效温度。该发育期内有效温度的总和为有效积温，可用下式表示：

$$N(\bar{t} - C) = K \tag{6-5}$$

式中：K为有效积温；N为某生长发育期所需要的时间称发育历期；t为发育期内的平均温度；C为发育起点温度。

昆虫的各生长发育期除要求一定的温度范围外，对有效积温也有一定要求，有效积温只有到达到一定的数值，才能完成生长发育，昆虫的发育速率在适宜的温度范围内随着温度升高而加快，其发育所需时间则随温度升高而减少，完成一个发育阶段所需要的时间，与该时期内的平均温度的乘积，在理论上是一个常数，这种温度与昆虫发育速度之间的规律，称为有效积温法则。利用有效积温法则，已知某昆虫完成一个世代所需的有效积温和某地多年平均有效积温，即可计算昆虫在该地可能发生的世代数。利用有效积温法则还可预测昆虫的发育期，来年的发生程度以及地理分布的北限。

(2)湿度和水分

水是一切生物体生命活动的基础，昆虫的一切新陈代谢活动都以水为介质，昆虫所需的水分来自于环境，所以空气湿度和降水可直接影响昆虫的发育、生殖及寿命。

像昆虫对温度的要求一样，昆虫对湿度也要求一定的范围，最适范围一般为70% ~90%。空气湿度过低或过高都可以抑制昆虫的生长发育。低温可引起昆虫体内水分大量损失，使正常的生理活动中止，导致虫体死亡。适宜的温度范围内，昆虫的发育速度随湿度增加而加快，产卵量随湿度增加而增多；湿度过高，会延滞昆虫的生长、发育。

湿度对昆虫卵的死亡率有明显作用。昆虫卵的孵化一般需要一定的湿度，湿度过低，卵会因失水而干瘪死亡，湿度过高会发生霉烂而死亡。

雨、雪除通过增加空气和土壤湿度来影响昆虫外，还可通过降水的机械作用直接杀死昆虫或对昆虫的卵起冲刷作用；毛毛雨有利于昆虫的活动，而大雨则抑制昆虫活动。雪有利于昆虫的越冬。

(3)光

光对昆虫生命活动的影响，主要决定于光性质、光强度及光周期。昆虫的可见光谱区为0.25 ~0.7μm，偏于短波，许多害虫对0.37 ~0.4μm 的紫外光有较强的趋光性，近年来我国在农林业生产上，使用能发射短光波光的黑光灯来诱杀害虫。光强度主要影响昆虫活动的昼夜节律，过强的光照和黑暗的环境对昆虫都有推迟、延缓发育时间的作用。有些昆虫为了度过高温的夏季或低温的冬季，常有滞育现象，而引起滞育的主要原因是光周期变化。根据昆虫对光周期变化的反应不同，可把昆虫分为长日照滞育型、短日照滞育型、中间型和无光周期反应型。昆虫的滞育除由光周期变化引起外，还与温度、湿度、食物等其他生态因素有关。

(4)风

风与昆虫的生长、发育无直接作用，使对昆虫的远距离迁飞有重要的意义。迁飞是昆虫在生长、发育的某个特定阶段，在一定季节，成群或分散地从一个发生地有规律地飞行到另一个地区的特殊适应现象，一般情况下，昆虫经常借助于风，进行短距离的迁飞。据研究，昆虫迁飞的方向与大气环流有密切关系。

6.6.2 森林病害与气象条件

树木生病的原因，叫做病原。根据病原的不同，可把树木病害分成两大类：一类是由于病原生物(真菌、细菌、病毒、线虫等)的侵染引起的，称为侵染性病害；一类是由于寒冷、日灼、干旱、高温、缺肥及土质不好等非生物因素引起的，称为生理性病害。两类病害都与气象条件有密切关系，气象条件还直接影响树木的生长、发育状况。生长在适宜气候条件下的优树壮苗，其抗病能力就强，侵染性病害虽然是受了病原生物的侵染而发生的，但发生程度与树木的健壮程度及林内气象条件有很大关系。同时，病原菌的发育、繁殖、传播等也都受到气象条件的制约。

6.6.2.1 侵染性病害与气象条件

(1)温度

各种病害的病原菌的发育都需要一定的温度，主要病害的病原菌的发育温度最低为5 ~10℃，最高为30 ~40℃，发育的最适温度一般为20 ~30℃。不同的病原菌或同一病原菌的不同发育阶段，如孢子形成、飞散、孢子发芽等都有不同的最适温度、最低温度或最高温度。

温度是季节性病害发生的决定性因素，也是决定病害地理分布的关键因子，病原菌侵入树木后，潜伏期的长短也主要决定于温度条件。

(2)湿度与降水

湿度是病害发生的重要限制因子。绝大多数病害都发生在湿度高的地方。病原菌的孢子形成、飞散、发芽、侵入等都需要充分的湿度，大多数病菌孢子只有在水滴中才能萌芽，湿度还影响病害的地理分布。

土壤湿度对树木病害影响也很大。不仅影响病原体的孢子形成、发芽等，还影响树木的抗病力。降水可通过增加空气和土壤湿度来影响树木病害，含有病原菌的雨水飞溅时，使病害得以传播。积雪可使林木抗病力下降，并有利于病原菌的繁殖。

(3)风和光

病原体的传播主要靠风力，风力有利于孢子的释放和短距离传播，而且还可使某些病原体远距离传播。大风能使树木发生机械损伤，成为病原体侵染的门户。光照可使许多病原真菌孢子生长和成熟。

6.6.2.2 生理性病害与气象条件

树木的生理病害种类很多，由不良的气象条件下引起的病害最多。树木的不同部位，不同发育期所适应的最高温度各有不同，超过其限度时，树木就会出现落叶，苗木就会出现灼伤，形成茎腐病。对于树皮薄而光滑的树木，如大叶杨、桦树、枫、冷杉等，则易引起日灼病。

树木在非自然分布区以北地区生长时，易受低温危害。树木受冻害、霜害、霜裂、冻拔、冻裂痕等低温害以后，茎部皮层剥落，出现溃疡。水分不足可引起树木叶子失色、凋萎、提早落叶，以致死亡。在暖热干旱地区，叶子因水分损失过多，又不能从根部得到补偿，就会使叶片在边缘及叶脉间呈现褐色死亡区域的叶焦病，水分过量时又可引起树木的水肿病，花期如阴雨过多，常发生落果。

思 考 题

1. 什么是气团？气团有哪两种分类法？一年四季影响我国的主要气团有哪几种？
2. 什么是锋？锋有哪些主要特征和分类？用图解释暖锋天气、冷锋天气、静止锋天气和锢囚锋天气的形成过程和主要特征(包括云、雨区等)。
3. 什么是气旋和反气旋？它们的大小、范围、天气特征有何差异？
4. 锋面气旋的概念如何？试用图解释它的形成过程和各个阶段的天气特征。
5. 天气预报的方法主要有哪几种？它们之间有哪些差异？
6. 寒潮是如何定义的？它有哪些天气特征和危害？
7. 霜冻与低温寒害有何差别？防御方法有哪些？
8. 台风与龙卷风的概念、结构和形成条件有哪些差异？

9. 冰雹是如何形成的？如何进行冰雹的预防和补救？
10. 干旱的类型和指标有哪些？预防干旱有哪些措施？
11. 洪涝灾害类型和指标有哪些？试述洪涝灾害的成因和防御措施。
12. 大风和干热风有哪些差异？它们对林业生产有哪些危害？
13. 森林火灾主要受哪些气象条件的影响？预报森林火灾主要采取哪些方法？
14. 气象条件对森林病虫害有哪些影响？

第7章　气候与中国气候

某一地区的气候(climate)是指该地区多年的大气状况的综合，包括平均状况和极端状况。因此，既可以用气象要素的平均值(如平均温度、平均降水量)等来表示一个地方的气候，还可以用各个气象要素的极值、位相、频率、变率、强度、持续时间和各月分布等来表示。此外，还有若干气象要素综合的指标(如干燥度、大陆度等)。

气候系统是一个包括大气圈、水圈、陆地表面、冰雪圈和生物圈在内的，能够决定气候形成、气候分布和气候变化的统一的物理系统。太阳辐射是这个系统的能源，在太阳辐射的作用下，气候系统内部产生一系列的复杂过程，这些过程在不同时间和不同空间尺度上有着密切的相互作用，各个组成部分之间，通过物质交换和能量交换，紧密地结合成一个复杂的、有机联系的气候系统。

在气候系统的5个子系统中，大气圈是主体部分，也是最可变的部分。水圈、陆地表面、冰雪圈和生物圈都可视为大气圈的下垫面。气候的形成和变化可归纳为以下诸因子：①太阳辐射；②宇宙—地球物理因子；③环流因子(包括大气环流和洋流)；④下垫面因子(包括海陆分布、地形与地面特性、冰雪覆盖)；⑤人类活动的影响。随着工业化的发展和人口的增多，人类活动已成为气候形成的因素之一。

世界各地的气候千差万别。赤道两侧终年高温，极地低温高寒，温带四季分明。尽管各地气候不同，但形成气候的因子却是相同的，即太阳辐射、大气环流以及人类活动的综合影响。

7.1　气候形成的因素

7.1.1　气候形成的辐射因子

太阳辐射既是地球的主要能源，又是大气一切物理过程和物理现象发生的基本动力。所以，它是形成气候的第一因子，不同地区的气候差异和季节变化，主要是太阳辐射在地球表面分布不均及其随时间变化的结果。

太阳辐射在大气上界的时空分布是由太阳与地球间的天文位置决定的，又称天文辐射。由天文辐射所决定的地球气候称为天文气候，它反映了世界气候的基本轮廓。除太阳本身的变化外，天文辐射能量主要决定于日地距离、太阳高度和白昼长度。

7.1.1.1 天文辐射的计算

除太阳本身的变化外，天文辐射能量主要决定于日地距离、太阳高度和白昼长度。

(1) 日地距离

地球绕太阳公转的轨道为椭圆形，太阳位于两焦点之一上。因此日地距离时时都在变化，这种变化以一年为周期。地球上受到太阳辐射的强度是与日地间距离的平方成反比的。在某一时刻，大气上界的太阳辐射强度 I 应为：

$$I = \frac{a^2}{b^2} I_0 \tag{7-1}$$

式中：b 为该时刻的日地距离；a 为地球公转轨道的平均半径；I_0 为太阳常数 1 370W/m²。假若取 $a=1$(1 个天文单位)，b/a 用 ρ 表示，则

$$I = \frac{I_0}{\rho^2} \tag{7-2}$$

一年中地球在公转轨道上运行，就近代情况而言，在1月初经过近日点，7月初经过远日点，按上式计算，便得到各月大气上界太阳辐射强度变化值(给出与太阳常数相差的百分数，见表7-1)。

表7-1 大气上界太阳辐射强度的变化

月 份	1	2	3	4	5	6	7	8	9	10	11	12
%	3.4	2.8	1.8	0.2	−1.5	−2.8	−3.5	−3.1	−1.7	−0.3	1.6	2.8

由表7-1 可见，大气上界的太阳辐射强度在一年中变动于 +3.4% ~ −3.5% 之间。如果略去其他因素的影响，北半球的冬季应当比南半球的冬季暖些，夏季则比南半球凉些。但因其他因素的作用，实际情况并非如此。

(2) 太阳高度

在太阳高度为 h 时，单位面积上所获得的太阳能为 $I\sin h$。再考虑到日地距离的影响，那么每单位时间落到大气上界任意地点的单位水平面上的天文辐射能量为：

$$\frac{\mathrm{d}Q_s}{\mathrm{d}t} = \frac{I_0}{\rho^2}\sin h \tag{7-3}$$

则

$$\frac{\mathrm{d}Q_s}{\mathrm{d}t} = \frac{I_0}{\rho^2}(\sin\varphi\sin\delta + \cos\varphi\cos\delta\cos\omega) \tag{7-4}$$

由式(7-4)可以求出任一地点、任一天太阳辐射在大气上界流入量(天文辐射)的日变化，以及一年中任一天白昼时任一时刻，地球表面水平面上天文辐射的分布。

(3) 白昼长度

要计算任一地点，在1d内1m² 水平面上天文辐射的总能量，可按式(7-4)推算。

$$\mathrm{d}Q_s = \frac{I_0}{\rho^2}(\sin\varphi\sin\delta + \cos\varphi\cos\delta\cos\omega)\,\mathrm{d}t \tag{7-5}$$

考虑到时间 t 与时角 ω 具有如下关系：

$$dt = \frac{T}{2\pi}d\omega$$

式中：T 为 1d 长度(24h = 1 440min)将上式代入式(7-5)，则

$$dQ_s = \frac{T}{2\pi}\frac{I_0}{\rho^2}(\sin\varphi\sin\delta + \cos\varphi\cos\delta\cos\omega)d\omega \quad (7\text{-}6)$$

对式(7-6)从日出到日没，即从 $-\omega_0$ 到 $+\omega_0$ 进行积分，于是得到：

$$Q_s = \frac{T}{2\pi}\frac{I_0}{\rho^2}\int_{-\omega_0}^{+\omega_0}(\sin\varphi\sin\delta + \cos\varphi\cos\delta\cos\omega)d\omega$$

$$= \frac{T}{\pi}\frac{I_0}{\rho^2}(\omega_0\sin\varphi\sin\delta + \cos\varphi\cos\delta\sin\omega_0) \quad (7\text{-}7)$$

上式中 $\frac{T}{\pi}$ = 458.4，太阳赤纬 δ，日地相对距离 ρ 和时角 ω_0 都可由天文年历中查得，因此根据式(7-7)可以计算出某纬度 φ 在某日(查出该日的 ρ、δ 和 ω_0)天文辐射的日总量 Q_s。

7.1.1.2 天文气候

由式(7-7)计算出的若干纬度上天文辐射的年变化如图 7-1 所示。全球天文辐射的立体模式如图 7-2 所示。北半球水平面上天文辐射的分布见表 7-2。

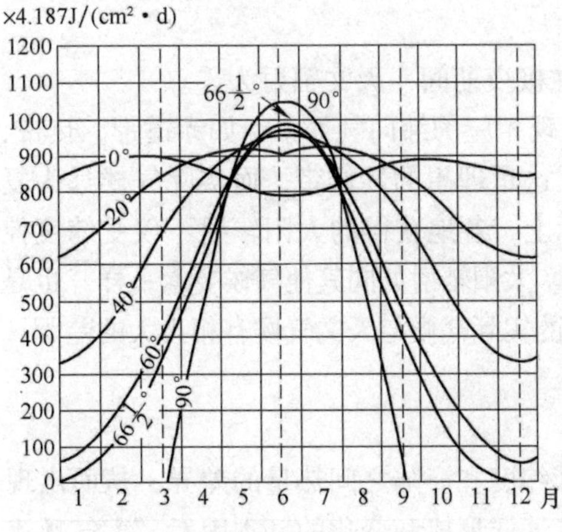

图 7-1 不同纬度天文辐射的年变化

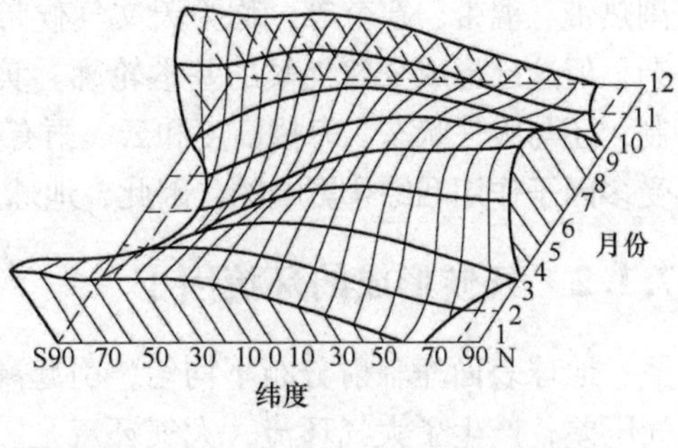

图 7-2 各纬度天文辐射的立体模式

表 7-2 大气上界水平面天文辐射的分布 MJ/m²

纬度(°)	0	10	20	23.5	30	40	50	60	66.5	70	80	90
夏半年	6 585	6 970	7 161	7 182	7 157	6 963	6 601	6 118	5 801	5 704	5 519	5 476
冬半年	6 585	6 019	5 288	4 998	4 418	3 443	2 406	1 376	779	556	120	0
年总量	13 170	12 989	12 449	12 179	11 575	10 406	9 007	7 494	6 580	6 260	5 639	5 476

I_0 = 1370W/m²

从上列图表中可以看出，天文辐射的时空分布具有以下一些基本特点，这些特点构成了因纬度而异的天文气候带。在同一纬度带上，还有以一年为周期的季节性变化和因季节而异的日变化。

①从表7-2可知，全球获得天文辐射最多的是赤道，随着纬度的增高，辐射能渐次减少，最小值出现在极点，仅及赤道的40%。这种能量的不均衡分布，必然导致地表各纬度带的气温产生差异。地球上之所以有热带、温带、寒带等气候带的分异，与天文辐射的不均衡分布有密切关系。

②夏半年获得天文辐射量的最大值在20°～25°的纬度带上，由此向两极逐渐减少，最小值在极地。这是因为在赤道附近太阳位于或近似位于天顶的时间比较短，而在回归线附近的时间比较长。又由于夏季白昼长度随纬度的增高而增长，所以由热带向极地所受到的天文辐射量，随纬度的增高而递减的程度也趋于和缓，表现在高低纬度间气温和气压的水平梯度也是夏季较小。

③冬半年北半球获得天文辐射最多的是赤道。随着纬度的增高，正午太阳高度角和每天白昼长度都迅速递减，所以天文辐射量也迅速递减，到极点为零。表现在高低纬度间气温和气压的水平梯度也是冬季比较大。

④夏半年与冬半年天文辐射的差值是随着纬度的增高而加大的。表现在气温的年较差上是高纬度大，低纬度小。再从图7-1和图7-2上可以看出，在赤道附近(约在南北纬15°间)，天文辐射日总量有2个最高点，时间在春分和秋分。在纬度15°以上，天文辐射日总量由2个最高点逐渐合为1个。在回归线及较高纬度地带，最高点出现在夏至日(北半球)。

⑤在极圈以内，有极昼、极夜现象。在极夜期间，天文辐射为零。

天文辐射的纬向分布特点，使地球上出现相应的纬向气候带，如赤道带、热带、副热带、温带、寒带等，称为天文气候带。这是理想的气候带，而实际气候远为复杂，但这已形成全球气候的基本轮廓。实际上，各地获得的太阳辐射不仅受纬度控制，还与大气状态、海拔高度和云、雨有关。太阳辐射如同其他气候要素一样，也是受多因子作用和综合影响的。因此，地球上的实际气候与天文气候有相当大的差距。

7.1.2 气候形成的环流因子

地球表面净辐射分布不均匀，引起高低纬度和海陆之间热量的差异，从而出现气压差，产生了大气环流，大气环流是影响气候形成和变化的基本因素。大气环流既是热量的传递者，又是水分的输送者，使高低纬度和海陆之间的热量和水分得到交换，它在天气变化和气候形成中，均有重要意义。

在高低纬度和海陆之间，由于太阳辐射收入不同，造成了温度差异，由温度差异从而引起气压差异，导致大气环流发生。通过大气环流使高低纬度间和海陆间热量、水汽发生交换，并产生气旋、锋和气团等天气系统的活动和变化，从而影响到各地气候。

气候形成的环流因子包括大气环流和洋流，二者间有密切的关联。这里首先阐明海气相互作用与环流，再依次论述环流在热量交换和水分循环中的作用，最后以厄尔尼诺事件为例，说明环流变异导致气候的变异。

(1)海气相互作用与环流

海洋与大气之间通过一定的物理过程发生相互作用，组成一个复杂的耦合系统。海洋对大气的主要作用在于给大气热量及水汽，为大气运动提供能源。而大气运动所产生的风应力则向海洋上层输送动量，使海水发生流动，形成“风生洋流”，亦称“风海流”。两者在环流的形成、分布和变化上共同影响着全球的气候。

(2)环流与热量输送

大气环流和洋流对气候系统中热量的重新分配起着重要作用。它一方面将低纬度的热量传输到高纬度，调节了赤道与两极间的温度差异；另一方面又因大气环流的方向有由海向陆与由陆向海的差异和洋流冷暖的不同，使同一纬度带上大陆东西岸气温产生明显的差别，破坏了天文气候的地带性分布。

①赤道与极地间的热量输送　大气环流和洋流在缓和赤道与极地间南北温差上起了巨大的作用。据最新估计，在环流的经向热量输送中，洋流的作用占33%，大气环流的作用占67%。在赤道至纬度30°洋流的输送超过大气环流的输送；在30°N以北，大气环流的输送超过了洋流的输送。这样海洋—大气的经向热量输送是维持高低纬度能量平衡的主要机制。从全球来讲，在大气环流和洋流的共同作用下，使热带温度降低了7～13℃，中纬度温度则有所升高，60°N以上的高纬地区升高达20℃。

②海陆间的热量传输　大气环流和洋流对海陆间的热量传输有明显作用。冬季，海洋是热源，大陆是冷源，在中高纬度盛行西风，大陆西岸是迎风海岸，又有暖洋流经过，故环流由海洋向大陆输送的热量甚多，提高了大陆西岸的气温。夏季，大陆是热源，海洋是冷源，这时大陆上热气团在大陆气流作用下向海洋输送热量。夏季在迎风海岸气温比较凉，在冷洋流海岸因系离岸风，仅贴近海边处受海洋上翻水温的影响，气温比大陆内部要低得多。这种海陆间的热量交换是造成同一纬度带上大陆东西两岸和大陆内部气温有显著差异的重要原因。

(3)环流与水分循环

大气环流对水分的输送也起着重要的作用。大气中水分输送的多少、方向和速度与环流形势密切相关。北半球，水汽的输送以30°N附近为中心，向北通过西风气流输送至中、高纬度；向南通过信风气流输送至低纬度。我国的水汽输送，主要有两支：一支来自孟加拉湾、印度洋和南海，随西南气流输入我国；另一支来自大西洋和北冰洋，随西北气流输入我国。南方一支输送量大，北方一支输送量小，两者的界线是黄淮之间和秦岭一线，基本上相当于气候上的湿润和半湿润的界线。

(4)环流变异与气候

大气环流引导着不同性质的气团活动，锋、气旋和反气旋的产生和移动，对气候的形成有着重要的意义。常年受低压控制，以上升气流占优势的赤道带，降水充沛，森林茂密；相反，受高压控制，以下沉气流占优势的副热带，则降水稀少，形成沙漠。来自高纬或内陆的气团寒冷干燥，来自低纬或海洋的气团温暖湿润。一个地区在一年里受两种性质不同的气团控制，气候便有明显的季节变化。

大气环流也与大气活动中心密切相关。气压带受地表作用，被割裂成几个高低压活动中心。受它们的影响，造成气团、锋、气旋和反气旋等天气系统生消、移动和变化，从而带来各地不同的气候特点。

大气环流因子在气候形成中起着重要的作用。它不仅通过环流的纬向分布影响气候的纬度地带性，而且还通过热量和水分的输送，扩大海陆和地形等因子的影响范围，破坏气候的纬度地带性。当环流形势趋向于长期的平均状况时，气候也是正常的；当环流形势在个别年份或个别季节内出现异常时，就会直接影响该时期的天气和气候，使之出现异常。

大气环流状况的变化，即环流异常就必然引起气压场、温度场、湿度场和其他气象要素值出现明显的偏差，从而导致降水和冷暖的异常，出现旱涝和持续严寒等气候异常情况。

例如，1972年是世界天气历史上最异常的年份之一。这一年1月，美国密执安州降雨、雪量达1 351.3mm，超过正常年份10倍以上；2月，强烈暴风雪袭击了伊朗南部，许多村庄被埋在8m深的大雪之下；3~5月，美国中北部和欧洲地中海沿岸各国先后遭到强大的风、雨、雪袭击，而在中东和近东地区几乎同时也发生了数次暴风雪并伴有强烈的低温和冻害；5~6月，印度酷热，最高气温超过50℃以上，香港发生了百年难遇的特大暴雨；7~8月，北冰洋上漂浮着一眼望不到头的大冰山，比常年同期多出4倍。同年，苏联欧洲地区连续近2个月出现酷热少雨天气，引起泥炭地层自焚及森林着火；而西欧地区却连续低温，致使英国伦敦出现了1972年夏至日最高气温比1971年冬至日气温还低的特异现象。由此可知，在环流异常的情况下，可能在某一地区发生干旱，而在另一地区发生洪涝，或者在某一地区发生奇热，而在另一地区发生异冷。

近年来，频繁出现的厄尔尼诺/南方涛动(ENSO)也是一个显著的实例。厄尔尼诺一词源于西班牙文“El Nino”，原意是“圣婴”。最初用来表示在有的年份圣诞节前后，沿南美秘鲁和厄瓜多尔附近太平洋海岸出现的一支暖洋流，后来科学上用此词表示在南美西海岸延伸至赤道东太平洋向西至日界线(180°)附近的海面温度异常增暖现象。厄尔尼诺对气候的影响以环赤道太平洋地区最为显著。在厄尔尼诺年，印度尼西亚、澳大利亚、印度次大陆和巴西东北部均出现干旱，而从赤道中太平洋到南美西岸则多雨。许多观测事实还证明，厄尔尼诺事件通过海气作用的遥相关，还对相当远的地区，甚至对北半球中高纬度的环流变化亦有一定的影响。据研究，当厄尔尼诺出现时，将促使日本列岛及我国东北地区夏季发生持续低温，并在有的年份使我国大部分地区的降水有偏少的趋势。

7.1.3 影响气候的下垫面状况

下垫面是大气的主要热源和水源，又是低层空气运动的边界面，它对气候的影响十分显著。地面状况包括地面性质和地形。地面性质有海洋、陆地、冰面、雪面、各种覆盖物等。地形有高山、高原、丘陵、平原、盆地、谷地或狭谷等，它们对气候的影响各不相同。因此，下垫面状况是气候形成的第三个重要因子。就下垫面来说，海陆间的差别是最基本的。

(1)海陆分布对气候的影响

海洋占地球总面积的71%，陆地仅占29%，所以海陆差异是下垫面最大和最基本的差异。海洋和大陆由于物理性质不同，在同样的辐射之下，它们的增温和冷却有着很大的差异。冬季，大陆气温低于海洋；夏季，大陆气温高于海洋。海陆之间性质的差异，主要表现在它们具有不同的辐射性质，热特性和热交换方式不同，从而形成了完全不同的气候。

海洋对太阳辐射的反射率约为5%～14%，而陆地平均约为10%～30%。因此，海洋吸收太阳辐射比陆地多10%～20%。海洋可使太阳辐射透射到水下几十米深度，而太阳辐射穿过陆面深度不到1mm。海洋放射长波辐射一般比陆地少，故海洋净辐射大于陆地。

陆地的热容量为$1.68\times10^6\sim2.62\times10^6$ J/(m^3·℃)，海水约为3.9×10^6 J/(m^3·℃)。当海陆吸收同样热量时，陆地升温比海洋高1倍，同样，陆地降温比海洋多，致使陆地温度变化比海洋剧烈。

海水不停的运动，海水的热量交换不仅有热力对流和动力对流交换，还有平流交换。而陆地热量交换主要靠分子传导进入土壤下层，所达深度远小于海洋，土壤向大气传热又比海水多得多，故海洋和大陆上空气温度的日变化和年变化有很大差异。此外，海面有充分水源供应，以致蒸发量较大，失热较多，这也使得水温不容易升高。而且，空气因水分蒸发而有较多的水汽，以致空气本身有较大的吸收热量的能力，也就使得气温不易降低。陆地上的情况则正好相反。由于上述差异，海陆热力过程的特点是互不相同的。大陆受热快，冷却也快，温度升降变化大，而海洋上则温度变化缓慢。如大洋中，年最高及最低气温的出现要比大陆延迟一两个月。

海陆对气压和风也有明显的影响。夏季，大陆是热源，海洋为冷源，陆上气压低，海上气压高，风从海洋吹向大陆；冬季，海洋是热源，大陆为冷源，海上气压低，陆上气压高，风从陆上吹向海洋。此外，海陆对湿度、云量、雾和降水量都有很大的影响。海陆性质的上述差异，形成了两种不同气候，即海洋性气候和大陆性气候。

由于海陆分布对气候形成的巨大作用，使得在同一纬度带内，在海洋条件下和在大陆条件下的气候具有显著差异。前者称为海洋性气候，后者称为大陆性气候。海洋性气候特点是夏季凉爽，冬季温和，春温低于秋温，气温日变化和年变化小，相时落后，降水丰沛而且各季分布均匀。大陆性气候特点是夏季炎热，冬季寒冷，气温日较差和年较差大，相时超前，春温高于秋温，降水稀少而且集中。此外，海洋性气候的绝对湿度和相对湿度一般都比大陆性气候大。相对湿度的年较差海洋性气候小于大陆性气候。大陆性气候与海洋性气候的区别可概括为表7-3。

表7-3 大陆性气候与海洋性气候比较

项目	气温日较差	气温年较差	月最高气温	月最低气温	春温－秋温 4～10月	年降水分配	云量
大陆性	大	大	7月	1月	正值	不均匀	较低
海洋性	小	小	8月	2月	负值	均匀	较高

(2)高大地形对气候的影响

世界陆地面积占全球面积的29%，不仅分布形势很不规则，而且表面起伏悬殊，最高山峰——珠穆朗玛海拔8 848m，最低洼地——死海沿岸 -392m。根据陆地的海拔高度和起伏形势，可分为山地、高原、平原、丘陵和盆地等类型，它们以不同规模错综分布在各大洲，构成崎岖复杂的下垫面。不同地形对气候有不同影响。地形对气候的影响，一方面表现在地形本身形成的气候特点。如盆地，它使气候趋于严寒酷热；高山使气候趋于和缓。另一方面表现在地形对邻近地区的影响。如高山或高原是气流移动的障碍物，可以阻滞北来的冷气团和南来的暖气团，使山脉两侧温度和降水显著不同，造成不同气候特征。我国青藏高原地势高，面积大，不仅影响热量和降水，而且对大气环流也有显著影响，对中国气候有着重要作用。

在高山上，由于空气清洁，光照增强，紫外线比山下明显增强。地形对温度的影响，首先高山温度变化平缓，而谷地变化急剧。高山上的气温日较差和年较差均比平地和谷地的小。

高大的山系不仅本身形成了特殊的气候，而且对邻近地区的气候也有影响。高山常常成为气候分界线。如我国东西走向的秦岭山脉，阻碍了冷空气南下，暖湿空气北上，以及锋面移动，使山脉两侧气候显著不同。秦岭以北最冷月平均气温都在0℃以下，西安为 -1.3℃；秦岭以南最冷月平均气温在0℃以上，汉中为2.0℃。当然，南坡上的降水比北坡多，汉中的年降水量871.8m，而西安只有580.2mm，所以秦岭是我国公认的气候分界线。

我国著名的南岭，它是由一系列东西走向的山地组成，北来冷气团常常受阻于岭北，以1月平均气温为例，岭南曲江为10.7℃，岭北的坪石为7.5℃，二者相差3℃；前者冬季很少飞雪，后者冬季常有。这样，南岭以南可以发展某些热带作物，具有热带性环境；南岭以北热带作物不能越冬，具有亚热带环境。又如青藏高原海拔高、面积大，平均海拔在5 000m以上，占据对流层中低部，犹如大气海洋中的一个巨大岛屿，对于冬季冷空气是一个较难越过的障碍，导致我国东部热带、副热带地区的冬季气温远比受西藏高原屏障的印度半岛北部为低。夏季青藏高原对南来暖湿气流的北上，也有一定的阻挡作用。

高山上的降水分布是，在某高度以下，降水随高度而增加，最大降水高度以上，由于空气中水汽含量减少，降水随高度开始递减。在秦岭山地和喜马拉雅山南坡，最大降水高度约在2 000 ~2 500m，最大降水高度也随地区和季节而变化。由上述分析可见，山地中各高度上具有不同的气候特点，可以划分出若干类似于水平方向的气候带，称为垂直气候带。垂直气候带与植被带的分布互相一一对应。对比西安、泰安、九江、衡阳、峨眉几个城市与附近山顶的降水量(表7-4)，降水随高度的增高而增加。

地形对降水分布的影响还与坡向有密切关系。当海洋气流与山地坡向垂直或交角较大时，则迎风坡多成为“雨坡”，背风坡则成为“雨影”区域。例如，在夏季青藏高原南坡正当来自印度洋的西南季风的迎风坡，降水量丰富，最著名的如乞拉朋齐其年平均降水量超过11 000mm，最多年降水量高达26 461.2mm，其中7月的

表 7-4　降水与海拔高度的关系

对比地点	海拔(m)	年降水量(mm)
华山—西安	2 065 ~ 397	753.1 ~ 624.0
泰山—泰安	1 534 ~ 129	1 210.9 ~ 711.6
庐山—九江	1 215 ~ 32	1 833.7 ~ 1 493.7
衡山—衡阳	1 266 ~ 103	2 231.9 ~ 1 353.0
峨眉山—峨眉	3 137 ~ 447	2 033.9 ~ 1 668.7

降水量就有 9 300mm。西南季风到达高原上空时，水分已经大大减少，因此高原夏季雨量不大。又如，地处喜马拉雅山脉主峰北麓的定日，海拔约为 4 300m，年降水量仅为 318.5mm，再跨过高原，降水量更少，只有 100mm。

高原对气候的影响也很明显，特别是我国青藏高原，地势高、面积大，构成了独特的高原气候区，同时对邻近地区的气候影响也很显著。如果不是高原的存在，那么高原南面因印度洋上的暖湿空气和高原北面的西伯利亚干冷空气就容易得到交换，整个东亚冬半年的气候就要比现实温和得多。

(3) 洋流对气候的影响

洋流对气候也有一定的调节作用。世界各大洋的主要洋流分布与风带有着密切的关系，洋流流动的方向和风向一致。在热带、副热带地区，北半球的洋流基本上是围绕副热带高气压作顺时针方向流动，在南半球作逆时针方向流动。东西方向流动的洋流遇到大陆，便向南北分流，向高纬度流去的洋流为暖流，向低纬度流去的洋流为寒流(图 7-3)。

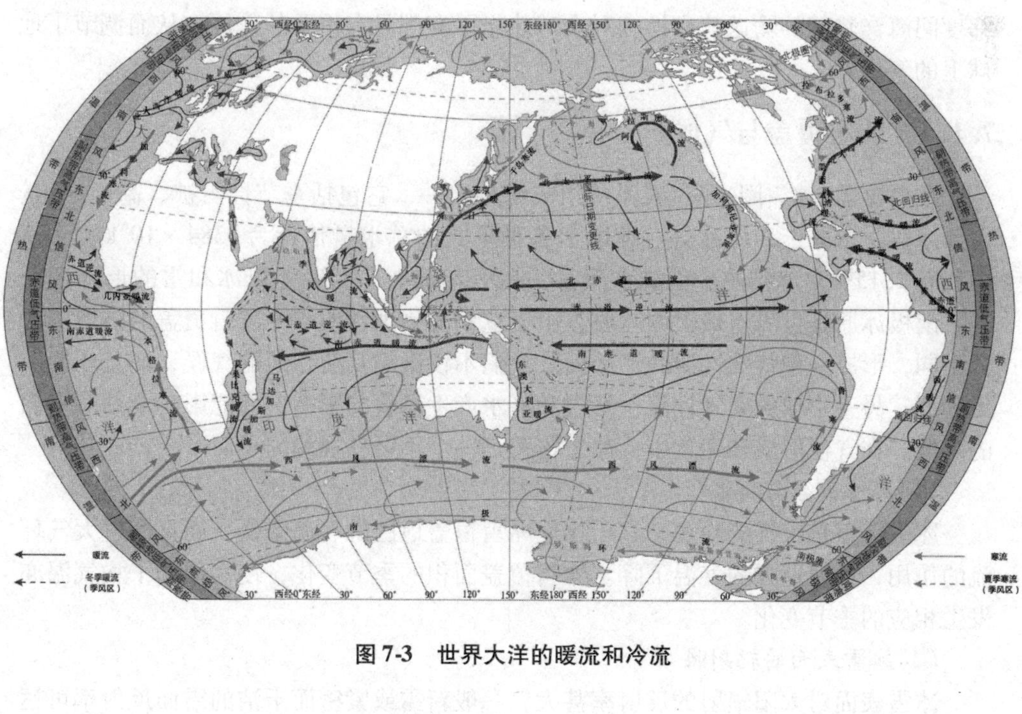

图 7-3　世界大洋的暖流和冷流

洋流是地球上热量转运的一个重要动力。据卫星观测资料，在20°N地带，洋流由低纬向高纬传输的热量约占地—气系统总热量传输的74%，在30°~35°N间洋流传输的热量约占总传输量的47%。洋流调节了南北气温差别。暖流在与周围环境进行交换时，失热降温，洋面和它上空的大气得热增湿。如墨西哥湾暖流每年供给北欧海岸的能量，大约相当于在每厘米长的海岸线上得到600t煤燃烧的能量，使欧洲的西部和北部的平均温度比其他同纬度地区高出16~20℃，甚至北极圈内的海港冬季也不结冰。

影响我国气候的洋流有2条——黑潮暖流和东中国寒流。①黑潮暖流是由南向北流动的暖洋流。夏半年，黑潮的主流从菲律宾群岛北上，向台湾岛和琉球群岛推进，沿着我国东南沿海的海岸线北上，在长江以东折向东北，经日本海岸向北流去。它在流经东海的一段时，夏季表层水温常达30℃左右，比同纬度相邻的海域高出2~6℃，比我国东部同纬度的陆地也偏高2℃左右。当东南季风盛行时，黑潮暖流能给我国带来湿润的空气和丰沛的降水，也是造成我国夏季多雨的原因之一。②寒流在与周围环境进行热量交换时，得热增湿，使洋面和它上空的大气失热减湿。冬半年，我国主要受东中国寒流的影响，它起源于渤海和黄海北部，直达中印半岛东南部的海面上。这股冷洋流夏季影响我国北方沿海地区，使那里的气候比较凉爽。北美洲的拉布拉多海岸，由于受拉布拉多寒流的影响，一年要封冻9个月之久。又如秘鲁西海岸、澳大利亚西部和撒哈拉沙漠的西部，就是由于沿岸有寒流经过，致使那里的气候更加干燥少雨，形成沙漠。

一般来说，有暖洋流经过的沿岸，气候比同纬度各地温暖；有冷洋流经过的沿岸，气候比同纬度各地寒冷。正因为有洋流的运动，南来北往，川流不息，对高低纬度间海洋热能的输送与交换，对全球热量平衡都具有重要的作用，从而调节了地球上的气候。

7.1.4 冰雪覆盖与气候

冰雪覆盖(冰雪圈)是气候系统组成部分之一，它包括季节性雪被、高山冰川、大陆冰盖、永冻土和海冰等。地球上各种形式的总水量估计为$1384\times10^{6}km^{3}$，其中约有2.15%是冻结的。就淡水而言，几乎有80%~85%是以冰和雪的形式存在的。南极冰原是世界上最大的冰原。由于它们的物理性质与无冰雪覆盖的陆地和海洋不同，形成一种特殊性质的下垫面。它们不仅影响其所在地的气候，而且还能对另一洲、另一半球的大气环流、气温和降水产生显著的影响，并能影响全球海平面的高低。在气候形成和变化中，冰雪覆盖是一个不可忽视的因子。

(1)冰雪覆盖与气温

冰雪覆盖是大气的冷源，它不仅使冰雪覆盖地区的气温降低，而且通过大气环流的作用，可使远方的气温下降。冰雪覆盖面积的季节变化，使全球的平均气温亦发生相应的季节变化。

(2)冰雪表面的辐射性质

冰雪表面对太阳辐射的反射率甚大，一般新雪或紧密而干洁的雪面反射率可达

86% ~95%；而有孔隙、带灰色的湿雪反射率可降至45%左右。大陆冰原的反射率与雪面相类似。海冰表面反射率约在40% ~65%。由于地面有大范围的冰雪覆盖，导致地球上损失大量的太阳辐射能，这是冰雪致冷的一个重要因素。地面对长波辐射多为灰体，而雪盖则几乎与黑体相似，其长波辐射能力很强，这就使得雪盖表面由于反射率加大而产生的净辐射亏损进一步加大，增强反射率造成的正反馈效应，使雪面愈易变冷。

(3)冰雪—大气间的能量交换和水分交换特性

冰雪表面与大气间的能量交换能力很微弱。冰雪对太阳辐射的透射率和导热率都很小。当冰雪厚度达到50cm时，地表与大气之间的热量交换基本上被切断。在北极，海冰的厚度平均为3m；在南极，海冰的厚度为1m；大陆冰原的厚度更大。因此，大气得不到地表的热量输送，特别是海冰的隔离效应，有效地削弱海洋向大气的显热和潜热输送，这又是一个致冷因素。

冰雪表面的饱和水汽压比同温度的水面低，冰雪供给空气的水分甚少。相反地，冰雪表面常出现逆温现象，水汽压的铅直梯度亦往往是冰雪表面比低空空气层还低。于是空气反而要向冰雪表面输送热量和水分(水汽在冰雪表面凝华)。所以，冰雪覆盖不仅有使空气制冷的作用，还有制干的作用。冰雪表面上形成的气团冷而干，其长波辐射能因空气中缺乏水汽而大量逸散至宇宙空间，大气逆辐射微弱，冰雪表面上辐射失热更难以得到补偿。

综合上述诸因素的作用，冰雪表面使气温降低的效应是十分显著的，而气温降低又有利于冰面积的扩大和持久。

7.1.5 人类活动对气候的影响

除了自然因素对气候起着重要作用外，人类活动对气候也有影响。随着社会和经济的发展，大规模的开发自然和发展工业，人类活动影响的深度和广度日益扩大。人类活动对气候的影响，在现阶段主要表现为：①在工农业生产中排放至大气中的温室气体和各种污染物质，改变大气的化学组成；②在农牧业发展和其他活动中改变下垫面的性质，如破坏森林和草原植被、海洋石油污染等；③在城市中的城市气候效应。自世界工业革命后的200年间，随着人口的剧增，科学技术发展和生产规模的迅速扩大，人类活动对气候的这种不利影响越来越大。因此，必须加大研究力度，采取措施，有意识地规划和控制各种影响环境和气候的人类活动，使之向有利于改善气候条件的方向发展。

(1)改变大气化学组成

工农业生产排出大量废气、微尘等污染物质进入大气，主要有二氧化碳(CO_2)、甲烷(CH_4)、一氧化二氮(N_2O)和氟氯烃化合物(CFC_s)等。这些气体都具有明显的温室效应，在大气中浓度的增加必然对气候变化起着重要作用。

随着工业的发展，各种燃料的燃烧，大气中的CO_2的含量不断增加。据计算，从1860 ~1970年大气中的CO_2的含量约增加了10%。CO_2能透过太阳的短波辐射，强烈地吸收地面的长波辐射，所以，它对地面起着保温作用。由于CO_2浓度增加，温室效应的作用增强，低层大气—对流层的温度将升高。图7-4给出美国夏威夷马纳洛亚站1959~1993年实测值的逐年变化（周淑贞，1996）。大气中CO_2浓度急剧增加的原因，主要是由于大量燃烧化石燃料和大量砍伐森林所造成的。

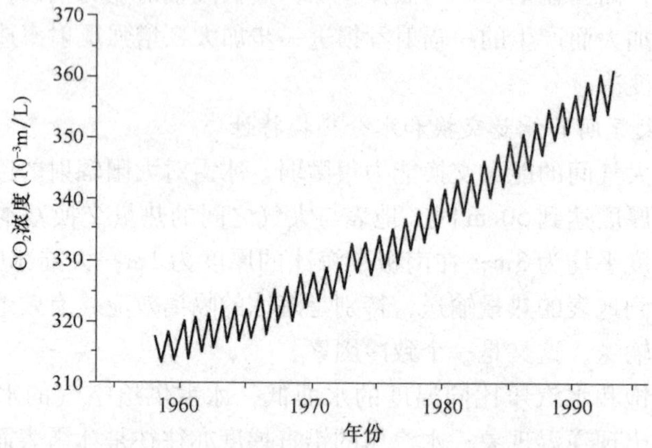

图7-4 美国夏威夷马纳洛亚站1959~1993年实测值的逐年变化

甲烷（沼气）是另一种重要的温室气体。它主要由水稻田、反刍动物、沼泽地和生物体的燃烧而排放入大气。近年来，甲烷增长很快，1950年甲烷含量增加到1.25×10^{-3}mL/L，1990年为1.72×10^{-3}mL/L。

大气中N_2O含量与农田面积增加和施放氮肥有关。平流层飞机超音速飞行也可产生N_2O。在工业化前大气中N_2O含量约为2.85×10^{-3}mL/L。1985年和1990年分别增加到3.05×10^{-3}mL/L和3.10×10^{-3}mL/L。预计到2030年大气中N_2O含量可能增加到3.50×10^{-3}~4.50×10^{-3}mL/L，N_2O除了引起全球增暖外，还可通过光化学作用在平流层引起臭氧离解，破坏臭氧层。

氟氯烃化合物（CFCs）是制冷工业（如冰箱）、喷雾剂和发泡剂中的主要原料。此族的某些化合物如氟里昂是具有强烈增温效应的温室气体，它是破坏平流层臭氧的主要因子。

臭氧（O_3）也是一种温室气体，但受人类活动排放的气体破坏，如氟氯烃化合物、卤化烷化合物、N_2O和CH_4、CO均可破坏臭氧。其中，以CFC_{11}、CFC_{12}起主要作用，其次是N_2O。南极臭氧减少最为突出，在南极中心附近形成一个极小区，称为“南极臭氧洞”。温室气体中臭氧层的破坏对生态和人体健康影响甚大。臭氧减少，使到达地面的太阳辐射中的紫外辐射增加。大气中臭氧总量若减少1%，到达地面的紫外辐射会增加2%，此种紫外辐射会破坏核糖核酸（DNA）以改变遗传信息及破坏蛋白质，能杀死10m水深内的单细胞海洋浮游生物，减低渔业产量，以及破坏森林，减低农作物产量和质量，削弱人体免疫力、损害眼睛、增加皮肤癌等疾病。

（2）改变下垫面性质

人类活动改变下垫面的自然性质是多方面的，如灌溉、砍伐森林、垦荒、兴修水利、城市建设和海洋污染等，可改变下垫面的反射率、粗糙度和水热平衡过程，从而影响气候。

历史上世界森林曾占地球陆地面积的2/3，但随着人口增加，农、牧和工业的发展，城市和道路的兴建，再加上战争的破坏，森林面积逐渐减少，到19世纪全球森林面积下降到46%，20世纪初下降到37%，目前全球森林覆盖面积平均约为22%。由于大面积森林遭到破坏，使气候变旱，风沙尘暴加剧，水土流失，气候恶化。相反，我国在新中国成立后营造了各类防护林，如三北防护林、沿海防护林等，在改造自然、改善气候条件上已起了显著作用。

在干旱半干旱地区，原来生长着具有很强耐旱能力的草类和灌木。但是，由于人口增多，使当地草原和灌木等自然植被受到很大破坏。畜牧业也有类似情况，牧业发展超过草场的负荷能力，在干旱年份牧草稀疏、土地表层被牲畜践踏破坏，同样发生严重风蚀，引起沙漠化现象的发生。沙漠化问题也同样威胁着我国，在我国北方地区历史时期所形成的沙漠化土地有$12\times10^4km^2$，近数十年来沙漠化面积逐年递增，因此必须有意识地采取积极措施保护当地自然植被，进行人工植树种草，因地制宜种植防沙固土的耐旱植被等来改善气候条件，防止气候继续恶化。

随着工业的发展，大量的废油排入海洋，形成一层薄薄的油膜散布在海洋上。这层油膜能抑制海面的蒸发，阻碍潜热的释放，引起海水温度和海面气温的升高，加剧气温的日、年变化。同时，由于蒸发作用减弱，海面上的空气变得干燥，减弱了海洋对气候的调节作用，使海面上出现类似于沙漠的气候。因而，有人将这种影响称为“海洋沙漠化效应”。在比较闭塞的海面，如地中海、波罗的海和日本海等海面的废油膜影响比广阔的太平洋和大西洋更为显著。

此外，人类为了生产和交通的需要，填湖造陆，开凿运河以及建造大型水库等，改变下垫面性质，对气候也产生显著影响。例如，我国新安江水库于1960年建成后，其附近淳安县夏季较以前凉爽，冬季比过去暖和，气温年较差变小，初霜推迟，终霜提前，无霜期平均延长20d左右。

(3)人为热和人为水汽的排放

随着工业、交通运输和城市化的发展，世界能量的消耗迅速增长。其中，在工业生产、机动车运输中有大量废热排出，居民炉灶和空调以及人、畜的新陈代谢等亦放出一定的热量，这些“人为热”像火炉一样直接增暖大气。从数值上讲，它和整个地球平均从太阳获得的净辐射热相比是微不足道的，但是由于人为热的释放集中于某些人口稠密、工商业发达的大城市，其局地增暖的效应就相当显著。在燃烧大量化石燃料(天然气、汽油、燃料油和煤等)时除有废热排放外，还向空气中释放一定量的“人为水汽”。排放出的“人为热”和“人为水汽”又主要集中在城市中，对城市气候的影响将越来越显示其重要性。

城市是人类活动的中心，在城市里人口密集，下垫面变化最大，工商业和交通运输频繁，耗能最多，有大量温室气体、“人为热”、“人为水汽”、微尘和污染物排放至大气中。因此，人类活动对气候的影响在城市中表现最为突出。

7.2 气候带与气候型

世界各地区的气候错综复杂，各具特点，由于高低纬度的不同、大气环流的不同和地形的差异等，世界范围内气候多种多样，以至于几乎找不到气候完全相同的两个地方。太阳辐射是气候变化的原始动力，太阳辐射在地球上分布的不一致，就使地球上的气候形成几个不同的气候带。然而，气候还受到海陆分布及地形条件等因素的影响，因此，每个气候带还可分成若干种气候型。在不同的气候型中有着不同的气候特征、植被类型、土壤类型和自然景观。

气候带与气候型的划分有多种方法，概括起来可分实验分类法和成因分类法两大类。实验分类法是根据大量观测记录，以某些气候要素的长期统计平均值及其季节变化，与自然界的植物分布、土壤水分平衡、水文情况及自然景观等相对照来划分气候带和气候型。成因分类法是根据气候形成的辐射因子、环流因子和下垫面因子来划分气候带和气候型，一般是先从辐射和环流来划分气候带；然后再就大陆东西岸位置、海陆影响、地形等因子与环流相结合来确定气候型。

7.2.1 气候带

气候带(climate belt)是根据气候成因或多种气候要素(最主要的是太阳辐射)的相似性而划分的与纬度大致平行的带状气候区域。从低纬到高纬，全球划分为 11 个气候带，每个半球为 5.5 个气候带，即赤道气候带、热带气候带、副热带气候带、暖温带气候带、冷温带气候带和极地气候带。

7.2.1.1 赤道气候带

赤道气候带(或赤道多雨气候带)位于 10°S ~ 10°N 之间的赤道无风带，包括南美的亚马孙河流域、非洲刚果盆地、几内亚湾海岸、东印度群岛和我国 10°N 以南的南海诸岛。

这里全年正午太阳高度角都很大，因此长夏无冬，各月平均气温 25 ~ 28℃，年平均气温 26℃左右。极端最高气温很少超过 38℃，极端最低气温也极少在 18℃以下；气温年较差一般小于 3℃，日较差可达 6 ~ 12℃。全年多雨，无干季，年降水量 2 000mm 以上，最少月 60mm 以上。全年皆在赤道气团控制下，风力微弱，以辐合上升气流为主，多雷阵雨，一天中降水时间多发生在午后至子夜。由于全年高温多雨，各月平均降水量皆大于可能蒸散量，土壤储水量皆达最大值(300mm)，适于赤道雨林生长。

赤道多雨气候带内适于赤道雨林终年繁茂生长，林内乔木、灌木、攀缘植物、附生植物、寄生植物都很繁茂。植物的生长无季节性更替现象。农耕季节也不显著。

7.2.1.2 热带气候带

热带气候带位于纬度 10°到回归线之间。我国从台湾台中到广东汕头、广州和广西南宁一线以南地区，至赤道气候带北界属热带气候带。热带气候带因太阳高度角终年较高，温度接近赤道气候，受副热带高压带和信风带的交替控制，气温年、日较差大于赤道气候带，在5~15℃左右，最热月平均气温可高达32℃以上，最冷月20℃左右，冷季里也可见霜。一年可分热季、雨季和干季，年降水量1 000~1 500mm，越靠近赤道雨季越长，雨量也越大，但年际变化超过赤道气候带，故易出现旱涝。

热带气候带的自然植被为疏林草原。植物生长具有明显的季节性，营养生长在雨季，结实收获在干季。因雨热同季，盛产稻、棉等喜温作物。

7.2.1.3 副热带气候带

副热带气候带位于回归线与纬度33°之间。由于受副热带高压下沉气流的控制和信风带盛行陆风的影响，温度高雨水少，以致形成沙漠。世界上最大沙漠都在副热带，如北非的撒哈拉、西南亚的阿拉伯及南非西北部的卡拉哈里、澳大利亚西部的维多利亚等。在副热带大陆的东西两边，由于盛行风性质的不同，气候状况也明显不同。东边受海洋气流影响较湿润，西部受陆地气流影响较干燥。我国淮河、秦岭以南的副热带地区就处于大陆东部的湿润区。

副热带气候带气温较高，但年、日较差大。年较差一般在15℃以上，沙漠和草原可达20℃以上。而日较差比年较差更大，在撒哈拉沙漠冬季的一天曾观测到最高气温37.2℃，最低气温-0.6℃，日较差达37.8℃。副热带气候带中空气十分干燥，沙漠地区年降水量大多在100mm以下，而蒸发量却远远大于降水量，所以相对湿度很小，空气干热。

在沙漠气候条件下，由于受到水分的限制，植物的形态和生理变化很大。如根系和贮水组织发达、叶片变形以减小蒸发量等。

7.2.1.4 暖温带气候带

暖温带气候带位于纬度33°~45°。这里夏季处在副热带高压的控制下，具有副热带气候特征，冬季在盛行西风的控制下，具有冷温带气候特征。另外，由于海陆位置的不同，使得暖温带大陆西部海岸具有夏干冬湿的特点，其分布地区有地中海沿岸、美国加利福尼亚海岸、非洲的西南角和澳大利亚的西部沿岸等地。大陆东部海岸却具有夏季湿热、冬季干冷的季风气候特点。这种季风气候以欧亚大陆东部沿海最为显著(如中国东部、日本南部、朝鲜半岛)，还有澳大利亚东部沿海、南非东部沿海等地。

暖温带大陆西部海岸，最冷月平均气温常在5~10℃之间，最热月则在20~28℃之间，平均年较差15℃左右。气温日较差夏季常在12℃以上，冬季在8℃以上。但地中海地区，虽然冬季多雨，但年雨量并不太多，约350~900mm。而且越向东或越向南，雨量越少，雨季越短。

暖温带大陆东部海岸冬季平均气温比西岸低，最冷月平均气温在0℃以下，且天气变化频繁。当寒潮暴发时，一天内气温可下降15~20℃。夏季气温在25~30℃之间，盛夏的高温可达32℃以上，有时甚至可超过40℃。暖温带大陆东部海岸的降水相当丰沛，年雨量大致都在600~1 500mm，降水多集中在夏季。

在暖温带，由于大陆东西两岸气候特征的差异，自然植被也显著不同。大陆西岸夏季高温与干旱配合，冬季多雨与低温配合，所以多灌木和副热带果树，如柑橘、柠檬、葡萄等。农业上，多以夏收作物为主。而大陆东岸夏季高温与多雨配合，自然植被多为落叶阔叶树与针叶树混交林，也适合落叶果树的生长。农业上，水稻、棉花、玉米等多种作物均可良好地生长。但是，冬季低温与少雨配合，树木落叶休眠，农业生产条件不利。

7.2.1.5 冷温带气候带

冷温带气候带处于纬度45°至极圈(66°33′)的盛行西风带。冷温带大陆西部海岸常年受向岸西风和暖洋流的影响，具有海洋性气候特点。例如，西欧、加拿大西岸、智利南部西海岸、斯堪的纳维亚半岛等。特别是西欧，因沿海是平原，盛行西风可深入内陆，故海洋型寒温带气候最为显著，区域也最辽阔。大陆东岸冬季受干冷的离岸风影响，具有显著的大陆性气候特点。我国新疆、内蒙古和黑龙江的北部地区属此类气候。

在冷温带大陆西岸，夏季不热，冬季温和，气温年较差小，如巴黎7月温度平均为19℃，最冷月平均为3℃。但由于气旋过境频繁，温度的日变化较大。这里全年湿润，降水丰富，四季均匀，但年降水量因地形有显著差异，平原为500～1 000mm，迎风坡可达2 500mm，局地可达5 000mm，云雾较多，日照较少。

在冷温带大陆东岸，夏季炎热，冬季严寒，气温年、日较差均大。夏季的7月平均气温在25℃以上，平均最高达26～32℃，冬季平均多在0℃以下。这里日照充足，云雾较少，降水稀少，只有350～500mm以下，且集中于夏季。

湿润大陆型冷温带气候适宜种植玉米、春小麦、燕麦等作物，而干燥大陆型冷温带气候以草原和沙漠为主。海洋冷温带气候因日照少、云雾多不利农业生产。

7.2.1.6 极地气候带

极地气候带一般位于极圈之内，其范围可因海陆分布而不同。在北半球极地海洋上可偏南10个纬度；在南极圈内因陆地面积小，其界限可扩大到45°～50°S。极地气候带中，极圈以内夏季可全天有日照，冬季却全天无日照，出现极昼和极夜现象。极地气候带最热月平均气温在10℃以下。其中，最热月平均气温在0～10℃的地区可生长苔原植物，故称为苔原气候；不足0℃的地区，为冻原气候。极地气候带分为苔原气候和冻原气候2种：

(1) 苔原气候

苔原气候在北半球伸展到加拿大、阿拉斯加、冰岛和欧亚大陆北面的海岸地带；南半球仅限于南极大陆北部的几个岛屿。夏季地表冰雪可有短期融解，但下层土壤冻结不化，所以排水困难，沼泽遍地。仅能生长苔藓和地衣。

(2) 冻原气候

极地冰原气候出现在格陵兰、南极大陆和北冰洋的若干岛屿上。这里是冰洋气团和南极气团的源地，在冰洋气团与极地气团交汇的冰洋锋上有气旋活动，自西向东移进。这里地—气系统的辐射差额为负值，所以气温低，无真正的夏季。全年严寒，各月平均气温皆在0℃以下，具有全球的最低年平均气温。

北极地区年平均气温约为－22.3℃，南极大陆为－28.9～－35℃。一年中有长时期的极昼、极夜现象。全年降水量小于250mm，皆为干雪，长期累积形成很厚冰原。长年大风，寒风夹雪，气候恶劣能见度极低。它是世界上年平均温度最低的地区，冰雪终年不化，降水也很少，缺乏植被。

气候带的概念还可以应用到山地自然景观上。在水分供应充足的情况下，由于气温的垂直变化，在热带和赤道地区的山区，从山麓到山顶，可出现热带雨林到终年积雪，类似于从赤道到极地的各种自然景观，这种现象称为垂直气候带。

7.2.2 气候型

气候型(climate type)是指在同一个气候带里，由于地理环境或环流性质的不同，出现不同的气候型；相反，在不同的气候带里，由于地理环境或环流性质近似，也可出现同类的气候型。这里着重介绍几类主要的气候型及其气候特点。

7.2.2.1 海洋气候型和大陆气候型

(1)海洋气候型

海洋气候型(marine climate)的气候特点是：冬无严寒，夏无酷暑，春温低于秋温，温度变化和缓，气温的年、日较差均小，最热月在8月，最冷月在2月；降水丰沛，季节分布均匀，年际变化小；相对湿度大，云雾多，日照少。海洋气候型一般都出现在海洋中的岛屿与临近海洋的地理区域，受海洋、洋流以及来自海洋上的暖湿气团的影响。以位于温带大陆西岸的欧洲最为典型。

但临近海洋的地区并非都具有海洋性气候特征。例如，位于南美大陆西岸的智利北部地区，由于盛行离岸风，几乎不受海洋潮湿气流的影响，成为世界上最干旱地区之一，但并不属于海洋性气候。位于欧亚大陆东岸的我国华北地区，与智利北部情况类似，海洋影响也不显著，只是不及智利北部那么典型。

热带海洋气候型出现在南北纬10°~25°信风带大陆东岸及热带海洋中的若干岛屿上，如加勒比海沿岸及诸岛、巴西高原东侧沿海、马达加斯加东岸、夏威夷群岛等。这里正当迎风海岸，全年盛行热带海洋气团(Tm)，气候具有海洋性，最热月平均气温在28℃左右，最冷月平均气温在18~25℃之间，气温年、日较差皆小，年降水量在1 000mm以上，一般以5~10月较集中，无明显干季，除对流雨、热带气旋雨外，沿海迎风坡还多地形雨。

温带海洋气候型分布在温带大陆西岸，纬度约40°~60°，包括欧洲西部、阿拉斯加南部、加拿大的哥伦比亚、美国华盛顿、南美洲40°~60°S西岸、澳大利亚的东南角，包括塔斯马尼亚岛和新西兰等地。这些地区终年盛行西风，受温带海洋气团控制，沿岸有暖洋流经过。冬暖夏凉，最冷月气温在0℃以上，如布加勒斯特为7.2℃，最热月在22℃以下，气温年较差小，约6~14℃。全年湿润有雨，冬季较多，年降水量约750~1 000mm，迎风山地可达2 000mm以上。

(2)大陆气候型

大陆气候型(continental climate)一般分布于远离海洋的内陆地区，这些地区常受大陆气团控制，而很少受到海洋暖湿气团影响所形成的气候。其气候特点是：冬季寒冷、夏季炎热、春温高于秋温、温度变化剧烈，气温的年、日较差均大，最热月在7月，最冷月在1月；降水稀少，季节分配不均匀，且多集中于夏季，年际变化大；气候干燥，相对湿度小，云雾少，日照多，终年多晴朗天气。

7.2.2.2 季风气候型和地中海气候型

(1)季风气候型

大范围地区的盛行风向随季节有显著改变的现象称为季风。这种随季节改变的风，冬季由大陆吹向海洋，夏季由海洋吹向大陆，随着风向的转变，天气和气候的特点也随着发生改变。这种由季风形成的气候称为季风气候(monsoon climate)。

季风的形成与多种因素有关，但主要的是由于海陆间的热力差异以及这种差异的季节变化，其他如行星风带的季节移动和广大高原的热力、动力作用亦有关系，而且它们又是互相联系着的。在夏季大陆上气温比同纬度的海洋高，气压比海洋上低，气压梯度由海洋指向大陆，所以气流分布是从海洋流向大陆的[图7-5(a)]，形成夏季风，冬季则相反，因此气流分布是由大陆流向海洋，形成冬季风[图7-5(b)]。

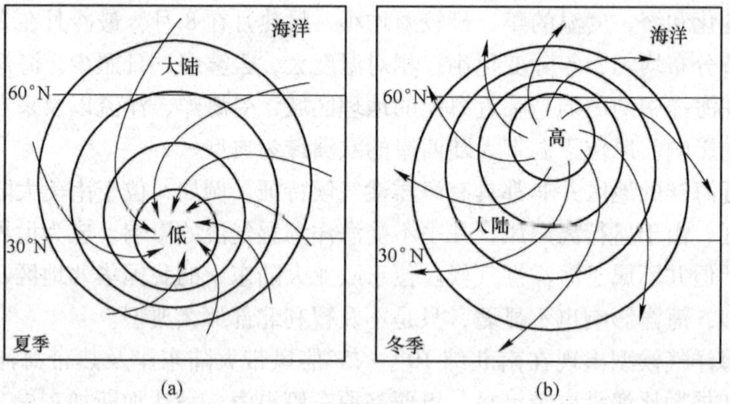

图7-5 因海陆热力差异而引起的夏季风(a)和冬季风(b)

季风形成的原理与海陆风基本相同，但海陆风是由海陆之间气压日变化而引起的，仅出现在沿海地区。而季风是由海陆之间气压的季节变化而引起的，规模很大，是一年内风向随季节变化的现象。

世界上季风区域分布甚广，而东亚是世界上最著名的季风区。这主要是由于太平洋是世界上最大的大洋，亚欧非大陆是世界上最大的大陆并且东西延伸甚广，东亚居于两者之间，海陆的气温对比和季节变化都比其他任何地区显著，再加上青藏高原的影响，所以东亚季风特别显著，其范围大致包括中国东部、朝鲜、韩国和日本等地。

由海洋热力差异而产生的季风，大都发生在海陆相接的区域。温带、副热带地区海陆间的热力差异随季节变化大，季风现象尤为显著，如亚洲东部、北美东部等。亚洲南部的季风，主要是由行星风带的季节移动而引起的，但也有海陆热力差异的影响。以印度季风为例，冬季行星风带南移，赤道低压移到南半球，亚洲大陆冷高压强大，高压南部的东北风就成为亚洲南部的冬季风。夏季行星风带北移，赤道低压移到北半球，再加上大陆热力因子的作用，低压中心出现在印度半岛。而此时正是南半球的冬季，澳大利亚是一个低温高压区，气压梯度由南向北，南来气流跨越赤道后，受北半球地转偏向力的作用，形成西南风，这就是南亚的夏季风。

①热带季风气候　出现在纬度10°到回归线附近的亚洲大陆东南部。如我国台湾南部、雷州半岛和海南岛，中南半岛、印度半岛大部、菲律宾、澳大利亚北部沿海等地。这里热带季风发达，一年中风向的季节变化明显，在热带大陆气团(Tc)控制时，降水稀少；而当赤道海洋气团(E)控制时，降水丰沛，又有大量热带气旋雨，年降水量多，一般在1 500～2 000mm，集中在6～10月(北半球)。全年高温，年平均气温在20℃以上，年较差3～10℃，春秋极短。

②副热带季风气候　该带位于副热带亚欧大陆东岸，约以30°N为中心，向南北各伸展5°左右。它是热带海洋气团与极地大陆气团交汇角逐的地带，夏秋间又受热带气旋活动的影响。如上海，一年中冬季风来自大陆，夏季风来自海洋。夏热冬温，最热月平均气温22℃以上，最冷月0～15℃左右，年较差约15～25℃。可以出现短时间霜冻，无霜期240d以上。四季分明，降水量750～1 000mm以上，夏雨较集中，无明显干季。

③温带季风气候　出现在亚欧大陆东岸纬度35°～55°地带，包括中国的华北和东北、朝鲜大部分地区、日本北部及俄罗斯远东部分地区。如北京冬季盛行偏北风，寒冷干燥，最冷月平均气温0℃以下，南北气温差别大。夏季盛行东南风，温暖湿润，最热月平均气温在20℃以上，南北温差小。气温年较差比较大，全年降水量集中于夏季，降水分布由南向北，由沿海向内陆减少。天气的非周期性变化显著，冬季寒潮暴发时，气温在24h内可下降10℃多甚至超过20℃。

(2)地中海气候型

地中海气候型(mediterranean climate)分布于南、北纬30°～40°附近的大陆西岸，为夏季炎热干燥、冬季温和湿润的气候类型。如美国加利福尼亚的太平洋沿岸、智利沿海、澳大利亚南部沿海地区和非洲南部的开普敦地区，以地中海地区最为典型。基本特点是：夏季，主要受大陆性气团的影响，在副热带高压的控制下，气流下沉，干旱少雨，日照强烈，夏半年降水只占全年降水的20%～40%；冬季，主要受海洋性气团的影响，副热带高压南移，西风带气旋活动频繁，带来大量降水，全年降水量在300～1 000mm左右，气温比较暖和，最冷月平均气温在4～10℃左右。

由于季风气候与地中海气候的特征不同，植物和土壤状况也不一样。季风气候雨热同季，是林木生长的良好地区，也是多种作物的生长地区，但冬季干冷，不利于作物越冬。

由于地中海气候夏热而干旱，故多常绿灌木树丛或常绿针叶林与灌木混合林，一些不耐旱的植物于夏季凋萎。然而，由于冬暖而潮湿，可盛产热带水果，如橄榄、葡萄、无花果等。地中海气候因盛产橄榄故又有橄榄气候之称。

7.2.2.3 高山气候型和高原气候型

(1)高山气候型

高山气候是因山地高度和地貌的影响而形成的特殊气候。其特点具有海洋性，温度变化缓慢，降水多。

高山地区太阳直接辐射和总辐射随山地高度的增加而增加，散射辐射减少，山地紫外线随高度增加尤为明显；高山的气温日较差和年较差均比平地小，极值出现时间随高度而推迟，而且高度愈高，较差愈小，时相愈落后，山地气温高于同高度自由大气温度；在一定高度下，山地云雾和降水比平地多；水汽压随高度的增加而减小，但相对湿度随高度的增加却是增加的，这是因为气温随高度的增加下降得比水汽更快；由于气流受山地阻挡被抬升，故迎风坡多地形雨，并且在一定高度范围内，降水量随高度增加而增大，当达到最大降水高度以后，又随高度的增加而减小，而背风坡因气流下沉增温具有焚风效应，干燥而炎热。另外，高大山系阻滞气团和锋面移动，可延长降水时间和增加降水强度；高山常可出现以日为周期的山谷风，高山风速较大，且素有“一山有四季”“十里不同天”之说，气候水平分布复杂，垂直分布带明显。高山具有从低纬到高纬相似的气候及相对应的植被分布。

①热带高山气候 以拉丁美洲的安第斯山脉为例，它纵贯大陆西岸，自北而南，中经赤道，在热带占有相当大的面积。由于温度随高度而递减，从山麓到山顶可分出热地带、暖地带、冷地带和冻地带等几个不同的垂直气候带。图7-6给出在赤道处安第斯山由山麓到山顶的垂直气候带(周淑贞，1996)。热带作物带：自地面向上约至640m高度，年平均气温为28～24℃，降水丰沛，全年湿润，自然植被为赤道雨林，农作物有橡胶、香蕉和可可等。暖带咖啡带：由640～2 000m，年平均气温为24～18℃，盛产咖啡、稻米、茶、棉花、玉米等作物，以咖啡种植面积最广。温带谷物带：由暖带向上至海拔3 000～3 500m范围内，年平均气温为18～12℃。农作物有小麦、大麦、苹果和木薯等，畜牧业也很发达。原始森林带：由温带谷物带向上约至4 000m高度，由阔叶林逐渐变为针叶林。高山草地带：约在4 000m以上，森林已不能生长，自然植被为高山草地。永久积雪带：海拔4 450m高度为雪线，由此向上为永久积雪带。

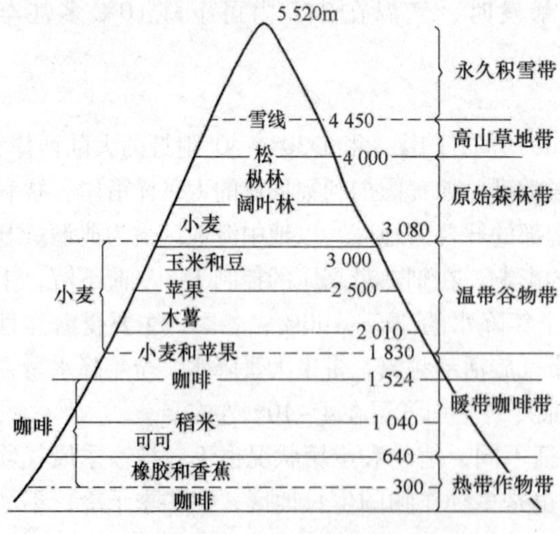

图7-6 安第斯山垂直气候带

②温带季风区山地气候 以长白山为例。长白山的主峰高达2 700m，自下而上可分5个垂直气候带(图7-7)(周淑贞，1996)。

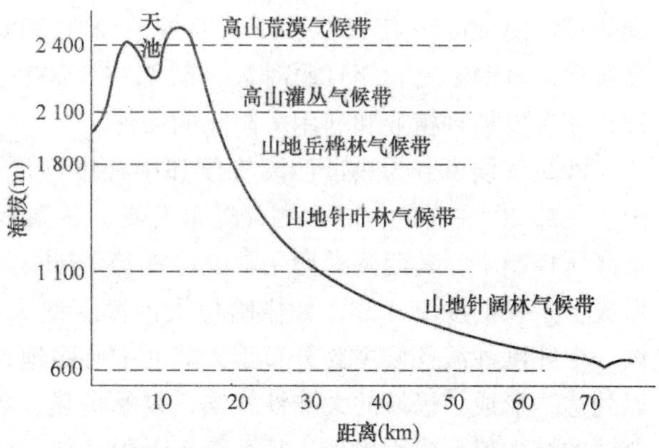

图7-7 长白山北坡垂直气候带示意

山地垂直气候带的分异因所在地的纬度和山地本身的高差而异。在低纬山地，山麓为赤道或热带气候，随着海拔高度的增加，地表热量和水分条件逐渐变化，直到雪线以上，可划分的垂直气候带数目较多。但是，在高纬度极地，山麓已经长年积雪，所以那里山地气候垂直分异不显著。

(2)高原气候型

高原气候是因高原地形影响而形成的气候。其特点具有大陆性，气温变化激烈，降水少，较为干燥。

这种特殊地形相当于整个下垫面普遍抬高，高原以较大的海拔高度区别于平原，又以较大的平缓地面和较小的起伏区别于山地。高原于同高度山地相比，接受和放射辐射的面积大，同时高原上大气层厚度和大气密度较小，空气干燥清洁，白天或夏季获得太阳辐射量大，成为巨大热源，温度较高；夜间或冬季有效辐射强，成为巨大冷源，温度较低。所以高原上温度变化趋于极端，温度日较差和年较差较大。大部分地区地面温度日较差比同纬度平原大1~2倍，如青藏高原的昌都，冬季1月日较差为18.7℃，而成都为5.4℃；夏季7月的日较差分别为14.4℃和7.0℃。高原地形对降水也有明显影响，一般在迎湿润气流的高原边缘有一个多雨带，而高原内部和背湿润气流的一面雨量较少。如青藏高原南麓印度的乞拉朋齐，年平均降水量达11 429mm，而高原腹地和西沿、北沿的降水量却很少，一般在年平均降水量100mm以下。

7.2.2.4 草原气候型和沙漠气候型

这两种气候型，在性质上均具有大陆性，并比一般大陆性更强。其中草原气候是半干旱大陆性气候，而沙漠气候是大陆性气候极端化的干旱。它们的共同特点是：降水少且集中于夏季；空气非常干燥，蒸发量远远超过降水量；日照充足，太阳辐射强；气温日、年变化都大。

草原气候又可分热带草原气候和温带草原气候。热带草原气候夏热多雨，冬暖干燥，年降水量在500~1 000mm，干、湿季节分明。温带草原气候冬寒夏暖，年降水量200~450mm，冬季有积雪覆盖层。热带草原的植物多为喜温作物，如水稻、棉花、香蕉、甘蔗、咖啡等。温带草原的植物主要有小麦等耐旱作物。

沙漠气候空气干燥，蒸发极盛，降水稀少，年降水量<100mm；白天太阳辐射和夜间地面有效辐射都很强；气温日较差可达35~45℃，气温年较差，在热带和

副热带沙漠地区一般18℃以下，温带沙漠在30℃以上。沙漠气候自然植被缺乏，多风沙，日照丰富，年日照时数一般都在3 000h以上，只在有灌溉条件的沙漠绿洲，才有发展种植业和利用太阳能的条件。

沙漠气候可分为热带沙漠气候和中纬度沙漠气候。热带沙漠气候主要分布在南、北纬20°左右的大陆西侧，夏季炎热、冬季不冷。由于这些地区长期处于副热带高压控制下，其西侧沿海又常受冷洋流影响，故降水稀少，水分长期入不敷出，形成了干燥的沙漠气候，如撒哈拉大沙漠、澳大利亚西部和秘鲁等地区的沙漠气候。中纬度沙漠气候主要分布于大陆的中心腹地，这些地区远离海洋，湿润气流难以到达，形成了极端的大陆性气候，夏季炎热、冬季寒冷，气温日、年较差几乎是全球的极大值；降水极少，甚至终年无雨。如我国的塔克拉玛干大沙漠和中亚的卡拉库姆沙漠，都是典型的中纬度沙漠气候。

7.3 气候变迁

地球上各种自然现象都在不断地变化之中，气候也不例外。根据观测事实，地球上的气候一直不停地呈波浪式发展，冷暖干湿相互交替，变化的周期长短不一。研究地球气候变化的历史，弄清现代气候变化的趋势，按照气候演变规律，采取适当措施及早预防和抗御异常气候灾害，为合理地利用气候资源，改造气候条件提供科学依据。

据地质考古资料、历史文献记载和气候观测记录分析，世界上的气候都经历着长度为几十年到几亿年为周期的气候变化。现在为科学界所公认的有：①大冰期与大间冰期气候：时间尺度约为几百万年到几亿年。②亚冰期气候与亚间冰期气候：时间尺度约为几十万年。③副冰期与副间冰期气候：时间尺度约为几万年。④寒冷期(或小冰期)与温暖期(或小间冰期)气候：时间尺度约为几百年到几千年。⑤世纪及世纪内的气候变动：时间尺度为几年到几十年。⑥从时间尺度和研究方法来看，地球气候变化史可分为3个阶段，即地质时期的气候变化、历史时期的气候变化和近代气候变化。地质时期气候变化时间跨度最大，从距今22亿~1万年，其最大特点是冰期与间冰期交替出现。历史时期气候一般指1万年左右以来的气候。近代气候是指最近一二百年有气象观测记录时期的气候。

7.3.1 地质时代的气候变迁

地球古气候史的时间划分，采用地质年代表示。在漫长的古气候变迁过程中，反复经历过几次大冰期气候，即距今6亿年前的震旦纪大冰期、2亿~3亿年前的石炭—二叠纪大冰期和200万年前至今的第四纪大冰期。这3个大冰期都具有全球性的意义，发生的时间也比较确定。震旦纪以前，还有过大冰期的反复出现，其出现时间目前尚有不同意见。两大冰期之间是间冰期，间冰期持续时间比大冰期长得多。在大冰期和间冰期内还可划分若干个时间尺度不同的亚冰期和亚间冰期。在第四纪大冰期内，亚冰期气温约比现代低8~12℃，亚间冰期约比现代高8~12℃。

据研究，我国第四纪大冰期中约有3～4次亚冰期，并且与欧洲的亚冰期对应。

7.3.2 历史时代的气候变迁

历史时期的气候通常是指距今约一万年的被称为“冰后期”的气候。在这近万年中，后期的5 000年已有文字记载，而前期的5 000年气候，仍需通过地质、古生物等资料去考察。竺可桢(1972)曾根据物候观测、考古研究和文献记载，作出了我国近5 000年温度变化曲线，其结果与欧洲(挪威)1万年雪线升降曲线总趋势相近似(图7-8)。

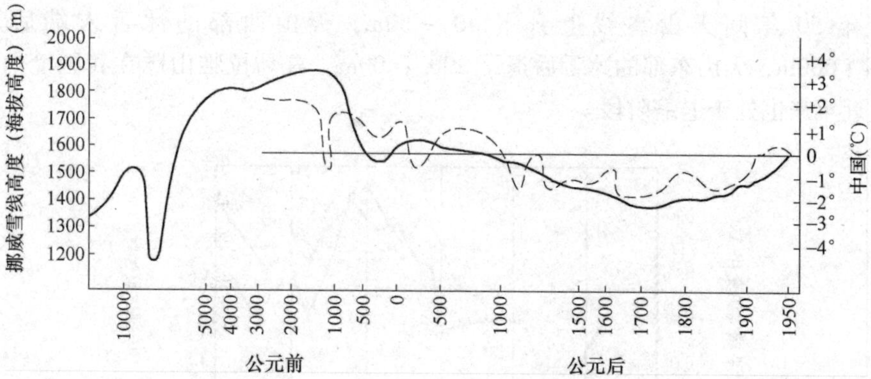

图7-8 挪威1万年来雪线升降曲线(实线)和近5 000年来中国气温(虚线)趋势图

根据图上的温度变化曲线，中国也有4次温暖期和4次寒冷期。近5 000年气候变迁的特点之一是温暖期越来越短，温暖程度越来越低。例如，在第一温暖期(公元前3000～前1000年)黄河流域有象群栖息；第二温暖期(公元前800～前200年)象群栖息北界移到淮河流域；第三温暖期(700～1000年)象群栖息限于长江以南；第四温暖期(1200～1300年)西安等地有竹子生长。气候变迁的特点之二是寒冷期越来越长，寒冷程度越来越强。这一特点可从江湖结冰资料得到证明。例如，第一寒冷期(公元前1000～前850年)汉水结冰；第二寒冷期(公元初～600年)淮河偶有结冰；第三寒冷期(1000～1200年)太湖出现结冰；进入14世纪，转为第四寒冷期，长江也出现了封冻现象。

7.3.3 近代的气候变化

由于工业化和人类活动，近百年来大气中的温室气体大量积聚。目前的观测结果表明，大气中各种温室气体的浓度正在迅速增长。有人认为，当前的全球变暖及气候变化是与大气中的温室气体大量积聚直接有关的。根据大多数全球气候模型的预测，在未来100年中气温将增加1.5～3.0℃。人们普遍担忧，如果这一发展趋势保持不变或者加剧，是否会危及到人类的生存环境，破坏全球生态系统，造成灾难性的结果。为此各国已有许多与全球变化有关的大型研究计划。其中与森林植被直接有关的计划有：人与生物圈计划(MAB)，国际地圈与生物圈计划(IGBP)，生物地球化学循环及其相互作用(BCTI)，全球能量与水循环试验(GEWCE)等。在最有影响的IGBP计划中，与森林植被有直接关系的核心计划有：水循环的生物圈问题研究(BAHC)和全球变化与陆地生态系统(GCTE)。这些计划所研究的都是与全球气候变化有关的问题，其规模之大是前所未有的。

我国学者根据1910~1984年137个站的气温资料，绘制了全国1910年以来逐月的气温等级分布图(图7-9)。从19世纪末到20世纪40年代，我国年平均气温约升高0.5~1.0℃，20世纪40年代以后由增暖到变冷，全国平均降温幅度在0.4~0.8℃之间，70年代中期以后逐渐转为增暖趋势。因此，从20世纪末以来，我国气温总的变化趋势是上升的，这在冰川进退、雪线升降中也有所反映。如1910~1960年50年间天山雪线上升了40~50m，天山西部的冰舌末端后退了500~1 000m，天山东部的冰舌后退了200~400m，喜马拉雅山脉在我国境内的冰川，近年来也处于退缩阶段。

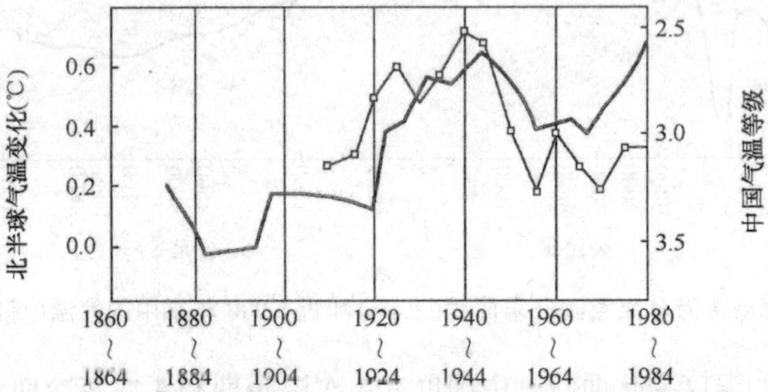

图7-9 中国气温等级的5年平均值(细线)和北半球气温5年平均值(粗线)的变化

7.3.4 气候变化的因素

气候变化的因素包括自然因素和人为因素，其中人为排放CO_2等温室气体造成气候变暖，已成为不争事实，已引起全球关注。

(1)太阳辐射的变化

太阳辐射是气候形成的最主要因素。气候的变迁与到达地表的太阳辐射能的变化关系最为密切，引起太阳辐射能变化的条件是多方面的。

①地球轨道因素的改变 地球在自己的公转轨道上接受太阳辐射能。而地球公转轨道的3个因素——偏心率、地轴倾角和春分点的位置都以一定的周期变动着，这就导致地球上所受到的天文辐射发生变动，引起气候变迁。

②火山活动 到达地表的太阳辐射的强弱要受大气透明度的影响。火山活动对大气透明度的影响最大，强火山爆发喷出的火山尘和硫酸气溶胶能喷入平流层，由于不会受雨水冲刷跌落，它们能强烈地反射和散射太阳辐射，削弱到达地面的直接辐射。

③太阳活动的变化 太阳黑子活动具有大约11年的周期，太阳黑子达峰值时

太阳常数减少。太阳活动增强，不仅太阳黑子增加，太阳光斑也增加。光斑增加所造成的太阳辐射增强，抵消掉因黑子增加而造成的削弱还有余。据最新研究，太阳常数可能变化在1%～2%。模拟试验证明，太阳常数增加2%，地面气温可能上升3℃，但太阳常数减少2%，地面气温可能下降4.3℃。我国近500年来的寒冷时期正好处于太阳活动的低水平阶段，其中3次冷期对应着太阳活动的不活跃期。说明我国近千年来的气候变化与太阳活动的长期变化也有一定联系。

(2)宇宙—地球物理因子

宇宙因子指的是月球和太阳的引潮力；地球物理因子指的是地球重力空间变化、地球转动瞬时极的运动和地球自转速度的变化等。这些宇宙—地球物理因子的时间或空间变化，引起地球上变形力的产生，从而导致地球上海洋和大气的变形，进而影响气候发生变化。

月球和太阳对地球都具有一定的引潮力，月球的质量虽比太阳小得多，但因离地球近，它的引潮力等于太阳引潮力的2.17倍。地球表面重力的分布是不均匀的。由于重力分布的不均匀引起海平面高度的不均匀，并且使大气发生变形。天文观测证明，地轴是在不断地移动的，地球自转速度也在变动着，这些都会引起离心力的改变，相应地也会引起海洋和大气的变化，从而导致气候变化。据研究，厄尔尼诺事件的发生与地球自转速度变化有密切联系。

(3)大气环流和大气化学组成的变化

大气环流形势和大气化学组成成分的变化是导致气候变化和产生气候异常的重要因素。例如近几十年来出现的旱涝异常就与大气环流形势的变化有密切关系。大气中有一些微量气体和痕量气体对太阳辐射是透明的，但对地—气系统中的长波辐射(约相当于285K黑体辐射)却有相当强的吸收能力，对地面气候起到类似温室的作用。如温室气体CO_2、CH_4、N_2O、O_3等成分是大气中所固有的，CFC_{11}和CFC_{12}是由近代人类活动所引起的。这些成分在大气中总的含量虽很小，但它们的温室效应，对地—气系统的辐射能收支和能量平衡却起着极重要的作用。这些成分浓度的变化必然会对地球气候系统造成明显扰动，引起全球气候的变化。

(4)下垫面地理条件的变化

在整个地质时期中，下垫面的地理条件发生了多次变化，对气候变化产生了深刻的影响。其中以海陆分布和地形的变化对气候变化影响最大。

①海陆分布的变化　在各个地质时期地球上海陆分布的形势也是有变化的。以晚石炭纪为例，那时海陆分布和现在完全不同，在北半球有古北极洲、北大西洋洲(包括格陵兰和西欧)和安加拉洲3块大陆。

②地形变化　在地球史上地形的变化是十分显著的。高大的喜马拉雅山脉，在现代有“世界屋脊”之称，可是在地史上，这里却曾是一片汪洋，称为喜马拉雅海。直到距今约7 000万～4 000万年的新生代早第三纪，这里地壳才上升，变成一片温暖的浅海。由于这片海区的存在，有海洋湿润气流吹向今日我国西北地区，所以那时新疆、内蒙古一带气候是很湿润的。其后由于造山运动，出现了喜马拉雅山等山脉，这些山脉成了阻止海洋季风进入亚洲中部的障碍，因此新疆和内蒙古的

气候才变得干旱。

7.3.5 气候变化与森林

森林是陆地生态系统的主体，是地球生物圈的重要组成部分，在维护地球生态平衡中发挥着巨大作用。森林作为同化 CO_2 的场所、集水区和生物多样性的保存库，在缓和全球气候变化和保护生物多样性方面处于重要地位。森林作为一种重要的下垫面，是影响气候的因子之一，它的增长和消失，改变着下垫面的性质、状态、热量和水分等特性，使气候形成和变化受到制约和改变，影响气候的稳定和异常，影响全球气候变化程度和性质。森林是一种特殊的下垫面，它除了影响大气中 CO_2 的含量以外，还能形成独具特色的森林气候，而且能够影响附近相当大范围地区的气候条件。森林的生长周期长，因此充分认识气候变化对森林生态系统的影响，进而制定相应的对策，这对于保护人类生存环境、指导林业的发展具有非常重要的现实意义，这也是联合国环境与发展大会将林业作为单独的议题进行处理的主要原因。同时，伴随而来的全球气候变化，也会对我国林业产生深远的影响。因此，对育种、营林、森林经营和管理及林产工业的各个环节需采取的对策，应进行深入的探索，这将有助于我国林业的持续发展。

CO_2 浓度增加和气候变化，直接影响到树木的生理活动和生化反应途径，进而影响到树木的生长、林分结构、生物生产力、森林轮伐期以及树种的分布范围。大气中 CO_2 浓度增加对木本植物的生理、生态都会产生直接影响。林业工作者应在充分认识 CO_2 浓度增加对树木生理、生态影响的基础上，全面考虑林业的经营对策，并在林业技术、规划和科学研究方面作出相应的调整，以保持林业的持续发展。

气候变化，尤其是频繁出现的极端气候变化（如极端温度、降水、风暴等），将使森林产生前所未有的变化。由于全球气温上升，在一些地区出现夏季高温、干旱，造成森林火灾的发生频率增大，火灾面积增加。在过去几年中，美国由于森林火灾造成的损失每年达100万美元。1980年加拿大森林火灾面积达 $4.8\times10^4 hm^2$，比1961年增加28%。我国的大兴安岭林区，多年来森林火灾一直比较严重，每年因火灾受害森林面积达几十万公顷。从1985年以来，大兴安岭北部严重干旱，气温都比历年偏高，森林火险升高。因此，种种迹象表明，大气中 CO_2 浓度增加与森林火灾增多有密切关系。另外，病虫害的发生、分布与气候变化也密切相关。植物体中的C/N值变化及降雨和温度分布格局的变化，必定会影响到病虫害种类及灾害程度。由于冬季气温变暖，使得一些森林害虫的数量猛增。

大气中 CO_2 浓度增加影响到树木的生长、发育和木材产量，使森林资源的数量和质量都发生了变化。同时，大气中 CO_2 浓度增加还会使得林木达到成熟时的年龄改变。因此，对林木的轮伐期要做适当的调整。一些原来依靠天然更新的林分，能够借助于物种进化、区系及结构的发展，适应不断变化的气候状况。由于树木的繁殖和生长发生变化，会使更新也发生变化，因而影响到林分的结构。

总之，由于气候变化不一，一些原来不利于林木生长的地区可能变得有利于林木生长，一些原来生长较好的林分亦会变成疏林。重要商品材树种的分布范围会改变，林区的范围、分布也将有相应的变化。因此，根据大气中 CO_2浓度增加与气候变化的趋势，应立即停止对自然资源及人工资源的滥用或破坏，采用持续的土地利用方式取代目前对热带和北方森林的乱砍、滥伐，并加强天然次生林和人工林管理。同时，对森林资源的分布要进行新的区划，与之相应的森林工业的布局也要进行必要的调整。

森林在生长过程中，因为光合作用，吸收大气中的 CO_2，并将其转变为碳水化合物(木材)贮存起来，同时向空气中释放 O_2，1m^3木材中大约含有180kg 碳元素，或者可以说，生产1m^3木材，大约可吸收大气中的 $CO_2$660kg，如果把根的生长计算在内，森林每生产1m^3木材可吸收大气中的 CO_2约 850kg，森林吸收 CO_2的作用与它的净生长量成正比。贺庆棠(1986)推算出地球上森林及其他生物的年 CO_2固定量，其结果是地球生物量总量为 $4\,566\times10^9$t，年生物量生产量为 155×10^9t，其中森林所具有的生物总量为 $2\,024\times10^9$t，森林生物量年生产量为 65×10^9t，均占地球生物量总量及年生产量的40%以上，占地球陆地生物量总量及年产量的65%左右。森林从大气中吸收、固定和贮存的 CO_2最多，占陆地全部固定量的60%以上，是其他人和生态系统都无法相比的。地球生物年固定大气中的 CO_2量占大气中 CO_2总量 12×10^9t 的15.7%，而森林占6.6%。我国现有森林占国土面积的13.92%，如果到21世纪中期达到20%，则大气中的 CO_2的年固定量可达 4.4×10^9t，是现在的年固定量的1.54倍。由此可见，森林的存在可大量吸收和贮存大气中的 CO_2，对引起气候变暖的温室效应起到缓解作用。

7.4 中国气候

7.4.1 中国气候区划

中国气候区划的开创人是气候学家竺可桢，他在1929年撰写的《中国气候区域论》一文中，曾把全国区分为南部、中部、北部、满洲、云南高原、草原、西藏、蒙古等八大类。后来，涂长望、陶诗言、张宝坤等许多气候工作者又做了不少工作。归纳起来，大致有以下3种类型：①参照国外方法，结合中国实际，增设一些指标，作出中国气候区划。②根据气候要素的统计分析，作出区划。③运用某些综合性要素的分布特征作出区划。如《中国气候区划》(初稿1959年)就是属于这一类。中央气象局根据全国600多个测点的气候资料，参照《中国气候区划》，作了若干修改，绘制了我国三级气候区划图。

(1)第一级区划

第一级区划是按热量状况划分气候带。选取的指标有：日平均气温稳定通过10℃的积温值、最冷月平均气温和年极端最低气温。参照自然景观取积温值4 250～4 500℃和8 000℃分别作为温带、亚热带和热带的分界线。每一带中又分北、中、南三带，这样全国分为9个气候带，西部青藏高原海拔高、面积大，另列为高原气候区。

(2)第二级区划

二级区划是按水分状况划分气候大区。水分指标取年干燥度。干燥度公式如下：

$$干燥度 = 最大可能蒸发量 / 降水量 \tag{7-8}$$

最大可能蒸发量是土壤经常保持湿润状态，土壤和植物最大可能蒸发和蒸腾的水量。根据干燥度值分为4种类型：湿润、亚湿润、亚干旱与干旱(表7-5)。按这些标准，在每个气候带中划出1~4个气候大区，全国9个气候带共区划出18个气候大区。高原气候区中也有4个气候大区。

表7-5 气候大区的干燥度指标

干燥度	气候大区
<1.00	湿润A
1.00~1.49	亚湿润B
1.50~3.49	亚干旱C
3.5以上	干旱D

(3)第三级区划

三级区划是采用季干燥度为指标，在每个气候大区中再划分。东北地区冬季长，改用积温2 000℃为指标；青藏高原全年温度都很低，改用最热月温度。采用上述3种指标，在气候大区基础上，把全国划分为45个气候区。归纳起来，全国被分成9个气候带、22个气候大区、45个气候区。

7.4.2 中国气候特征

(1)中国季风气候明显

①中国季风气候成因　中国是世界上著名的季风气候区，因此中国气候的季风性十分明显。中国季风形成原因有2种不同观点：一派认为季风是由海陆间热力差异引起的；另一派认为季风是行星风带的季节位移造成的。由于东亚的季风范围很广，南北达49个纬度，行星风系的季节位移不是主要原因，主要是海陆的热力差异。地形对季风现象的地区特征有影响，如西藏高原的热力作用使东亚季风特别显著，但它不是形成季风的根本原因。

②中国季风气候特点

季风性在风上的反映：冬季1月，海平面气压场上，蒙古冷高压控制了中国整个大陆，中心气压值为1 040hPa，冷高压的东面是深厚广阔的阿留申低压，它盘踞在太平洋的东北部，中心气压值为1 000hPa，在这样的气压形势下，中国内蒙古和东北地区处在高压北部和东北部，盛行西北风或西北偏西风；华北平原、河套盆地、山东半岛、辽东半岛、长江流域处在高压东部，盛行西北偏北或北风；南岭山地和珠江流域盛行北风或东北风，这种以偏北风为盛行风的现象，就是冬季风；偏北气流带来了一股股极地大陆气团的冷空气，它既冷又干，因此，在它的控制下，中国的天气和气候特征是寒冷与干燥。夏季7月，海平面气压场上，印度低压控制了欧亚大陆，它是一个热低压，中心气压值994hPa，低压的东面，太平洋上空被副热带高压盘踞，这样，中国东部地区正处在印度低压的前部，或者说太平洋副热带高压的西南部，盛行东南风，这就是东南季风。东南季风带来了太平洋上的热带海洋气团，既热又湿，输送来大量水汽；西南季风带来赤道海洋气团，它不但湿热，而且不稳定，在它控制下多雷阵雨天气。

季风性在温度上的反映：中国冬季风强盛，冷气流侵袭频繁，气候寒冷而干燥，成为世界上同纬度最冷地区。与同纬度的欧洲相比，中国冬季气温低得多，如天津与葡萄牙首都里斯本的地理纬度相近，天津1月平均气温-4.2℃，极端最低气温-22.9℃；里斯本1月平均气温9.2℃，极端最低气温-1.7℃。又如石家庄与希腊雅典的地理纬度接近，石家庄1月平均气温-3.1℃，极端最低气温-26.5℃；雅典1月平均气温9.7℃，极端最低气温-5.7℃。华南地区也比同纬度其他地方为冷，如广州和古巴哈瓦那属同一纬度，最冷月气温广州却比哈瓦那低8℃，极端最低气温在广州可降至0℃，而哈瓦那几乎终年都是夏天，最冷时也超过9℃。夏季风盛行时，气候炎热，湿润多雨，炎热程度胜于同纬度其他地区。

季风性在降水上的反映：一是中国多数地区的雨季都在夏季风盛行的6~8月。夏季降水量占全年的一半或超过一半，愈往北雨量集中愈明显(表7-6)。二是降水量的变率大，夏季风进退日期具有年际变化，对某一地区来说，有些年份夏季风强，有些年份则比较弱，夏季风强弱不同的年份，降水量的差异很大。以武汉为例，该地7月的多年平均降水量为179mm，1954年长江流域的夏季风特别强盛，雨带在那里停留了一个多月，致使7月的雨量达567.9mm，降水量超过多年平均降水量2倍以上；相反，1961年7月的降水量只有32.5mm，仅为多年平均值的18%。三是云量和相对湿度全年以夏季为大，夏季温度高，饱和水汽压大。这时中国正逢雨季，夏季风把海洋上空的水汽输送到大陆上空。四是雨季的起止和季风进退相一致，西太平洋副热带高压脊线北挺或南撤与中国夏季风的进退有关，5月中旬副高脊线跳过15°N，这时中国华南地区开始受夏季风的影响，雨带在这里停留20~30d；6月中旬副高脊线跳过18°N，地面上的雨带也随之急速移到长江流域，长江流域开始受夏季风控制，雨带在长江流域停留一个月左右，这时江南正值梅子成熟季节，俗称梅雨；7月中旬副高脊线突然跳过25°N，华北地区开始受夏季风控制，雨季开始；9月上旬开始，副高脊线突然向南迁移，夏季风也相应地往低纬度撤退。夏季风撤退的地区同时形成冬季风；9月底，全国都被冬季风所控制。

表7-6 我国部分地区夏季降水量

地 点	年降水量(mm)	夏季6~8月	
		降水量(mm)	百分数(%)
沈 阳	734.5	453.0	75
北 京	644.2	482.6	62
南 京	1 026.1	443.6	43
广 州	1 680.5	743.9	44

(2)大陆性气候强

由于中国处于世界最大陆地——欧亚大陆的东南部，气候受大陆的影响远比受海洋的影响大。因此，气候的大陆性超过了海洋性，特别是在广大的内陆地区，中国气候的大陆性主要表现在温度和降水方面。

①大陆度及其分布　在气候学里通常以气温年较差来衡量气候的大陆性和海洋性。大陆度的计算公式如下：

$$K = \frac{1.A}{\sin\varphi} - 20.4 \tag{7-9}$$

式中：K为大陆度；A为气温年较差多年平均值；φ为地理纬度。大陆度K在0~100之间变化，0为最强海洋性气候，100为最强大陆性气候，50为海洋性和大陆性气候的分界线。

中国大陆度分布概况：台湾、海南小于40；川滇地区受地形影响，冬暖夏凉，大陆度也在40以下；华南地区大陆度在50以下；青藏高原，因地势高，大陆度也在50以下，均具有海洋性气候特点。其余各地都在50以上，具有大陆性气候特点，尤其是新疆、内蒙古和东北为最大，约在70~80，属于典型大陆性气候。

②大陆性在温度上的反映　气温年较差大，是中国气候大陆性强的重要特征之一。中国气温年较差分布的总趋势是北方大、南方小，且各地气温年较差均大于全球同纬度的平均值。例如，长江中下游地区的年较差为24~26℃，同纬度全球平均为12℃左右；海河流域为30~32℃，同纬度全球平均为18℃左右；内蒙古和东北大部分地区为32~42℃，同纬度全球平均为25℃左右；北京年较差为30.7℃，而同纬度地区(40°N)平均18.5℃。

春温高于秋温是中国气候大陆性强的另一重要特征。有资料表明，西北内陆、塞外草原和华北、东北等地都是春温高于秋温。而黄河中下游以南地区，尤其是大连、上海和广州等沿海地区则为秋温高于春温，带有海洋性气候。

③大陆性在降水上的反映　大陆性气候的降水特征：一是雨量集中夏季；二是多对流性降水；三是降水变率大。从中国各地年降水量的季节分配看，绝大部分地区以夏季降水为多。一般来说，夏季(6、7、8月)占全年降水量40%~50%，内陆地区比例更大；相反，冬季(12、1、2月)只有长江以南占10%以上，其余地区均不足10%。

另外在内陆地区，夏季的午后，剧烈增温造成空气层结对流性不稳定，从而产生热雷雨。大陆性越强，对流性热雷雨越多，所以热雷雨出现频率的大小可反映气候大陆性的强弱。在中国内陆地区降水以热雷雨为主。尤其是西北和华北更为突出。年降水变率大，也是大陆性强的一种表现。

中国年降水相对变率的分布与大陆度的分布有对应关系。年降水变率大的地方，大陆度也大；反之，年降水变率小的地方，大陆度也小。例如，华南是中国年降水变率最小的地区之一，一般多在15%以下，云南南部和岭南山地还不足10%，而这一地区也是中国气候大陆性最小的地区；长江流域年降水变率增大到15%~20%，这一带的大陆度也比较大；淮河流域和华北地区年降水变率增大到20%~

30%，这一地区的大陆度也显著增大，达60以上；再到河西走廊和新疆年降水变率增大到60%～70%，这些地区的大陆度可增至80。

(3)多种气候类型

中国幅员辽阔，自北向南气候跨越冷温带、暖温带、副热带、热带和赤道气候带。又因各地与海洋距离不同，地形错综复杂、地势相差悬殊，致使中国具有除极地气候和地中海气候外的所有气候类型。即东部季风区、西北干旱区和青藏高寒区。

东北为湿润、半湿润温带地区，仅大兴安岭北部属冷温带。冬季严寒而漫长，夏季短促，农林业上的最大灾害是低温冷害和干旱。

华北为湿润、半湿润暖温带地区，冬季寒冷干燥，夏季炎热多雨，且暴雨常见，春旱严重，夏季旱涝灾害频繁，严重影响了农业生产。

华中和华南中部为湿润副热带地区，冬季冷湿，春雨连绵，初夏梅雨，盛夏高温伏旱、夏秋多台风侵袭，如果夏季风强度不正常，还会引起雨水失调，发生旱涝灾害。

华南热带湿润地区仅分布于滇南低热河谷和雷州半岛及海南岛与南海诸岛；终年气候暖热、长夏无冬，降水丰沛，干湿季分明，春旱夏涝。偶尔侵袭的强寒潮，严重危害热带经济作物的生长。夏秋频繁入侵的台风，其危害更大。

内蒙古温带草原属半干旱、干旱季风气候。冬长寒冷、夏短温暖，降水少、变率大，春旱尤为严重。

西北以温带和暖温带荒漠为主。干旱少雨，昼夜温差悬殊，冬夏温变剧烈。风大、日照丰富、辐射强烈。因此，风能和太阳能资源十分丰富，但同时风沙也给农、林、牧生产带来严重危害。

青藏高原寒冷而干旱，随着海拔和纬度的降低，气候从寒带、冷温带、温带、副热带过渡到热带。因此，青藏高原各地之间的气候差异很大。墨脱一带年降水量多达3 000～4 500mm，气候温热湿润，被誉为“西藏的西双版纳”；察隅一带年降水量为1 000～2 500mm，气候温和，有“西藏的江南”之称。雅鲁藏布江流域和三江流域已是温带气候，从东部的湿润逐步过渡到西部的干旱，除羌塘高原西北部为寒带外，其他青藏高原地区则是寒温带气候。

7.4.3 中国气候资源

为了因地制宜地规划和指导农、林业生产，合理地利用每个地方的气候条件，人们把气候也视为自然资源之一。在气候资源中，光照、热量和水分以及三者的配合状况是使各地自然条件，以至农业和林业产生差异的重要因素。中国西北处在大陆腹地，离海洋远，周围有高山环绕，外来水汽很难达到，气候的大陆性特别强，所以尽管光能丰富，热季温度比较高，但由于水分不足，限制了前者发挥作用。青藏高原上太阳辐射能很多，但地势高耸，温度低，热量不足，水分也不多，光能也很难被充分利用。东部地区夏半年盛行湿热的夏季风，恰逢生长季，高温与多雨相配合。然而，也正因为降水多，光能必然少一些。冬半年，中国盛行干冷的冬季风，这里温度比同纬度其他地区明显偏低，使某些植物生长和分布也受一定限制。所以从农业和林业生产的角度看，光、热和水是气候资源中3个重要的方面。

7.4.3.1 光能资源

鉴定一个地方光能资源可以从太阳总辐射年总量、净辐射和光照时间等方面考虑。

(1)总辐射年总量

图7-10是中国年总辐射量分布图。全国总辐射最低的地区是四川西部和贵州。例如，重庆年总量为 3.49×10^9 J/(m^2·a)，遵义为 3.48×10^9 J/(m^2·a)。生长季时，北部地区白昼长，降水少，所以这里的年总辐射量超过长江流域和江南，与低纬度的海南岛相当。中国西部地区降水少，海拔又高，年总辐射都超过 5.86×10^9 J/(m^2·a)。青藏地区为全国高值区，西藏的那曲居首位，年总量为 7.93×10^9 J/(m^2·a)。

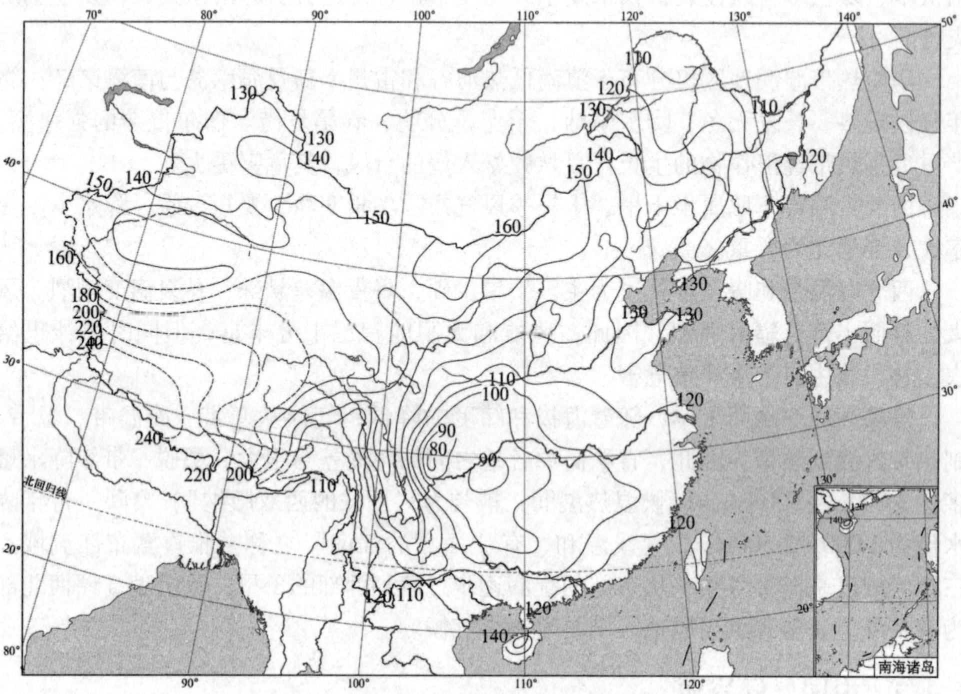

图7-10 中国总辐射分布

(2)净辐射年总量

图7-11是中国净辐射分布图。全国最低值仍在川黔地区，年总量为 1.17×10^9 J/(m^2·a)，最高值在海南岛，为 2.93×10^9 ~ 3.35×10^9 J/(m^2·a)，其他地区都在 1.67×10^9 ~ 2.51×10^9 J/(m^2·a)之间。中国西部地区的总辐射比东部地区多，净辐射却不然，如果把同纬度的两站相比，则两地或者相当，或西部地区还略低些。这主要是由于西部沙漠地区的地面反射率和有效辐射比较大。

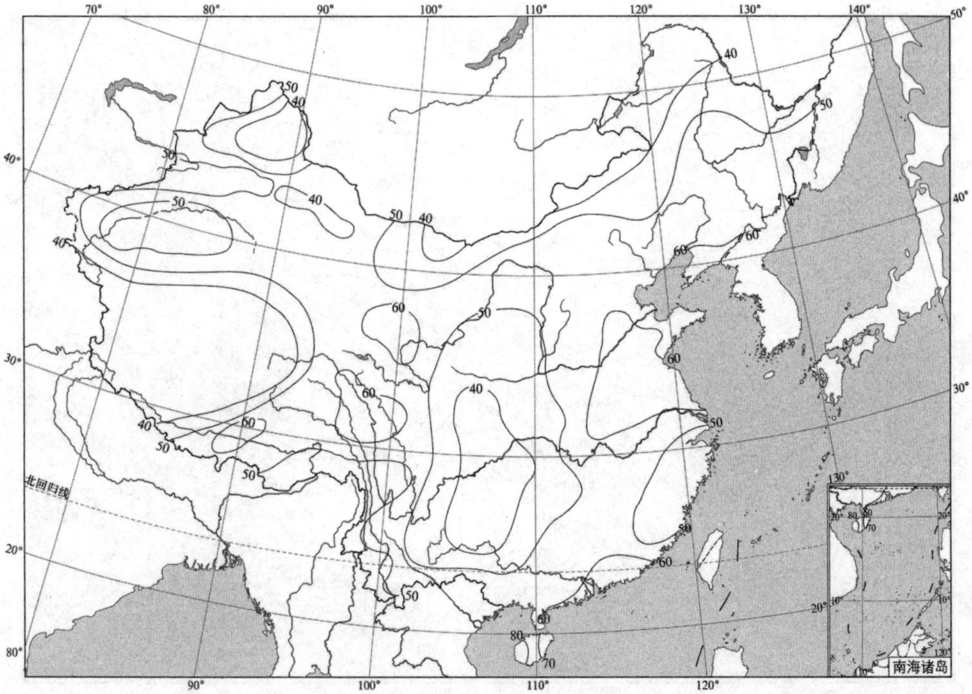

图 7-11 中国年净辐射分布

(3)光照时间

光照时间就自然光来说就是日照时数。四川盆地和贵州是全国日照最少的地区，重庆年日照时数 1 244.7h，遵义 1 218.2h。西部干旱区日照丰富，年日照时数都在 2 800h 以上，青海省的冷湖居全国之冠，为 3 550.5h。中国北部的日照时数也普遍比长江以南地区多。虽然长江流域和江南的日照与全国相比偏少一些，可是植物生长旺盛季节，即 7 ~ 8 月时，日照百分率居全年最高，可达 60% 或更多，平均每日的日照时数有 7 ~ 8h(图 7-12)。

7.4.3.2 热量资源

鉴定一地区热量资源的指标，常常采用积温、年平均气温、最热月和最冷月温度、极端最高和最低温度、年极端最低温度的平均值、无霜期和生长季等。

(1)积温

图 7-13 是根据多年的日平均气温稳定在 10℃以上的积温值绘出的分布图。由图上看出，中国 110°E 以东地区，地势比较平坦，积温值基本上由南向北逐级递减。西部地区和云贵高原，高差悬殊，等位线分布紊乱，除新疆外，这里大部分地区的积温值都低于同纬度东部地区。

(2)年平均气温

年平均气温能粗略地说明一地区的热量状况，与 10℃以上积温值分布相似。温带地区年平均气温 -4 ~ 14℃，亚热带地区 14 ~ 22℃，热带地区超过 22℃。年平均气温的优点是统计简单，缺点是一年内温度变化被平均，不利于反映植物生长季的热量状况。因此，需要附加最热月和最冷月的气温。

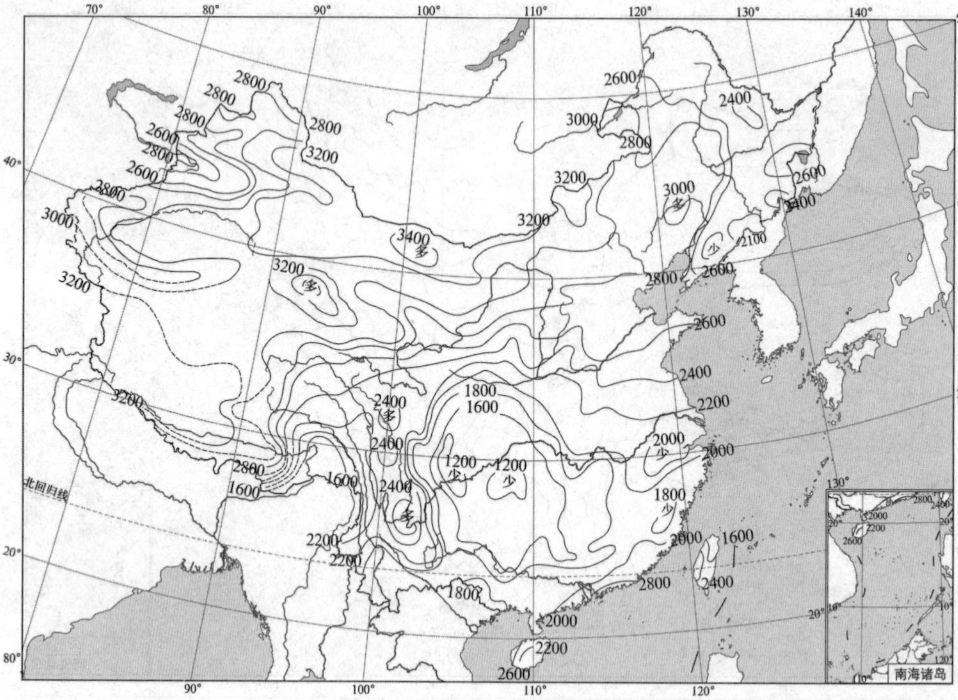

图 7-12　中国年日照时数(h)分布

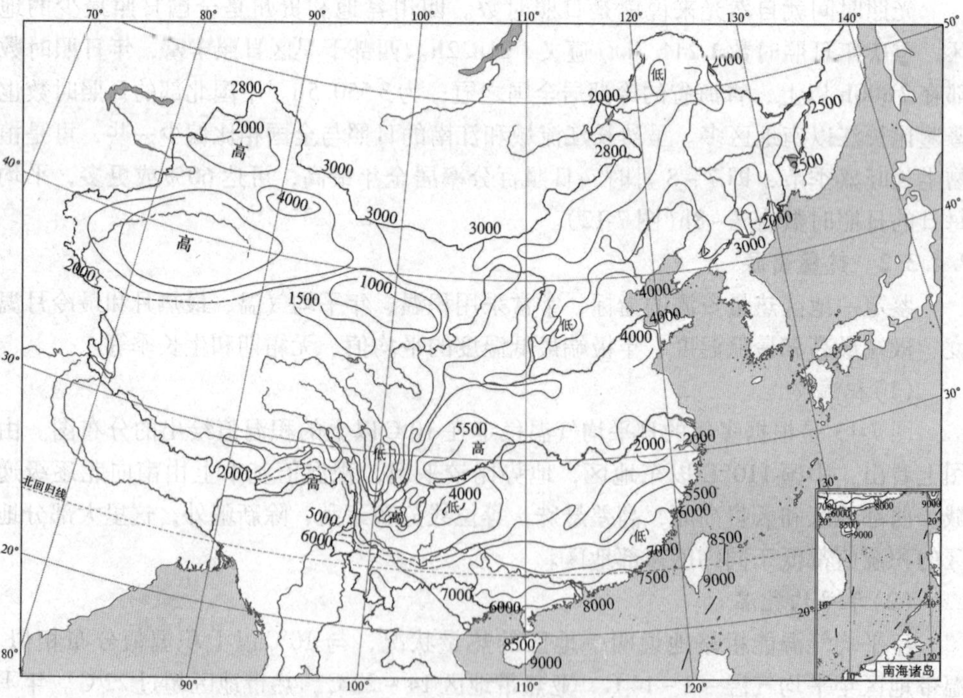

图 7-13　中国日平均气温≥10℃稳定期积温分布

(3)极端最高和最低气温

极端最高和最低气温是历史上曾出现过的极值，虽属偶然，也值得重视。对中国来说，特别是极端最低气温值更应注意，它常常使植物致命。如蓝桉可忍受短时-7℃的低温。1974年，云南陆良县出现了-7.3℃的极端低温，使该地桉树的叶和嫩梢受冻害，幸而持续时间短，没有枯死。1975年12月出现了-5.4℃的低温，日平均气温由0.6℃降到-4℃，寒冷持续了5d，使蓝桉遭受严重冻害。极端最低气温主要决定于纬度和海拔高度，所以随纬度的分布比较有规律。在中国，极端最低气温居首位的是北纬53.5℃的漠河，曾出现过-52.3℃的极端低温。

(4)年极端最低气温的平均值

把一地每年的年极端最低气温取其平均，就是年极端最低气温的平均值。虽然每年实际出现的年极端最低气温不等于平均值，但一般情况下，实际值摆动于平均值附近。引种树木时，应把该树种能忍受的最低气温与年极端最低气温平均值作一比较，确定可以引入的北界纬度，避免冬季寒潮侵袭时，树木遭冻害。如油橄榄，在原产地最北可达40°N，阿尔巴尼亚的斯库台(42°06′N)是油橄榄自然分布的北界，在中国，由于最冷月气温低，年极端最低气温的平均值更低，所以引种的北界被迫南撤到北纬34°。

(5)生长期与无霜期

常把日平均气温稳定通过5℃的持续期作为生长期。从全国来看大致如下：110°E以东地区，基本上自北向南增加，东北北部最短，约130d，黄淮流域250d。长江中下游270~300d，从温州到龙岩一线的东南沿海及北纬25°以南的地区，全年日平均气温都在5℃以上。110°E以西地区受地形影响较大，四川盆地所处纬度与长江中下游相仿，5℃以上持续期超过300d，成都和南充以南的地区为365d。四川盆地以西，地势升高，生长期减少到200d左右。青藏高原内部少于100d，是全国生长季最短的地方。

无霜期是春季终霜日到秋季初霜日之间持续的时间。无霜期大致和气温稳定通过10℃的持续期相仿。无霜期的分布由高纬度向低纬度逐渐增长。由图7-14看出，中国东北地区的无霜期约4个月(5月中旬至9月上旬)；华北平原和黄土高原6个月左右(4月上中旬至10月中旬)；长江流域无霜期约7.5个月(3月下旬至11月中旬)；东南丘陵地区无霜期11个月以上；由福州、厦门、广州、柳州到贵阳一线以南，无霜期360d。这些地区并不是每年都有霜期。中国从湛江以南，每年都无霜。海拔高度也影响无霜期，昆明虽以“春城”著称，无霜期也只有7.5个月。

7.4.3.3 水分资源

一般利用降水量和相对湿度说明一个地方的水分状况。

(1)降水量

降水量反映一个地方水分收入，降水量的年变化说明水分的季节分配。图7-15是中国年降水量分布图。中国南部和东南沿海季风区内的降水丰沛，年降水量超过1 000mm。台湾和海南岛东部，年降水量超过2 000mm。台湾北端的基隆港年降水量接近3 000mm，年雨日214d，被称为雨港。基隆南面的火烧寮降水量居全国首

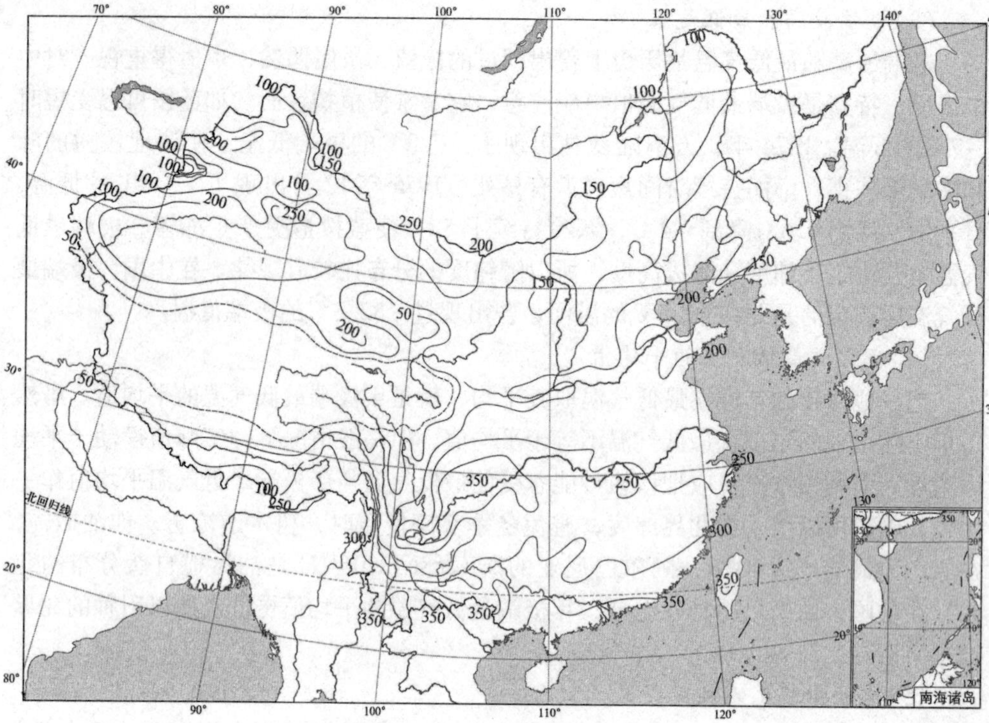

图7-14 中国年无霜期分布(d)

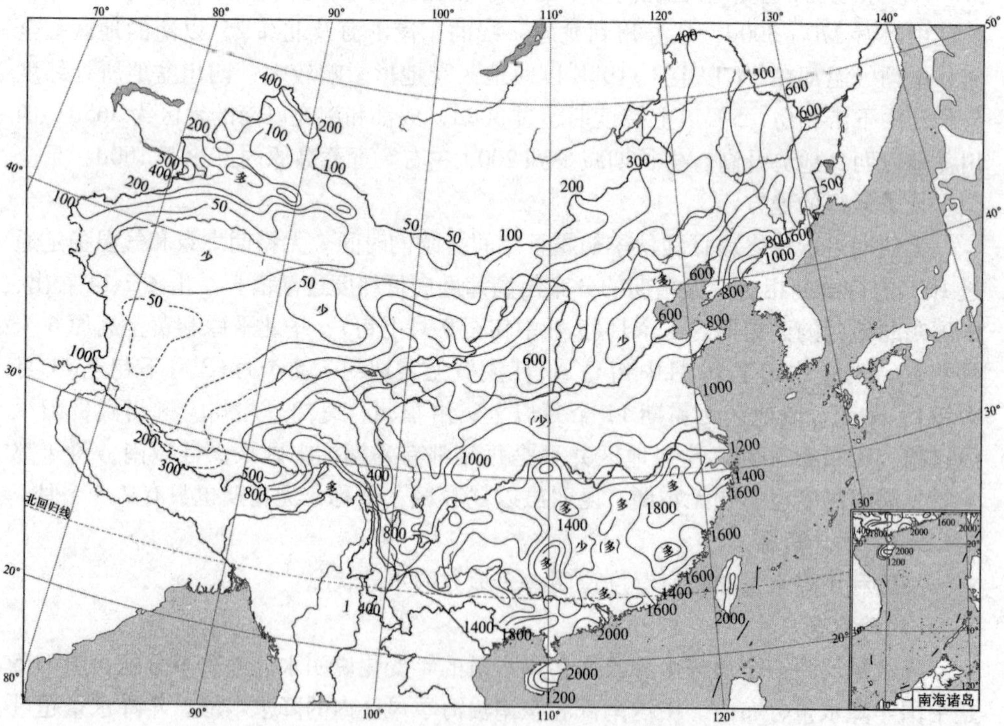

图7-15 中国年降水量分布(mm)

位，平均年降水量6 489mm，1912年竟达8 408mm。广东、广西和福建的降水量接近2 000mm；长江流域的年降水量为1 200～1 400mm；淮河、秦岭一线，减少到800mm左右；华北平原和山东半岛一带，约600～800mm；东北地区除长白山迎风坡上有1 000mm的降水量外，松辽平原的大部分地区只有600～700mm，靠近内蒙古的东北西部地区，年降水量已减少到400mm或以下；西北半干旱和干旱区的年降水量都在400mm以下；新疆南部的盆地内，年降水量不足100mm，如吐鲁番为16.4mm。在中国东部季风气候区内，生长季降水量占全年的50%或50%以上，水热条件同时满足，这对副热带地区来说，是得天独厚的有利条件。

(2)相对湿度

中国年平均相对湿度分布，长江以南的广大地区，降水丰沛，年平均相对湿度也高，普遍在80%左右。其中，台湾和海南岛一带，武夷山区、赣江中游、洞庭湖盆地、贵州高原到四川盆地，大于80%，是全国年平均相对湿度最大的地区。淮北、汉水上游以及黄河下游等地减至70%左右；华北平原和黄土高原在60%～70%之间。黑龙江北部、小兴安岭和长白山区在70%以上，松辽平原在70%以下，辽宁西部和内蒙古减至60%以下。甘肃和宁夏北部、新疆南部、青藏高原的西部和北部，普遍在40%以下，是中国年平均相对湿度最低的地区。新疆北部的伊犁河谷和阿尔泰山区稍高些，可达60%以上，与东北松辽平原相近。

思 考 题

1. 影响气候的因子有哪些？用辐射因子说明地球上不同纬度气候不同的原因。
2. 大气环流是怎样影响气候的？三圈环流模式与气候有什么联系？
3. 什么是气候带？什么是天文气候带？地球上主要分哪些气候带？
4. 气候型是如何定义的？地球上主要有哪些气候类型？
5. 海陆分布对气候有何影响？海洋性气候和大陆性气候有哪些差异？
6. 地形与冰雪覆盖对气候的形成有哪些影响？
7. 什么叫干燥度？我国的气候区划主要依据哪些指标？根据这些指标我国主要分哪些气候带和气候大区？
8. 中国季风气候的成因和特点是什么？季风气候和地中海气候有何差别？为什么说我国是世界上著名的季风气候区？
9. 中国气候主要有哪些特征？中国气候资源的分布有哪些主要特点？
10. 地球上的气候变迁有哪几个阶段？各阶段的气候有哪些主要特征？
11. 影响气候变化的因素有哪些？人类影响气候的主要途径有哪些？
12. 气候变化对森林有哪些影响？森林又是如何影响和调节气候的？

第8章　小气候

小气候(microclimate)是指在具有相同的大气候背景下，在局部地区，由于地形地势、下垫面构造和特性的不同，造成热量和水分收支差异，形成了近地气层和土壤上层局部地区与大气候不同的特殊气候，称为小气候。

小气候与大气候是特殊与一般、局部与整体、个性与共性的关系。小气候是在大气候背景条件下形成的，但又与大气候有明显的差异。小气候在形成因素、影响范围和变化幅度等方面与大气候都不相同。大气候的形成决定于纬度、大地形、大环流；而小气候形成决定于小地形、小环流。大气候的影响范围大，水平方向上可达几十到几千千米；而小气候的影响范围小，水平方向上只有几米到几千米。大气候变化缓和，水平方向上温度梯度约为每千米几摄氏度；而小气候变化剧烈，约为每10m几摄氏度。

8.1　小气候的物理基础

8.1.1　小气候的特点

小气候与大气候不同，其特征可用“范围小、差别大、很稳定”来概括。

(1)范围小

范围小是指小气候现象的垂直和水平尺度都很小(垂直尺度主要限于2m以下薄气层内；水平尺度可从几毫米到几十千米或更大一些)；愈接近下垫面，小气候特征愈显著，愈远离下垫面，小气候效应就逐渐减弱，到某一高度以上，小气候效应就完全消失。

(2)差别大

差别大是指气象要素在垂直和水平方向的差异都很大，如在沙漠地区贴地气层2mm内，温差可达十几摄氏度或更大。

(3)很稳定

很稳定是指各种小气候现象的差异比较稳定，几乎天天如此。不同的下垫面上形成不同小气候，农田中有农田小气候，城市里有城市小气候，森林中有森林小气候等。

8.1.2　小气候形成的物理基础

8.1.2.1　小气候形成因素

小气候形成和变化的因素有2个：一个是辐射因素；另一个是局地平流或湍流

因素，而局地平流因素是小气候形成和变化的动力基础。由小范围下垫面性质和构造不同而产生辐射收支差异形成的小气候，称为“独立小气候”。而由于受性质不同的邻近地段移来的空气影响形成的小气候，称为“非独立小气候”。辐射因素和局地平流因素也不是完全孤立的，而是相互影响的。在晴朗无风的天气条件下，辐射因素占主导地位，这时独立小气候表现得最为突出，此时进行观测，才能获得典型的小气候资料，掌握真正的小气候特征。而在大风、阴雨的天气条件下，辐射因素变成次要地位，平流因素变成了主导地位，这时的小气候已成为非独立的了，有时不但没有“独立”和“非独立”的区别，而且小气候和大气候现象也界限不清。

8.1.2.2 作用面和作用层

吸收与放射辐射能量最显著的物体表面称为作用面，也称为活动面或下垫面。活动面是一个物质面，是不同物质层的交界面，也是能量变化最急剧和水分相变最剧烈的面。如裸地、土面就是活动面；水域、水面也是活动面。在作用面上，可以把一种形式的能量转化为另一种形式的能量，因而它能影响作用面以上空气层和作用面以下物体的热状况。作用面还可以把一种相态的水相变为另一种相态的水，因而直接影响作用面以上的空气层和作用面以下物体的湿度，同时也间接地影响到它们的温度。作用面还可以改变流过其上的气流结构，从而影响贴地气层中热量、水分及CO_2等的分布。

实际上，辐射能的吸收和放射、水分的蒸发和凝结等，不只是发生在一个面上，而往往发生在具有一定厚度的物质层中，这个物质层就称为作用层或活动层。砂土的活动层只有零点几毫米；作物的活动层几乎就是整个作物层；而水体的活动层则可达几米甚至几十米。

8.1.2.3 小气候形成的物理基础

(1)作用面上的辐射差额

作用面的吸收辐射与有效辐射之差，就是作用面的辐射差额，又称作用面的净辐射。由于小范围下垫面性质和状况的不同，引起辐射能收支的差异，从而形成各种小气候，这就是小气候形成的能量基础。

(2)作用面上的热量平衡

作用面的热量平衡，是引起作用面温度变化的直接原因。作用面的温度变化，又是邻近气层、土层和作物层温度变化的源地。而且植物层和近地气层的温度、湿度和风的分布变化，都受作用层或作用层热量平衡状况的影响。因此，作用面上的能量平衡是小气候形成的又一物理基础。

(3)作用面的水分平衡

土壤中水分的含量在自然条件下不断地变化着。这些变化基本上决定于土壤水分的收入和支出，即决定土壤水分的平衡。所以作用面水分平衡也是小气候形成的物理基础。

(4)活动面的湍流交换

空气的湍流运动可使大气中各种物理属性(温度、湿度、CO_2等)从高值区向低值区扩散，促使各层的热量、水汽量、动量进行交换，使上下层原有的温度差、湿度差和风速的差异减少。在近地气层中，各种物理属性的输送主要靠湍流作用完成。上下层间温度、湿度和风速梯度越大，湍流交换则越强，一般湍流交换在白天为正，夜间为负，湍流交换的这种变化，决定了近地气层中气温的昼夜变化，以及CO_2、水汽、尘埃等物质的变化。

由于下垫面特性和构造多种多样，因此形成了各种各样的小气候，如地形小气候、森林小气候、防护林小气候、城市小气候、农田小气候等。同是森林，有针叶林与阔叶林的差别、树种组成密度、林分结构上的差别；同是苗圃，生长不同的苗木，有着不同的土壤条件、耕作和栽培措施；同是坡地，有坡向、坡度和植被状况的差别。这些差别，在小范围内就可产生不同的小气候特征。小气候是生物活动最重要的环境，它直接影响植物生长发育，也影响病虫害的发生和消长。为了充分合理地利用各地的小气候资源，必须研究各地的小气候条件。

8.2 地形小气候

地形差异是引起小气候差异的主要原因之一。由于山区的地形形态、山脉走向，坡地方位和坡度的不同，不仅影响光照时间和辐射强度，也容易使气流产生变形，从而使山顶和谷地以及不同坡地上获得的热量、水分和风(乱流交换)发生差异。造成了不同的生态环境，直接影响到植被分布。我国海拔500m以下的平原面积约占国土面积的16%，大部分是山区，所以研究地形小气候，对于开发利用山地气候资源，发展农林牧生产具有实际意义。

8.2.1 地形对日照的影响

(1)海拔高度对日照的影响

一般山顶平地上的日出日落时间一般与海平面相同，在坡地或谷地上，由于地形遮蔽作用，日照时间总是比海平面少。不过，由于天气气候条件，实际日照很复杂。一般在气候湿热地区的日照时间，山的下部比山的上部少。

(2)坡地方位对日照的影响

在夏半年，对于中纬度地区，由于早晚时刻太阳方位偏北。光线从山背后射来被山坡自身所阻挡，南坡无日照，随着太阳高度升高，太阳方位角南移至某一时刻，坡地开始受光照，所以夏半年南坡上的日照时间是随着坡度增大而减少，坡度愈大，被遮的时间愈长，南坡上的可照时间愈短。在春秋分时，太阳东升西落，南坡上每天的日照时间与水平面相当，均为12h。在冬半年，太阳方位南移，其日照时间与水平面相当，所以南坡上总的日照时间比夏季少。东西坡地上每天的可照时数全年均随坡度增大而减少，但其年变化趋势与水平面上相同。总之，由于坡向和坡度的影响，总是使日照减少。

8.2.2 地形对太阳辐射的影响

(1)海拔高度对太阳辐射的影响

山地上的太阳辐射随着海拔高度增加而增强。在中纬度地区，每升高100m，太阳直接辐射约增加5%～15%。由于海拔高度对直接太阳辐射的影响超过散射辐射的影响，所以总辐射总是随高度而递增。山地上的紫外线辐射也是随高度而递增的。由于空气质量、水汽和悬浮物质随海拔高度增加而减少，大气逆辐射小，所以有效辐射随高度而递增，且大于直接太阳辐射的递增率，因此，净辐射随高度增加而递减。

(2)坡向和坡度对太阳辐射的影响

夏半年，在回归线以内的低纬度地区，坡向和坡度对于太阳辐射影响不大，在回归线以外地区，南坡上任何一天的天文太阳辐射日总量相当于比其纬度低 α 度水平面上的辐射量。所以，在夏半年坡度增加1°，其对天文太阳辐射日总量的影响相当于纬度降低1°，北坡则相反，总是随坡度增大而减少。冬半年，各坡上的辐射日总量在一定范围内随着坡度增大而增加，纬度越高，坡度越陡，在冬至前后增加越显著，而北坡则随坡度增大而迅速减少，相当于比其纬度升高1°水平面上的辐射日总量。东西坡的辐射日总量介于南北坡之间，各季节均随坡度增大而减少，但其年变化趋势与水平面相当。

8.2.3 地形对温度的影响

(1)海拔高度对温度的影响

山地的平均气温是随测点的海拔高度增加而递减的。同样，山地的气温年较差、无霜期都随高度减小和缩短。年平均气温递减值随季节、坡向、纬度和天气条件而不同。山区气温日较差随高度的变化规律，一般也是随高度的增加而递减。

由于太阳直接辐射随海拔升高而增加，山地上的土壤温度高于气温，所以山地气温比同高度自由大气的温度高得多，青藏高原上海拔3 600m处还可从事农业生产，原因就在于此。最高温度和最低温度出现的时间随着海拔升高而落后。由于气温随海拔升高而递减，所以无霜期随海拔升高而缩短。例如，北京地区海拔50m的海淀，无霜期是194d，而2 030m百花山顶的无霜期只有90d。

(2)坡地方位对温度的影响

各坡向的温度与太阳辐射随坡向、坡度、季节和纬度的变化规律相类似，而且气候愈干燥，植被愈稀少，天气愈晴朗，距离下垫面愈近，不同方位坡地上的温度差异愈明显。一般是南坡的温度高于北坡，西坡高于东坡，西南坡高于东北坡，尤以西南坡为最高。这是由于上午的太阳辐射主要用于地面凝结物和土壤蒸发，到午后，大部分热量用于提高土壤和空气温度，所以西南坡温度最高。

各向坡地上的气温分布趋势与地温一致，但各坡的气温差异比地温缓和。随着坡地高度增高，由于乱流混合作用加强，或受天气影响，坡地对气温的影响就逐渐减小。

在初冬，由于日出后东南坡的温度急剧上升，容易引起植物组织破坏，霜冻危害较大。但由于北坡温度最低，所以北坡的霜冻最多、最重，冻土最深。

在群山围绕的山谷或盆地中，由于风速小，乱流交换弱，有利用白天增热和夜间冷却，所以气温日较差比山顶和坡地大，特别是在晴朗无风、气候干燥、植被稀少情况下更显著。因此，在辐射型天气条件下，由于冷空气沿坡下滑，夜间在谷底容易形成所谓“冷湖”，而在坡地上形成“暖带”。谷底冷的程度和暖带的位置决定于山谷的宽度和天气条件。如果谷中有水或坡上有森林密布，那么冷湖和暖带现象就不明显。

8.2.4 地形对风的影响

气流经过山地时，一方面受地形阻挡而改变方向和速度；另一方面是由于山区受热条件不同，产生局地环流(如山谷风)。在自然界中往往是这两种影响的综合。

(1)孤立山岗上风的分布

气流经过山岗时，一部分越过山顶，一部分从两侧绕过。大气越不稳定，越过山岗的气流越多，绕过的越少。在向风坡下部，由于气流受阻，空气堆积，产生与气流相反方向的梯度，发生涡旋，风速减弱。在背风面，流线辐散，风速迅速减小，产生背风涡旋。地形对风速影响的水平距离，在向风面不超过山高的10倍，在背风面可达到山高的10~15倍，且山脊愈缓，在背风面影响的距离愈远。在垂直方向可达到山高的5~6倍。对于延伸很长的山脊，影响的水平距离会更远。

在山地贴地气层中，由于地面摩擦作用，风速也是随高度增大的。在两座平行山脊之间狭长沟谷中，当风向与沟谷平行时，由于流区压缩，风速比平地大；当风向与沟谷近于垂直时，由于气流受阻，沟中的风速将大为减弱。

(2)山谷中风的日变化

山谷中的风除受大范围的天气过程影响外，主要受局地环流和乱流交换引起日变化。由于热力原因，白天形成谷风，夜间形成山风。山谷风的大小，决定于大气层结、地形、相对高差和出谷走向。通常大气越不稳定，谷风越强，而山风则相反，大气越稳定，山风越强；地形高差越大，山谷风越强；南坡上的谷风比北坡强，夏季比冬季强。谷风最大强度出现在山坡下部，而山风则出现在山坡上部。一般在日出后约3h出现谷风，日落后2~3h出现山风，早晨和傍晚风向紊乱。

8.2.5 地形对降水和湿度的影响

(1)地形对降水的影响

对于大地形来说，由于气流被抬升，在迎风坡多云雨，形成湿坡；背风坡具有焚风效应，形成干坡。如海拔2 030m的北京百花山迎风坡脚的史家营的降水量为733mm，而背风坡脚的黄塔只有504.8mm。在温带和副热带的山地，迎风坡的降水一般是最初随海拔升高而增加，到某一高度达到最大值以后逐渐递减，气候愈潮湿，最大降水高度愈低，如安徽的黄山在1 000m左右；而气候愈干燥，最大降水高度就愈高，如新疆山地的最大降水高度一般在2 000m以上。

(2)地形对湿度的影响

在山地，也像在自由大气中一样，空气的水汽压随海拔升高而减少，但其递减率比自由大气中小，而冬季的递减率又比夏季小。相对湿度随海拔高度的变化决定于水汽压、温度和云雾分布。通常云雾多的地方，相对湿度就大。例如，我国四川山地1 000m以下，相对湿度随海拔高度升高而增加，在1 000m以上，则随海拔升高而减小。坡向不同，空气湿度也不同。在湿润地区，南坡蒸发强，空气的绝对湿度最大；而在干旱地区，则北坡的绝对湿度大。

地形对土壤湿度的分布随地形大小而不同。对于大地形，迎风坡降水多于背风坡，土壤湿度也是迎风坡大于背风坡。对于起伏地形，因地形本身对降水影响不大，土壤湿度决定于降水分布、坡地保水情况和蒸发强度。所以，在小地形中，坡地方位对土壤湿度的影响与太阳辐射分布相反，凡是接受太阳辐射多、温度高、蒸发力强的坡地，土壤湿度较小。坡地方位对空气湿度的影响也很显著，其分布规律与土壤湿度分布趋势基本上一致。

综上所述，地形对气候的影响是随着地形大小而不同的。对于高差一二百米的起伏地形来说，主要是坡地方位和地形形态影响近地层的气象要素和个别天气现象方面，这种气候特点称为起伏地形小气候。对于几百至几千米高的大地形来说，主要是海拔高度、山脉走向和长度以及坡向和坡度对气候的影响，它能影响一切气象要素和整个对流层中的气候状况。

总之，在山地上随着海拔高度升高，气温降低，降水增加，有的高地顶部终年冰雪覆盖，因而自下而上气候发生变化，形成垂直气候带，植物层次分明。起伏地形中阳坡太阳辐射强、温度高、蒸发力强、土壤和空气干燥，阴坡则相反。

8.3 防护林小气候

营造防护林带是人工改造小气候的一种有效措施，它使林网间各种气象要素朝着人们所期望的方向变化，形成特殊的防护林带小气候。能有效地防止强风、风沙、吹雪、平流霜冻、水土流失等危害，以达到改良土壤、净化空气、改善农田生态环境、促进农业增产的目的。

8.3.1 林带的动力效应

防护林带对环境的影响主要是产生水文气象效应，由于林带减弱了背风面的风速，改变了气流的方向和结构，使湍流交换加强或减弱，从而使其他气象要素发生一系列变化。可以认为林带的动力效应是林带的主要作用。

从力学观点来分析，林带的防风作用，主要是当气流流向林带时，由于受到林带阻挡，分为两部分，一部分气流从林带内部穿过，受到林木枝叶的阻挡、摩擦、碰撞、摇摆等作用，使气流分散，碎裂成很多小涡旋，增加了气流内外摩擦，将一部分空气平均运动动能转化为涡旋和乱流能量，并进而转化为热量，从而使风速和乱流交换减弱，以及气流结构的改变。另一部分气流从林带上面翻越过去，这部分气流先是在迎风林缘附近堆积，使下部静压力增大(其大小与林带的透风系数有关)，改变运动方向，然后被迫上升，造成迎风林缘小范围的风速减弱。当气流翻越林带时，因与林冠顶层以及在林冠上产生强烈涡旋运动，也会造成动能损耗，这部分气流损耗的动能，与大气稳定度及林带高度有关，与林带结构关系甚小。大气越稳定，穿过林带的气流越多，防护效果越大。在背风面一定距离内，翻越林带的气流与穿过林带的气流相汇合时，因气流之间的内摩擦作用还会消耗一部分能量，使背风面相当距离内风速减弱。随着离背风林缘距离增加，由于上层风速比下层大，不断地将动能向下层传递，风速又逐渐增大。可见，在林带两侧一定距离内，风速都有所减弱，这就是林带防风作用的物理机制。

林带的防风效能常用下式表示：

$$\phi = \frac{u_0 - u}{u_0} \times 100\% \tag{8-1}$$

式中：ϕ 为防风效能；u_0为旷野风速；u 为距背风林缘一定距离内，风速减低区的平均风速。

8.3.2 影响林带防风效能的因子

(1)林带结构

林带防风效应决定于气流通过林带后动能的消耗程度，而动能的消耗又直接与林带结构、风向与林带的交角、林带宽度以及有无林网等因子有关。一般把林带划分为透风结构、紧密结构和疏透结构3种：①透风结构林带：主要特征是上下皆稀疏，这种林带气流容易通过，动能减少很小，所以防风效应较差。②紧密结构林带：主要特征林带纵断面枝叶稠密，透光孔隙很少，看上去像一道绿墙，大部分气流从林带上面越过，且很快下沉到地面，动能消耗很少，只有在背风林缘处有一个显著弱风区，离林缘稍远，风速就很快恢复原状。③疏透结构林带：主要特征是从上到下具有均匀的透光孔隙，或是上密下疏。3种结构林带相比较，以疏透结构林带的防护效果最好，紧密结构林带最差。从图8-1可以看出，向风林缘风速减弱，一般不超过20%，其范围也不超过5倍树高。透风林带向风面的风速几乎没有减弱。

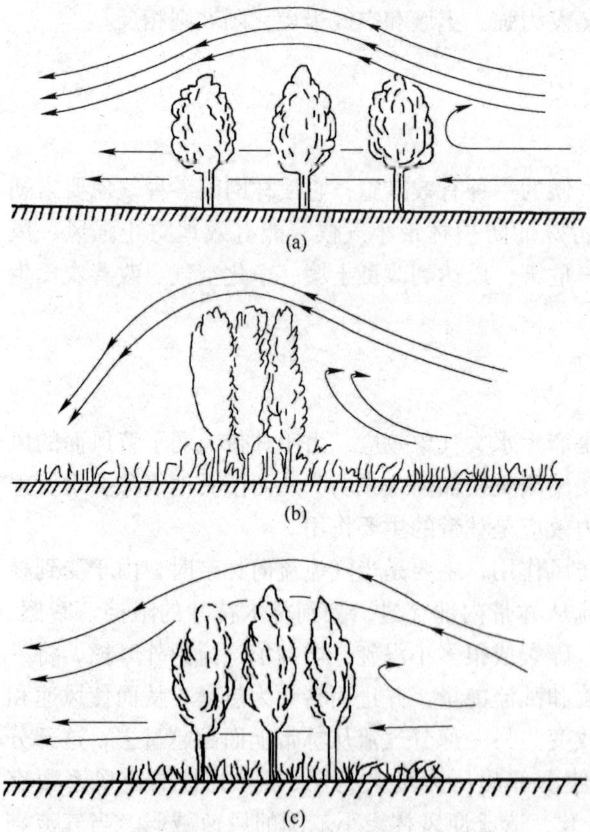

图8-1 林带结构(来自甄文超和王秀英，2006)
(a)透风结构林带 (b)紧密结构林带 (c)疏透结构林带

(2)大气稳定度

在不同大气层结下，林带

防护效应不一样。大气愈稳定，乱流较弱，由上层向下传递的动能较小，使背风面气流恢复速度较慢，所以防风距离较大；在不稳定层结时，乱流较强，由上层向下传递的动能多，背风面气流恢复速度快，林带防风距离小；中性层结时，介于大气稳定与不稳定之间。

(3)林带与风向的交角

当风向与林带垂直时，防风效果最好；当风向与林带的交角 $\alpha < \pm 45°$时，防护作用明显受到影响。因这时气流通过林带的路径延长，相当于林带宽度增加，透风系数减小，所以防风效果随着风向交角减小而减弱。

(4)林带宽度

林带宽度应根据当地的最大风力、林带的用途、结构和树种等因子综合来确定。在我国东北西部、内蒙古东部等重风沙区或风害盐渍化区，一般带宽为10～20m，7～13行，其中乔木5～10行，灌木2～4行。轻风沙区和重风害区的带宽为10～15m，其中乔木5～9行，灌木1行。一般风害区带宽为5～9m，3～6行的疏透结构林带。林带最适宽度的范围为9～28m。

(5)林带高度

一般说来，随着林带高度增加，林带的防风距离相应地按比例增加。

(6)风力大小

背风面风速降低的绝对值，是随旷野风速增加而增大，但当风速达到一定程度后，由于柔软枝叶摆动使疏透度增大到接近极限位置，风速继续增大，防风效果的变化就不明显了。

(7)林网

当气流通过网格林带时，由于每一条林带都起减弱风速作用，所以风速随着气流通过林带数目增加而逐渐减弱。但是，林网中的风速不会降到零，因为近地层气流出于不断穿过林带，动能减小，风速减弱，但上层气流动能大，不断向下传递，上下层之间的风速梯度愈大，这种传递作用也愈大。

8.3.3 林带的热力效应

林带对气温的影响比较复杂，它涉及很多因子，如林带结构、天气类型、风力大小、乱流交换强弱和下垫面状况等。据大量观测资料表明，林带对温度的影响是不大的，尤其是白天，林网内外的温度差异很小。在辐射型天气条件下，林带削弱了近地层乱流交换作用，使林网内白天的温度比旷野高些，夜间比旷野低些；但带间作物的蒸腾作用，白天有降温作用，夜间林网内外的蒸发和温度差异不大，此外，林带内与带间农田的空气交换，又可使林网间白天的温度降低，夜间的温度提高；而早晚时刻林带的遮荫，又可以降低林带附近的温度。所以，林网间的温度究竟是增高还是降低，要看林带结构和天气条件而定。

8.3.4 林带的水文效应

在林带保护下，林带网格内的蒸发比旷野少。在林带背风面湍流交换减弱，使植物蒸腾和土壤蒸发大大减小。由于林网内风速和乱流交换的减弱，作物蒸腾和土壤蒸发的水分，逗留在近地气层的时间较长，因此近地气层的绝对湿度和相对湿度都比旷野高。林带还可使网格内土壤湿度提高。

8.3.5 林带的增产效应

由于林带能使受其防护农田上的水文气象产生一系列变化，减轻或消除了不利于作物生长的条件。如林带可以防止土壤侵蚀，黄淮海地区每年春季8级以上的大风日数平均5~10d，造成风蚀，而带间农田上的风速则降低44%~58%；林带还能减缓暴雨对土壤冲刷，如河南商丘地区历年平均日降水量大于50mm的暴雨日数为20~41d，土壤冲刷严重，而带间农田则明显减轻；由于林网间风速降低，土壤蒸发减弱，提高了土壤湿度。实践证明，疏透结构林带增产最多，影响产量的距离最大。

8.4 森林小气候

森林小气候是指由于森林下垫面的存在所形成的一种特殊的局部地区的气候。主要表现在林内太阳辐射减少，林内及其附近的温度变化缓和，湿度增加，以及风速减弱等小气候特征。关于森林小气候特征在前面的各章中已作阐述，这里主要讨论森林中温度、湿度和风的状况的一般特征。

8.4.1 森林中的温度状况

森林对林中温度状况的影响，主要决定于林冠对温度所起的正负两种作用。

第一，林冠的存在减少了到达林内的太阳辐射和长波射出辐射。当射入辐射占优势时，即净辐射为正值时，林冠有减小净辐射的效应；当射出辐射占优势时，即净辐射为负值时，林冠有增大净辐射的效应。这就使林内白天和夏季温度(包括气温和地温)比林外低，不致太热；夜间和冬季温度比林外高，不致太冷。林冠具有减小气温日较差和年较差的作用。高纬度地区，夏季射入辐射占优势，冬季射出辐射占优势，所以森林的存在有降低林内夏季日平均温度，提高冬季日平均温度的效应。由于高纬度地区冬长夏短，所以提高了林内年平均温度。在中纬度地区，森林对夏季和冬季日平均温度的影响与高纬度地区相同，但由于夏季较长，所以森林有降低年平均温度的作用。低纬度地区，全年都是射入辐射占优势，森林的存在有降低日平均温度的作用，当然也降低了年平均温度。

第二，林冠的存在减低了林内风速和乱流交换作用，使与林外热量交换减少。因而在白天和夏季，林冠有保温作用；夜间和冬季林冠有冷却作用，即阻止与林冠外较暖空气交换的作用。因此，林冠的存在又有增大林内温度日较差和年较差的作用。由此可知，第一种作用使林内温度变化趋于缓和，具有良好效应，称为林冠对温度的正作用；第二种作用是使林内温度趋于极端，产生不良影响，称为林冠对温度的负作用。

林冠对温度的正负两种作用，对于同一片森林是同时存在的，但它们所起的作用大小是不相等的，其中必有一种作用处于主导和支配地位。大量观测证明：在一般森林中，正作用大于负作用，所以其结果使林内的温度变化比林外缓和；只有在疏林中，负作用大于正作用，所以其结果使林内温度的日变化大。因此，在纬度较高的地方，一般森林的存在有降低夏季林内日平均温度，提高冬季日平均温度及年平均温度的作用。

据中国科学院沈阳应用生态研究所在东北带岭林区观测证明：红松密林内的年平均温度比皆伐迹地高0.9℃，气温年较差小1.5℃，夏季的气温日较差低2.7℃；而落叶松疏林由于负作用大，气温年较差比皆伐迹地大2.7℃，年平均气温低1.4℃，夏季的气温日较差大2.5℃。据中国林业科学研究院在福建南坪杉木林内观测表明，林内全年温度比林外低，夏季低1.2℃，冬季低0.7℃。

森林内温度的铅直分布，有密林型和疏林型2种分布(图8-2)。

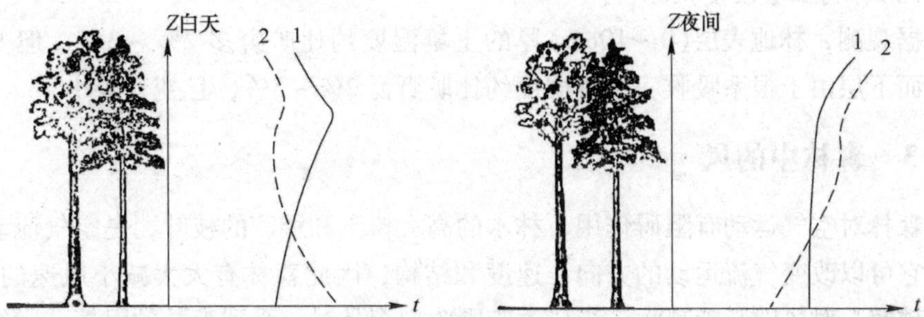

图8-2　森林内温度的铅直分布

1. 密林型　2. 疏林型

密林型：白天最高温度出现在林冠，夜间最低温度也出现在林冠，林内白天一般呈逆温分布，夜间呈等温分布。

疏林型：最高温度和最低温度都出现在林地上，而林冠处有一次高或次低值，白天林内温度分布呈日射型，夜间呈辐射型。

林内土壤温度特征与气温类似，即在密林里。就全年来说，林地的最高温度比林外低，最低温度比林外高，所以林内的土壤温度日较差和年较差均比林外小，而疏林则相反。

8.4.2　森林中的湿度状况

(1)林内湿度日变化和年变化特征

一般来说，由于林冠阻挡林内外空气交换，林内的水汽不易向外扩散，所以林内的相对湿度和绝对湿度均比林外高。但林分郁闭度愈大，林内温度低，蒸发力弱，使林内增湿效应减小。

一般林内水汽压约比林外高1~3hPa，相对湿度随林内温度而变化。在夏季，林内气温比林外约低1~3℃，相对湿度比林外高2%~11%，干旱时期可达到

34%。冬季林内外气温差别不大，相对湿度差别也很小。

在密林里，水汽压的变化为单峰型，日变化趋势与气温相一致。在疏林里，特别是干旱时期，水汽压日变化呈双峰型，最大值分别出现在10：00和16：00左右，最小值分别出现在5：00和13：00左右。疏林里的水汽压日变化比旷野大，而密林里则比旷野小。

林内相对湿度日变化与气温日变化相反，日较差比林外小。

在一年中，林内的绝对湿度和相对湿度均比林外高。最大值出现在夏季，最小值出现在冬季，年较差比旷野小。

(2)林内空气湿度铅直分布特征

林内的水汽来源有2个，一是土壤蒸发和林地植被蒸腾；二是林冠的蒸腾。所以，林地附近绝对湿度最大，在林冠表面有一次最大值。总的趋势是随高度而递减。相对湿度的铅直分布与绝对湿度大致相似。

(3)林内土壤湿度状况

据观测，林地表层(0～10cm)厚的土壤湿度约比旷野多2%～3%，但变动较大；而下层由于根系吸收，土壤湿度约比旷野低2%～3%，且变动较小。

8.4.3 森林中的风

森林对空气运动有阻碍作用，林木的高大树干和稠密的枝叶，是空气流动的障碍，它可以改变气流运动的方向、速度和结构，因此森林有大大减小风速的作用。森林越密，对风的影响越大。当风由旷野吹向森林时，受到森林的阻挡，大约在森林的向风面5倍林高处，风速开始减弱。在距离林缘1.5倍树高处，大部分气流被迫抬升，在森林上空造成流线密集，风速增大。由于林冠起伏不平，引起强烈的乱流运动可达到几百米高度。当风由森林上空越过森林后，形成一股下沉气流，大约在10倍树高处，气流向各方向扩散，在离林缘30～50倍树高处，才恢复到原来的风速。还有一部分气流进入林内，由于受到树干、枝叶的阻挡、摩擦、摇摆，使气流分散，消耗了动能而减弱，风速随着离林缘距离的增加而迅速减小，约在距林缘200m以上，风速仅为旷野的2%～3%。

林内风速的铅直分布与空旷地上的风速有所不同，通常是从地面向上随高度而增大，当接近林冠下表面时，风速又随高度增加而减小，林冠中的风速与林地附近差不多，达到最小值，而林冠以上的风速随高度增加而急剧增大。

由于林地与周围空旷地的增热和冷却情况不同，在林缘附近产生一种热力环流，称为林风。白天林内气温低于空旷地，空气由林地流向旷野，而旷野上空的空气则流向森林上空；夜间，由于林冠的阻挡，林内比旷野冷却缓慢，则形成与白天相反的局地环流。

林风只有在静稳天气才会产生，并且由于林内外温差不大，所产生的风力只有1m/s左右，但是局地环流的产生会影响到林缘附近水汽的水平输送和铅直扩散(蒸发)等物理过程，起到抑制农田蒸发作用，改善了生态环境。

8.5 城市小气候

城市下垫面是一个人造的下垫面，其特点是人为的建筑(房屋、路、工厂、广场等)面积占绝对优势；市民的生产、生活活动排放出大量废气；燃烧和生物同化作用释放出大量人为热。在这些因素影响下，城市出现了与郊区显然不同的局地气候，称为城市小气候。同时在城市内部，由于小范围的下垫面差异和人工热源的影响，不同土地利用区和功能区都有其特殊的小气候。

8.5.1 城市的空气

由于人类活动，使城市空气中的凝结核、微粒、气体污染物比郊区多得多(表8-1)。空气污染已成为城市的一种特征。城市上空常见有灰黄色或灰褐色烟尘所形成的"雾障"，有时甚至影响到近郊区和远郊区。

表8-1 空气污染物在城市大气中的含量

污染物	洁净大气中含量	城市污染大气中含量
含尘量(mg/m^3)	0.01~0.02	0.07~0.70
SO_2($\times10^{-6}$)	10^{-3}~10^{-2}	0.02~2.00
CO_2($\times10^{-6}$)	310~330	350~700
CO($\times10^{-6}$)	<1	5~200
NO_2($\times10^{-6}$)	10^{-3}~10^{-2}	10^{-2}~10^{-1}
$(CH)_x$($\times10^{-6}$)	<1	1~2

城市空气中污染物质的浓度，由于其形成与扩散条件的不同，具有明显的日变化、周变化和年变化。在一天内，通常是早晨(直到午前)和傍晚时分，空气污染物浓度较大。午后扩散条件较好，污染浓度相对降低。夜间一般污染浓度最低。

城市空气污染也具有周变化。通常在节假日、工休和厂休日及周末，污染会有明显降低。厂休日的前一两天往往出现污染高峰，此时空气中污染物质积累最多。

在一年中，中高纬度城市空气污染以冬季为最重，夏季最轻。冬季气温低，居民取暖和工厂生产的燃料消耗量会有明显增多，且冬季近地层空气比较稳定，污染物质容易在近地面气层中积累，而不易扩散。

城市空气中的细菌常是水汽的凝结核，其含量在夏季最多，冬季最少。城市空气中的细菌含量常比农村高一个数量级。

8.5.2 城市的辐射和日照

城市的辐射，由于城市空气污染的结果，到达城市下垫面辐射通量密度受到减弱。据观测，一般市区总辐射比郊区少10%~20%，这种差值与风速风向有关。静风时，市区与郊区的差值增大；有风时，则差值减小。太阳辐射在市区的减弱与入射辐射的波长有关，城市空气对短波太阳辐射的减弱多于长波。据测定，市区紫外辐射比郊区少20% ~40%。

在总辐射通量一定的情况下，反射辐射通量的大小是由下垫面的反射率所决定的。影响城市下垫面反射率的因素主要有城市建筑物的高度和密度、城市的绿化程度、城市建筑材料的反射性能。

通常建筑物越高大、密集，造成太阳辐射的多次反射，吸收次数增多，反射率减小。虽然城市建筑材料普遍为浅色混凝土，它的反射率一般较大，因存在多次反射，所以城市反射率经常小于郊区，其差可达10%以上。由于市内温度在全年中任何时候都高于郊区，故城市地面长波辐射均比郊区大10%左右，故城市的净辐射与郊区差异不大。

城市的日照，由于烟雾和对流云发展的影响，城市里的日照时数平均比郊区少5%~15%。市中心日照时数最少，依次向郊区增多。表8-2是杭州及其郊区庵东的平均日照时数。由此可见，城市和郊区日照时数的最大差值出现在夏季，即急剧形成对流云的时期。

表8-2 杭州(市区)和庵东(农村)平均日照时数(1971~1980年)

季 节	杭 州	庵 东	城乡差
春	4.4	5.1	0.7
夏	6.4	7.4	1.0
秋	4.9	5.6	0.7
冬	3.8	4.3	0.5
年平均	4.9	5.6	0.7

城市中各点的日照时数与它们所处建筑物的方位有关，还受其周围建筑物的高度、密集程度、太阳高度等的影响。高大建筑物所构成的南北向街道，只有中午前后能接受到日照。中高纬度城市的东西向街道的北侧，常有较多的日照，而街道南侧的日照较少，有的甚至终年不见阳光。

8.5.3 城市下垫面的热量平衡

城市下垫面是指城市整体而言，即包括屋顶、墙壁、路面等。如果不考虑热量的平流输送，则城市下垫面的热量平衡方程可写为：

$$B + M = LE + P + Q_s \tag{8-2}$$

式中：B为净辐射；M为人为热源释放热；LE为蒸散耗热；P为湍流输送热；Q_s为贮存在下垫面以下的热量。公式的各项意义如下：

人为热源释放热：城市人为热量来源包括：①生物同化作用释放的热量(人体散发热量)；②城市燃烧燃料释放的热量。单位面积上释放的热量，决定于城市人口密度和平均每人能源的消耗量。一般城市的人为热能释放量比郊区大。人为热释放量在城市内部的分布，也是不均匀的，燃料消耗多的工业区常较大，车流密度大和人口密度大的繁华商业区大于一般居住区。

城市下垫面的贮热量：城市下垫面贮热量的大小，决定于城市下垫面层组成物质的热容量。一般城市热容量大于郊区。因此，城市下垫面的热贮量多于郊区。

城市下垫面的蒸散耗热：城市中不透水面积大，水面少，因而蒸发少。城市中植物远比郊区少，所以蒸腾量也小于郊区。因为能消耗于蒸散的热量城市比郊区少。

城市下垫面的湍流输送热：在城市下垫面的热贮量一定时，多余的热量用于蒸散耗热和感热交换，由于城市蒸散耗热量比郊区小，故大量热量消耗于感热交换上。

但是在城市公园、草地、经常灌溉洒水的湿润地表等地方的蒸散耗热不仅大于感热，还可能大于净辐射量，产生“绿洲效应”。蒸散耗热量比净辐射量多出的那部分热量，依靠平流输送提供，这样不仅绿地上气温下降，而且影响绿地周围地区温度也随之下降。这就是绿化能降低城市夏季温度的原因。

8.5.4 城市的气温

城市内部的气温常比郊区高，这种现象称为“城市热岛效应”。城郊间气温的差值大小即为热岛强度。形成城市热岛的主要原因：

①城市人工热源的作用。②城市不透水的人为建筑覆盖度大，植物少。消耗于蒸发散的热量减少。③市区风速减弱，减少了热量的水平输送。④城市上空污染物质多产生了保温作用，增加了大气逆辐射。⑤城市下垫面的热容量常大于郊区，夜间冷却降温比郊区缓慢。若以年平均气温计算，热岛强度一般变化于0.4～1.5℃之间。表8-3是世界上一些城市的热岛强度。

表8-3 城市热岛强度的比较 ℃

城 市	热岛强度	城市	热岛强度	城市	热岛强度
巴 黎	0.7～1.5	纽 约	1.1	杭 州	0.4
莫斯科	0.7	芝加哥	0.6	贵 州	0.4～0.5
柏 林	1.0	华盛顿	0.6	南 京	0.7
斯德哥尔摩	0.7	洛杉矶	0.7	北 京	0.7
米 兰	1.3	费 城	0.8		

城市热岛强度有日变化和年变化，在一天内，城市热岛强度常是夜间大于白天。中国科学院大气物理研究所测到北京1971年10月热岛强度最大值，出现在日出前1～2h。表8-4是北京1981年的观测记录。

在一年中城市热岛常是夏季比冬季明显，如贵阳7月比郊区高0.6℃，1月只

表8-4 北京各季的热岛强度 ℃

时 间	14：00	21：00
冬季	3.7	6.9
春季	3.0	5.4
夏季	2.6	3.5

比郊区高 0.2℃；又如杭州 8 月比郊区高 1.0℃，而 12 月也只比郊区高 0.2℃。表 8-5 是北京与莫斯科的城市与郊区间气温差的年变化，由此表可见，城郊间气温差暖季比冷季要明显。城市热岛强度随风速增大和云量增多而减小，随城市人口和建筑密度增加而增大。

表 8-5 北京与莫斯科的城郊气温差的年变化 ℃

月 份	1	2	3	4	5	6	7	8	9	10	11	12
北 京	0.5	0.5	0.5	0.5	0.8	0.7	0.7	0.9	1.1	0.8	0.6	0.7
莫斯科	0.6	0.7	1.0	0.8	1.0	1.0	0.9	0.9	0.7	0.6	0.5	0.8

8.5.5 城市的空气湿度、云雾、降水

构成城市景观的建筑物、街道、工厂、住宅以及良好的排水系统，使得城市蒸发量大为减少。一般来说，城市空气的水汽压比郊区平均低 0.3 ~ 0.7hPa，相对湿度低 4% ~ 6%，冬季城市与郊区相对湿度相差不大，只有 1% ~ 3%，夏季则可达 6% ~ 10%。

城市由于凝结核较多，雾日比郊区多。据统计，南京市的雾日数比郊区多 32%，而冬季多 80% 以上。上海夏季雾日比郊区多 20% ~ 30%，冬季则多 100%。表 8-6是杭州市 1953 ~ 1954 年的资料。城市雾日随城市规模扩大而增多，如伦敦 1871 ~ 1890 年的 20 年间，城市人口增加 1 倍左右，雾日则增加了 50%。

表 8-6 杭州市的雾日数(1953 ~ 1954) d

地 点	春	夏	秋	冬	年
城 市	20	3	14	18	55
郊外乡村	9	0	3	2	14

城市上空存在大量凝结核。由于热岛效应以及城市粗糙表面的阻碍作用，气流作上升运动。因此，城市上空的云量和降水均比郊区多。据杭州的资料，1953 ~ 1954 年杭州城内降水日数 181d，城外郊区降水日数只有 174d，城内比城外多 4%；城外降水量为 1 795.4mm，城内降水量达 1 920.6mm，城内比郊区多 7%。1971 ~ 1980 年 10 年降水量平均市内为 1 390.9mm，笕桥机场仅 1 291.4mm，城内比郊外机场多 7.7%。城内降水比郊区增多以夏季最为明显。此外，城市的雷暴也多于郊区。

8.5.6 城市的风

城市热岛强度增大时，城市热空气上升，市区成为低压区，于是在城市与郊区间形成热力环流，这时即会形成风向指向市中心的城市风，风速 2m/s 左右，城市边缘地区较为明显。城市风只有在大气候风速小于 3m/s 的情况下才会产生。城市风强度不大，但它不利于城市大气污染物的扩散，市郊的工业区污染空气常刮向城市，可导致市区污染浓度的增加。

此外，城市作为特殊的粗糙下垫面，对气流运动产生很大的阻碍作用，使城市风速减小。如贵阳市内风速比郊区小15%，莫斯科市区风速比郊区小20%。短时间平均风速，杭州比郊区小29%。与此同时，城市的湍流混合以及与此有关的风的阵性明显增加。在城市建筑物之间可形成强烈的涡旋运动，而比较停滞的“气垫层”则升到建筑物高度以上，并迫使流线向上密集。这样，城区下层风速大大减小，静稳和弱风的频率增加，大风频率减小。表8-7是杭州1980年9月~1981年8月城内城外年平均风速。城内的年平均风速比城外小76%。随着城市的扩大和高层建筑的增多，市区风逐渐减小。

表8-7 杭州城内外的年平均风速 m/s

时间	地点	年平均风速	差值
1980.09~1981.08	城内	0.6	1.9
	城外	2.5	

8.5.7 城市绿化的小气候效应

植树造林、城市绿化可以改善城市小气候条件，使城市中的空气、光照、温度、湿度和降水、风等气象要素发生了一定的改变，使城市的小气候环境更加有利于人类的生存。

(1)城市绿化对空气的净化作用

①释放氧气，减少CO_2　城市人口集中，燃料消耗量多，因此空气中CO_2含量很高，而氧气相对较少。城市绿化对市区空气中CO_2和O_2的平衡，起着有益的作用。每个城市居民每天呼出CO_2约0.9kg，$10m^2$森林或$25m^2$草坪即可全部把它吸收掉。$1hm^2$森林每天通过光合作用释放730kg O_2，约可供1 000人1d的呼吸使用。因此，在不考虑燃烧的条件下，城市绿地定额标准应是每个居民占有$10m^2$森林或$25m^2$的草坪。

②减少空气中有毒物质，减轻污染　城市污染气体种类多、浓度大，常对市民带来极大危害。防治城市大气污染主要应从改进工矿工艺流程和对废气的综合利用及治理入手，但城市绿化对净化空气和保护环境也能起到重要作用。

(2)城市绿化对日照和辐射的影响

城市绿化地段由于树木阻挡，日照明显减少。据1992年9月在北京的测定，主要街道的行道树可遮挡街道阳光40%~74%，平均达62%，净遮荫率为42%(表8-8)。

城市有着许多光亮表面发出的反射光以及直接来自光源或被大气微粒扩散的眩目光，刺激行人和司机眼睛，不利于交通和安全。反射光和眩目光与反射面的光滑度、光路角度、光量、温度、太阳高度、大气状况等多种因素有关，城市绿化植物有遮蔽、过滤和柔化反射光和眩目光的作用，尤其是刚刚升起或即将落下的太阳直射光，有强烈刺激作用，道路两侧的树木能减弱和消除这种刺激。

表 8-8 北京市主要街道行道树遮蔽阳光的平均百分率 %

街道	行道树树冠遮蔽率	树冠平均遮蔽度	净遮荫率
新街口—西单大街	63.5	0.65	41.3
西长安街	40.8	0.65	26.5
东长安街(西段)	52.0	0.70	36.4
东长安街	40.5	0.65	26.3
王府井大街	73.5	0.75	55.1
东四北大街	72.7	0.70	50.9
地安门东西大街	71.5	0.70	50.1
平均	59.2	0.69	40.9

城市居住区由于绿化树木的遮挡作用，使居住区院落的太阳直接辐射、散射辐射和太阳总辐射的量均有所减小，其减小程度与绿化覆盖度成正比。据1982年和1983年夏季在北京和平里和中关村居住区的观测和分析，全覆盖的居住区院落获得的直接辐射，只有未绿化院落的1/14，散射辐射只及未绿化院落的1/11，太阳总辐射的日总量也仅达未绿化院落的1/10。

太阳直射辐射对人体健康和儿童的发育关系极大，绿化覆盖率过大时，会使居住区院落直接辐射大量减少，尤其是波长偏短的紫外线几乎被削弱殆尽，不利于居住区空气和土壤的消毒。另外，高大乔木常使1~3层的居室严重遮光，延长开灯照明时间，增加用电开支。因此，居住区的乔木绿化覆盖率以控制在0.7以下为宜。

(3)绿化对城市温度的调节作用

冬季城市绿化地区的日平均气温和最高气温比城市其他地区略低，但最低温度则要比其他地区高一些。尤其是严寒多风的天气里，树木能减小风速，减弱乱流交换，使温度降低较为缓和。

春秋季节，树冠在白天遮挡太阳辐射，夜间减少地面辐射，所以，绿化地区温度日变化减小，温度变化不像城市其他地区那样急骤。

夏季城市绿化具有明显的降温效应。这种降温效应，是通过树冠的遮蔽即减少太阳直接辐射和植物蒸发散冷却作用来实现的。在酷热夏季，城市绿化地区树木枝叶形成浓荫覆地，不仅遮挡了来自太阳的直接辐射热，而且也遮挡了来自地面、墙面和其他相邻物体的反射热。同时，城市绿化地段有强烈蒸散作用，它可消耗掉太阳辐射能量的60%~75%，甚至90%。因此，城市绿化地区温度显著降低。

素有“火炉”之称的南京，绿化后，郊区风景林区的平均气温比市区平均气温低2.5℃，绿化街道和居民区的平均气温比无绿化街道和居民区气温分别低1.2℃和1.9℃。未绿化居民区的气温最高，比郊区风景林平均气温高3.6℃。郊区风景林最高气温比市区最高气温低4.2℃，比未绿化的居民区低6.4℃。

(4)城市绿化对湿度的调节作用

城市绿化区水分蒸散较多，而且绿化区风速减小，乱流交换减弱，因此，水汽不易扩散，能较长时间滞留在近地面层，所以，绿化地区空气湿度要比非绿化区大。据北京测定，绿化地区的水汽压比市区非绿化地段大 1 ~ 2hPa，相对湿度可增大 10% 左右。

夏季城市绿地的相对湿度与未绿化地区的差异，常随降水增多而增大，随风速的增大而减小。表 8-9 是北京 1979 ~ 1981 年夏季 3 个典型晴天的日平均相对湿度值。

表 8-9 北京夏季 3 个典型晴天的日平均相对湿度 %

测点类型	未绿化地		绿化地			
测　点	天安门广场	东单体育场	陶然亭公园	正义路林荫道	东直门路林带	紫竹院公园
1979.08.24 雨季后	73	71	81	84	87	82
1980.08.23 久晴后	54	58	65	62	63	65
1981.08.25 北风 5 ~ 6 级	53	51	57	55	60	60
平均	60		69			

(5)城市绿地对风的调控作用

城市树木在冬季约能降低风速 20%，可减缓冷空气的侵袭。我国大部分地区冬季都刮偏北风，在居室的北侧密植几行针叶树，树行与墙面之间会形成一个静止空气隔离带，减少居室热量散失，对居室起保暖作用。

冬春季节，我国北方干旱少雨，风常较大，经常形成风沙天气。在土表干燥又无植被覆盖的情况下，风速到 4.4m/s 时，既能引起就地起沙。城市树木能减小风力，有效抑制风沙。北京市 20 世纪 50 年代后大力提倡植树造林，绿地迅速扩大了 4 倍，60 年代的风沙日比 50 年代减少 2/3。50 年代北京的春季，平均每 3d 就有一个风沙日，60 年代北京的春季风沙大为减少，平均 10d 才有一个风沙日。城市绿化带减弱风速的效应，还可用于控制冬季积雪，密植的绿化带可产生窄而深厚的雪堆，随着透风系数的增大，雪堆则变为宽而浅薄。

夏季，绿地降温效应可使绿地与周围非绿地之间产生温度差，于是在它们之间常引起局地小环流。精心配置绿化植物，可造成“狭管效应”，使夏季居室获得良好通风。

总之，城市绿化可以吸收 CO_2，制造 O_2，吸收有害气体，杀菌除尘等净化环境作用，还有遮荫降温等功能。事实证明，城乡绿化可降低气温，削减城市热岛强度，有效地调节城乡气候，为人类创造舒适的活动环境。因此，要大力提倡植树、种花育草，绿化城市，美化环境。

思 考 题

1. 小气候是如何定义的？小气候与大气候有哪些差异？小气候有哪些主要特征？
2. 什么叫作用面和作用层？小气候形成的物理基础有哪些？
3. 防护林小气候有哪些主要特征？影响林带防风效能的因子有哪些？
4. 地形小气候与森林小气候有哪些主要特征？
5. 何谓城市热岛效应？它是如何形成的？
6. 城市小气候的主要特征有哪些？城市绿化有哪些小气候效应？

附录1　实习指导

气象学实习是为园林、林学、环境、水保等院系开设的课堂实习、综合教学实习课程。气象学实习是气象学教学过程中最重要的环节之一。通过实习，可以补充和巩固课堂教学讲授的内容，培养学生的实际动手能力，训练进行观测、分析、统计等基础科研能力，是学生以后从事专业工作的基础。

气象观测场地、周围环境、气象仪器、观测程序和时间等符合观测规范要求，是做到气象资料的代表性、准确性和比较性的基础，是取得科学观测数据的重要保证。为此，观测场建设和观测仪器要符合规范标准，观测员要严格遵守观测守则，按观测程序进行观测。

气象观测场应选择四周平坦空旷，无任何障碍物且能够反映本地较大范围气象要素特点和区域土壤特性的地方。在城市或工矿区设立观测场应选择最经常出现风向的上风方。观测场边缘与四周孤立障碍物的距离应至少是该障碍物高度的3倍以上，距成排障碍物高度10倍以上。为保证气流通畅，观测场四周10m范围内不能种植高秆作物。观测场地要求平整，场内应种植浅草(不长草的地区除外)，草的高度不能超过20cm。不准种植作物。

观测场大小应为25m×25m。因条件限制可设为16m(东西向)×20m(南北向)。为保护场内仪器设备，观测场四周应设高度为1.2m漆成白色的稀疏围栏。

观测场内仪器布置的基本原则是各仪器互不影响，便于观测和操作。高的仪器安置在北面，低的仪器顺次向南安置，仪器东西向排列成行，南北向相互交错。仪器之间南北间距不小于3m，东西间距不小于4m。仪器距围栏不小于3m。观测人员应从北面接近仪器。各类仪器安置的高度、深度、方位、纬度、角度应符合全国气象站规范的要求。

地面气象观测基本项目有气压、空气温度、空气湿度、风向、风速、蒸发、日照、地温、云状、云量、天气现象、能见度等。国家基本站每天进行2：00、8：00、14：00、20：00 4次定时观测，昼夜值班；国家一般站由省、市、自治区气象局确定，每天进行2：00、8：00、14：00、20：00 4次或8：00、14：00、20：00 3次定时观测，昼夜值班或白天值班。气象要素的观测以北京时间20：00为日界；日照以日落为日界。观测程序见附表1。

观测员要严格按照规范的规定进行观测。严禁漏测、迟测和缺测，只能记载自己亲眼看到的数据和天气现象，禁止用任何估计或揣测的办法来代替实际观测。严

附表1 定时地面气象观测程序

定时观测时间(北京时)		定时观测项目及观测顺序
8：00、14：00、20：00、2：00	正点前30分	巡视仪器及观测准备工作，特别注意湿球湿润或溶冰
8：00、14：00、20：00、2：00	正点前20分～正点	云、能见度、天气现象、空气温度和湿度、风、气压、0～40cm地温
8：00		降水、冻土、雪深、换降水自记纸
14：00		0.8、1.6、3.2m地温，换气压、温、湿自记纸，13：00换电接风自记纸
20：00		降水，蒸发，最高、最低气温和地面最高、最低温度。并调整以上温度表
日落后天黑前		换日照纸

禁伪造和随意涂改观测记录。正确地安置和使用仪器，观测前应对仪器设备进行巡视，避免影响记录准确性的临时事故发生。观测结果应立即用黑色铅笔记入观测记录簿，记录须准确，字迹整洁清晰，要认真填写各种簿、表。

实习一　太阳辐射的观测

一、实习目的和要求

了解测量太阳辐射常用仪器的构造和原理。掌握辐射通量密度的观测方法和计算方法。

二、仪器构造和原理

测量辐射常用的仪器有直接辐射表、天空辐射表和净辐射表。

直接辐射表：测量到达地面的太阳直接辐射通量密度。

天空辐射表：测量水平面上的天空散射辐射和下垫面反射辐射通量密度。

净辐射表：测量天空（太阳、大气）向下与下垫面（土壤、植物、水面等）向上发射辐射通量密度之差值。

（一）直接辐射表

直接辐射表主要由感应器、进光筒、支架和底座构成（附图 1）。直接辐射表的感应器是由 36 对康铜—锰铜薄片串联组成的热电堆，置于进光筒的底部，其接受日射面涂有吸收率很高的黑色涂料，背面焊有星盘状温差热电堆的热接点，冷接点焊在底座的铜环上与进光筒外壳相连，便于与气温平衡。为了消除风及旁侧辐射的影响，进光筒内有 5 个直径逐渐变小的环形光栅，光栅内侧涂黑，外侧镀镍。

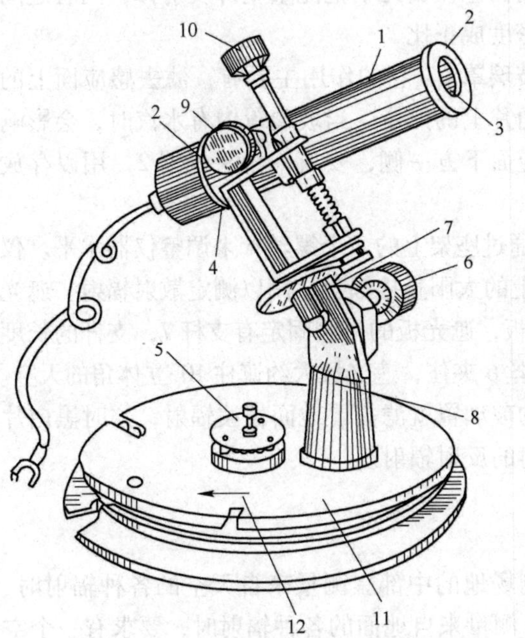

附图 1　直接辐射表的结构

1. 进光筒　2. 圆环　3. 小孔　4. 黑点　5. 筒盖　6. 螺丝　7. 支架　8. 对准当地纬度的刻度线　9、10. 螺丝　11. 底座　12. 指北箭头

测量时，必须将进光筒感应面正对太阳，让穿过小孔 3 的光点正好落在筒尾端的小黑点 4 上。当涂黑的银箔片受日光直射后，温度升高，由此产生温差电能，温差电能的大小与直接辐射的辐射通量密度成正比。通过换算可得到太阳直接辐射的辐射通量密度。

进光筒固定在支架上，支架上有螺丝用来对准当地纬度刻度。为使感应面对准太阳，可用螺丝 9 和 10 进行调整，其中螺丝 9 能使进光筒口作上下移动，而螺丝 10 能使进光筒作

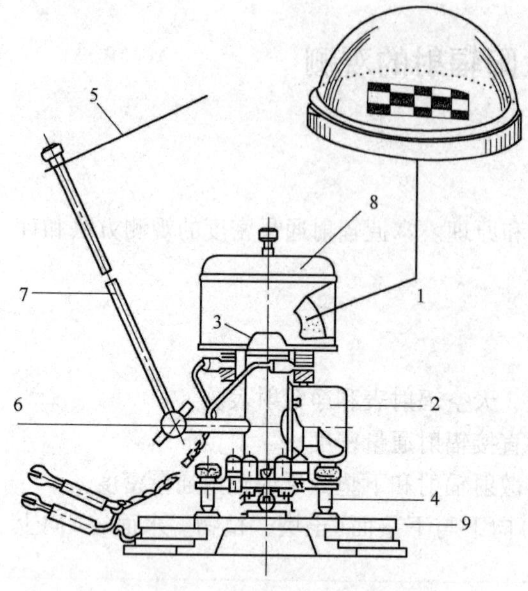

附图2 天空辐射表的结构

1. 玻璃罩 2. 干燥器 3. 水平泡 4. 螺丝 5. 遮光板 6. 螺丝 7. 支杆 8. 玻璃罩的盖子 9. 底座

单项圆弧形转动。底座11上有一箭头12指向北，用此来对准当地子午线。观测完毕，用筒盖5盖上进光筒口。

（二）天空辐射表

天空辐射表是测量水平面上所接受到的太阳总辐射、天空散射辐射和地面反射辐射的仪器（其构造如附图2所示）。天空辐射表由玻璃罩、干燥器、水平泡、螺丝、遮光板、支杆、玻璃罩盖子、底座构成。黑白型天空辐射表的感应面是黑白相间的锰铜片和康铜片，两端彼此紧密焊接，串联组成温差热电堆，形成一块棋盘状的平板。其中黑色部分涂有无光炭黑，白色部分涂有氧化镁，感应面黑色背面串联成热电堆的热端；白色背面串联成冷端。有太阳辐射时，黑色板面强烈吸收太阳辐射能，而白色板面几乎把能量全部反射掉，两者之间产生温差电能的大小与太阳辐射通量密度成正比。

天空辐射表的感应面上安有一个玻璃罩1，它的作用主要有：滤去感应面上的大气及地面长波辐射；防止风吹去黑白片上的热量。当玻璃罩内有水汽时，会影响感应面吸收辐射能的能力，因此在感应面下方一侧，安有一个干燥器2，用以存放干燥剂以便于吸收罩内水分。

天空辐射表旁边有一水平泡3，可通过座架上的3个螺丝4来调整仪器水平。仪器还有一遮光板5，可用来遮挡感应面上的太阳直接辐射，用以测定散射辐射。遮光板是一直径与玻璃罩相等的圆形黑色铝板，遮光板的一侧固定有支杆7，支杆的长度是遮光板直径的5.7倍，被支架上的螺丝6夹住，遮光板大约遮住10°立体角的天空。

当感应面翻转朝下时，感应面上的玻璃罩就滤去了地面长波辐射，这时黑白片上所接受的辐射，就是地面对太阳辐射的反射辐射。

三、仪器的安装

辐射仪器一般要求安装在气象观测场地的中部。测量来自天空的各种辐射时，要求仪器上方不能有任何障碍物影响；测量来自地面的各种辐射时，要求有一个空旷、无障碍物、有代表性下垫面的地方。辐射表应安装在有固定支架的平台上，平台离地面1.5m高，安装时要保持水平。直接辐射表底盘箭头指向正北，然后对准当地纬度刻度线。为避免天空辐射表翻转时落地损坏，安装时要固定在辐射观测平台上，调整螺丝使天空辐射表感应面保持水平状态。

四、实习内容

当着手进行各种辐射观测之前，首先应记录日光状况，即云遮蔽日光的程度，可用下列符号记录：(1)$\odot^2$无云；(2)$\odot^1$·薄云、影子明显；(3)$\odot^0$密云、影子模糊；(4)∏厚云、无影子。

1. 太阳光线垂直面上直接辐射通量密度的观测

观测前，接通直接辐射表与万用表的电路，把直接辐射表的正极接到万用表的正极上，负极接到万用表的负极上。打开进光筒盖并检查光点位置，调整直接辐射表进光筒，对准太阳，使透过进光筒上方小孔的光点正好落在小黑点上。每隔5～10s读万用表读数1次，连续读数3次N_1、N_2、N_3。盖上进光筒盖，直接辐射观测完毕。记下观测时间。

2. 太阳散射辐射、下垫面反射辐射的观测

观测前，接通天空辐射表与万用表的电路，把天空辐射表的正极接到万用表正极上，天空辐射表的负极接到万用表负极上。打开天空辐射表盖子，装上遮光板，挡住感应面，遮住太阳直射光，此时为散射辐射读数，读数方法同上，连续读数3次：N_1、N_2、N_3。取下遮光板，翻转天空辐射表，使感应面朝下，进行地面反射辐射观测。读数方法同上，连续3次读数得到N_1、N_2、N_3。记下观测时间和日光状况。注意万用表的单位使用毫伏(mV)。

3. 记录整理

计算各辐射观测量3次读数N_1、N_2、N_3的平均值N。由仪器检定证分别查取直接辐射表和天空辐射表的K灵敏度，将N、K值(包括单位)整理到辐射观测记录表上。

(1)辐射通量密度和反射率计算

太阳光线垂直面上的太阳直接辐射(S)、散射辐射(S_d)和反射辐射(S_r)通量密度根据观测得到的万用表数值N(mV)及辐射仪器K灵敏度直接换算得到。计算式如下：

$$S = \frac{\overline{N}_{直}}{K_{直}} \quad S_d = \frac{\overline{N}_{散}}{K_{天}} \quad S_r = \frac{\overline{N}_{反}}{K_{天}}$$

注意辐射通量密度要换算为法定计量单位W/m²。

(2)水平面上太阳直接辐射通量密度计算

任一时刻h的计算式及S_b与S的换算关系分别为：

$$\sin h = \sin\varphi \cdot \sin\delta + \cos\varphi \cdot \cos\delta \cdot \cos\omega$$

$$S_b = S \times \sin h$$

式中：φ是纬度；δ是赤纬；ω为时角，用真太阳日作为基本时间单位。要计算某地某一时刻的太阳高度角，还需要将观测时间换算成公式中需要的真太阳时时角ω。太阳连续2次通过子午圈的时间间隔为一个真太阳日。

自1984年起全世界建立了区时制度。经线每隔15°，地方时相差1h，这样将

地球表面分成24个时区，我国采用东八区(即中央经线120°E)地平时为全国标准时，称“北京时间”(北京时)。由于地球自西向东转动，所以东边先见到太阳，即经度不同，同一“北京时间”太阳高度不同。例如，北京经度是116°20′E，天津是117°10′E，即天津位于北京的东面，天津的北京时间正午12：00比北京太阳高度高。为去除经度影响，根据一地的太阳位置确定该地的地方时，太阳上中天为12：00，下中天为零时，以时角表示，经度15°为1h。所以由“北京时”(即120°E的地方时)换算成地方时，按下式计算：

地方时 = 北京时 + (当地经度 − 120°) × 4分/经度

真太阳时 = 地方时 + 时差

例题：求北京(40°N，116°19′E)1958年5月1日15：45(北京时)的太阳高度角。

第一步：求ω值

①北京时换算为地方时：$15^{45}+(116.3-120)\times 4=15^{30}$；②地方时换算为真太阳时：从时差表中查得该日时差为+3分，真太阳时$=15^{30}+0^{3}=15^{33}$；③将15^{33}查表换算为时角$\omega=53.3°$。

第二步：求δ值

从太阳倾角表中查得：5月1日$\delta=15.0°$

将$\varphi=40°$，$\delta=15.0°$，$\omega=53.3°$代入公式得：

$\sin h = \sin 40° \cdot \sin 15° + \cos 40° \cdot \cos 15° \cdot \cos 53.3° = 0.609 \quad S_b = S \times 0.609$

太阳高度$h=37.5°$

最后，将观测取得的垂直于太阳光线面上的直接辐射通量密度乘以$\sin h$，便得到该时刻水平面上的直接辐射通量密度。

第三步：总辐射通量密度和反射率(r)计算

总辐射(S_t) = 辐射通量密度(S_b) + 散射辐射通量密度(S_d)，即

$$S_t = S_b + S_d$$

反射率(r)为某一表面上的反射辐射(S_r)与投射到该表面上的总辐射(S_t)的比值的百分比。即

$$r = S_r/S_t \times 100\%$$

五、仪器的维护

为避免天空辐射表翻转时落地损坏，安装时要固定在辐射观测平台上。保持玻璃罩的清洁，不要使罩内有水汽。若干燥剂失效要及时更换新干燥剂。

实习二　空气温度、湿度与土壤温度的观测

一、实习目的和要求

了解气象常用温度表、温度计的构造原理和安装使用方法，掌握空气温度和土壤温度的观测方法和记录整理方法。了解测定空气湿度的原理，掌握空气湿度的测定、计算与查算方法。

二、仪器的结构和原理

(一)百叶箱的原理

百叶箱是安置测量温、湿度仪器用的防护设备，可防止太阳直接辐射和地面反射辐射对仪器的作用，保护仪器免受强风、雨、雪等的影响，并使仪器感应部分有适当的通风，能感应外界环境空气温、湿度的变化。百叶箱分为大百叶箱和小百叶箱2种。大百叶箱安置自记温、湿度计，小百叶箱安置干湿球温度表和最高、最低温度表、毛发表（附图3）。

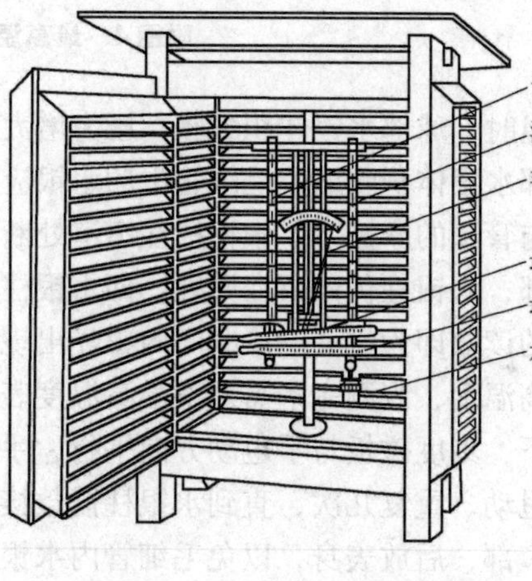

附图3　百叶箱内部仪器安置图

在小百叶箱的底板中心，安装一个温度表支架，干球温度表和湿球温度表垂直悬挂在支架两侧，球部向下，干球在东，湿球在西，感应球部距地面1.5m高。在温度表支架的下端有2对弧形钩，分别放置最高温度表和最低温度表，感应部分向东。

大百叶箱内，上面架子放毛发湿度计，高度以便于观测为准；下面架子放自记温度计，感应部分中心离地面1.5m。底座保持水平。

(二)各种液体温度表

液体温度表一般采用水银或酒精作为测温液体，利用水银或酒精热胀冷缩的特性来对温度进行测量。常用的液体温度表有普通温度表、最高温度表和最低温度表。

1. 普通温度表

普通温度表的特点是毛细管内的水银柱长度随被测介质的温度变化而变化。常用的普通温度表主要有：①干球温度表：用于测量空气温度。②湿球温度表：在干球温度表的感应球部包裹着湿润的纱布，因而被称为湿球温度表。干球温度

表和湿球温度表配合可测量空气湿度。③地面普通温度表：用于测量裸地表面的温度。

2. 最高温度表

最高温度表用来测量一段时间内出现的最高温度。其构造与普通温度表基本相同，不同之处是在最高温度表球部内嵌有一枚玻璃针，针尖插入毛细管使这一段毛细管变得窄小成为窄道，如附图4所示。

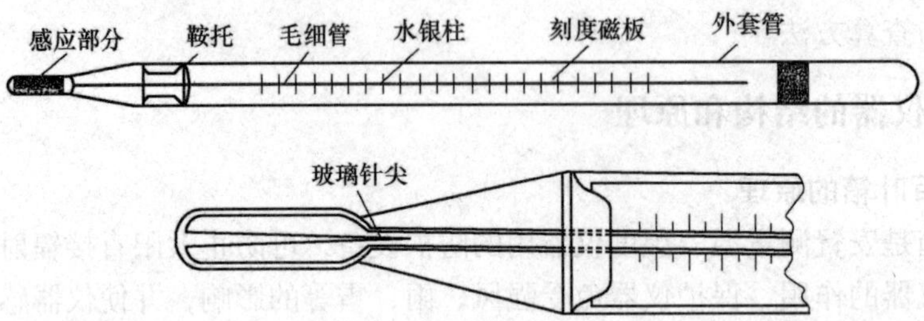

附图4 最高温度表结构

升温时，球部水银体积膨胀，压力增大，迫使水银挤过窄道进入毛细管；降温时，球部水银体积收缩，毛细管中的水银应流回球部，但因水银的内聚力小于窄道处水银与管壁的摩擦力，水银柱在窄道处断裂，窄道以上毛细管中的水银无法缩回到感应部，水银柱仍停留在原处，即水银柱只会伸长，不会缩短。因此，水银柱顶端对应的读数即为过去一段时间内曾经出现过的最高温度。为了能观测到下一时段内的最高温度，观测完毕需调整最高温度表。调整方法：用手握住表身中上部，感应部向下，刻度磁板与手甩动方向平行，手臂向前伸直，离身体约30°的角度，用力向后甩动，重复几次，直到水银柱读数接近当时的温度。调整后放回原处时，应先放感应部，后放表身，以免毛细管内水银上滑。

3. 最低温度表

最低温度表用来测量一段时间内出现的最低温度。最低温度表以酒精作为测温液体。主要特点是在温度表毛细管的酒精柱中，有一个可以滑动的蓝色玻璃小游标，如附图5所示。当温度上升时，酒精体积膨胀，由于游标本身有一定的重量，膨胀的酒精可从游标的周围慢慢流过，而不能带动游标，游标停留在原处不动；但温度下降时，毛细管中的酒精向感应部收缩，当酒精柱顶端凹面与游标相接触时，酒精柱凹面的表面张力大于毛细管壁对游标的摩擦力，从而带动游标向低温方向移动，即游标只会后退而不能前进。

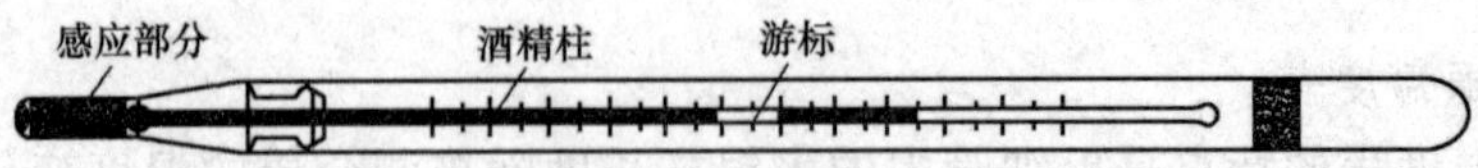

附图5 最低温度表结构

因此，游标远离感应部一端（右端）所对应的温度读数，即为过去一段时间内曾经出现过的最低温度。最低温度观测完后也应调整最低温度表。调整方法：将感应球部向上抬起，表身倾斜使游标滑动到毛细管酒精柱的顶端。调整后放回原处时，应先放表身，后放感应球部，以免游标下滑。

4. 曲管地温表和直管地温表

曲管地温表用来测量浅层土壤温度，其球部呈圆柱形，靠近感应部弯曲成135°的折角，玻璃套管的地下部分用石棉等物填充，以防止套管内空气的流动并隔绝其他土壤层热量变化对水银柱的影响。一套曲管地温表有4支，分别测量5、10、15、20cm深度的土壤温度。

直管地温表用来观测40、80、160、320cm等深度的土壤温度。直管地温表是装在带有铜底帽的管形保护框内，如附图6所示，保护框中部有一长孔，使温度表刻度部位显露，便于读数。保护框的顶端连接在一根木棒上，整个木棒和地温表又放在一个硬橡胶套管内，木棒顶端有一个金属盖，恰好盖住橡胶套管，盖内装有毡垫，可阻止管内空气对流和管内外空气交换，以及防止降水等物落入。

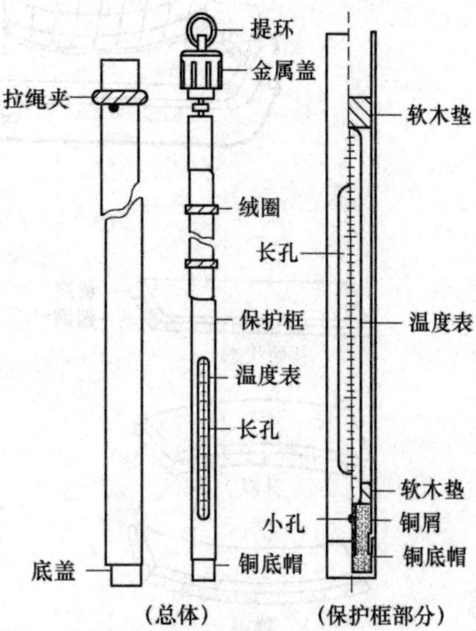

附图6　直管地温表结构

5. 温度表的观测

在常规地面气象观测中，温度在每天2：00、8：00、14：00、20：00（北京时）进行观测，称为定时观测。最高温度和最低温度每天观测一次，在20：00进行，高温季节则在8：00。读数后要对最高温度表和最低温度表进行调整，观测地面最低温度后，将最低温度表取回室内，以防爆裂，20：00观测前15min将其放回原处。直管地温表只在14：00观测一次。

小百叶箱内的观测顺序：干球温度表、湿球温度表、最高温度表、最低温度表、毛发表、调整最高温度表和最低温度表。大百叶箱是先观测自记温度计，后观测毛发湿度计，读数后均要作时间记号。观测温度表读数时要迅速而准确，尽量减少人为影响。读数时视线应平视。

（三）温度计

1. 温度计的结构

温度计是自动记录空气温度连续变化的仪器。自记温度计由感应部分（双金属片）、传递放大部分（杠杆）、自记部分（自记钟、纸、笔）组成，如附图7（a）所示。

自记温度计的感应部分是一个弯曲的双金属片，如附图7（b）所示。双金属片的一端自记固定在支架上，另一端（自由端）连接在杠杆上。当温度变化时，两种金属膨胀或收缩的程度不同，其内应力使双金属片的弯曲程度发生改变，自由端发生位移，通过所连接的杠杆装置，带动自记笔尖在自记纸上画出温度变化的曲线，如附图7(c)所示。

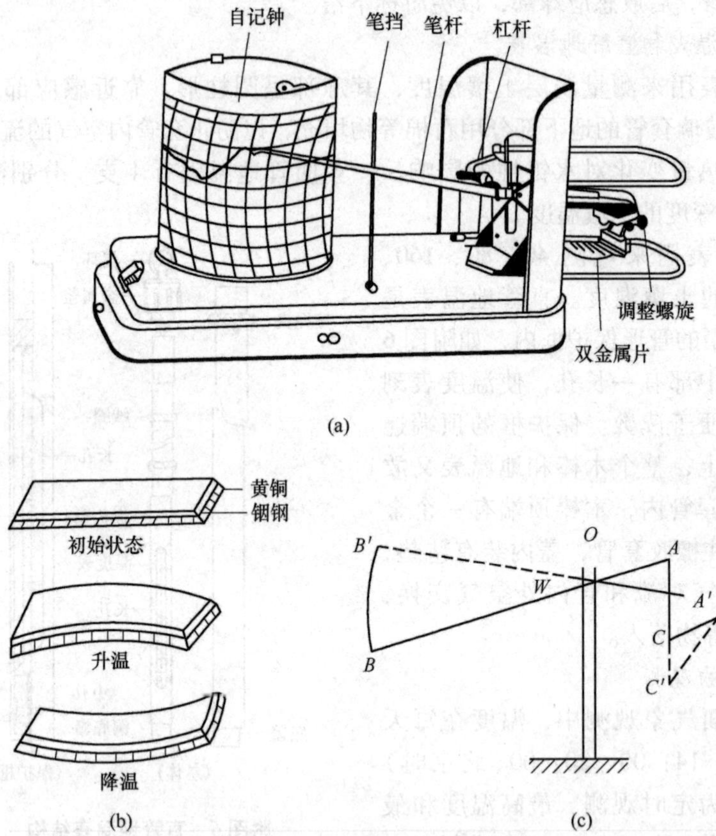

附图7 温度计及其工作原理

(a)自记温度计 (b)温度变化时双金属片的弯曲 (c)温度计放大示意

自记纸(专用坐标纸)紧贴在一个圆柱形的自记钟筒上，并用金属压纸条固定。温度自记纸上的弧形纵坐标为温度，横坐标为时间刻度线。自记钟和自记纸都有日记型和周记型2种，日记型自记纸使用期限为1d，每天14：00更换自记纸；周记型自记纸使用期限为1周。

2. 温度计的观测

定时观测自记温度计时，根据笔尖在自记纸上的位置观测读数，读数后要作时间记号。方法是轻轻按动一下仪器外侧右壁的记时按钮(如无记时按钮，应轻压自记笔杆在自记纸上作时间记号)，使自记笔尖在自记纸上划一垂线。温度计的误差比较大，只有进行了时间订正与记录订正后的数据才是可用的。

日转仪器每天换纸，周转仪器每周换纸。换纸步骤如下：①作记录终止的记号(方法同定时观测做时间记号)。②掀开盒盖，拔出笔挡，取下自记钟筒(不取也可以)，在自记迹线终端上角记下记录终止时间。③松开压纸条，取下记录纸，上好钟机发条(视自记钟的具体情况而定，切忌上得过紧)，换上填写好站名、日期的新纸。上纸时，要求自记纸卷紧在钟筒上，两端的刻度线要对齐，底边紧靠钟筒突出的下缘，并注意勿使压纸条挡住有效记录的起止时间线。④在自记迹线开始记录一端的上角，写上记录开始时间，按反时针方向旋转自记钟筒(以消除大小齿轮间的空隙)，使笔尖对准记录开始的时间，拔回笔挡并做一时间记号。⑤盖好仪器的盒盖。

笔尖及时添加墨水，但不要过满，以免墨水溢出。如果笔尖出水不顺畅或划线粗涩，应用光滑坚韧的薄纸疏通笔缝。疏通无效，更换笔尖。新笔尖先用酒精擦拭除油，再上墨水。更换笔尖要注意自记笔杆的长度必须与原来的长度等长。

如果周转型自记钟一周快慢超过 30min，或日转型自记钟 1d 快慢超过 10min，要调整自记钟的快慢针。自记钟使用到一定期限(一年左右)，要清洗加油。

(四)湿度计

毛发自记湿度计是自动记录相对湿度连续变化的仪器。它由感应部分(脱脂人发)、传动机械(杠杆曲臂)、自记部分(自记钟、纸、笔)组成，见附图 8。湿度计的观测、使用同温度计。湿度计读数时取整数，当笔尖超过 100% 时，估计读数，若笔尖超出钟筒，记录为“－”，表示缺测。

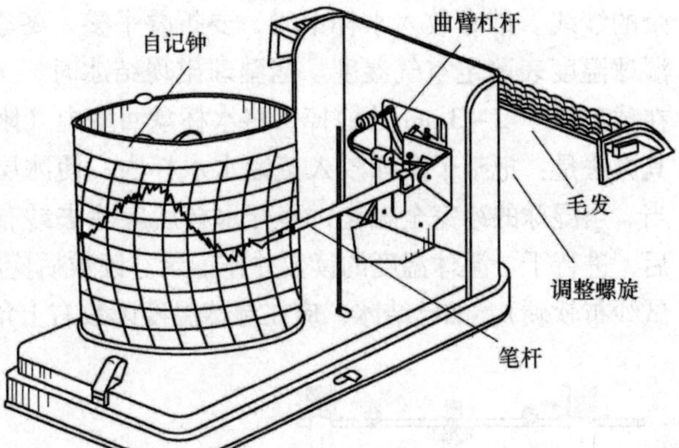

附图 8　湿度计的结构

三、干湿温度表测定原理

干湿球温度表由两支型号完全一样的温度表组成。一支用于测定空气温度，称干球温度表，另一支球部包扎着气象观测专用的脱脂纱布，并使纱布保持湿润状态，称湿球温度表。自然通风干湿球温度表和通风干湿表较常用。

湿球温度表的湿球球部被纱布湿润后表面有一层水膜。空气未饱和时，湿球表面的水分不断蒸发，所消耗的潜热直接取自湿球周围的空气，使得湿球温度低于空气温度(即干球温度)，它们的差值称做“干湿球差”。干湿球差的大小，取决于湿球表面的蒸发速度，而蒸发速度又决定于空气的潮湿程度。若空气比较干燥，水分蒸发快，湿球失热多，则干湿球差大；反之，若空气比较潮湿，则干湿球差小。因此，可以根据干湿球差来确定空气湿度。此外，蒸发速度还与气压、风速等有关。用干湿球法测湿的公式如下：

$$e = E_w - AP(t - t_w)$$

式中：e 为水汽压(hPa)；t 为干球温度(℃)，即气温；t_w为湿球温度(℃)；P 为本站气压(hPa)；A 是与通风速度和温度感应部分的形状有关的测湿系数，根据干湿表型号和通风速度来确定；E_w为湿球温度下的饱和水汽压(hPa)。

只要测得t，t_w和P，根据t_w值从饱和水汽压表中查得E_w。将它们代入上式就可算出e值，进一步可计算出相对湿度(U)、饱和差(d)、露点温度(t_d)等湿度物理量。

(一)自然通风干湿球温度表

自然通风湿球温度表纱布浸在蒸馏水杯里，使纱布保持湿润状态。干湿球两支温度表垂直悬挂在小百叶箱内的支架上，球部朝下，干球在东，湿球在西（附图9）。

干湿表的观测读数方法与气温观测相同。观测时应注意给浸润纱布的水杯添满蒸馏水，纱布要保持清洁。纱布一般每周更换1次。纱布包扎方法如附图9所示：采用气象观测专用吸水性能良好的纱布包扎湿球球部。包扎时，将长约10cm的新纱布在蒸馏水中浸湿，平贴无皱折地包卷在水银球上，纱布的重叠部分不要超过球部圆周的1/4。包好后，用纱线把高出球部上面和球部下面的纱布扎紧，并剪掉多余的纱线。纱布放入水杯中时，要折叠平整。冬季只要气温不低于－10℃，仍用干湿球温度表测定空气湿度。当湿球出现结冰时，为保持湿球的正常蒸发，应将纱布在球部以下2～3mm处剪掉，将水杯拿回室内（附图10）。观测前要进行湿球融冰。其方法是：把整个湿球浸入蒸馏水水杯内，使冰层完全融化。蒸馏水水温与室温相当。当湿球的冰完全融化，移开水杯后应除去纱布上的水滴。待湿球温度读数稳定后，进行干、湿球温度的读数并作记录。读数后应检查湿球是否结冰(用铅笔侧棱试试纱布软硬)。如已结冰，应在湿球温度读数右上角记上“B”字，待查算湿度用。

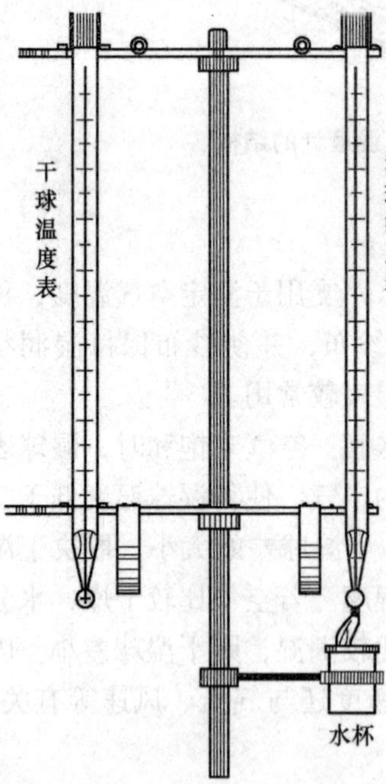

附图9　干湿球温度表安置

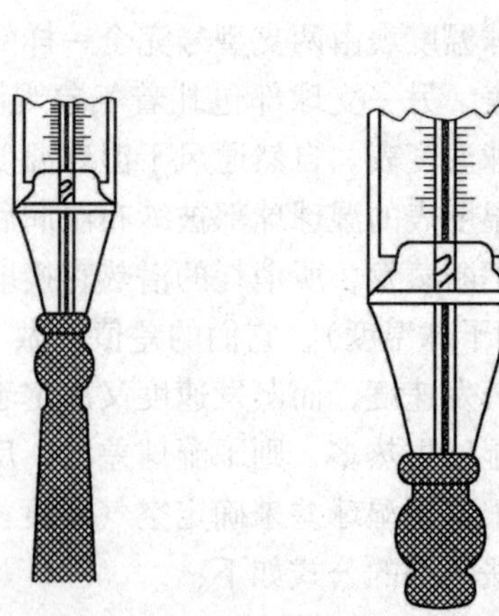

附图10　湿球纱布温度零上时和结冰时包扎示意

(二)通风干湿表

通风干湿表(ventilated psychrometer)2 支型号完全一样的温度表被固定在金属架上，感应部安装在保护套管内，套管表面镀有反射力强的镍或铬，避免太阳直接辐射的影响。保护套管的两层金属间空气流通，通风干湿表是野外观测空气温、湿度的常用仪器。

1. 结构

通风干湿表(阿斯曼)的构造如附图 11 所示。

2. 观测方法

观测时将通风干湿表挂在测杆上，为与大气候观测资料比较，必须一个 1.5m 和 0.2m 2 个高度的观测资料，其他悬挂高度视要求而定。为使仪器感应部分与周围空气的热量交换达到平衡，使用前应暴露 10min 以上(冬季约 30min)。观测前 4 ~ 5min(干燥地区 2 ~ 3min)将湿球纱布湿润，给风扇上足发条，上发条时应手握仪器颈部，发条不要上得太紧。湿球温度读数稳定后开始读数(先干球，后湿球)。读数时要从下风方向去接近仪器，不要用手接触保护管，身体也不要与仪器靠得太近。当风速大于 4m/s 时，应将挡风罩套在风扇的迎风面上。

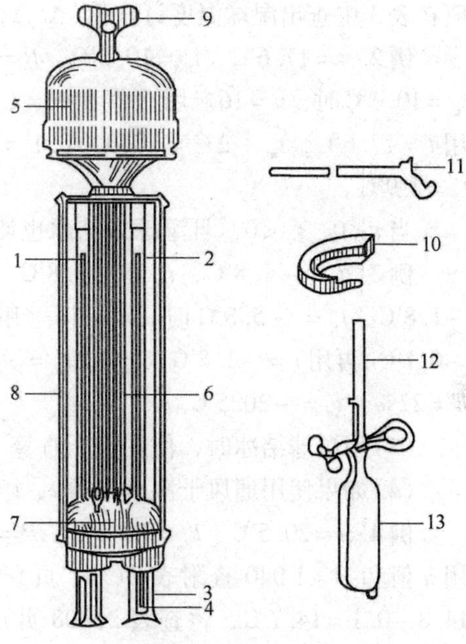

附图 11　通风干湿表

1、2. 干、湿球温度表　3、4. 双重保护管　5. 风扇　6. 中央圆管　7. 三通管　8. 外保护板　9. 钥匙　10. 防风罩　11. 挂钩　12. 玻璃滴管　13. 橡皮囊

(三)《湿度查算表》的查算方法

用干湿表测得干、湿球温度，同时又测得本站气压，就可以用公式计算出 e、U、t_d等湿度要素值。实际工作中，往往使用根据测湿公式编好的《湿度查算表》直接查出各个湿度要素。

中国气象局编制的《湿度查算表》(气象出版社，1980 年 12 月)，可供百叶箱通风干湿表、通风干湿表(阿斯曼)、球状和柱状干湿表(自然通风)等型号干湿表查算。此查算表主要由该查算表中表 1(湿球结冰)、表 2(湿球未结冰)及附表 2 ~ 5 组成，附表是不同型号干湿表的湿球温度订正值。

湿度查算表的表 1 和表 2 每栏居中的数值为干球温度(t)，n 为订正参数，根据湿球结冰与否决定使用表 1 或表 2。其他为湿球温度(t_w)、水汽压(e)、相对湿度(U)、露点温度(t_d)、气压(P)，查算时使用本站气压值，个位数四舍五入。查算方法有以下几种情况：

(1)如果在百叶箱中观测到的 t、t_w 值和 $P = 1\,000$hPa，那么在表 2 中可以直接

找到相应的 t、t_w 值，可查得 e、U、t_d 值。

例1. $t=17.7$℃，$t_w=13.3$℃，$P=1\,001.1$hPa，在表2找到(96页)$t=17.7$℃，$t_w=13.3$℃时，$e=12.3$hPa，$U=61\%$，$t_d=10.1$℃。

(2)若观测到的气压不为1 000hPa，则需对湿球温度进行气压订正，然后再查取空气湿度。订正方法是：根据百叶箱观测到的 t、t_w 值找出 n 值，然后用 n 和 P 值在表3中查出湿球温度订正值(Δt_w)，再用 t 和 $t_w+\Delta t_w$ 的值查取 e、U、t_d 值。

例2. $t=17.6$℃，$t_w=10.3$℃，$P=1\,018.2$hPa，在表2(96页)找到 $t=17.6$℃，$t_w=10.3$℃时，$n=16$。用 n 值和 $P=1\,020$hPa 在表3(214页)查得 $\Delta t_w=-0.1$℃，用 $t=17.6$℃，$t_w+\Delta t_w=10.3-0.1=10.2$℃在表2查得 $P=7.5$hPa，$U=37\%$，$t_d=2.9$℃。

当 $t<0$，$t_w<0$，且湿球未结冰也使用表2查找 P、U、t_d 值。

例3. $t=-1.8$℃，$t_w=-5.8$℃，$P=1\,017.3$hPa，在表2(47页)找到 $t=-1.8$℃，$t_w=-5.8$℃时，$n=14$，用 n 值和 $P=1\,020$hPa 在表3查得 $\Delta t_w=-0.1$℃，再用 $t=-1.8$℃，$t_w+\Delta t_w=-5.8-0.1=-5.9$℃从表2查得 $e=1.2$hPa，$U=22\%$，$t_d=-20.5$℃。

(3)当湿球结冰时，使用表1查算。查算方法与湿球未结冰相同。

(4)如果使用通风干湿表测得 t、t_w 值，需使用附表2。

例4. $t=20.5$℃，$t_w=14.8$℃，$P=1\,043.0$hPa 由表2(108页)查得 $n=11$，再用 n 值和 $P=1\,040$ 查附表2(241页)得 $\Delta t_w=-0.1$℃，用 $t=20.5$℃，$t_w+\Delta t_w=14.8-0.1=14.7$℃，再查表2(108页)，得 $e=12.8$hPa，$U=53\%$，$t_d=10.7$℃。

使用其他型号干湿表的测定值查算湿度的方法详见湿度查算表。

四、地温表的安装和观测

1. 地温表的安装

地面温度表(earth thermometer)(地面普通温度表、地面最低温度表和地面最高温度表)和曲管地温表，安装在地面气象观测场内靠南侧的面积为2m×4m的裸地上。地面3支温度表水平地平行安放在地面上，从北向南依次为地面普通温度表、地面最低温度表和地面最高温度表，相互间隔5cm，温度表感应球部朝东，球部和表身一半埋入土中，一半露出地面，如附图12所示。

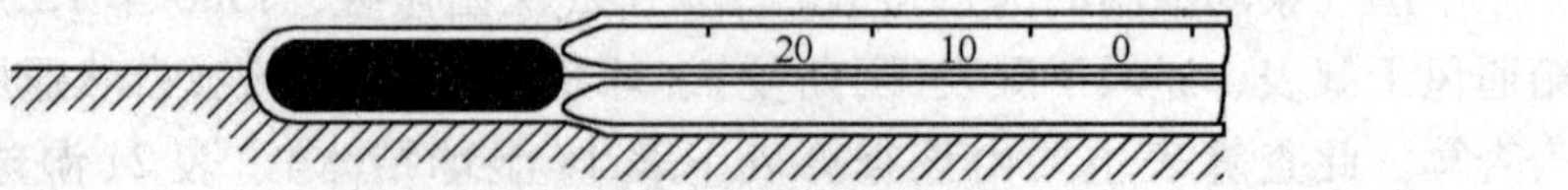

附图12　地面温度表安装示意

曲管地温表安装在地面最低温度表的西边约20cm处，按5、10、15、20cm深度顺序由东向西排列，感应部分朝北，表间相隔约10cm，表身与地面成45°的夹角(附图13)。安装时，先挖一段长度约40cm的沟，沟的北壁(OA)垂直向下，它与东西向的南壁($OB=40$cm)成30°的夹角，南壁(OB)随深度挖成与北壁(OA)成

45°交角的斜坡面，如附图13所示。再用卷尺沿沟的南壁量出各地温表的水平位置，在北壁量取所需深度，并在该深度处作一水平小洞穴，然后分别把地温表放入沟内，使感应部嵌入北壁小洞，并检查深度是否准确，最后小心地用土将沟填平。安装好的曲管地温表如附图14所示。测量的深度越深，表身的长度就越长，以使曲管地温表的刻度部分都能露在地面上，便于观测读数。

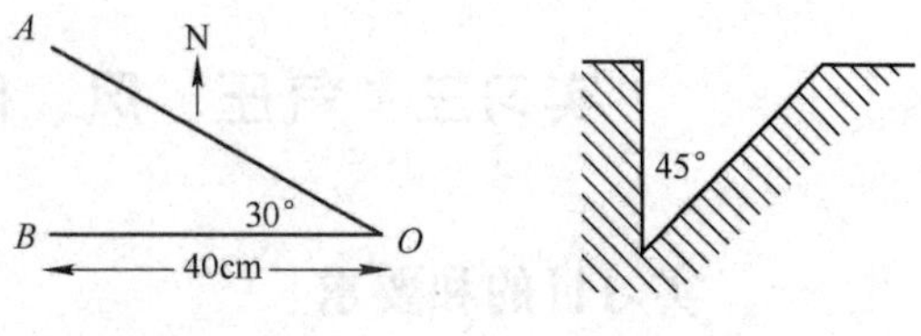

附图13　安装曲管地温表的小沟示意

直管地温表安置在观测场南边有自然覆盖2m×4m的地段上，与地面最低温度表和曲管地温表成一直线，从东到西由浅入深排列，彼此间隔50cm。

2. 地温的观测

地温表的观测顺序：地面普通温度表、地面最高温度表、地面最低温度表和5cm、10cm、15cm、20cm曲管地温表、调整地面最高、最低温度表和40cm、80cm、160cm、320cm直管地温表。观测地面温度时不能将温度表拿离地面；观测曲管地温表时，要使视线与水银柱顶端平齐，若温度表表身有露水或雨水，可用手轻轻擦掉，但不能触摸感应部位。

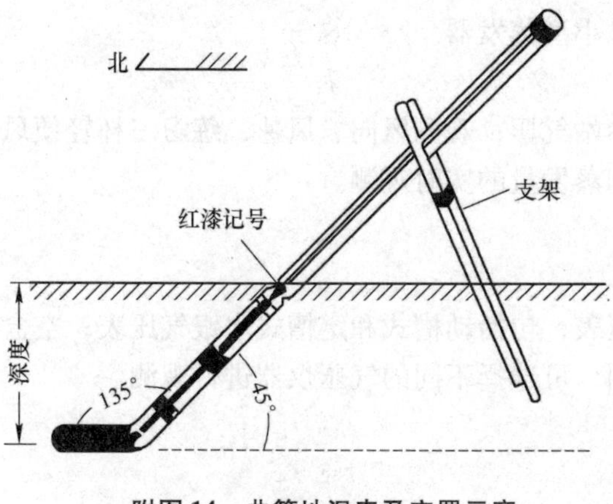

附图14　曲管地温表及安置示意

五、温度表的维修方法

当温度表水银(或酒精)发生断柱时，可用撞击法和加热法2种方法修理。

(一)撞击法

用手握住球部，使之处于掌心，将握住球部的手在其他较软的东西上面撞击，撞击时手握球部要稳，表身要保持垂直。也可用一只手握住表的中部并使球部朝下，然后用握表的手腕在另一手掌上撞击。手握表松紧要适宜，撞击时应保持表身垂直。

(二)加热法

只适用于毛细管顶管空腔较大且中断部位离空腔较近的水银温度表。其方法是先盛半杯冷水，将温度表球部插入水中，缓缓加入热水，使温度逐渐上升，直至水银丝上部中断部分及气泡全部升入空腔后，轻轻震动温度表上部，气泡即可升至顶端。在操作中加热不能太快，尤其当水银丝快接近空腔时，更应缓慢。当水银充满空腔的1/3时，不宜再升高温度，否则会引起球部破裂。中断排除后，应迅速甩动温度表，将气泡完全排除。处理后应放置一段时间再使用。

实习三　气压、风、降水和蒸发的观测

一、实习目的和要求

了解测定气压、风常用仪器构造、原理和使用方法。掌握水银气压表、空盒气压表气压读数订正及求算本站气压方法。掌握风的观测资料整理和分析方法。了解降水量、降水强度划分，掌握各种雨量器的构造、原理和使用方法。了解蒸发量的概念，掌握蒸发器的构造、原理和使用方法。

1. 实习仪器

水银气压表、空盒气压表；EL 型电接风向风速计、三杯轻便风向风速表；雨量器、虹吸式雨量计、翻斗式雨量计；小型蒸发器。

2. 实习内容

测量当时所在地点的气压，求算本站气压；观测风向、风速，练习三杯轻便风向风速表的安装及实时观测；降水量和蒸发量的实时观测。

二、气压的观测原理

测定气压的仪器，主要有液体气压表，包括动槽式和定槽式水银气压表；空盒气压表和气压计等。根据观测目的不同，可选择不同的气压仪器进行观测。

(一)水银气压表

水银气压表(mercurial barometer)是性能稳定，精度较高的气压测定仪器。它是用一根一端封闭的玻璃管装满水银，开口一端倒插入水银槽中，管内水银柱受重力作用而下降，当作用在水银槽水银面上的大气压强与玻璃管内水银柱作用在水银槽内水银面上的压强相平衡时，水银柱就稳定在某一高度上，这个高度即当时的气压。常用水银气压表有动槽式和定槽式 2 种。

1. 动槽式水银气压表

动槽式水银气压表主要由玻璃内管、外部套管和读数标尺及水银槽三部分组成，构造如附图 15 所示。在水银槽的上部有一象牙针，针尖位置为刻度标尺的零点。每次观测必须按要求将槽内的水银面调至象牙针尖的位置。

内管是一直径约 8mm，长约 900mm 的玻璃管，顶端封闭，底端开口，开口处内径成锥形，经过专门的方法洗涤干净并抽成真空后，灌满纯净的水银，内管装在气压表的外套管中，开口的一端插在水银槽中。外套管是用黄铜制成的，起保护作用与固定内管的作用，其上部刻有毫米的标尺，上半部前后都开有长方形的窗孔，用来观测内管水银柱的高度，调整螺丝能使游尺上下移动，标尺和游尺分别用来测定气压的整数和小数，套管的下部装有一支附属温度表，其球部在内管与套管之间，用来测定水银及铜套管的温度。

水银槽分为上下两部分，中间有一个玻璃圈，并用 3 根吊环螺丝扣紧。水银槽

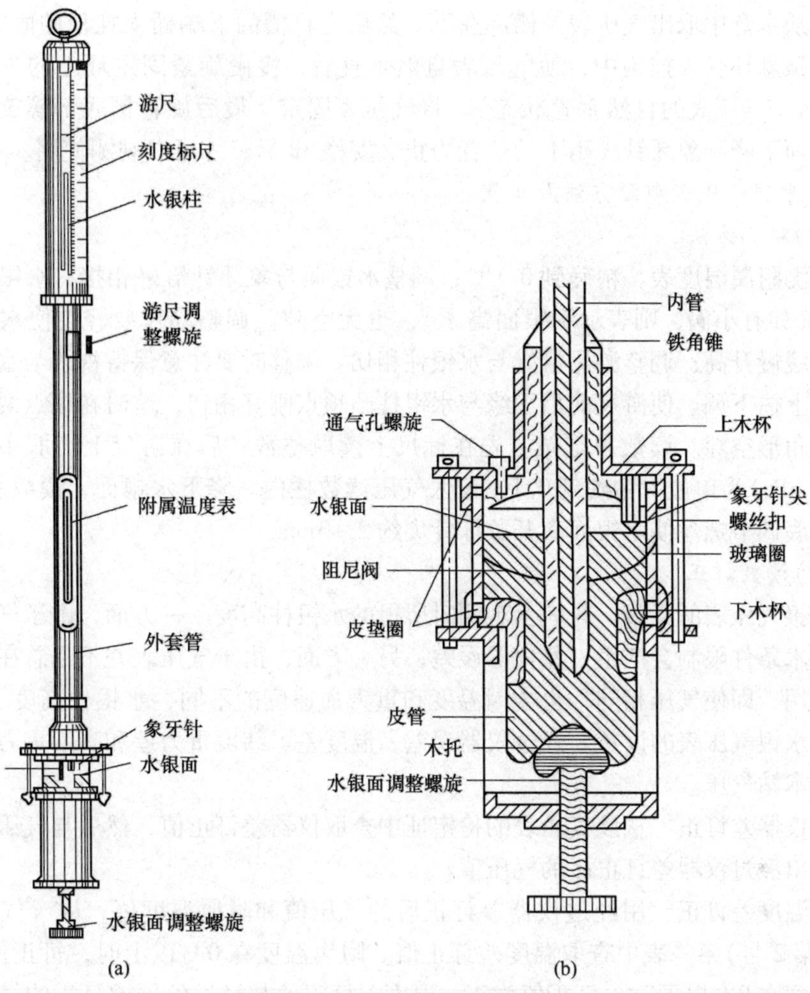

附图 15　动槽式水银气压表的结构

(a)气压表外形构造　(b)气压表槽部

的上部主要是一个皮囊，是用很软的羊皮制成，其特性是能通气而不漏水银。用来指示刻度零点的象牙针固定在木杯的平面上，其尖端向下。槽的下部是一个圆袋状皮囊，囊外有一铜套管，铜套管底盘中央有一个用以调节水银面的调节螺丝。

2. 定槽式水银气压表

定槽式水银气压表构造上也分内管、套管和水银槽三部分。内管和套管构造大体与动槽式相同。槽部用铸铁或铜制成，内盛定量水银。槽顶有一气孔螺丝，空气通过此螺丝的空隙与槽内水银面接触，它与动槽式水银气压表不同处是刻度尺零点位置不固定，槽部无水银面调整装置。因此，采用补偿标尺刻度的办法，以解决零点位置的变动。

3. 水银气压表的安装

将气压表安置在室内气温变化小，阳光充足又无太阳直射的地方，垂直地悬挂在墙壁或柱子上。室内不得安置热源如暖气和炉灶等，也不得安置在窗户旁边。不要震动气压表。安装前，应将挂板或保护箱牢固地固定在准备悬挂该表的地方，再小心地从木盒中取出气压表，槽部在下。然后先将槽的下端插入挂板的固定环里，再把表顶悬环套入挂钩中，使气压表自然垂直后，慢慢旋紧固定环上的3个螺丝(不能改变气压表的自然垂直状态)，将气压表固定。最后旋转槽底部螺旋，使槽内水银面下降到象牙针尖稍下的位置为止。安稳3h后，才可以观测使用。

4. 水银气压表观测方法及步骤

(1)观测方法

观测附属温度表，精确到0.1℃；调整水银面与象牙针恰好相接，水银面上既无小涡(如有小涡，则表示水银面高了)，也无空隙。调整动作要轻，使水银面自下而上缓慢升高；调整游尺恰好与水银柱相切。调整时要注意保持视线与水银柱同高，从上往下调。使游尺前后下缘与水银柱凸顶点刚好相切，这时在顶点两旁可以看到三角形空隙。读数并记录。先在标尺上读取整数，后在游尺上读取小数，以mm(或hPa)为单位。精确到0.1，记入气压读数栏内。降下水银面，读数复验后，旋转槽底调节螺丝使水银面离开象牙针尖约2~3mm。

(2)读数订正

水银气压表的读数，只表示观测时所得的水银柱高度。一方面，由于气压表的构造技术条件限制会产生一些仪器误差；另一方面，由于气压表并不是总在标准情况下使用，即使气压相同，也会因温度和重力加速度的不同，水银柱高度不一样。因此，水银气压表的读数要经过仪器误差、温度差、纬度重力差和高度重力差的订正才是本站气压。

①仪器差订正　从该气压表的检定证中查取仪器差订正值，然后与气压读数相加，得出经过仪器差订正后的气压值。

②温度差订正　用经过仪器差订正后的气压值和附属温度值，从《气象常用表》(第2号)第一表中查取温度差订正值。附属温度在0℃以上时，订正值为负；附属温度在0℃以下时，订正值为正。温度差订正值与经过仪器差订正的气压值相加，得出经过温度差订正后的气压值。

③重力差订正　重力差订正包括纬度重力差订正和高度重力差订正两方面。纬度重力差订正是用经过温度差订正后的气压值与本站纬度，从《气象常用表》(第3号)第一表中查取纬度重力差订正值。测站纬度大于45°者，订正值为正；小于45°者订正值为负。高度重力差订正是用经过温度差订正后的气压值与本站水银槽海拔高度值，从《气象常用表》(第3号)第二表中查取重力差订正值。海拔高度高出海平面者，订正值为负；低于海平面的，订正值为正。上述两项订正值，合称重力差订正值。重力差订正值与经过温度差订正后的气压值相加即为本站气压值。

(二)空盒气压表

1. 仪器构造

空盒气压表(aneroid barometer)是利用空盒弹力与大气压力相平衡的原理制成的。该仪器具有便于携带，使用方便，维护容易等特点，多用于野外观测使用。空盒气压表由感应部分、传递放大部分和读数部分组成。如附图16所示。

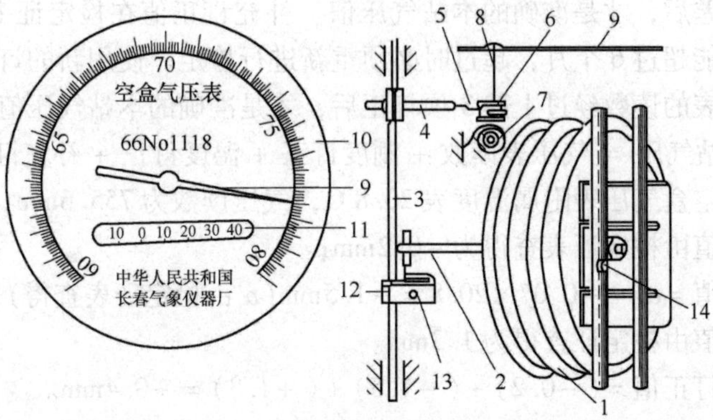

(a)　　　　　　　　(b)

附图16　空盒气压表的结构

(a)外形　(b)内部结构

1. 空盒组　2. 连接杆　3. 中间轴　4. 拉杆　5. 链条　6. 滚子　7. 游丝　8. 指针轴　9. 指针　10. 刻度盘　11. 附属温度表　12. 调节器　13. 调节螺丝　14. 安装螺丝

感应部分是一组有弹性的密闭圆形金属空盒。盒内近似真空，空盒组的一端与传递放大部分连接，另一端固定在金属板上。传递放大部分是由传动杆、水平轴、拉杆、游丝和指针等组成，该装置能将感应部分的微小变形放大1 000倍以上，并带动指针指示出气压值。读数部分由指针、刻度盘和附属温度表(attached thermometer)组成。根据指针在刻度盘上的位置可读出当时的气压值，附属温度表的读数用来对当时的气压值进行温度订正。

2. 观测方法

打开盒盖后，先读附属温度表，精确到0.1℃，然后轻敲盒面(克服机械摩擦)，待指针静止后再读数。读数时视线垂直于刻度盘，读取指针尖端所指示的位置，精确到0.1hPa。

3. 读数订正

读数订正包括刻度订正、温度订正和补充订正三部分。

(1)刻度订正

刻度订正值可以从气压表仪器检定证中读取，如果读出的气压值在检定证中没有列出的，可以用内插法计算(精确到小数一位)。

(2)温度订正

由于温度变化，引起空盒弹性发生改变，所以应进行温度订正。温度订正值的计算公式为

$$\Delta P = \alpha t$$

式中：α为温度系数，即温度改变1℃时，空盒气压表的示度改变值，可在检定证中查得；t为附属温度表读数。

(3)补充订正

空盒气压表须定期与标准水银气压表进行比较，求出由于空盒气压表的残余变

形所引起的误差后，才是准确的本站气压值。补充订正值在检定证书上可以查到，但该值使用不能超过6个月，超过时必须重新进行检定。使用新的订正值。

空盒气压表的读数经过上述3项订正后，才是准确的本站气压值。即

本站气压 = 气压表读数 + 刻度订正 + 温度订正 + 补充订正

例如：某空盒气压表附属温度表20.8℃，气压读数为755.6mm，求本站气压。

刻度订正值由检定证表查得为 -0.2mm；

温度订正值 $= \alpha t = -0.07 \times 20.8 = -1.5$mm（$\alpha$ 由检定证表查得）；

补充订正值由检定证查得为1.3mm。

则 三项订正值 = (-0.2) + (-1.5) + (+1.3) = -0.4mm。

本站气压（P）= 755.6mm - 0.4mm = 755.2mm = 1 006.9hPa。

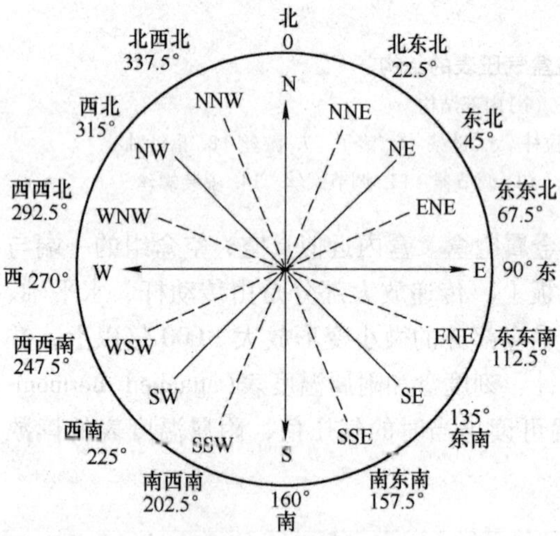

附图17 风向方位图

三、风的观测原理

风是矢量，所以风的观测包括风向和风速两部分。由于风的阵性特点，风向、风速的仪器测定和资料使用上，有瞬时值和平均值2种。风向是指风吹来的水平方向，以十六方位表示。有时也用度数表示风向，以北为0°，南为180°，西为270°，再回到北360°（如附图17所示）。风速是单位时间风的水平运动距离。单位为m/s。

（一）EL型电接风向风速计

电接风向风速计（anemograph）是目前台站普遍使用的有线遥测仪器，是一种既可观测平均风速，又可以观测瞬时风速并能自动记录的仪器。

1. 仪器结构

EL型电接风向风速计由感应器、指示器、记录器组成（如附图18和附图19所示）。

（1）感应器安装在室外塔架上，分为风速表和风向标两部分。风速表安装在风向标的上面，用螺丝固定。风向标的底座

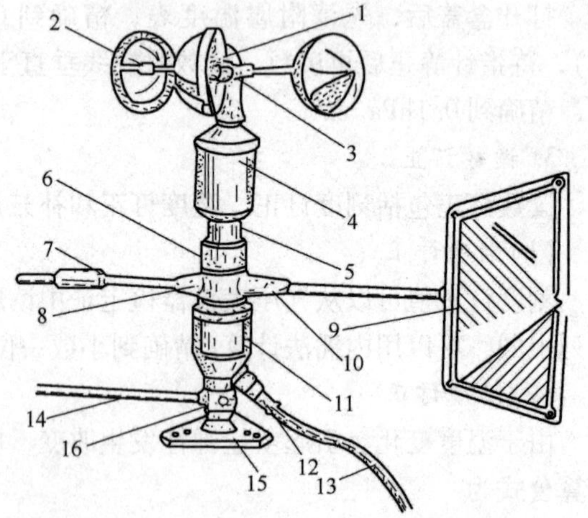

附图18 EL型电接风向风速计感应部分

1. 风杯压帽 2. 风杯 3. 风杯固定螺钉 4. 风速表 5. 风速表固定螺钉 6. 风标座 7. 平衡锤 8. 锤臂固定螺钉 9. 风向尾叶 10. 风向尾叶固定螺钉 11. 风向接触器 12. 防水插头座 13. 电缆 14. 指南 15. 底座 16. 底座固定螺钉

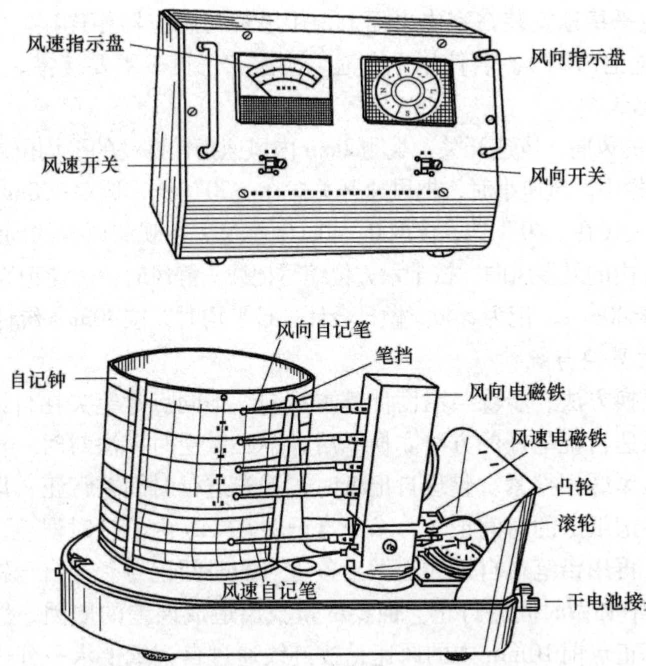

附图 19　EL 型电接风向风速计指示器和记录器

上有一个防水插入座，通过电缆与室内的指示器和记录器相通。

(2)风速表由电接部分和发电机部分组成。当风杯转动时，风杯轴同时还带动磁钢在锭子线圈中转动，线圈上产生交流电动势，其数值基本上与风速成正比。风速越大，磁钢转动越快，锭子线圈两端产生的交流电压越高，电流就越大。根据这个原理就可以通过电流值的大小间接测出风速的大小；风杯转动则风速电接簧片的一端在凸轮表面上滑动。风杯转过 80 圈后，完成一次电接，代表风程 200m，风速越大，风杯转得越快，单位时间内电接的次数就越多。由于每吹过 200m 风程(风杯转过 80 圈)，接点就接触一次，记录器风速笔尖就在自记纸风速坐标上向上(或向下)移动 1/3 格，接触 3 次移动一个格，代表风速 1m/s。根据笔尖 10min 内在自记纸上移动的格数就可以求出当时的平均风速。

(3)指示器由电源、瞬时风向指示盘、瞬时风速指示盘等组成。其中瞬时风速指示部分包括一个小型交流发电机和一个直流电流表，在直流电表上面刻有 0 ~ 20m/s 和 0 ~ 40m/s 两行刻度，用来观测瞬时风速。

(4)记录器由风速记录、风向记录、笔挡、自记钟、电路接线板等五部分组成，可自动记录风向、风速。

2. 仪器安装

感应器应安装在牢固的高杆或塔架上，并附设避雷装置。风速感应器(风杯中心)距离地面高度 10 ~ 12m；若安装在平台上，风速感应器距平台面(平台有围墙者，为距离围墙顶)6 ~ 8m，且距离地面不得低于 10m。感应器中轴应垂直，方位指南杆指向正南，应在高杆或塔架正南方向的地面上，固定一个小木桩作标志。指示器、记录器应平稳地安装在室内桌面上，用电缆与感应器相连接。电源使用交流电(220V)或干电池(12V)。若使用干电池，应注意正负极不要接错。

3. 观测与记录

打开指示器的风向、风速开关，观测2min内风速指针摆动的平均位置，读取整数。记入观测簿相应栏中。风速小时，把风速开关拨在“20”档，读0～20m/s的标尺；风速较大时，把开关拨在“40”档，读取0～40m/s标尺。在观测风速的同时，观测风向指示灯，读2min内的最多风向，按十六方位缩写记载。静风时，风速记为0，风向记为C，平均风速大于40m/s，记为>40。做日合计、日平均时，按40m/s统计。

4. 自记纸的更换与统计

自记纸的更换方法、步骤与温度计基本相同。不同点是笔尖在自记纸上作时间记号采用下压风速自记笔杆的方法。换纸后，不必做逆时针法对时。对准时间后必须将钟筒上的压紧螺帽拧紧。整理自记纸时，首先进行时间差订正：以实际时间为准，根据换下自记纸上的时间记号，求出自记钟在24h内的计时误差，按此误差分配到每个小时，再用铅笔在自记线上做出各正点的时间记号。当自记钟在24h的误差≤20min时，不必做时间差订正。但要尽量找出造成误差的原因，然后消除。记录风速时，计算正点前10min内的风速，按迹线通过自记纸上水平分格线的格数(1个格相当于1.0m/s)来计算。风速划平线时，记为0.0，同时风向记C。风向自记部分每2min记录一次风向，故10min内头尾共有5次记录(划线)。在5次记录中，取其出现次数最多的风向，作为该10min的平均风向。如最多风向有2次出现次数相同，应舍去最左面的一次划线，而在其余的4次划线中挑选；若仍有2个相同，再舍去左面一次划线，按右面的3次挑选。如5次划线都是不同的方向，则以最右面的一次划线作为该时间的记录。

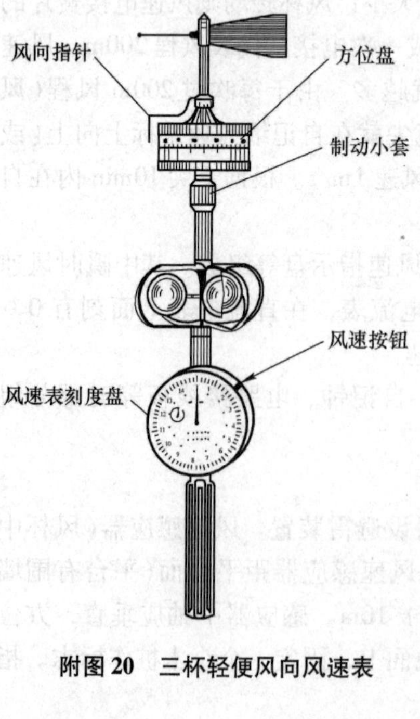

附图20 三杯轻便风向风速表

(二)三杯轻便风向风速表

三杯轻便风向风速表(pocket anemometer)是测量风向和1min内平均风速的仪器，适用于野外等流动观测。

1. 构造及工作原理

三杯轻便风向风速表由风向部分(包括风向标、方位盘制动小套)、风速部分(包括十字护架、风杯、风速表主体)和手柄三部分组成。如附图20所示。当压下风速按钮，启动风速表后，风杯随风转动，带动风速表主机内的齿轮组，指针即在刻度盘上指示出风速。同时，时间控制系统开始工作，待1min后，自动停止计时，风速指针也停止转动。指示风的方位盘，系一磁罗盘，当自动小套管打开后，罗盘按地磁子午线的方向稳定下来，风向标随风摆动，其指针即指当时的风向。

2. 观测方法

(1)观测时将仪器带至空旷处，观测者站在仪器的下风方手持仪器，高出头部并保持垂直，风速表刻度盘与当时的风向平行；然后，将方位盘制动小套向右旋转一角度，使方位盘制动小套按地磁方向稳定下来，注视风向约 2min，以摆动范围的中间位置记录风向。

(2)观测风速时，待风杯旋转约 0.5min，按下风速按钮，启动仪器。1min 后，指针自动停转，读出风速示值，将此值从风速订正曲线图中查出实际风速(保留一位小数)，即为所测的平均风速。

(3)观测完毕，将方位盘制动小套左转一小角度，借弹簧的弹力，小套管弹回上方，固定好方位盘。

四、降水和蒸发的观测

降水量是指从天空降落到地面上的液态或固态(经融化后)降水，未经蒸发、渗透、流失而积聚在水平面上的水层深度。以 mm 为单位，保留一位小数。单位时间内的降水量，称为降水强度(mm/d 或 mm/h)。按降水量强度的大小可将雨分为小雨、中雨、大雨、暴雨、大暴雨和特大暴雨等。降雪也分为小雪、中雪和大雪。测定降水的仪器有雨量器、虹吸式雨量计和量雪尺、称雪器等。

(一)雨量器

1. 雨量器构造

雨量器(pluviometer)为一金属圆筒，目前我国所用的是筒直径为 20cm 的雨量器，包括承水器、漏斗、收集雨量的储水瓶和储水筒，并配有专用雨量杯。它们的构造如附图 21 所示。雨量器承水器口做成内直外斜的刀刃形，防止多余的雨水溅入，提高测量的精确性。冬季下大雪时，为了避免降雪堆积在漏斗中，被风吹出或倾出器外，可将漏斗取去或将漏斗口换成同面积的承雪口使用。雨量杯是一个特制的玻璃杯，刻度一般从 0～10.5mm，每一小格代表 0.1mm，每一大格为 1mm。

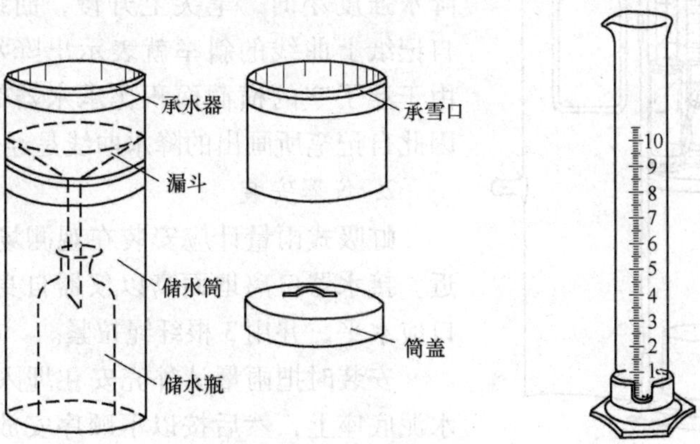

附图 21　雨量器和雨量杯

2. 雨量器的安装

雨量器安置在观测场内，避免四周仪器及障碍物影响。器口距地面高度 70cm，并应保持水平。冬季积雪较深地区，应在其附近装一备份架子。当雨量器安装在此架子上时，器口距地高度为1.0~1.2m。在雪深超过 30cm 时。就应把仪器移至备份架子上进行观测。

3. 观测和记录

每天8：00，14：00，20：00，2：00 进行观测。在炎热干燥的日子，降水停止后要及时进行补充观测，以免蒸发过速，影响记录。观测时把储水瓶内的水倒入量杯中，用食指和拇指夹住量杯上端，使其自由下垂，视线与凹月面最低处平齐，读取刻度数，精确到 0.1mm，记入观测簿。当没有降水时，降水量记录栏空白不填；当降水量不足 0.05mm 或观测前确有微量降水，但因蒸发过速，观测时已经没有了，降水量应记0.0。冬季出现固态降水时，须将漏斗和储水瓶取出，直接用储水筒容纳降水。观测时将储水筒盖上盖子，取回室内，待固态水融化后，用雨量杯量取或用台秤称量。

(二)虹吸式雨量计

虹吸式雨量计(pluviograph)能够连续记录液体降水的降水量，所以通过降水记录可以观测到降水量、降水的起止时间、降水强度。

1. 仪器构造

气象台站所用的虹吸式雨量计的承水器直径一般为 20cm。虹吸式雨量计的构造如附图 22 所示。降雨时雨水通过承水器、漏斗进入浮子室后，水面升高，浮子和笔杆也随着上升。随着容器内水集聚的快慢，笔尖在自记纸上记出相应的曲线，表示降水量及其随时间的变化。当笔尖到达自记纸上限时(一般相当于 10mm 或 20mm 降水量)，器内的水就从浮子室旁的虹吸管排出，流入管下的标准容器中，笔尖即落到 0 线上。若仍有降水，则笔尖又重新开始随之上升。降水强度大时，笔尖上升得快，曲线陡；反之，降水强度小时，笔尖上升慢，曲线平缓。因此，自记纸上曲线的斜率就表示出降水强度的大小。由于浮子室的横截面积比承水器筒口的面积小，因此自记笔所画出的降水曲线是经过放大的。

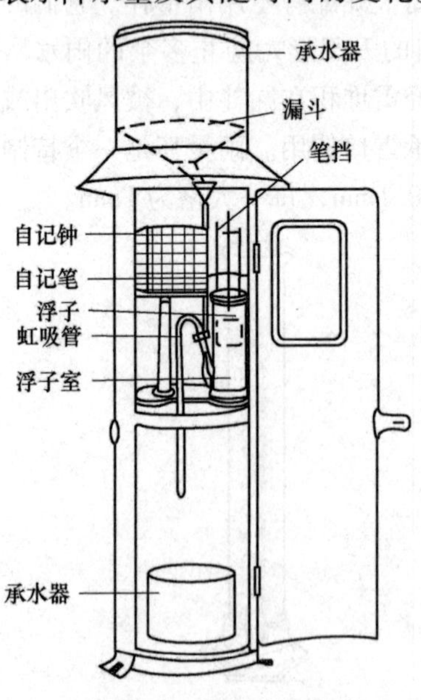

附图 22 虹吸式雨量计

2. 仪器安装

虹吸式雨量计应安装在观测场内雨量器的附近。接水器口离地面高以仪器自身高度为准，器口应水平，并用3 根纤绳拉紧。

安装时把雨量计外壳安在埋入土中的木柱或水泥底座上，然后按以下顺序安放内部零件。将容器放在规定的位置上，使管子上的漏斗刚好位于接水器流水小管的下面。再旋紧台板下的螺丝，将容器紧紧固定。将卷好自记纸的钟筒套入钟轴上，注意钟筒下的齿轮与座轴上的大齿轮衔接好。将虹吸管短的一端插入容器的旁管中，使铜套管抵住连接器。

3. 观测和记录方法

将自记钟上好发条，装上自记纸，给自记笔尖上好墨水，并将笔尖置于自记纸的"0"刻度线上。从自记纸上读取降水量，并将读数记入观测簿相应栏中。在寒冷季节，若遇固体降水，凡是随降随化者，仍照常读数和记录。若出现结冰现象，仪器应停止使用，并在观测簿备注栏注明。同时将浮子室内的水排尽，以免结冰损坏仪器。

①自记纸的更换　无降水时，自记纸可连续使用8～10d，每天于换纸时间加注1.0mm水量，使笔尖抬高笔位，以免每日的迹线重叠。转过钟筒，重新对好时间；有降水时(自记迹线≥0.1mm)时，必须在规定时间换纸，自记记录开始和终止的两端须作时间记号。方法是：轻抬固定在浮子直杆上的自记笔根部，使笔尖在自记纸上划一短垂线。若记录开始或终止时有降水，则应用铅笔作时间记号；当自记纸上有降水记录，但换纸时无降水，则在换纸时作人工虹吸(注水入承水器，产生虹吸)，使笔尖回到"0"线位置。若正在降水，则不作人工虹吸。

②自记纸的整理　凡是24h自记钟记时误差达1min或以上时，自记纸均须作时间差订正。以实际时间为准，根据换下自记纸上的时间记号，求出自记钟在24h内记时误差的总变量，将其平均分配到每个小时，再用铅笔在自记迹线上作出各正点的时间记号。在降水微小的时候，自记纸上的迹线上升缓慢，只有在累积量达0.05mm或以上的那个小时，才计算降水量。其余不足0.05mm的各时栏空白。

(三)翻斗式遥测雨量计

翻斗式遥测雨量计是雨量自记仪器。它可测量及记录液态降水量、降水起止时间和降水强度。采用有线遥测，观测方便。

1. 仪器构造和原理

翻斗式遥测雨量计由感应器和记录器等部分组成(附图23、附图24)。感应器主要由承水器、上翻斗、计量翻斗、计数翻斗、干簧开关等构成。雨水由承水器汇集，经漏斗进入上翻斗。当上翻斗承积的降水量为某一数值时，上翻斗倾倒，降水经汇集斗节流铜管流入计量翻斗。当计量翻斗承积的降水量为0.1mm时，计量翻斗把降水倾倒入计数翻斗，使计数翻斗翻转一次。计数翻斗在翻转时，磁簧对干簧管扫描一次，干簧管因磁化而闭合一次。这样，降水量每达到0.1mm时，就送出一个闭合一次的开关信号。

记录器由计数器、电磁步进记录笔组、自记钟及控制线路板等构成。当感应器送来一个脉冲讯号，电磁铁即吸动一次。棘爪推动棘轮前进一齿，并使进给轮跟着旋转，进给轮带动履带沿靠块运动，履带则带动自记笔记录。在电磁铁吸动100次后，自记笔与履带脱开，自记笔由上下落，回到自记纸的"0"线，再重新开始记录，就能不断记出阶梯式的自记记录线来。面板上的笔位按钮和粗调轮都是调整笔尖位置用的。按动笔位按钮一次，自记笔跳上一格。如需在较大范围内调整笔位可

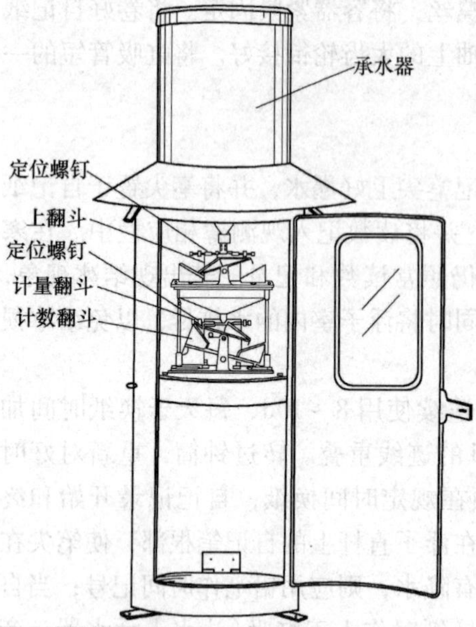

附图 23 翻斗式遥测雨量计

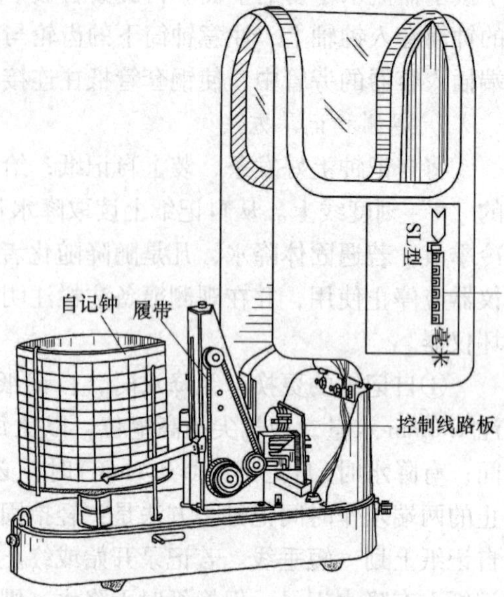

附图 24 翻斗式遥测雨量计记录器

旋转粗调轮。自记钟和自记纸与一般自记仪器相同。

2. 仪器安装

仪器安装前，应对感应器和记录器进行检查。注意当上翻斗处于水平位置时，漏斗进水口应对准其中间隔板；检查记录器时，插上控制线路板，将阻尼油(30号机油)注满阻尼管，接上电源，用短导线在信号输入接线柱上断续进行短接，此时，记录计数应能同时工作。然后装上自记纸，用电缆线将感应器和记录器连接，把计量翻斗与计数翻斗倾向于同一方，将自记笔位调到零位，按动回零按钮，将计数回“0”。

将清水徐徐注入承水器漏斗，随时观察计数翻斗翻动过程中有无不发或多发信号的情况，并注意计数器的数值和自记纸上的数值是否任何时候都相等(允许差0.2mm)。当笔尖第三次到达10mm(履带转一圈为30mm)时，自记笔必须下落到零位。然后注入60~70mm的水量，如不发生或多发信号现象，且计数器与自记纸上的数值符合，说明仪器正常，否则需检修调节。感应器安装在观测场内，底盘用3个螺钉固定在混凝土底座或木桩上，要求安装牢固，器口水平。电缆接在接线柱上并从筒身圆孔中引出，电缆可架空或地下敷设。

记录器安置在室内稳固的桌面上，避免震动。为保持记录的连续性，应同时接上交流(220V)和直流(12V)电源。

3. 观测和记录

降水量可从记录器上读取和记录，自记纸记录供整理各时雨量及挑选极值用。遇固态降水，凡是随降随化的，仍照常读数和记录。否则，应将承水器口加盖，仪器停止使用，待有液态降水时再恢复使用。自记纸的更换与虹吸式雨量计类似。

(四)蒸发量的观测

由于蒸发而消耗的水量即蒸发量。气象台站测定的蒸发量是指一定口径的蒸发器中的水因蒸发而消耗的厚度，单位为 mm，精确到 0.1mm。常用的蒸发测量装置为小型蒸发器。

1. 仪器构造与安装

小型蒸发器如附图 25 所示，由一直径 20cm、高 10cm 的金属圆盆和一铁丝罩组成。圆盆口缘镶有铜圈，内直外斜，呈刀刃状，作用是分离雨水。铁丝罩罩在圆盆口缘上，作用是防止鸟兽饮水。小型蒸发器安放在雨量筒附近。要求终日能受到光照，口缘距离地表 70cm，器口水平。冬季积雪较深时参照雨量筒。

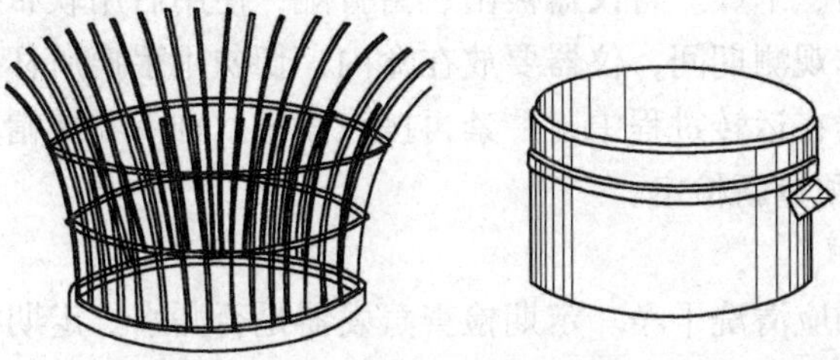

附图 25　小型蒸发器及蒸发罩

2. 观测记录

每天 20：00 观测，首先测量并记录经过 24h 后蒸发器内剩余水量(即余量)，然后重新注入 20mm 清水(即原量)，蒸发旺盛时可增加至 30mm，并记入第二天观测簿原量栏。20：00 获得的 24h 蒸发量由以下公式得到：

$$蒸发量 = 原量 + 前 24h 降水量 - 余量$$

如果蒸发器内水蒸干，则记为 >20.0mm(或 >30.0mm)。结冰时用称量法测定，一般季节采用量杯量或称量均可。如果结冰后表面有尘沙，则应除去尘沙再称量。有降水时应去掉铁丝罩；有强烈降水时应随时注意从器内取出一定水量，以防溢出。取出的水记录为该日的余量。

五、仪器维护及注意事项

1. 动槽式气压表的维护

动槽式气压表槽内水银面产生氧化物时，应及时清除，经常保持气压表的清洁。气压表必须垂直悬挂，定期用铅垂线在相互成直角的两个位置上检查校正。

2. 空盒气压表的维护

该仪器工作时必须水平放置，防止由于任意方向倾斜造成的仪器读数误差。仪器必须放在空气流通，没有腐蚀气体的室内。定时检定，补充订正值使用不可超过 6 个月。

3. EL 型电接风向风速计的维护

因感应器与指示器是配套检定的，所以在撤换仪器时二者要同时成套撤换。电源(串联的干电池)电压如已低于8.5V，就不能保证仪器的正常工作，应全部调换新电池。如风向划线后笔尖复位超过基线过多，可能造成判断错误，应向里调节笔杆上的压力调整螺钉，加大笔尖压力。如划线后回不到基线上，有起伏，应调节螺钉减小笔尖压力。风向方位块应每年清洗一次。如发现风向灯泡严重闪烁，或时明时灭，要及时检查感应器内的风向接触簧片的压力和清洁方位块表面。更换风向灯泡时，要用同样规格的(6～8V，0.15A)的灯泡。5个笔尖不在同一时间线上时，应首先调整好风速笔尖在笔杆上的位置，然后将风向笔尖沿笔杆移动与风速笔尖对齐。移动、清洗和调换笔尖时，均应注意切勿使笔杆变形。感到难以拨动时，可先将笔杆拆下来，再细心整理。

4. 三杯轻便风向风速表的维护

保持仪器清洁、干燥。若仪器被雨、雪打湿，使用后用软布擦拭干净。仪器避免碰撞和震动。非观测期间，仪器要放在盒内，切勿用手摸风杯。平时不要随便按风速按钮，计时器在运转过程中，严禁再按该按钮。轴承和螺帽不要随意松动。仪器使用120h后，须重新检定。

5. 蒸发器维护

每天观测后均应清洗干净。定期检查蒸发器是否漏水。定期检查蒸发器器口是否水平。由于受蒸发器口径大小，安置状态等因素的影响，小型蒸发器的准确性较差，仅能代表该处特定环境下的蒸发量，但小型蒸发器构造简单，操作方便，且有较长期的观测资料，通过比较，所得资料仍有一定的使用价值。因此，目前仍然普遍使用。

实习四　气象观测资料的整理

一、实习内容

本次实习要求统计气象记录月报表和年报表上的部分项目，以便熟悉报表上的各项内容，并掌握主要气象要素日、候、旬、月和年平均值的统计方法及极值的挑选方法，为今后独立收集和整理气候资料打下基础。

二、月报表和年报表简介

每个气象观测台站或气候站，必须把每日定时观测的记录和自记纸上的记录，以及将材料进行汇总，并经过初步整理。包括计算日、候、旬、月总量值、平均值、极端值、频率和百分率等，并编制成地区气象记录月报表。

在月报表的基础上，按年再一次综合整理，统计年平均值、挑选年极端最高、最低值等，编制成地面气象记录年报表。

编制报表和年报表要求正确、整洁、及时。它们是气象台站积累气象情报资料的原始档案，是国家的宝贵财富。从月报表中可查得各项气象要素的逐日观测值、候、旬、月总量和平均值等。从年报表中可查得每项气象要素的月、年总量和平均值等。

资料积累 10 年后，由省气象局把全省各站的气候资料统计汇编成册。国家气象局把国家基本站(向国家气象局送月报表和年报表的站)的资料加工整理。汇编成全国气候资料册，供各单位或个人使用。

三、统计方法

(一)气象要素的候、旬、日平均和月总量的统计

1. 每天进行 4 次定时观测

如果每天进行 4 次定时观测的，按 4 次观测记录计算日合计，用算术平均法计算日平均。其他旬、月合计，平均值均作纵行统计。

候平均气温是以 5d 为一候的日平均气温的平均值。每月 1 ~ 5 日为第一候，6 ~ 10 日为第二候……26 ~ 月末为第六候。第六候可以 5d，或 6d、3d 和 4d(候降水量同)。

候、旬、月平均值，凡取一位小数的，需计算到小数二位，然后四舍五入；凡取整数的，需计算到小数一位，然后四舍五入。

2. 每天进行 3 次定时观测

如果每天进行 3 次定时观测的，按下列方法统计：

(1)配备有自记仪器时，则 2：00 的气压、气温和湿度值用订正后的自记值代替；2：00 的风向风速用自记的 10min 平均风速和最多风向代替：2：00 水汽压和露点温度用订正后自记温度和自记相对湿度值，从《湿度查算表》中反查求得。

(2)无自记仪器时，则2：00气温和地面温度用1/2(当日最低温度+前一天20：00的温度)代替；2：00水汽压、相对湿度、5cm和10cm的地温分别用8：00记录代替。上述气象要素的日平均值仍按4次数值作统计。2：00气压、云量、风向风速和15、20、40cm地温栏空白，这些要素的日平均和日总量按3次记录作统计。2：00湿球温度、露点温度、云状、能见度等栏目空白。

(二)月极值及出现日期的挑选

最高、最低气温和地面温度的月极值及出现日期，分别从逐日最高、最低气温和最高、最低地面温度中挑取，并记其出现日期；最高、最低本站气压、最小相对湿度、自记最大风速和极大风速的月极值和日期，分别从逐日自记日极值中挑取；无自记记录的，则在定时记录中挑取，并注明情况。

水汽压和冻土深度的月极值和日期，从定时记录中挑取；降水量、雪深和雪压的月极值和日期，分别从每日记录中挑取；电线积冰直径、重量、厚度的月极值和日期，按南北、东西方向分别挑取。月极值出现2d相同时日期并记；出现3d或以上相同时，日期栏记天数。

(三)风的统计

1. 月最多风向和频率

从各风向(包括静风)出现频率中，挑选其中频率最大者，为月最多风向。最大频率有2个相同时，风向并记；3个以上相同时，挑其出现次数最多者。如果次数又相同时，挑其平均风速最大者；若平均风速又相同时，则取其中与邻近2个风向频率之和最大者为最多风向。

挑选月最多风向时，若某风向出现频率与静风频率相同，均为最多时，则只挑该风向，不挑静风。如果静风频率最大，则取静风，并再挑一个频率次多的风向。如果次多风向有2个、3个或以上频率相同时，按上节规定处理。

2. 各风向月平均风速

根据定时风向风速记录，按各风向和时间分别统计该风向出现次数和风速合计。横向相加得月合计，然后按下式计算：

$$某风向月平均风速=\frac{该风向的风速月合计值}{该风向出现次数的月合计值}$$

取一位小数。

3. 各风向频率

$$月某风向频率=\frac{该风向出现次数的月合计}{全月各风向记录总次数}\times 100\%$$

风向频率取整数。

在地面气象记录月报表的基础上，再作各项统计，编制成年报表。关于编制月报表和年报表的详细规定请参阅《地面气象观测规范》第16和17两章。

实习五　气候资料的统计

一、实习内容

本次实习主要统计以下气候指标值：积温、平均初(终)霜日、平均无霜期、降水变率和保证率。制作风向频率图。

二、界限温度和积温的计算

气候学上常用5d滑动平均法确定某年某界限温度的起迄日期。在按先后日期排列的长序列资料中，第一个5d滑动平均气温值是由序列中的第一天到第五天的日平均气温的平均；第二个滑动平均值是第二天到第六天的各数值的平均；而第三个滑动平均值则是第三天到第七天的各数值的平均，余类推。

这样，在春季各月中，找出第一次出现大于某界限温度的日期，从此日起，向前推4d，以这一天开始，逐一计算出连续5d的滑动平均气温。从这些滑动平均气温中挑选出第一个大于界限温度的平均气温值，而且在这个平均值以后的各个滑动平均气温都比界限温度大。从第一个大于界限温度的连续5d平均气温中，再挑选出其首次日平均气温大于该界限温度的日期，这一天就是某界限温度稳定通过的起始日期。

终止日期的确定方法与此类似，在秋季各月中，第一次出现小于某界限温度之日起，向前推4d，按日子次序，逐一计算每连续5d的滑动平均气温。从这些滑动平均值中，找出第一个小于界限温度的时段。再从该时段的连续5d中，挑选出最后一个日平均气温大于该界限温度的日期。此日就是终止日期。

有些地区，秋季温度不稳定，用上述方法确定了终止日期，但其后的个别日期或断断续续的个别时段的日平均气温仍高于界限温度，这些时段比较短，不属于稳定通过，不计在内。起止日期确定后，该界限温度的持续日数，就是起止日期间经历的天数之和。起止日期之间，各天的日平均温度累加，就是积温值。

以北京市1977年的气温资料(附表2)为例说明，界限温度取10℃。由资料中找出，3月14日是该年第一次日平均气温大于10℃，向前推4d，即从3月10日开始计算5d滑动平均气温，依次逐一计算，并记入资料计算表附表6中。在本例中，4月1日以后，只有个别日子的日平均气温低于10℃，邻近日子的气温均高于10℃，这样5d滑动平均值不会低于10℃，所以，4月1日以后不必计算。从附表3中看出，3月27～31日的5d滑动平均气温值是10℃，从这个时段开始，5d滑动平均气温都在10℃以上；起始日期就在27～31日的时段中挑选，其中第一个日平均气温大于10℃是3月29日，该日就是1977年稳定通过10℃的起始日期。

终止日期的确定方法与上述相似。北京市1977年稳定通过10℃的结束日期是10月1日。自起始日至终止日的积温是4 276.4℃，持续期217d。

附表 2 北京市 1977 年日平均气温

日＼月	1	2	3	4	5	6	7	8	9	10	11	12
1	-10.0	-7.7	6.2	15.1	16.5	22.5	26.5	26.2	24.5	17.7	7.5	-0.5
2	-12.8	-6.7	2.7	10.3	16.9	20.9	23.7	24.9	24.8	16.4	6.8	0.2
3	-10.9	-6.8	-0.8	8.8	17.5	21.9	25.9	23.7	25.0	18.1	8.3	1.9
4	-9.4	-6.7	-0.9	11.0	18.8	21.4	26.7	24.4	25.7	16.6	9.0	2.2
5	-6.1	-5.9	-1.0	13.1	15.8	23.3	23.7	24.2	24.4	14.4	10.0	1.8
6	-7.1	-6.7	3.8	10.1	18.9	23.7	22.1	24.9	22.2	12.0	7.7	0.9
7	-5.1	-2.0	4.6	7.6	19.6	23.6	25.8	26.2	22.2	13.0	6.7	0.7
8	-6.3	-1.5	6.7	10.7	20.7	25.8	29.0	26.6	22.1	14.7	4.4	1.3
9	-4.6	-0.9	4.4	13.4	21.3	20.4	28.1	24.9	22.0	12.0	5.2	1.2
10	-7.8	-3.9	3.2	14.1	20.4	20.8	27.2	25.2	22.5	9.8	5.2	0.6
11	-6.8	-4.3	6.0	18.0	20.4	22.7	26.4	22.1	20.2	9.0	3.5	0.0
12	-8.9	-2	3.9	13.8	21.9	24.0	26.2	22.6	13.3	12.4	2.8	0.5
13	-8.0	-2.9	6.5	14.6	11.3	23.4	24.1	22.3	19.2	14.8	5.8	-1.0
14	-7.6	-7.0	10.4	17.2	12.9	22.1	25.9	21.1	18.1	17.1	6.1	0.2
15	-6.4	-9.7	7.6	16.8	15.6	24.2	27.4	20.9	19.0	11.6	5.6	2.9
16	-6.9	-6.3	10.1	13.9	18.3	23.8	28.9	22.4	17.0	8.7	6.4	2.1
17	-6.7	-4.4	9.8	9.2	18.6	25.6	28.4	22.8	18.4	10.7	7.2	1.4
18	-8.8	-3.6	9.7	15.3	18.8	25.0	27.7	24.0	20.0	13.8	4.8	-1.9
19	-9.2	0.6	7.3	20.3	21.5	24.9	27.7	23.9	14.3	15.7	3.6	-2.6
20	-7.6	-2.7	6.2	19.9	17.8	24.6	24.0	24.4	14.5	15.9	4.8	-0.7
21	-7.0	-4.5	8.8	16.4	17.3	26.3	23.5	24.2	15.5	15.7	5.1	-2.4
22	-6.1	2.6	7.8	17.1	16.6	25.7	24.0	24.2	15.9	15.4	1.4	-3.4
23	-5.4	5.5	1.1	15.4	19.9	21.6	24.3	24.8	17.2	15.9	0.6	-2.6
24	-3.4	5.2	2.6	15.9	22.9	19.4	25.8	24.6	17.8	12.0	4.2	-3.6
25	-3.9	8.2	3.7	15.3	19.9	18.6	26.7	23.4	20.0	12.9	3.1	-5.7
26	-5.9	3.1	7.4	14.0	19.4	19.6	23.2	23.7	18.6	11.6	3.9	-5.5
27	-9.4	4.8	6.8	14.2	17.0	20.3	24.4	24.8	15.7	10.7	-1.5	-4.2
28	-10.0	3.6	0.4	15.2	18.3	22.8	27.4	25.6	19.3	10.0	0.2	-2.8
29	-10.3		10.1	15.5	19.1	24.6	26.2	25.1	17.3	9.7	-0.5	-3.0
30	-8.4		10.8	16.0	18.0	23.2	27.1	23.9	18.9	11.9	0.6	-2.4
31	-8.7		12.7		20.2		24.8	23.5		11.1		-1.9
月平均	-7.6	-8.8	6.0	14.3	18.5	22.9	25.9	24.1	19.7	13.3	4.6	-0.9

把每年稳定通过某界限温度的起止日期确定后，再统计便得多年平均的起止日期，平均起止日期之间的天数就是平均持续期。同样，把每年积温值作算术平均，便得平均积温值。

附表 3 5d 滑动平均气温

日期	日平均气温(℃)	时段	5d 滑动平均气温(℃)	日期	日平均气温(℃)	时段	5d 滑动平均气温(℃)
3 月 10 日	3.2	3 月 10 ~ 14 日	6.0	3 月 22 日	7.8	3 月 22 ~ 23 日	4.5
11 日	6.0	11 ~ 15 日	6.9	23 日	1.1	23 ~ 27 日	4.3
12 日	3.9	12 ~ 16 日	7.7	24 日	2.6	24 ~ 28 日	6.0
13 日	6.5	13 ~ 17 日	8.9	25 日	3.7	26 ~ 29 日	7.5
14 日	10.4	14 ~ 18 日	9.5	26 日	7.4	26 ~ 30 日	8.9
15 日	7.6	15 ~ 19 日	9.9	27 日	6.8	27 ~ 31 日	10.0
16 日	10.1	16 ~ 20 日	8.6	28 日	9.4	3 月 28 日 ~ 4 月 1 日	11.6
17 日	9.8	17 ~ 21 日	8.4	29 日	10.1	3 月 29 日 ~ 4 月 2 日	11.8
18 日	9.7	18 ~ 22 日	8.0	30 日	10.8	3 月 30 日 ~ 4 月 3 日	11.5
19 日	7.3	19 ~ 23 日	6.2	31 日	12.7	3 月 31 日 ~ 4 月 4 日	11.6
20 日	6.2	20 ~ 24 日	5.3	4 月 1 日	15.1	4 月 1 ~ 5 日	11.7
21 日	8.8	21 ~ 25 日	4.8				

三、霜期的统计

一般来说，每年初霜日和终霜日出现日期不相同，偶尔也可能相同。因此，需要把多年观测记录获得的初、终霜日加以统计，得出平均初霜日和终霜日。统计方法举例说明如下：北京市 1960 ~ 1965 年历年初、终霜日见附表 4。从表上看出该地、该时段内初霜日最早出现在 10 月 4 日(1962 年、1963 年)，最晚出现在 10 月 16 日(1960 年、1965 年)，其余各年初霜日介于最早和最晚之间。为了求平均初霜日，可在 10 月 4 ~ 16 日之间任意假定一个基础日，如假定 10 月 7 日为基础日，然后求出它与各年初霜日相差天数分别为 9、5、 -3、 -3、 -2 和 9d，求代数和，除以 6，得平均相差天数近似为 3d。然后，在假定的基础日上加 3d，便得平均初霜日为 10 月 10 日。

附表 4 北京市 1960 ~ 1965 年历年初、终霜日

年 份	1960	1961	1962	1963	1964	1965
终霜日	4 月 28 日	5 月 4 日	5 月 16 日	4 月 25 日	4 月 3 日	4 月 6 日
初霜日	10 月 16 日	10 月 12 日	10 月 4 日	10 月 4 日	10 月 5 日	10 月 16 日

用同样方法，可求出平均终霜日为 4 月 24 日。因此，平均无霜期从 4 月 25 日到 10 月 9 日历时 168d。平均霜期 197d。每年无霜期日数可用下列公式计算：

无霜期日数 = 初日累计日数 - 终日累计日数 - 1

初日和终日累计日数可查《地面气象观测规范》中的附表 4。用每年无霜期日数求和，取平均也得平均无霜期。上述例子中 1960 ~ 1965 年历年无霜期日数分别为 170、160、140、161、184、192d。平均无霜期为 187.8d，近似 188d。

四、降水变率的计算

降水变率是衡量一个地方逐年降水量的变动情况，降水变率大，说明某些年份

出现水涝，而有些年份却出现干旱；降水变率小，说明逐年降水量较为恒定。降水变率有绝对变率和相对变率2种。

降水量的绝对变率是某地逐年降水量与同期多年平均降水量之绝对偏差的平均值。计算式为：

$$\Delta R = \frac{\sum_{i}^{n} | R_i - \overline{R} |}{n}$$

式中：ΔR 为降水量绝对变率；R_i 为逐年降水量；$\overline{R}$ 为多年平均降水量；$| R_i - \overline{R} |$ 为降水量距平的绝对值；n 为资料年数。计算变率前，先用算术平均法求出多年平均降水量。如北京市1954～1977年历年降水量资料见附表5，经统计，多年平均降水量为633.7mm，绝对变率为184.8mm。

如果比较不同地区的降水变动状况，需用相对变率。计算公式如下：

$$相对变率 = \frac{绝对变率}{多年平均值} \times 100\%$$

把公式用于上述例子中，便得该时段内北京市降水相对变率为29%。

附表5 北京市1954～1977年降水量 mm

年份	年降水量 R_i	距平绝对值 $\| R_i - R \|$	年份	年降水量 R_i	距平绝对值 $\| R_i - R \|$
1954	961.4	327.7	1968	386.7	247.0
1955	933.2	299.5	1969	913.2	279.5
1956	1115.7	482.0	1970	597.0	36.7
1957	486.9	146.8	1971	511.2	122.5
1958	691.9	58.2	1972	374.2	259.5
1960	527.1	106.6	1973	698.2	64.9
1961	599.8	33.9	1974	474.7	159.0
1962	366.9	266.8	1975	392.8	240.9
1963	775.6	141.9	1976	684.0	50.3
1964	817.7	184.0	1977	779.0	145.3
1965	261.8	371.9	合计	13 942.4	4 014.7
1967	593.4	40.3	平均	633.7	184.8

五、降水保证率的统计

保证率是指某一气候要素值(降水、温度、风速)高于(或低于)某一界限值的所有频率的总和。从意义上讲，表示可靠程度的大小。保证率的统计方法以北京市降水资料为例说明如下：

①从统计数列中排出最大值和最小值，了解数列范围。北京市1954～1977年的降水资料中，年降水量最多为1 115.7mm(1956年)，最少261.8mm(1965年)。

②确定组距和组数。统计降水保证率时，一般取组距为100mm，也可按研究

目的而定。组数随组距和数列变动范围而定。如取组距为100mm，则上列中组数为10。各组上、下限填入附表6内。

附表6　北京市各级降水量的保证率

年降水量(mm)下限～上限	频数	频率(%)	保证率(%)
201～300	1	5	100
301～400	4	18	96
401～500	2	9	78
501～600	5	22	69
601～700	3	14	47
701～800	2	9	33
801～900	1	5	24
901～1 000	3	14	19
1 001～1 100	0	0	5
1 101～1 200	1	5	5

③统计各组出现的次数(频数)，再求出频率分别填入表内。

$$频率 = \frac{频数}{总次数} \times 100\%$$

④按年降水量组由大而小方向依次累加频率，即得各组降水量的保证率。由附表6中可见，北京市年降水量600mm以下的保证率为69%，900mm以上的保证率只有19%。

六、风向频率图的制作

风向频率图可用来表示一地盛行风向和各风向出现频率。制作方法如下：以同心圆的圆心为中心，同心圆的半径(按等距离增加)为频率值。从中心向外的辐射线表示风向。

风向取8个或16个方位。2条辐射线间夹角相等。以昆明为例，资料见附表7，表中C表示静风，在风向频率图中不反映。昆明市的风向频率图如附图26所示。从图上可见，昆明市盛行风向是西南风。

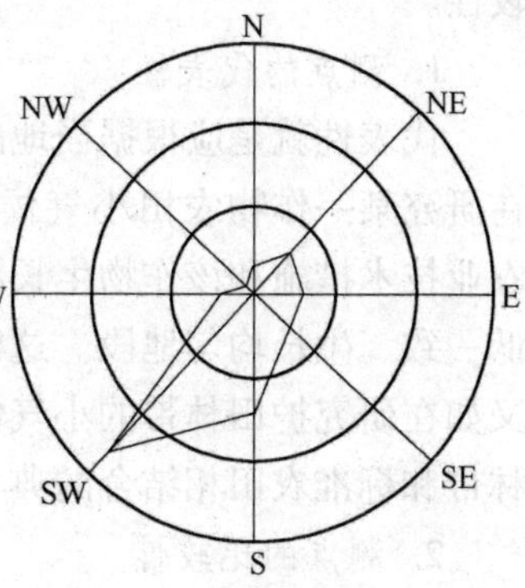

附图26　昆明市风向频率图

附表7　昆明市各风向频率(1951～1970)

风向	N	NE	E	SE	S	SW	W	NW	C
频率	3	7	6	6	14	27	4	2	31

附录2　小气候综合实习指导

小气候观测不同于大气候观测，它没有长期固定的观测场地，也没有统一的观测规范，其观测内容常根据研究对象、任务来确定。

一、小气候观测的一般原则

小气候特征不仅表现在时间变化上，而且也反映在空间分布特点上。因此，在进行小气候观测时，必须正确选择观测地段，确定观测项目、观测高度和观测时间。

(一)测点选择

在各种类型下垫面的影响下产生的小气候现象是多种多样的，光照、温度、湿度、风等气象要素的变化是通过各种气象仪器的测量取得的，这些要素值的真实性与正确选择测点的关系很大。因为小气候特征除了受下垫面性质影响外，还与植株高度、密度、品种、生产技术措施等有关。因此，测点的选择必须具有代表性和比较性。

1. 测点的代表性

代表性就是应根据当地的自然地理条件、生产特点和研究任务来确定。例如，在研究某一作物农田小气候特征时，必须在当地自然地理条件(如土壤性质等)、农业技术措施和该作物生长状况有代表性的地段进行观测，测点要求设置在植株高低一致、生长均匀地段。这样，所取得的资料才能反映出该作物田的小气候特点。又如在研究护田林带的小气候效应时，应当选择与当地自然环境相适应的标准防护林带和标准农田相结合的典型地段。

2. 测点的比较性

比较性是指测点上观测的资料同对照点上观测的资料进行比较。如绿化地同裸地进行比较，裸地与水泥地比较，水稻田与旱地比较，灌溉地与非灌溉地比较，地膜覆盖与非地膜覆盖比较。通过对比观测，才能找出它们之间的差异，从而才能分析出小气候特征和绿化等技术措施的小气候效应。

3. 测点设置

(1)基本测点

小气候观测点分为基本观测点和辅助观测点。基本观测点设置在最有代表性的观测地段上。基本观测点的观测项目要求比较齐全，观测时间、次数比较固定。

(2)辅助测点

设置辅助测点的目的，是为了补充基本测点的资料不足，完善基本测点的小气候特征。辅助测点可以是流动的，也可以是固定的。观测的项目、次数、时间可以和基本测点相同，也可以和基本测点不同，依研究目的、要求来确定。测点的多少，也应根据研究目的和植被实际情况而定。一般辅助点观测次数比基本点少，但观测时间应一致。

(二)观测地段的大小

观测地段的面积主要取决于能否反映所要了解的小气候特征与观测方便与否。地段面积的大小以观测目的和内容来确定。观测地段的面积最小应为15m×15m。

(三)观测项目

根据不同研究目的确定观测项目，从实际出发，考虑人力物力条件，保证必须观测项目的观测，而不必包罗万象。一般观测的项目有：直接辐射、散射辐射、地面和植被的反射、照度；不同高度的空气温度和湿度；风向风速；云量、云状；天气现象等，以及植物发育期、株高等。根据研究任务不同，进行有针对性的观测。

(四)观测高度和深度

由于空气温度、湿度和风等气象要素在垂直方向的分布规律，是随高度呈对数比例变化，所以选择观测高度不能等距离分布，一般离地面近的地方观测高度密一些，远离地面的地方密度稀一些。测点高度一般需包括20cm、150cm和2/3株高3个高度。因20cm高度基本能代表贴地气层的情况，同时20cm高度又是气象要素垂直变化的转折点；150cm高度能够代表大气候的一般情况，观测资料可和附近气象站的观测资料进行比较。2/3株高是植株茎叶茂密的地方，代表植被活动层情况。

土壤温度的观测深度，一般在地表层布点密，而深层稀，浅层常用0、5、10、15、20、30、50cm等7个深度。深层土壤温度的观测深度以观测目的而定。

(五)观测时间

小气候观测不需要长时间逐日观测，一般根据观测目的可结合植物发育期等选择不同天气类型(晴天、阴天、多云)进行观测，晴天小气候效应最明显，可连续观测3d。观测时间应按以下原则进行选择：

①选择观测的时间所测的记录，算出的平均值应尽量接近于实际的日平均值。②一天所选的时间中，应有1次到4次的观测时间与气象台站的观测时间相同，便于比较。③根据所选时间的观测，可表现出气象要素的日变化，其中包括最高值和最低值出现的时间；可反映出植被中气象要素的垂直分布类型，如空气温度的日射

型、辐射型；空气湿度的干型和湿型，等等。

二、观测仪器的选择和安装

(一)观测仪器选择

由于小气候观测的流动性大，要求仪器小型轻便，便于携带和搬运。为了减少人力和避免在观测中损坏观测点的现场环境和植被，最好用自记仪器和遥测仪器。小气候观测中经常都要进行梯度观测，这就要求仪器有较高的精度，如温度表的误差不超过±0.1℃。观测中各要素观测所使用的仪器为：

①辐射　直接辐射表、天空辐射表、净辐射表、光量子仪、照度计等。

②空气温度、湿度　阿斯曼通风干湿表、铂电阻。

③风向、风速　风杯风速表、热球微风速表和热线风速仪等。在自动观测系统中，可分别采用光电计数三杯风速计和七位格雷码光码盘测量风速和风向。

④地面温度　地面温度表。

⑤地温　直管地温表、曲管地温表、铂电阻。

⑥气压　空盒气压表。

⑦降水量　雨量筒、雨量计。

⑧CO_2浓度　红外CO_2分析仪。

(二)仪器的安装

小气候观测的仪器安装，因观测地段的不同而稍有不同。总的来说，仪器安装高度应该是由北向南依次递减，或者是在观测过程中力求做到一种仪器不致受到另一种仪器阴影的遮蔽。

1. 辐射仪器

辐射仪器的安装要求场地平坦开阔，周围无障碍物对辐射仪器的感应部分造成影响，仪器必须安装在离地面150cm的水平面上，安装要牢固并处于水平位置。观测过程中需要向下翻转的天空辐射表等，为防止向下翻转过程中掉下损坏仪器，必须牢固地将仪器固定在辐射观测支架上。

2. 通风干湿表

通风干湿表安装见附图27。通风干湿表悬挂在测杆的挂钩上，50cm以下高度，通风干湿表平挂，这样读数比较方便，可减少由于通风作用扰乱空气层的厚度，不致减少温度和湿度的梯度值。在50cm以上高度，通风干湿表应垂直悬挂，一方面便于观测，另一方面是由于在这个高度以上，气层的温度和湿度的梯度较小，由通风产生的误差也不大；若把仪器水平放置，反而会影响仪器的通风速度。

悬挂通风干湿表的测杆以木质为宜，其直径约4cm，长约220cm。杆的下端埋入土中，测杆地上部漆成白色，以避免其辐射热对通风干湿表的影响。

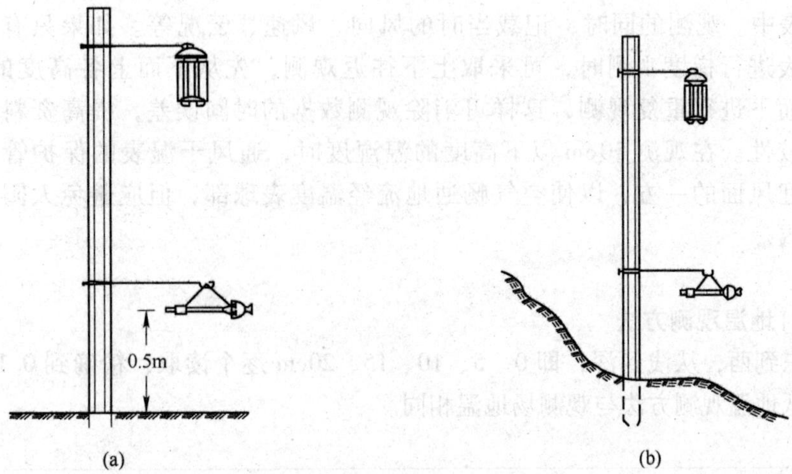

附图 27　通风干湿表安装方法

(a)平地　(b)坡地

3. 土壤温度表

地温表可选用曲管地温表和直管地温表。安装位置应在悬挂通风干湿表测杆南侧约 2m 远的地方，以免测杆阻挡太阳。地面 0cm、最高、最低温度表和曲管温度表的安装方法与观测场温度表安装方法相同，但应尽量避免根系受损。

4. 风速表

测风常用仪器是三杯轻便风向风速仪。轻便风速表应安装在空旷、空气畅通的地方，在安置时，风杯一定要保持水平，以减少转轴的摩擦，刻度盘应背着风向。在梯度观测中，风向风速表的安置有多种高度选择。选择 50cm、200cm 是较合理的，因它具有标准高度的意义。但在实际测风中，人们更多的是采用 20cm 和 150cm 的高度，这是风梯度观测的一种简单形式。

5. 空盒气压表

安放在观测点水平地面上。

三、小气候观测方法

(一)辐射仪器观测方法

在进行太阳直接辐射、天空散射辐射和反射辐射观测时，正点观测前进行各项准备工作，目测天空云状、云量、太阳视面、大气现象、地面状况，正点观测时刻开始进行各项辐射观测，每个项目各读取 3 次读数。每 2 次读数的间隔时间约为 5 ~10s。日落后停测。

(二)通风干湿表的观测方法

采用阿斯曼通风干湿表测量要注意两点：一是保持通风，二是保持湿球纱布充分湿润。观测前，先给湿球加水，通风，湿球温度稳定后读数。先读干球，后读湿球。先读小数，后读整数。先从下往上读，再从上往下读，取 2 次平均数记入观测表中。观测的同时，记载当时的风向、风速、云况等。如果只有一个通风干湿表进行梯度观测时，可采取上下往返观测，先从下而上各高度的观测，再从上而下进行重复观测，这样可消除观测数据的时间误差，提高资料的准确性和比较性。在观测 50cm 以下高度的温湿度时，通风干湿表的保护管应水平地朝向迎风面的一方，以使空气畅通地流经温度表球部，但应避免太阳光线射入套管内。

(三)地温观测方法

从东到西，从浅到深，即 0、5、10、15、20cm 逐个读取，精确到 0.1℃。最高、最低地温观测方法与观测场地温相同。

(四)风的观测

观测员要从下风方向接近仪器进行读数，将三杯轻便风向风速表方位盘制动小套向右旋转一角度，0.5min 后，按下风速按钮，指针自动停转后，读出风速示值，以 2min 风向指针摆动范围的中间位置记录风向。观测完毕，将方位盘制动小套左转一小角度，借弹簧的弹力，小套管弹回上方，固定好方位盘。

(五)气压的观测

先观测气压表内附属温度表的读数，然后再观测气压的读数。观测后，要进行 3 次订正才能得到本站气压。

四、小气候观测守则和程序

(一)观测工作守则

(1)观测员应遵守各项规则，严禁早测、漏测、缺测和迟测，严禁涂改和伪造记录。

(2)观测记录簿用铅笔作记录，如需要更改可在原记录上划一横线，在该记录上方重新填写，不得用橡皮擦去。

(3)注意维护观测场地及仪器设备，认真进行观测前巡视，防止临时事故发生而延误正常观测工作的进行。

(4)严禁拆卸、改装正在使用的各类仪器仪表，对各类精密测试仪器更要加倍维护，以保证正常运行。

(5)遵守值班规则，交接班时应将仪器运行情况、存在问题等交待清楚。

(6)一次观测结束后应及时进行初算，填写各类报表，观测者、初算者和复核者均应签名，以示负责。

(7)观测期间每天要定时同报时台校对钟表。

(8)保管好各类观测簿、报表、磁带或磁盘，以及对计算和分析资料必需的各类数据。

小气候要素表

测点：

项目 \ 时间		8：00	9：00	10：00	…	19：00	20：00
太阳辐射	S						
	S_b						
	S_d						
	S_t						
	S_r						
	r						
地面和土壤温度	地面最低						
	地面最高						
	0cm						
	5cm						
	10cm						
	15cm						
	20cm						
……	……						

观测班组：　　　　观测员：

(二)观测程序

由于一个观测点上往往有较多的观测项目，观测一遍需要较长时间。这必然使得测得的各项数值不是在同一时刻，失去观测时间的代表性。为消除时间差异，必须采用往返观测法，各观测项目的数据应为正点前后2次观测读数的平均值。若有3个测点，其观测顺序应为1—2—3—3—2—1。必须注意的是，相邻2个测点应隔多长时间观测将取决于观测项目的多少，但时间隔得越短越好。

五、观测记录和资料整理

(一)观测记录格式和内容

观测记录应记入专门的小气候观测记录表簿内。记录表要求项目齐全，避免遗漏。由于各类小气候观测的目的不同，小气候观测的内容、布点、时段、时次都不相同，所以小气候观测的记录表格，应根据具体情况专门设计。可参考以下格式设计。作为一个完整的观测，除气象要素本身的记录外，还应包括下述内容：

(1)观测点的详细名称、观测时间、负责人、参加人等。

(2)观测地段的描述，包括：①地形状况：如海拔高度、坡度、坡向等；②地段周围地物状况：如建筑物、障碍物等离观测地段的距离、方向；③下垫面状况：水泥地、草地、裸地。地面土壤种类、干湿状况等。

(3)天气状况描述，包括云量、云状、天气现象、日光情况等。

(4)仪器安置情况描述，包括仪器位置、仪器离地面高度、仪器编号、检定证内容等，并附有仪器分布平面图。

(5)特殊项目的记载，如防护林小气候应记载林带或林网的状况；畜舍、温室小气候要记载建筑的方位、屋面坡度，建筑结构等。

(6)备注：备注栏内记载意外发生的情况，如仪器被损坏、有疑问的观测记录等及相应的原因分析。

(二)原始数据的初步审核

除了测点代表性和可比性以外，资料的准确性是分析和研究小气候特征的基础。在2次小气候观测的间隔时间内，在观测现场进行初审。目的是为了对本次小气候观测数据的可靠性、合理性进行判断，决定资料取舍。

初审的主要内容有：①有无漏测，一旦发现要及时补上，并在备注栏内说明补测的时间。②数据中有无明显偏大、偏小者。③气象要素随时间、高度以及水平分布是否合理。④某气象要素与其他气象要素比较是否合理。

当发现数据不合理时，一般可从以下几个方面检查：①由于过失引起的误差，即由观测时疏忽或仪器操作不当引起的数据错误；②由设点不当、观测点代表性不够造成的观测数据异常；③由仪器时间响应不够引起的误差，如仪器感应部分尚未与环境达到平衡时的观测数据；④由观测员个人的判断引起的误差。出现这些误差时应将数据舍弃，以免影响分析结果。

六、实习报告

根据所观测的小气候要素，利用图表结合文字分析各气象要素的口变化规律；并与其他组的不同测点进行对比分析，总结出小气候特征，写出实习报告。实习报告应有的基本内容包括：实习目的、意义，研究区域概况与方法，结果与分析，主要结论。

附录3　不同类型小气候观测

一、森林小气候观测

（一）观测目的和任务

森林小气候是研究森林与森林气象条件相互作用的科学。它主要研究森林生长的气候条件以及森林对气象或气候的影响。气候要素是森林生态系统的重要生态环境因子。森林小气候的观测目的是为了了解不同森林类型的小气候差异或森林对小气候的影响。如把小气候观测和生长观测结合起来，就能了解不同小气候对林木生长的影响。以便研究外界环境与林木生长、发育之间的关系和林木生长的物候潜力，为林木区划、林业资源利用和保护、林木生长乃至森林在区域和全球气候、环境变化中的作用等研究提供科学依据。

（二）观测场地选择和描述

选择观测场地时要遵循小气候观测原则。主要环境条件（气候、土壤、地形、地质、生物、水分）和树种、林分等应具有代表性；不能跨越2个林分，要避开道路、小河、防火道、林缘，观测点的形状应为正方形或长方形，林木在200株以上。选好观测场后要描述观测场概况，除一般小气候观测概况描述外，还应有林地所属单位、标准地地形、地势和距大气候观测场距离等；同时林分是林地内部特征大致相同，而又与相邻的森林有明显差别的林地块，也应对林分进行记载，内容有树种组成、林龄、密度、林分起源、林相。

（三）观测种类

森林小气候的观测可分为以下几种，应根据研究的目的来选择。

1. 流动观测

通常是为了补充定点观测之不足，它可以用于普查，也可以用于对定点观测之扩充。例如，在对某一新的自然保护区进行考察时，或根据某一森林气候观测站的记录，研究森林对局地气候的影响时均可以运用流动观测。在流动观测的过程中，观测的地点和次数有较大的任意性，所以观测的精度相对较差。为了减小误差，增加可比性，应该在气候观测的标准时间和仪器标准的安放高度进行观测，而且每一个地点的观测应当能保证取得至少一次日平均数值。

2. 对比观测

对比观测通常是在类似的自然条件下，研究某一因素对小气候的影响，如林内对比、不同森林类型对比等。对比观测地点的选择决定于观测目的。森林对小气候影响的程度，除了决定于森林的树种组成、林龄、林冠的郁闭度和结构外，还决定于海拔高度、坡向、坡度。所以如果要观测其中某一项的影响，则必须使其他各项保持相同或基本相同。

3. 梯度观测

由于森林的几何尺度高大，梯度观测对于森林小气候研究是十分必要的。除了能量平衡研究以外，森林对温度、湿度、风速、辐射、光的分布的影响都要通过梯度观测来进行研究。

4. 平行观测

平行观测指的是在气象要素观测的同时，对林分的其他要素进行观测，如郁闭度、叶面积指数、生长量等。

需要说明的是，这些观测种类之间是互相联系的。在有些森林小气候观测中很难区别出它属于对比观测还是平行观测，在某些对比观测中需有梯度观测，往往不能截然分开。

(四)观测特点和注意问题

与一般气象和小气候观测相比，森林小气候在观测项目、观测场地选择、观测点布局、观测方法、乃至某些观测仪器的选择等方面有着重要的差异和特点。因此，在林内辐射、林下照度、林下降水、林地积雪、林内梯度观测的高度选择等均需根据林地、林分、林相等特征选择不同的观测仪器或采用不同的观测方法。

(五)森林小气候观测特点

①分布在山区、坡地或丘陵地带的林地，不同垂直带的小气候特征有很大的差异。

②不同林木的植被状况有差异，因而不同林地、林分和林相等对小气候的影响不同。

③一般森林均具有多层结构，稠密的枝叶遮着地面，强大的根系又网络、固结着土壤，加之枯枝落叶聚积地面，因此具有挡风、阻雨、吸水和缓流作用。在同一林分内，不同测点获得的气象要素值之间可能会有较大的差异。

④一般林木树干高大而参差不齐，每个树冠有很大空隙，层相也较复杂，使近地层大气乱流结构差异很大，导致林内气象要素的垂直廓线会有明显变化。

⑤水热条件是森林赖以生存发展的主要因素，因此小气候观测中对辐射各分量以及林内降水、森林蒸散等应加以注意。

(六)森林梯度观测

进行森林梯度观测的传感器一般均安置在专用的气象观测铁塔上。观测层次一般是按对数分布来确定，如一般16m高观测塔的层次设置为：2、4、8、16m；32m高观测塔的层次设置为：2、4、8、16、32m；60m高观测塔的层次设置为：2、4、8、16、32、42、60m。通常情况下，森林梯度观测时各层次传感器的数据由专门配置的数据采集、处理系统按规定的程序顺序采集。

1. 太阳辐射观测

考虑到林内不同位置的遮蔽度的差异，在采用半球形感应器时，应将感应器安置在专门设计的移动导轨上，并使感应器在测量过程中以一定的速度往返移动。若采用管状表，则要求至少同时使用两只表，并相互垂直地平摆在观测高度上。

2. 林内照度观测

无论采用专门照度计还是总辐射表，感应器均应安放在移动导轨上。

3. 林内降水观测

降水在林内会受到林冠阻截，有一部分降水会沿树枝和树干流到地面，加之枝叶分布不均匀，在林内不同位置测到的降水值会有很大差异。因此林内降水通常不用雨量筒来测量，而是在林内布设雨量槽，由于积水区的面积不等，对雨量槽也无统一的规格要求。但原则上，雨量槽的覆盖面积不应小于$200cm^2 \times n$（n是标准雨量筒的承口面积）。

二、城市小气候观测

（一）观测目的和任务

城市气候是由于城市下垫面的存在而产生的独特局地气候特点。城市中高大的建筑物，密集的公用设施、厂房、住宅和纵横交错的街道所构成的特殊下垫面，以及在人们的生活、生产活动中排放的大量废气、废液、废渣和燃烧时放出的人为热等因子影响，使得城市本身的气候状况与城郊开旷地区相比发生很大差异。城市气候研究，包括城市布局与气候的关系，城市气候与郊区气候的差异，大气污染对城市气候的影响，城市气候的成因、特点及其对居民健康的影响以及城市气候改良途径和方法等。

（二）观测项目

1. 城市气候

观测空气微尘形成的雾障、辐射强度、日照时数、风的特点、气团停滞现象、城市的风系、降水、随着城市范围扩大而引起的升温等。

2. 城市区域气候

观测行政区、居民区、工业区、绿化区与非绿化区、市中心和郊区的气候特点和差异。

3. 不同走向街道的气候

观测街道走向、宽度、街道与太阳的相对位置、风向、中心广场四周的建筑高度和位置、街心公园等的气候特点。

(三)观测方法

城市气候的观测方法即不同于一般的大气候方法，也不同于野外小气候考察，而是根据城市本身的特点综合利用：①利用城市和郊区原有气象(气候)台站长期观测资料；②在市内和城外建立若干个固定测点组成的观测网，进行以年为周期的较长时间观测，以求得城市内外的系统观测资料；③选定的季节和时间，在市内和城郊建立若干个基本点和辅助点进行有针对性的短期观测；④按照路线考察方法，沿事先选定的路线进行定期考察。

附录 4　自动气象站观测简介

自动气象站是一种能自动地观测和存储气象观测数据的设备，主要由传感器、采集器、通讯接口、系统电源等组成，随着气象要素值的变化，各传感器的感应元件输出的电量产生变化，这种变化量被 CPU 实时控制的数据采集器所采集，经过线性化和定量化处理，实现工程量到要素量的转换，再对数据进行筛选，得出各个气象要素值。自动气象站观测项目主要包括气压、温度、湿度、风向、风速、雨量等要素，经扩充后还可测量其他要素，数据采集频率较高，每分钟采集并存储一组观测数据。自动气象站根据对自动气象站人工干预情况也可将自动气象站分为有人自动站和无人自动站。自动气象站网由一个中心站和若干自动气象站通过通信电路组成的。

农业、林业、交通、体育、航空、生态建设、环境评价监测、能源建设特别是风力和水力发电等迫切需要气象资料观测、传输和储存自动化；科学研究对气象资料的需求越来越多，数值天气预报更需要增加气象台站的密度，电子、通信工程的发展，为自动气象站的数据收集和传输提供了平台。目前，世界许多国家的自动气象站观测系统已经具有相当的规模。自动气象观测最基本的观测内容包括：空气温度、湿度、气压、风向风速和降水五大气象要素，中型规模的自动气象观测系统还包括地温、能见度和辐射能分量。

一、测量仪器及原理

自动气象站和相对湿度，安装于圆形百叶板防辐射罩内。测温元件是铂电阻传感器；测湿元件是聚合物薄膜电容传感器。铂导体电阻值随温度升高而增加。

自动气象站的测气压元件有电容式金属膜盒、硅单晶膜盒、硅单晶压敏片等。自动气象站压力传感器的工作原理是基于一个先进的 RC 振荡电路和 3 个参考电容。气压传感器安装于机箱内，通过静压管与外界大气相通。

风向风速一般为光电传感器，将光信号转换为电信号。风向信号的发生装置是由风标转轴连接一个风标带动的光码盘组成，随着风向标的转动光码盘下的光电管接收到的电码发生变化；测量风速的锥形风杯转动带动截光盘随轴转动，截光盘切割红外光束，从而由光电晶体产生出一个脉冲链，输出的脉冲速率与风速成正比。

自动气象站的测雨计，几乎都是采用翻斗式雨量计，随着翻斗间歇翻转动作，带动开关，发出一个个脉冲信号，将非电量转换成电量输出。

地温传感器与气温传感器原理相同，测量原理是铂导体电阻值随温度升高而增加。

蒸发传感器由超声波传感器和不锈钢圆筒架组成。根据超声波测距原理，选用高精度超声波探头，对标准蒸发皿内水面高度变化进行检测，转换成电信号输出。

辐射传感器工作原理基于热电效应，感应件由感应面和热电堆组成。当涂黑的感应面接收辐射增热时，温度升高，它与另一面的冷接点形成温差电动势，该电动势与辐射强度成正比。

与其他辐射表不同净辐射表有上下2个感应面，感应件由上下两片涂黑感应面和热电堆组成。上下感应面接收不同的辐射量，是热电堆上下端产生温差而输出与净辐射成正比的电量。由于净辐射测量0.3～100μm波长的全波段的光辐射，所以感应面外罩为上下2个半球形聚乙烯薄膜罩，能透过短波辐射和长波辐射。上表面测量由天空(包括太阳和大气)向下的透射，下表面测量由地表(包括土壤、植物、水面等)向上投射的全波段辐射量，且自动输出上下表面测量值之差。

二、数据采集系统

数据采集系统由采集板构成，并配以通道防雷板、电源控制器、通信变换器等部件。其主要功能是将传感器元件探测到的信息进行摄取、处理，并转化为统一的数字信号。数据采集器一般有模拟通道、数字通道、计数器通道。

其中模拟通道可采集电压、电流、电阻和频率信号；数字通道可采集数字量、开关量等；计数通道可采集数字累计量或作为计数脉冲输出。通过各种通道的组合使用，可采集各种传感器信号。例如，通过模拟通道采集辐射传感器的电压信号、气温和地温传感器电阻信号；通过计数通道采集雨量传感器数据等。

三、数据传输系统

经过数据采集系统数字化后的数据，通过RS232接口输出，输出后的数据通过通信转换器发送到主控计算机，一般遥测主控机与采集器通信距离可达2km。

四、软件系统

自动气象站采集通讯软件是自动气象站与计算机的接口软件，将传输系统发送到计算机的数据，通过此软件实现实时数据监测、终端维护、自动气象站数据文件传输和参数设置等功能。再通过与地面气象测报业务软件挂接，可以实现气象台站各项地面气象测报业务的处理。由将自动气象站需要地面气象测报业务软件，完成管理设置、自动站数据采集编报、数据维护、报表处理等功能。

参考文献

陆忠汉，陆长荣，王婉馨，1984．实用气象手册[M]．上海：上海辞书出版社．

王正非，朱廷曜，朱劲伟，等，1985．森林气象学[M]．北京：中国林业出版社．

贺庆棠，1986．气象学[M]．修订本．北京：中国林业出版社．

叶笃正，曾庆成，郭裕福，1991．当代气候研究[M]．北京：气象出版社．

贺庆棠，1996．中国森林气象学[M]．北京：中国林业出版社．

周淑贞，1996．气象学与气候学[M]．3版．北京：高等教育出版社．

徐德应，郭泉水，阎洪，1997．气候变化对中国森林影响研究[M]．北京：中国科学技术出版社．

丁一汇，1997．中国的气候变化与气候影响研究[M]．北京：气象出版社．

周晓峰，1999．中国森林与生态环境[M]．北京：中国林业出版社．

贺庆棠，1999．森林环境学[M]．北京：高等教育出版社．

方精云，2000．全球生态学[M]．北京：高等教育出版社．

张霭琛，2000．现代气象观测[M]．北京：北京大学出版社．

王绍武，2001．现代气候学研究进展[M]．北京：气象出版社．

段若溪，姜会飞，2002．农业气象学[M]．北京：气象出版社．

周广胜，2003．全球生态学[M]．北京：气象出版社．

秦大河，2003．气候系统变化与人类活动[M]．北京：气象出版社．

秦大河，2003．气候变化与荒漠化[M]．北京：气象出版社．

钱维宏，2004．天气学[M]．北京：北京大学出版社．

胡毅，李萍，杨建功，等，2005．应用气象学[M]．2版．北京：气象出版社．

李爱贞，2006．气象学与气候学[M]．2版．北京：气象出版社．

甄文超，王秀英，2006．气象学与农业气象学基础[M]．北京：气象出版社．

崔学明，2006．农业气象学[M]．北京：高等教育出版社．

李俊清，2006．森林生态学[M]．北京：高等教育出版社．

段文标，汪永英，2006．气象学实验教程[M]．哈尔滨：东北林业大学出版社．

吕新，塔依尔，2006．气象及农业气象实验实习指导[M]．北京：气象出版社．

黄美元，徐华英，王庚辰，2006．大气环境学[M]．北京：气象出版社．